Dutzendpackungen der Polygrades-Bleistifte von A. W. Faber, 1873.

Henry Petroski

Der Bleistift

Die Geschichte eines Gebrauchsgegenstands

Mit einem Anhang zur Geschichte
des Unternehmens Faber-Castell

Aus dem Amerikanischen von
Sabine Rochlitz

Springer Basel AG

Die Originalausgabe erschien 1989 unter dem Titel «The Pencil» bei Alfred A. Knopf, Inc.,
New York, USA
Copyright © 1989 by Henry Petroski. This translation published by arrangement with Alfred
A. Knopf, Inc.

Für Karen

Die Deutsche Bibliothek – CIP-Einheitsaufnahme

Petroski, Henry:
Der Bleistift : Die Geschichte eines Gebrauchsgegenstands /
Henry Petroski. Mit einem Anh. zur Geschichte des
Unternehmens Faber-Castell. Aus dem Amerikan. von Sabine
Rochlitz. – Basel ; Boston ; Berlin : Birkhäuser, 1995
  Einheitssacht.: The pencil <dt.>

©1995 Springer Basel AG
Ursprünglich erschienen bei Birkhäuser Verlag 1995.
Softcover reprint of the hardcover 1st edition 1995
Gedruckt auf säurefreiem Papier, hergestellt aus chlorfrei gebleichtem Zellstoff

ISBN 978-3-0348-6001-7   ISBN 978-3-0348-6000-0 (eBook)
DOI 10.1007/978-3-0348-6000-0

9 8 7 6 5 4 3 2 1

Inhalt

Vorwort

Alles vom Menschen Geschaffene verdankt seine Existenz irgendeiner Art von Technik, einer der wesentlichen Voraussetzungen der Zivilisation. Die gewöhnlichsten und ältesten der von Menschenhand hergestellten Dinge sind genauso Produkte einer primitiven Technik, wie die Produkte der Hochtechnologie Resultate moderner, naturwissenschaftlich orientierter Technik sind. Aber obwohl sich die Technik seit dem Altertum natürlich weiterentwickelt hat, hat sie doch immer noch gewisse Ähnlichkeiten mit ihren Vorläufern. Ingenieure sind zwar heutzutage in der Regel stärker mathematisch-naturwissenschaftlich ausgerichtet als ihre Kollegen vor hundert Jahren, doch es gibt wesentliche Elemente der Technik, die allen Zeitaltern gemeinsam sind. Ein Ingenieur von heute und einer von damals, auch wenn man ihn Architekt, Baumeister oder Handwerksmeister nennt, fänden viel Gesprächsstoff, und beide könnten voneinander lernen.

Diese Zeitlosigkeit beruht auf einer gleichbleibenden Grundeigenschaft jeglicher Technik, einer Eigenschaft, die von der jeweiligen Ausbildung unabhängig ist. Die Tatsache, daß Technik auch eine Sache des gesunden Menschenverstands ist, erklärt, weshalb und auf welche Weise soviel Technik in alter und neuer Zeit von einzelnen Menschen hervorgebracht wurde, denen es ganz gleichgültig war, wie man sie oder ihr Tun bezeichnete. Ja, selbst Leute, von denen man es nicht vermuten würde, wie zum Beispiel der politische Philosoph Thomas Paine und der philosophische Schriftsteller Henry David Thoreau, handelten wie Ingenieure und leisteten damit echte Beiträge zur Technologie ihrer Zeit. Deshalb glaube ich, daß heute jeder dazu in der Lage ist, das Wesen auch der modernsten Hochtechnologie zu begreifen, vielleicht gar zu ihr beizutragen. Hinter aller Fachsprache, Mathematik, Naturwissenschaft und Professionalität des Ingenieurwesens steckt eine Methode, die so einfach ist und alles durchdringt, wie die Luft, die wir atmen. Geschäftsführer ohne spezielle technische Ausbildung gehen tagtäglich von dieser Annahme aus, wenn sie Entscheidungen von größerer technologischer Tragweite treffen. Dies heißt aber natürlich nicht, daß man auf professionelle Ingenieure verzichten könnte. Denn es ist eine Sache, ihre Methode zu verstehen, und eine andere, sie auf eine zunehmend komplexe und internationale technologische Umwelt anzuwenden und das Ergebnis für die Umsetzung in die Praxis in knapper Form zusammenzufassen.

Da alle Technik, alte wie neue, gemeinsame Grundstrukturen aufweist, ist die Methode, deren sich Techniker und Technik bedienen, in allem, was jemals geschaffen wurde, enthalten und daher durch jeden einzelnen geschaffenen Gegenstand zugänglich. Jemand, der sich zum Beispiel für Brücken interessiert, kann meiner Meinung nach durch eine spezielle Untersuchung über Brücken mehr über Methoden der Technik lernen – einschließlich so scheinbar unterschiedlicher Bereiche wie Chemo- und Elektrotechnik, Maschinenbau und Atomtechnik – als durch einen weitschweifigen und oberflächlichen Überblick über alle früheren und neuesten Wunder der geschaffenen Welt. Eine Spezialuntersuchung braucht jedoch nicht allzu technisch zu sein. Sie muß nur den Gegenstand in den richtigen sozialen, kulturellen, politischen und technologischen Kontext rücken, damit ein aufmerksamer Leser das Wesen der Technik herausdestillieren kann. Denn indem man allen Aspekten des langen evolutionären Prozesses Beachtung schenkt, in dessen Verlauf aus einem verfaulenden Baumstamm über einem Strom eine rostfreie Hängebrücke über einer Meerenge wird, entdeckt man das Wesen der Technik und ihre Rolle im Zivilisationsprozeß. Wie es kein von Menschenhand geschaffenes Objekt gibt, das ohne Technik zustandegekommen ist, so gibt es keine Technik, die vom Rest der Gesellschaft unabhängig ist.

In diesem Buch möchte ich mich der Technik mit Hilfe der Geschichte und der Symbolik des gewöhnlichen Bleistifts nähern. Diesen weitverbreiteten und scheinbar einfachen Gegenstand können wir alle in unserer Hand halten, wir können mit ihm experimentieren und ihn bestaunen. Der Bleistift, wie auch Technik überhaupt, ist uns so vertraut, als ob er ein praktisch unsichtbarer Teil unserer Alltagskultur und -erfahrung wäre. Er ist so gewöhnlich, daß man ihn in die Hand nimmt und weglegt, ohne einen Gedanken an ihn zu verschwenden. Obwohl – oder vielleicht gerade weil – der Bleistift inzwischen unverzichtbar ist, lohnt seine Funk-

　　　　Der Bleistift

tion keinen Kommentar, und seine Gebrauchsanweisung ist ungeschrieben. Wir alle wissen seit unserer Kindheit, was ein Bleistift ist und wozu man ihn gebraucht. Aber woher kam der Bleistift, und wie wird er gemacht? Sind die Bleistifte von heute die gleichen wie vor zweihundert Jahren? Sind unsere Bleistifte so gut, wie wir sie machen können? Sind deutsche oder amerikanische Bleistifte besser als russische oder japanische?

Über den Bleistift nachzudenken heißt, über Technik nachzudenken; eine Beschäftigung mit dem Bleistift ist eine Beschäftigung mit Technik. Und der zwingende Schluß nach solchen Überlegungen wird sein, daß die Geschichte der Technik in ihrem politischen, sozialen und kulturellen Kontext keineswegs eine reine Sammlung von interessanten alten Geschichten über Bleistifte oder Brücken oder Apparate ist. Sie ist vielmehr höchst aufschlußreich und von großer Bedeutung für die Technik und Wirtschaft von heute. Die wichtige Rolle, die internationale Konflikte, Handel und Wettbewerb in der Geschichte des Bleistifts spielen, ist auch für so moderne Industrien wie die Öl-, Automobil-, Stahl- und Atomindustrie lehrreich. Und zwar deswegen, weil auch beim Bleistift technische Herstellung und Vermarktung so unentwirrbar verwoben sind wie bei jedem anderen Produkt der Zivilisation.

Ein Buch ist natürlich auch ein Produkt – eines, das ohne Hilfe und ermutigende Unterstützung undenkbar wäre. Auf dieses Projekt konnte ich mich dank eines Freisemesters der Duke University konzentrieren sowie aufgrund der Unterstützung durch Stipendien der Institutionen National Endowment for the Humanities und National Humanities Center. Unter den vielen Bibliothekaren, die mir geholfen haben, möchte ich besonders Eric Smith von der Vesic Engineering Library in Duke hervorheben. Mein Bruder, William Petroski, versorgte mich unermüdlich mit vielen interessanten Informationen und Objekten. Aber schließlich waren es die große Geduld und Unterstützung von seiten meines Sohns Stephen, meiner Tochter Karen und besonders meiner Frau, Catherine Petroski, die dieses Buch ermöglicht haben.

Kapitel 1

Was man vergisst

Henry David Thoreau schien an alles zu denken, als er seine Liste aufstellte mit den wichtigsten Vorräten für einen Ausflug von zwölf Tagen in die Wälder von Maine. Er nahm Stecknadeln, Nadel und Faden unter die Dinge auf, die er in einem Tornister mitnehmen wollte, und gab sogar die Ausmaße eines geräumigen Zeltes an: «sechs mal sieben Fuß und in der Mitte vier Fuß hoch wird reichen». Er wollte ganz sichergehen, ein Feuer anzünden und Geschirr spülen zu können, und schrieb deshalb auf seine Liste: «Streichhölzer (ein paar auch in einem kleinen Gefäß in der Jackentasche); Seife, zwei Stück». Er gab die Zahl alter Zeitungen an (drei oder vier, vermutlich für Säuberungsarbeiten), die Länge eines starken Seils (zwanzig Fuß), die Größe seiner Decke (sieben Fuß lang) und die Menge an «weichem Hartbrot» (achtundzwanzig Pfund!). Er schrieb sogar auf, was man zu Hause lassen sollte: «Es lohnt sich nicht, ein Gewehr mitzunehmen, es sei denn, man geht auf Jagd.»

Eigentlich war Thoreau eine Art Jäger, aber die Insekten und Pflanzen, auf die er Jagd machte, konnten ohne Gewehr eingesammelt und im Tornister nach Hause getragen werden. Thoreau ging auch als Beobachter in die Wälder. Er beobachtete Großes und Kleines und riet Gesinnungsgenossen, ein kleines Fernglas für Vögel und ein Taschenmikroskop für kleinere Objekte einzustecken. Und um auch messen zu können, was für den Rücktransport vielleicht zu groß wäre, riet Thoreau zu einem Maßband. Er, der unermüdlich Maß nahm, sich Notizen machte und Listen aufstellte, erinnerte andere Reisende auch daran, Papier und Briefmarken mitzunehmen, um Briefe zurück in die Zivilisation zu schicken.

Einen Gegenstand aber erwähnte Thoreau nicht, einen, den er ganz bestimmt bei sich führte. Ohne diesen Gegenstand hätte er weder die flinke Tierwelt skizzieren können, auf die er nicht schießen wollte, noch die größeren Pflanzen, die er nicht herausreißen konnte. Ohne ihn hätte er seine Löschpapiere, zwischen denen er Blätter preßte, oder seine Insektenschachteln mit den Käfern nicht beschriften können. Ohne ihn hätte er die Maße, die er nahm, nicht verzeichnen, hätte er auf dem Papier, das er mitgenommen hatte, nicht nach Hause schreiben können; ohne ihn hätte er seine Liste erst gar nicht erstellen können: Ohne einen Bleistift wäre Thoreau in den Wäldern von Maine verloren gewesen.

Nach den Worten seines Freundes Ralph Waldo Emerson hat Thoreau wohl immer «in seiner Tasche sein Tagebuch und einen Bleistift» dabeigehabt. Warum also versäumte es Thoreau – der zusammen mit seinem Vater die besten Bleistifte produzierte, die im Amerika der vierziger Jahre des neunzehnten Jahrhunderts hergestellt wurden –, wenigstens einen unter den wichtigsten Dingen aufzulisten, die man auf einen Ausflug mitnehmen sollte? Vielleicht war ihm gerade der Gegenstand, mit dem er seine Liste aufgestellt hatte, zu nahe, ein zu vertrauter Teil seines Alltagslebens, ein zu wesentlicher Bestandteil seines Lebensunterhalts, eine zu gewöhnliche Sache, als daß er ihn erwähnenswert gefunden hätte.

Henry Thoreau scheint nicht der einzige zu sein, der an den Bleistift nicht denkt. Ein Laden in London etwa hat sich auf alte Zimmermannswerkzeuge spezialisiert. Überall befinden sich Werkzeuge, vom Boden bis unter die Decke, und die Körbe draußen auf dem Gehsteig sind randvoll damit. Der Laden scheint ein Exemplar jeder Art von Säge vorrätig zu haben, die in den letzten Jahrhunderten benutzt worden ist. Es gibt Regale mit Bohrwinden und Kästen mit Meißeln, Stapel von Wasserwaagen und Reihen von Hobeln – alles für den Zimmermann, so scheint es jedenfalls. Was der Laden jedoch nicht führt, sind alte Zimmermannsbleistifte, Gegenstände also, die einst ebenso in den Anzeigen von Thoreau & Company angepriesen wurden wie die Zeichenstifte für Künstler und Ingenieure. Nirgends ist jenes Gerät zu sehen, das man brauchte, um Entwürfe der Zimmermannsarbeit anzufertigen, die Menge des benötigten Materials zu beziffern, die Länge des zu schneidenden Holzes zu markieren, die Stellen anzuzeigen, an denen Löcher zu bohren waren, und um Holzkanten hervorzuheben, die glattgehobelt werden sollten. Wenn man den Ladenbesitzer fragt, wo er denn Bleistifte habe, antwortet er, er glaube nicht, daß welche da seien. Er räumt ein, daß sich in den Werkzeugkisten, die

　　　DER BLEISTIFT

der Laden ersteht, oft Bleistifte befänden, daß sie aber mit dem Sägemehl zusammen weggeworfen würden.

In einem amerikanischen Antiquitätenladen, der unter anderem mit alten wissenschaftlichen und technischen Instrumenten handelt, gibt es eine großartige Auslage mit Mikroskopen, Teleskopen, Wasserwaagen und verschiedenen anderen Waagen aus poliertem Messing; dort gibt es die Präzisionsinstrumente von Physikern, Navigatoren, Landvermessern, Zeichnern und Ingenieuren. Der Laden besitzt auch eine Sammlung von altem Schmuck und Tafelsilber und – hinter den Salzfäßchen – sogar einige alte mechanische Stifte, die ihre Anwesenheit wohl eher ihrem Metall und ihrem geheimnisvollen Aussehen verdanken als ihrer Brauchbarkeit. Darunter gibt es einen raffinierten viktorianischen Kombinationsstift aus Bleistift und Schreibfeder in einem schmalen, jedoch reich verzierten goldenen Gehäuse; eine unauffällige kleine Messingröhre von weniger als fünf Zentimetern Länge, die sich auseinanderziehen läßt und so zu einem mechanischen Stift von doppelter Länge wird; ein kompaktes silbernes Stiftgehäuse mit Minen in drei Farben – schwarz, rot und blau – , die in Schreibposition geschoben werden können; und außerdem ein schweres silbernes Stiftgehäuse, das den etwa zentimetergroßen Stummel eines noch gespitzten gelben Bleistifts von guter Qualität verbirgt. Die Ladenbesitzerin zeigt einem stolz, wie all diese Dinge funktionieren, aber wenn man sie fragt, ob sie irgendwelche einfachen Zeichenstifte aus Holz führt, die die ursprünglichen Besitzer der Zeicheninstrumente doch bestimmt benutzt haben, muß sie zugeben, daß sie noch nicht einmal wüßte, wie sie einen Bleistift aus dem neunzehnten Jahrhundert von irgend einem anderen unterscheiden sollte.

Nicht nur Läden, die vorgeben, mit Dingen der Vergangenheit zu handeln, sondern auch Museen, die Vergangenes angeblich bewahren und ausstellen, können die unverzichtbare Rolle einfacher Dinge wie des Bleistifts anscheinend vergessen oder einfach ignorieren. Vor kurzem veranstaltete das von der Smithsonian Institution unterhaltene Nationalmuseum zur amerikanischen Geschichte eine Ausstellung zum Thema «Nach der Revolution: Alltagsleben in Amerika von 1780 bis 1800». Eine Gruppe von Exponaten bestand aus einzelnen Arbeitstischen, auf denen die Werkzeuge vieler Handwerksgewerbe jener Zeit zur Schau gestellt wurden: so das Werkzeug von Möbelschreinern und Stuhlmachern, Zimmerleuten und Tischlern, Schiffbauern, Böttchern und Wagnern. Außerdem zeigten viele Arrangements auch Werkstücke in Bearbeitung, und bei einigen waren sogar Holzspäne über der Arbeitsfläche verstreut, um dem Ganzen einen Hauch von Authentizität zu verleihen. Doch ein Bleistift war nicht zu sehen.

Viele frühe amerikanische Handwerker haben in der Regel zwar Metallstifte mit scharfer Spitze benutzt, um ihr Werkstück zu markieren, doch wurden Bleistifte mit Sicherheit auch verwendet, wenn sie erhältlich waren. Obwohl es in Amerika in den Jahren unmittelbar nach der Revolution keine heimische Bleistiftindustrie gegeben hat, heißt das nicht, daß man keine Bleistifte bekommen konnte. Ein Vater, der 1774 aus England seiner Tochter in der damaligen Kolonie Amerika schrieb, schickte ihr «ein Dutzend beste Bleistifte von Middleton». Gegen Ende des Jahrhunderts, sogar noch nach der Revolution, wurden englische Bleistifte wie die der Firma Middleton regelmäßig in den größeren Städten zum Verkauf angeboten. Stolze Besitzer von importierten Bleistiften oder auch von heimischen Bleistiften, die aus wiederverwerteten, zerbrochenen Minen hergestellt wurden, waren vor allem die Holzhandwerker. Denn Zimmerleute, Möbelschreiner und Tischler besaßen die Fertigkeit, Holz zu einer Form zu verarbeiten, mit der man Graphitstücke bequem und zweckmäßig festhalten konnte. Frühe amerikanische Holzhandwerker kannten und bewunderten die europäischen Bleistifte nicht nur, die sie besitzen wollten und zu imitieren versuchten, sondern sie schätzten sie auch als etwas sehr Wertvolles und pflegten sie, wie sie ihre Werkzeuge schätzten und pflegten, die zwei Jahrhunderte später im Smithsonian-Museum ausgestellt wurden.

Diese Geschichten über das Ignorieren des Bleistifts sind interessant, weniger weil sie etwas über den niedrigen Status des Holzbleistiftes als eines von Menschenhand geschaffenen Produkts erzählen, als weil sie etwas über unser Bewußtsein aussagen und über unsere Haltung gegenüber gewöhnlichen Gegenständen, Prozessen, Ereignissen oder auch Ideen, die scheinbar keinen eigenen, bleibenden Wert haben. Ein Gegenstand wie der Bleistift wird allgemein als nicht bemerkenswert und als trivial empfunden. Er ist eine Selbstverständlichkeit, weil es ihn in Mengen gibt, weil er preiswert ist und so vertraut wie die Sprache.

Jedoch kann «Bleistift» ein durchaus vielsagender Begriff sein. Er kann eine so starke Metapher sein wie die Feder, ein so vielfältiges Symbol wie die Fahne. Künstler haben schon seit langem den Bleistift zu ihren

Handwerkszeugen gezählt und ihn sogar mit dem Medium des Zeichnens schlechthin gleichgesetzt. Andrew Wyeth bezeichnete seinen Bleistift als Florett des Fechters; Toulouse-Lautrec sagte über sich: «Ich bin ein Bleistift»; und der in Moskau geborene Pariser Illustrator und Karikaturist Emmanuel Poiré wählte sein Pseudonym nach dem russischen Wort für Bleistift, *karandasch*. Die Schweizer Bleistiftfirma Caran d'Ache wiederum wurde nach diesem Künstler benannt; eine stilisierte Version seines Namenszugs wird heute als Firmenlogo verwendet.

Der Bleistift, das Gerät zum Herumkritzeln, steht für Denken und Kreativität und ist als Kinderspielzeug gleichzeitig ein Symbol für Spontaneität und Unreife. Der Graphit des Bleistifts ist auch das kurzlebige Ausdrucksmittel der Denker, Planer, Zeichner, Architekten und Ingenieure, das Medium, das ausradiert, überarbeitet, verschmiert, unleserlich gemacht wird, verloren geht – oder mit Tinte überschrieben wird. Tinte dagegen, ob in einem Buch oder auf Plänen oder unter einem Vertrag, bedeutet Endgültigkeit und tritt an die Stelle von Bleistiftentwürfen und Skizzen. Wenn frühe Bleistiftentwürfe für Sammler interessant sind, liegt das oft an ihrer Beziehung zum bleibenden, erfolgreichen Endprodukt, das mit Tinte geschrieben oder gezeichnet ist. Anders als Graphit, für den Papier wie Sandpapier ist, fließt Tinte gleichmäßig und füllt die Ritzen und Spalten des Geschaffenen. Tinte ist die Schminke, die Ideen sich auflegen, wenn sie an die Öffentlichkeit treten. Graphit ist ihre schmutzige Wahrheit.

Ein Blick in das Register irgendeines Buches über Redensarten belegt, daß auf Dutzende von Redensarten, die die Feder preisen, allenfalls eine kommt, die den Bleistift überhaupt nur erwähnt. Doch trotz der im Englischen sprichwörtlichen Weisheit, daß die Feder mächtiger als das Schwert ist, ist der Bleistift zur Waffe derjenigen geworden, die sowohl bessere Schreibfedern als auch bessere Schwerter machen wollen. Man sagt oft, «alles fängt mit dem Bleistift an», und er ist in der Tat das bevorzugte Arbeitsgerät von Architekten und Designern. In einer kürzlich durchgeführten Untersuchung über den Prozeß des Entwerfens waren die teilnehmenden Ingenieure gleichsam blockiert, als sie gebeten wurden, ihre Gedanken mit Hilfe eines Kulis oder Füllhalters aufzuzeichnen. Während die Leiter der Studie nicht wollten, daß die Probanden ihr zuerst Geschriebenes ausradieren oder ihr Protokoll des kreativen Prozesses ändern konnten, fühlten sich die Ingenieure ohne einen Bleistift

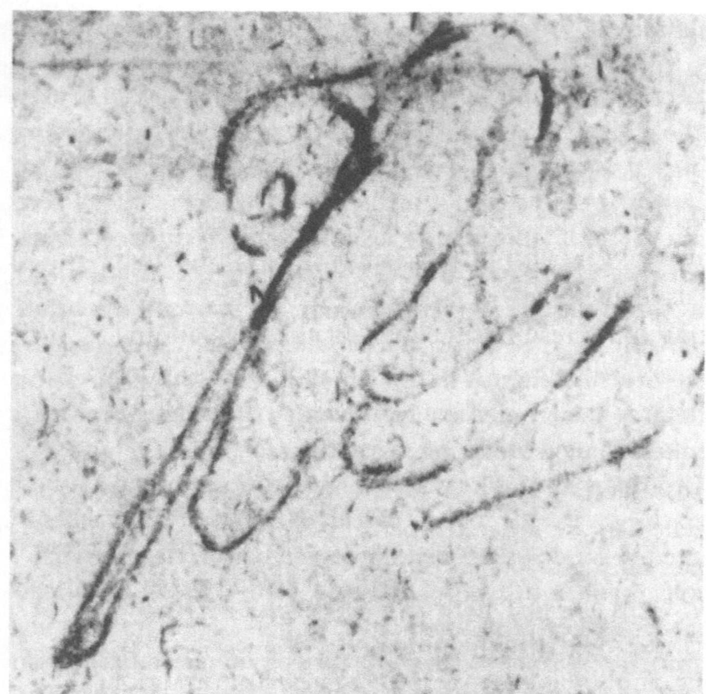

Leonardo da Vincis Skizze
seiner Hand beim Zeich-
nen, entweder seiner lin-
ken Hand oder seiner rechten Hand im Spiegel.

in der Hand nicht wohl, als man sie bat, eine neue Brücke oder eine bessere Mausefalle zu entwerfen.

Leonardo da Vinci scheint den Wunsch gehabt zu haben, alles zu verbessern, wie man seinen Notizbüchern entnehmen kann. Und wenn er seine Ideen für ein neues Gerät oder auch nur den Stand der Technik der Renaissance dokumentieren wollte, bediente er sich einer Zeichnung. Leonardo benutzte auch Zeichnungen, um seine Beobachtungen von Einzelerscheinungen in der Natur und in der vom Menschen geschaffenen Welt festzuhalten. Er skizzierte sogar seine eigene Hand beim Zeichnen. Diese Skizze stellt nach allgemeiner Ansicht Leonardos linke Hand dar, was mit der weitverbreiteten Meinung in Einklang steht, daß das Genie Linkshänder war. Diese Eigenheit wurde wiederum als Grund für seine Spiegelschrift angeführt. Jedoch hat man überzeugend nachgewiesen, daß Leonardo eigentlich Rechtshänder war und nur gezwungenermaßen seine linke Hand benutzte, da seine Rechte bei einem Unfall verkrüppelt wurde. Daher könnte Leonardos Skizze in Wirklichkeit die seiner verkrüppelten rechten Hand sein, wie sie der Künstler im Spiegel sah und mit seiner voll funktionsfähigen linken Hand zeichnete. Der

Ein römisches *penicillum* (Pinsel).

verkürzte und verkrümmte Mittelfinger in der Skizze unterstützt diese Ansicht.

Die genaue Beschaffenheit des Zeicheninstruments in Leonardos Hand ist zwar ebenfalls Interpretationssache, aber es handelt sich doch sehr wahrscheinlich um einen kleinen Pinsel, ein Zeichengerät, das seit der Römerzeit bekannt war. Den Bleistift, den wir heute kennen, scheint es zu Lebzeiten Leonardos (1452–1519) nicht gegeben zu haben. Einige seiner Zeichnungen sind mit einem Metallgriffel, einem zugespitzten Stab aus Blei und Zinn, ausgeführt, für den man aber speziell beschichtetes Papier benötigte, wenn die Striche deutlich erkennbar sein sollten. Andere Zeichnungen wurden zuerst mit dem Metallgriffel skizziert und dann mehr oder weniger mit der Feder nachgezeichnet oder mit einem feinen Pinsel, der in Tinte getaucht wurde. Dies war die einzige Art von «Bleistift», die Leonardo kannte.

Trotz ihrer vielfältigen Ausdrucksmittel wären Leonardos Notizbücher der Nachwelt beinahe verlorengegangen. Ihr Urheber hat ihren Inhalt nie veröffentlicht, und nach seinem Tod gerieten die etwa dreißig Bände in Vergessenheit. Er hinterließ sie alle seinem Freund und Schüler Francesco Melzi mit der Verfügung: «Damit dieser Nutzen, den ich der Menschheit stifte, nicht verlorengeht, lege ich die Art und Weise des richtigen Drucks dar und bitte euch, meine Nachfolger, daß die Habgier euch nicht dazu verführt, den Druck un...» Aber der Satz scheint nie zu Ende geführt worden zu sein, und der Druck brauchte länger, als Leonardo es sich wohl gewünscht hat. Melzi hielt die Notizbücher fünfzig Jahre lang unter Verschluß, so daß bis auf eine Schrift über die Malerei, die er 1551 zur Veröffentlichung aus den Notizen zusammenstellte, der größte Teil von Leonardos technischen Konstruktionen unveröffentlicht blieb. Zum Zeitpunkt der Publikation der Notizbücher im Jahr 1880 waren dann praktisch alle Erfindungen wiederentdeckt oder inzwischen überholt.

Ingenieure haben zu allen Zeiten ihre Pläne in meist nicht sehr dauerhaftem Material ausgearbeitet und sind in Vergessenheit geraten – ein

Schicksal, dem Leonardo nur durch die technische und künstlerische Brillanz seiner Notizbücher entgangen ist. Wir wissen viel besser über abstruse Theorien über das Universum und unrealistische Utopien von Träumern Bescheid, da sie Gegenstand von Manuskripten und Büchern sind, als über geniale und erfolgreiche technische Errungenschaften aller Zeiten. Und das ist mindestens zum Teil darauf zurückzuführen, daß schon lange vor Leonardo für Ingenieure das Medium des Denkens und Planens eher das Zeichnen als das Schreiben war. Aber Pläne und Zeichnungen waren nie Gegenstand der Forschung. Lynn White jr., war sich der Notwendigkeit, über die Grenzen schriftlicher Aufzeichnungen hinauszuschauen, in besonderem Maße bewußt. Im Vorwort zu seiner brillanten Studie zur Rolle von Artefakten wie dem Steigbügel in der Kulturgeschichte schreibt er:

> *Wenn Historiker versuchen, die Geschichte der Menschheit zu schreiben, und zwar nicht nur einfach die Geschichte der Menschheit, wie sie von dem kleinen und spezialisierten Ausschnitt unserer Rasse gesehen wurde, der des Schreibens kundig war, müssen sie die Quellen in anderem Lichte sehen. Sie müssen neue Fragen an sie stellen und alle Hilfsmittel der Archäologie, Ikonographie und Etymologie nutzen, um Antworten zu finden, die in zeitgenössischen Schriften nicht gegeben werden.*

Die Kurzlebigkeit technischer Verfahrensweisen ist bis heute im großen und ganzen ein verborgener und vernachlässigter Aspekt der Kulturgeschichte geblieben. Wir besitzen zwar aus allen Zeiten von Menschen Geschaffenes, das wir als Werkzeuge, Bauten oder Maschinen erkennen können; trotzdem sehen wir diese im Kontext der kulturellen Entwicklung doch oft nur als Einzelteile einer riesigen Ansammlung von Material. Es ist nicht ganz einfach, sich mit dem Ursprung dieser Produkte als einem jeweils bewußten Akt des Erfindens zu beschäftigen und mit der Weiterentwicklung oder «Perfektionierung» dieser Produkte als einem bewußten Akt der Ingenieurkunst. Das liegt vor allem daran, daß solche Interpretationen letztlich auf Vermutungen über den Gedankenprozeß unserer fernen Vorfahren angewiesen sind: Haben diese sich tatsächlich technischer Verfahren bedient, oder sind sie nur einfach über glückliche Zufälle der Natur gestolpert, wie zum Beispiel zufällig geformte Felsen oder

   Der Bleistift

umgestürzte Bäume, die einen Fluß überbrückten? Sind wir immer Opfer der Verhältnisse gewesen, oder waren wir seit Anbeginn bewußte Erfinder und bewußte Ingenieure?

Marcus Vitruvius Pollio, dessen zehnbändiges Werk *De Architectura* unsere Hauptquelle für die Geschichte der Technik im antiken Rom ist, hat behauptet, daß uns unsere Erfindungsgabe angeboren ist. Aber Vitruv glaubte nicht, daß das Fortschreiten der Zivilisation ausschließlich auf unseren angeborenen Fähigkeiten beruhen könne, und er führte als weitere Bedingung, gleich hinter einer guten Ausbildung, die Fähigkeit an, mit dem Zeichenstift umzugehen – dem feinen Pinsel, den noch Leonardo benutzte. Dies war eine der Grundvoraussetzungen für den Architekten oder Ingenieur vor zweitausend Jahren. Zeichnen zu können war eine absolute Notwendigkeit.

Daß die frühesten Ingenieure etwas über ihre Arbeit *niederschrieben*, kam anscheinend nur selten vor. Vitruvs zweitausend Jahre alter Klassiker gilt allgemein als das älteste erhaltene Werk über das Ingenieurwesen. Aber nur weil es auch von der Ästhetik des Bauens handelt, scheint es überhaupt erhalten geblieben zu sein. Ein Historiker sagt über Vitruv, was schon viele bemerkt haben: «Er schreibt schreckliches Latein, aber er versteht sein Handwerk.» Und ein Altphilologe meint: «Er schreibt wie jemand, der im Verfassen von Texten ungeübt ist und für den Schreiben eine Qual bedeutet.» Aber gleichgültig, ob Vitruv sich nun über seine eigenen Fähigkeiten als Schriftsteller etwas vormachte oder ob er einfach nicht der Auffassung war, daß Fähigkeiten im Umgang mit der Feder so wichtig seien wie die im Umgang mit dem Zeichenstift: Seit Vitruv und bis zum heutigen Tag ist Schreiben über das Ingenieurwesen im allgemeinen recht unpoetisch; es besteht aus lauter umständlichen Gegenstandsbeschreibungen, prosaischen Regeln und Anleitungen zum Nachmachen und ist geprägt von einer starken Konzentration auf den technischen Aspekt des «Machens». Es gibt fast gar keine Literatur darüber, weder gut noch schlecht geschriebene, wie etwa die frühesten Ingenieure ihre «natürlichen Gaben, die durch die Imitation anderer trainiert wurden», einsetzten, um zunächst einmal mit Ideen für neue und verbesserte Gegenstände aufzuwarten.

Aber einerlei, ob er nun schriftlich festgehalten wurde oder nicht: Der technische Prozeß ist in Wirklichkeit viel älter als Vitruv – ja er ist so alt wie die Zivilisation selbst. Er ist uns in seinen Grundmerkmalen im wesentlichen unverändert überliefert worden. Obwohl das Ingenieurwesen als formaler und eigener Ausbildungsgang erst seit ein bis zwei Jahrhunderten existiert, ist es als menschliche Tätigkeit bis heute praktisch unveränderlich und zeitlos geblieben.

Vitruv verbreitete den Mythos, daß das Ingenieurwesen angewandte Naturwissenschaft sei. Doch es kommt in ihm eine erstaunliche, von der Naturwissenschaft unabhängige Phantasie zum Vorschein, die sich in Bildern und technischen Produkten, aber nicht in Worten ausdrückt. Und wie die Bilder verblassen, wenn die geschaffenen Werke selbst sie überflüssig machen, so nutzen sich auch diese Werke ab, weil sie nicht als Kunst-, sondern als Gebrauchsgegenstände konzipiert sind. Ja, sie gehen gerade durch ihren Gebrauch zugrunde. Es verkörpert zwar jede menschliche Schöpfung die Methoden der Technologie, doch gerade der Bleistift ist ein besonders geeignetes Untersuchungsobjekt: Er läßt sich nicht nur als Symbol für das Ingenieurwesen verstehen, sondern die Entwicklung dieses derart raffinierten, komplizierten und weitverbreiteten Gebrauchsgegenstandes kann auch als Paradebeispiel für den technischen Prozeß im allgemeinen dienen.

Wie es immer schon Ingenieure gab, so hat es auch immer schon Philosophen gegeben. Die Werke der Philosophen sind natürlich ihre Schriften, und die Überlieferung von Schriften vor allem über philosophische Themen hat schon allzu oft zum voreiligen Schluß geführt, daß praktische Angelegenheiten irgendwie von geringerer Bedeutung seien. Das ist nicht unbedingt so, aber bis zur Renaissance «beeinflußte der soziale Gegensatz zwischen den ‹mechanischen› und den ‹freien› Künsten, d.h. zwischen Handarbeit und geistiger Arbeit, noch weithin alle intellektuellen und professionellen Tätigkeiten». Noch bis in die Moderne waren Handwerker, die doch jegliche Technologie vom Schreibgerät bis zum Schiff langsam mit vorantrieben, ungebildet und «wahrscheinlich oft Analphabeten». Und wenn sogar Leonardos Notizbücher so viele Jahrhunderte lang ungelesen bleiben konnten, wie konnte man dann erwarten, daß Humanisten die Poesie und Geschichte «lesen», die in technischen Produkten zum Ausdruck kommen? Mit Künstlern wie Leonardo, die einen naturwissenschaftlichen Anspruch vertraten, wurden jedoch technologische Themen in zunehmendem Maße auch schriftlich behandelt, allerdings zum großen Teil nur in Notizbüchern und Manuskripten, die unter den anderen «Künstler-Ingenieuren» zirkulierten.

     Der Bleistift

Die Anfänge der Bleistiftherstellung liegen im Dunkeln, und ihre Technologie hat sich in mehreren Anläufen aus den ungeschriebenen Traditionen des Handwerks entwickelt. Die Ursachen für viele Eigenschaften des Bleistifts sind in diesen Traditionen verborgen, ebenso wie der Ursprung von Größe und Form vieler weitverbreiteter Gebrauchsgegenstände. Die erst relativ kurze Zeit zurückliegenden Anfänge und die kurze Geschichte des modernen Bleistifts machen ihn aber zu einem leicht handhabbaren Objekt, das man in den Fingern drehen und wenden und über das man nachdenken kann. Dabei wird man sich auch bewußt, daß der Bleistift trotz seiner Alltäglichkeit und scheinbaren Minderwertigkeit ein Produkt von großer Komplexität und Raffinesse ist. Anhand des Bleistifts und der Geschichte seiner Entwicklung läßt sich auch viel über das Wesen des Ingenieurs, der Ingenieurkunst und der modernen Industrie lernen. Die Probleme, denen sich Bleistifthersteller jahrhundertelang gegenübersahen, können den heutigen internationalen Technologiemarkt durchaus noch etwas lehren. Der Bleistift kann uns Dinge bewußt machen, an die wir vielleicht niemals gedacht hätten.

Im späten zwanzigsten Jahrhundert, wo Milliarden Bleistifte jedes Jahr produziert und für wenig Geld verkauft werden, kann leicht in Vergessenheit geraten, als welches Wunder und Kostbarkeit der Bleistift einst galt. In einem Tagebuch über eine Reise nach Äthiopien im Jahr 1822 findet sich das Gebet eines alten Nubiers: «Dank sei Gott, dem Schöpfer der Welt, da er die Menschen gelehrt hat, Tinte im Inneren eines Stücks Holz einzuschließen.» Ein Jahrhundert später und auf der anderen Seite des Ozeans erregte der Bleistift zwar immer noch Staunen, aber man wußte, daß für seine Fabrikation viel mehr nötig war als «Tinte im Inneren eines Stücks Holz». Ein am Herstellungsprozeß von Bleistiften Beteiligter schildert zu Anfang des zwanzigsten Jahrhunderts seine Erfahrungen:

Der Verfasser mußte sich mit einer Vielzahl von Stoffen vertraut machen, mit Schellack und vielen anderen Harzen, mit Tonen aller Art und aus allen Teilen der Welt, mit den vielen Typen und Qualitäten von Graphit und unterschiedlichen Lösungsmitteln, mit vielen natürlichen und künstlichen Farbpigmenten und vielen Holzarten, und er mußte sich ein breites Wissen aneignen über die Gummi- und Klebstoffindustrie, über Druckertinten, fast alle Sorten von Wachsen, über die Lack- und Zellstoffindustrie, über die unterschiedlichsten Trockeneinrichtungen, Imprägnierverfahren, Hochtemperaturöfen und Schleifmittel sowie die vielen Phasen von Preß- und Mischverfahren.

Wenn ich auf meine etwa achtzehnjährige Laufbahn in der Bleistiftindustrie zurückblicke, so bin ich sprachlos angesichts ihres wenig geradlinigen Verlaufs, ihrer vielfältigen Verzweigungen, der vielen Schwierigkeiten, einen ausgebildeten Stamm an Mitarbeitern heranzuziehen, und angesichts der extremen Genauigkeit, die von den Werkzeugen verlangt wird, des benötigten breiten Wissens in angewandter Chemie und des erforderlichen Fachwissens über geeignete Quellen für die Versorgung mit Rohstoffen, um bei der Bleistiftherstellung bestehen zu können und auf dem Weltmarkt konkurrenzfähig zu sein.

Dies ist eine ausgezeichnete Zusammenfassung der vielen Facetten des Ingenieurwesens, die bei der Herstellung eines modernen Bleistifts zum Tragen kommen. «Angewandte Chemie» und Kenntnisse auf den verschiedenen Spezialgebieten wie Maschinenbau, Materialtechnik, Bautechnik und selbst Elektrotechnik leisten unschätzbare Dienste bei der Fabrikation guter Bleistifte, die eine feine, aber stabile Spitze besitzen und gleichmäßig schreiben sollen. Die Früchte dieses gesamten Expertenwissens sind für einen Bruchteil dessen erhältlich, was die bloße Materialbeschaffung kosten würde. Zwar ist nach einer geläufigen Definition ein Ingenieur, wer für eine Mark vollbringt, was jeder andere für zwei kann, doch im Falle des Massenprodukts Bleistift ist der ökonomische Vorteil noch beachtlicher. In den fünfziger Jahren schätzte man in den USA, daß ein «Do-it-yourself»-Fan etwa fünfzig Dollar ausgeben müßte, um einen einzigen Bleistift herzustellen.

Die Smithsonian Institution versäumte es zwar, auf den Arbeitstischen von Handwerkern des späten achtzehnten Jahrhunderts Bleistifte auszustellen, doch sie erkannte in einer früheren Ausstellung mit dem Titel «A Nation among Nations» an, daß «sich alle Prinzipien der Massenproduktion bei der Fabrikation des normalen Holzbleistifts aufzeigen lassen», und stellte eine Maschine zur Bleistiftherstellung zur Schau, die im Jahr 1975 in Tennessee gebaut wurde. Heute, in der erst jüngst eingerichteten ständigen Ausstellung der Smithsonian Institution, «A Material World», die als «Einführung in das gesamte Nationalmuseum zur ameri-

kanischen Geschichte» gedacht ist, wird unter anderem demonstriert, wie
«Stoff» zu «Dingen» transformiert wird – und die Rohstoffe für den
Bleistift dienen dafür als Musterbeispiel. Damit wird dem Umstand gebührend Rechnung getragen, daß der Bleistift und andere technische
Produkte unsere Kultur in hohem Maße beeinflußt haben und selbst von
ihr beeinflußt worden sind. Es gibt jedoch immer noch eine starke intel-
lektuelle Tradition, die unbeachtet läßt, daß Kunst und Literatur, die wir
so hoch schätzen, ohne technologische Hilfsmittel wie den Bleistift ganz
anders ausgesehen hätten.

Große Ingenieure haben selten *expressis verbis* allgemeine Aussagen
oder Einsichten in Tinte hinterlassen. In der Regel haben sie diese nur mit
Bleistift skizziert, um sie in Bauten oder Maschinen mit dem neuesten
Stand der Technik zu konkretisieren. Obwohl sich die Technik ständig
weiterentwickelt, gibt es doch grundlegende Ähnlichkeiten zwischen
dem, was die ersten Ingenieure oder diejenigen, die Vitruv beschreibt,
taten, und dem, was heutige Ingenieure tun. Und gerade die zeitlosen
Merkmale dieses kreativen Prozesses, der manchmal technischer Prozeß
genannt wird, stecken in jedem von uns. Seine seltsamen Eigenschaften
machen es möglich, daß im wesentlichen ein und dieselbe Methode gleichzeitig von naiven Laien und von hochqualifizierten Fachleuten praktiziert
wird. Diese Merkmale sind der Grund dafür, weshalb das Ingenieurwesen
immer mehr als bloße Anwendung mathematischer Theoreme und phy-
sikalischer Prinzipien gewesen ist und bleiben wird. Es ist also höchste
Zeit, in Tinte zu veröffentlichen, was Ingenieure so lange mit Bleistift in
ihren Notizbüchern skizziert haben. Gerade die Geschichte des Bleistifts
bietet eine hervorragende Gelegenheit, mehr über das Ingenieurwesen zu
erfahren.

Kapitel 2

Über Bezeichnungen, Materialien und Gegenstände

Jeder Mensch, jeder Beruf und jedes von Menschen geschaffene Objekt hat eine Herkunft, die noch seine Gegenwart deutlich prägt. Wie bei allen gewöhnlichen Objekten lassen sich auch beim Bleistift Vorläufer in der Antike finden. Den Griechen und Römern war offensichtlich bekannt, daß man mit metallischem Blei Zeichen auf Papyrus machen konnte, und noch frühere Völker wußten, daß verbrannte Kohlen oder im Feuer geschwärzte Stockenden natürliche Zeichengeräte für Bilder an Höhlenwänden waren.

Gebrauchsgegenstände vermögen ihre Geschichte zwar nicht so klar zu erzählen, wie es Menschen und Bücher können. Trotzdem gibt es viele Belege, etwa die Exponate der Tutanchamun-Ausstellung, die Anfang der achtziger Jahre auch in verschiedenen Städten Deutschlands zu sehen war, die zeigen, wie hoch das Niveau von Handwerk und Technik in einem Land wie dem antiken Ägypten war. Wie sonst hätte man so schöne und hochentwickelte Dinge schaffen können und die Bauten, in denen sie als Grabbeigaben lagen? Wenn der Stand der Technik schon vor mehr als dreitausend Jahren so hoch war, dann müssen die Wurzeln unseres Knowhow und unserer Errungenschaften auf dem Gebiet der Technologie viele tausend Generationen zurückliegen.

Doch die Tatsache, daß im Altertum der Grad an Spezialisierung ebenso hoch war wie heute, ist vielleicht mit ein Grund, weswegen es kaum schriftliche Dokumente zur Geschichte der Technik gibt. Selbst sehr fähige und sprachgewandte antike Ingenieure, gleichgültig, ob man sie damals als Künstler, Handwerker, Architekten oder Baumeister bezeichnete, hatten vielleicht nicht mehr Zeit, Lust oder Grund, über das zu schreiben, was sie taten und wie sie es taten, als ihre neuzeitlichen Kollegen.

Der Bleistift ersetzte sowohl den Griffel aus Blei, der einen trockenen, hellen Strich machte, als auch den Pinsel, mit dem man einen feinen, dunklen Strich ziehen konnte. Der Bleistift besaß den Vorteil, daß er die beiden erwünschten Eigenschaften «trocken» und «dunkel» in einem einzigen Schreibinstrument kombinierte. Obwohl er aus zahlreichen Rohstoffen besteht, leitet der Bleistift seinen Namen ausgerechnet von einem Material ab, das er überhaupt nicht enthält. Das «Blei» des heutigen Bleistifts ist in Wirklichkeit eine Mischung aus Graphit, Ton und anderen Zutaten. Selbst die auf dem Bleistift aufgetragene Lackschicht ist bleifrei, eine Antwort auf Bedenken, die in den frühen siebziger Jahren geltend gemacht wurden. Deshalb riskieren wir keine Bleivergiftung mehr, wenn wir auf unseren Bleistiftenden herumkauen.

Die Bezeichnungen vieler gewöhnlicher Gegenstände leiten sich von den Materialien ab, aus denen sie ursprünglich gemacht wurden. So spricht man immer noch von einem Radier«gummi», auch wenn er auf Erdölbasis hergestellt wird. Wir essen auch von Papiertellern, die eigentlich aus Styropor sind, öffnen Blechdosen, die eigentlich Aluminiumdosen sind, decken unseren Tisch mit Silberzeug, das eigentlich aus rostfreiem Edelstahl besteht, und tragen Brillengläser, die eigentlich aus Plastik sind.

Das Beharrungsvermögen von Bezeichnungen, die von den Materialien abgeleitet sind, aus denen die Sachen ursprünglich gemacht wurden, weist auf die enge Beziehung hin, die zwischen Objekt und Material bestehen kann. Diese Beziehung kommt vielleicht deswegen zustande, weil Objekt und Material – zumindest auf den ersten Blick – wie füreinander geschaffen sind. Damit etwas gut funktioniert, muß es die richtigen Proportionen haben, das richtige Gewicht, die richtige Stabilität, die richtige Steifigkeit, die richtige Härte und alle anderen Eigenschaften, die nötig sind, um die Funktion zu erfüllen, für die es gedacht ist. Und alle diese Merkmale hängen von den Materialeigenschaften ab. Das richtige Material für eine Bleistiftmine zu finden, kann so schwierig sein wie das Finden der Wahrheit.

Irgendwie kamen die Menschen im Altertum schließlich doch auf genau das richtige Material in der richtigen Größe und Form; so schien es ihnen jedenfalls damals. Und die Bezeichnung des idealen Materials selbst,

«Blei» (lateinisch *plumbum*), wurde zur Bezeichnung für das scheinbar ideale Objekt, das man daraus verfertigt hatte. Der «Bleistift» kann also wohl aus dem Grunde seine Bezeichnung auf das Element Blei zurückführen, weil der moderne Gegenstand ein Nachfahre dieses antiken Gegenstands ist.

Es ist schwierig, mit Sicherheit festzustellen, wie dieser oder jener bessere Entwurf für eine Bürste, einen Pflug, ein Haus oder ein Schwert sich aus seinen Vorläufern entwickelte, denn der Prozeß wurde bestenfalls metaphorisch mit Bleistift skizziert und selten, wenn überhaupt, mit Feder kopiert. Gerade deshalb sind die Ideen und Schöpfungen der Technologie – die Verfahren und Produkte des Ingenieurwesens – so ganz anders als die Schöpfungen und Theorien der Literatur, der Philosophie oder anderer Wissenschaften. Die Produkte der Technologie, vor allem jene, die sich nicht als Grabbeigaben für einen König eigneten, wurden in der Regel als veraltet angesehen, wenn sie durch Weiterentwicklung verbessert wurden. Daher schien es nicht sehr sinnvoll, durch Aufbewahrung oder Rekonstruktion die Erinnerung an einen alten Pflug oder an seine Bauweise aufrechtzuerhalten, wenn er nicht länger benutzt wurde, weil eine neue, verbesserte Version, die vielleicht ein neues Material verwendete, entwickelt oder gekauft worden war. Auf ähnliche Weise verschwanden schließlich alte Werkzeuge und alte Konstruktionsmethoden zusammen mit den Handwerkern, die zu alt dazu waren, den Gebrauch der neuen zu lernen. Kustoden für technologische Produkte, Industriearchäologen und Technikhistoriker sind recht neue Berufsbilder, die sich nur entwickelt haben, weil uns bewußt geworden ist, daß die Produkte unserer technologischen Vergangenheit einen intellektuellen und kulturellen Wert besitzen und uns in der Tat etwas lehren können, was so unersetzlich ist wie die Werke von Platon und Shakespeare.

Von Menschen geschaffene Dinge, Produkte der Ingenieurkunst, ersetzen, wie gesagt, andere Schöpfungen von Menschenhand. Doch die technische Methode, mit der diese Dinge in Holz, Stein oder Stahl oder anderem Material ausgeführt werden, ist mehr oder weniger eine Konstante der Geschichte. Indem wir unser Augenmerk auf die Kontinuität der von Menschen geschaffenen Werke und auf die Entwicklung des Gebrauchs von Materialien richten, können wir entdecken, was hinter der technologischen Umwelt steckt.

Die technologische Landschaft scheint sich zwar bisweilen recht dramatisch, wenn nicht gar chaotisch, zu verändern, doch geht der Entwicklungsprozeß in Wirklichkeit recht langsam und bedächtig vonstatten. Es gibt drei große Gebiete, in die technologische Entwicklungen fallen: neue Konzepte, neue Größen und neue Materialien. Wirklich revolutionäre Innovationen betreffen gewöhnlich zwei oder drei dieser Kategorien gleichzeitig.

Für die Erschaffung des ersten Schreibgeräts mußte man der Tatsache oder der Vorstellung Rechnung tragen, daß man gezielt und wiederholt mit einem Gegenstand Striche machen kann; man mußte ein Material identifizieren, mit dem man diese Striche machen konnte, und sich entscheiden, ob man das Material in dem Klumpen verwenden wollte, in dem man es fand, oder ob man es zu einer bequemeren und praktischeren Form und Größe verarbeitete. Wenn man das Material entdeckt und seine Entscheidung getroffen hat, dann bringt die Weiterentwicklung der Idee mit großer Wahrscheinlichkeit eine Änderung der Größe oder des Ausmaßes des Geräts mit sich; oder eine Änderung der Materialien, die man zum Schreiben verwendet, und der Materialien, auf die man schreibt. Die zuerst genannte Kategorie von Änderungen, die Größenänderungen, ist in der Regel mit der Suche nach der optimalen oder maximalen Größe der Objekte verbunden oder mit ihrer Vervielfältigung. Die letzte Kategorie von Änderungen, die das Material betrifft, ist gewöhnlich verbunden mit der Suche nach wirtschaftlichen Vorteilen oder verbesserten Eigenschaften hinsichtlich Leistung und Funktion. Ingenieure äußern sich selten über alle Kategorien der Innovation gleichzeitig.

Die meisten technischen Projekte haben keine Innovationen im großen Stil zur Folge. Und die Wahl des Materials kann oft willkürlich sein, eher durch ästhetische Vorlieben oder Standesbewußtsein bestimmt als durch irgendeinen technologischen Imperativ. Aber recht häufig kann es zu einer Katastrophe kommen, wenn man eine Idee im falschen Material in die Tat umzusetzen versucht. Ein hölzernes Floß zum Beispiel funktioniert gut, aber eines aus Stein täte es nicht, und einige Holzarten sind für Flöße sogar geeigneter als andere. Thomas Edison wußte natürlich, daß nicht jedes Material für den Glühfaden einer Glühbirne geeignet war, aber er wußte auch, daß seine Idee im Prinzip funktionieren mußte – wenn er nur ein Material ausfindig machen konnte, das die richtigen Eigenschaften besaß. Edison probierte zahlreiche verschiedene Materialien aus, bis

          Der Bleistift

er auf das richtige stieß. Als er gefragt wurde, ob die lange Suche ihn jemals entmutigt habe, soll er das verneint haben: Jeder fehlgeschlagene Versuch habe ihn etwas gelehrt – nämlich welches weitere Material er aus seinen künftigen Überlegungen ausnehmen könnte. Charles Batchelor, Edisons Mitarbeiter in Menlo Park, beschrieb das Scheitern eines solchen Experiments: «Machten Hanffasern mit Bleistücken, d.h. mit Graphit, wie er in Bleistiften verwendet wird – sie haben für uns zu viel anderes Zeug mit drin –, sie quellen auf und bilden Gase oder Bögen, die die Lampen platzen lassen.»

Die Geschichte des Bleistifts bringt ebenso denkwürdiges Suchen mit sich. Zum Beispiel die Suche nach einem geeigneten Material für Bleistiftminen und nach Verfahren, dieses zu einer guten Alternative zum idealen Graphit zu verarbeiten, als dessen Vorräte zur Neige gingen. Sie erstreckte sich auf die ganze Erdkugel und umfaßte Jahrhunderte. Aber wenn eine solche Suche beendet ist und ein Gegenstand wie der Bleistift oder die Glühbirne ein gewisses technisches Niveau erreicht hat, können der Gegenstand und das Material wie füreinander geschaffen erscheinen.

Kapitel 3

Bevor es den Bleistift gab

Wie wird ein Bleiklumpen, der eine ganz passable Linie zieht, zu einem modernen Bleistift? Wie wird aus einem gerundeten Stein ein Rad? Wie wird aus einem Traum ein Flugzeug? Der Prozeß, in dem Ideen Wirklichkeit werden und Gegenstände zur Perfektion gelangen, ist im wesentlichen das, was man heute als die technische Methode kennt. Die Methode ist jedoch, genau wie das Ingenieurwesen, in Wirklichkeit so alt wie der *Homo sapiens* – oder zumindest der *Homo faber*; und da der Prozeß in jeder seiner spezifischen Ausprägungen so eigen ist wie das Individuum einer Art, läßt er sich nur schwer erfassen. Aber obwohl jede Erfindung und jedes technische Produkt seine einzigartigen Aspekte hat, besteht doch eine gewisse Ähnlichkeit hinsichtlich des entwicklungsgeschichtlichen Weges, auf dem ein Schreibgriffel zu einem Bleistift wird, eine Skizze zu einem Palast oder ein Pfeil zu einer Rakete. Diese Beobachtung ist so alt wie das Buch Prediger Salomo, wo vielleicht zum ersten Mal schriftlich festgehalten, aber wahrscheinlich nicht zum ersten Mal beobachtet wurde: «Was geschehen ist, das wird hernach sein. Was man getan hat, eben das tut man hernach wieder, und es geschieht nichts Neues unter der Sonne.»

Alles, was so alt ist wie die Zivilisation, kann mit den verschiedenen Berufen in Verbindung gebracht, jedoch nicht ausschließlich von ihnen in Anspruch genommen werden. So gab es schon vor der Medizin Heilmittel, vor der Religion Glauben, vor dem geschriebenen Recht Konflikte und vor dem eigentlichen Ingenieurwesen technologische Produkte. Das Wesen der Ingenieurkunst ist ebenso wie das der Medizin, der Religion, des Rechts oder einer anderen geregelten menschlichen Aktivität nur eine von vielen Manifestationen des menschlichen Geistes. Was die Tätigkeit moderner Ingenieure von den kreativen Prozessen der antiken Handwerker unterscheidet, ist nur eine Frage der Bewußtheit des eigenen Tuns, der Intensität, der Umsicht, der Effizienz, der Wissenschaft und der Wahrscheinlichkeit des Erfolgs, mit dem die technischen Methoden der Ingenieure auf im allgemeinen immer komplexere Produkte und Prozesse angewendet werden. Genau wie wir alle auch als medizinische oder juristische Laien ein Gefühl dafür haben, was Gesundheit bzw. Gerechtigkeit ist, so haben wir auch alle ein Gefühl für Design, ohne daß wir Ingenieure wären. Der moderne Ingenieur unterscheidet sich von unseren frühesten Vorfahren nicht durch sein elementares intuitives Wissen, sondern durch die Entwicklung von analytischen und synthetisierenden Fähigkeiten und Geräten, die die Wahrscheinlichkeit, daß Nitroglyzerin bei der Suche nach einem neuen Schreibstoff explodiert oder daß aus einer Pflugschar ein Schwert wird, zugleich erhöhen und verringern. Aber auch die Komplexität des modernen Lebens ist «nichts Neues».

Technische Produkte entwickeln sich heute weiter und ersetzen ihre Vorläufer, wie sie es ganz ähnlich schon im Altertum taten. Cicero ist ein klarer Beweis dafür, daß die Art und Weise, wie wir Dinge heute tun, einem Römer nicht fremd wäre – sei er Architekt, Ingenieur oder Laie. Denn was der Römer Cicero schrieb, ist auch uns durchaus bekannt. In einem Brief an seinen Freund, Ratgeber und Vertrauten Atticus, der anscheinend die Fenstergröße des Landhauses kritisiert hatte, in das er auf Besuch kommen wollte, bemerkte er, daß Atticus Kritik an der Ausbildung des Architekten Cyrus übe, wenn er die engen Fenster bemängele. Cicero gab (inklusive eines geometrische Arguments, vielleicht auch einer Art Zeichnung) Atticus die Erklärung, die ihm auch Cyrus gegeben hatte, weshalb die Fenster genau richtig seien, um den Garten zur Geltung zu bringen. Dann fuhr er fort: «Wenn Du sonst noch etwas auszusetzen findest, werde ich nicht dazu schweigen, es sei denn, es ließe sich ohne große Kosten ändern.»

Das ideale Ziel beim Entwerfen ist es, das beste Produkt für möglichst wenig Geld zu fertigen und zu liefern, indem man die besten verfügbaren Ressourcen nützt. Diese Ressourcen sind Stil, Zeit und Energie sowie Geld und Material. Da es immer ökonomische und sonstige Zwänge gibt, kann man auch jedes technologische Produkt kritisieren. Es wird nie völlig effizient oder fehlerlos sein oder vollkommen stabil oder absolut sicher, wenn es denn tatsächlich überhaupt sicher oder stabil gemacht

DER BLEISTIFT

werden kann, ohne seine Funktionsfähigkeit, seine *raison d'être*, zu verlieren.

Bei jeder Kritik und jedem vernünftigen Verbesserungsvorschlag möchte ein Ingenieur entweder mit einer Verbesserung antworten oder das unvollkommene Produkt als das erwiesenermaßen beste verteidigen können, das man zu diesem Zeitpunkt mit den gegebenen Materialien und Ressourcen, ohne den Rahmen des Budgets zu sprengen, realisieren kann. Aber der wahre Ingenieur wird auch von selbst erkennen, daß weitere Verbesserungen wünschenswert sind, die ohne allzu große Kosten, allzu hohe Ansprüche an die vorhandene Technologie oder allzu hohen Zeitaufwand in die Tat umzusetzen sind. Wenn sich jedoch neue Finanzquellen auftun, neue Technologien oder neue Materialien entwickelt werden oder wenn der Bedarf an einem verbesserten Design nicht so dringend ist und somit Zeit für weitere Entwicklungen bleibt, dann wendet sich der gewissenhafte Ingenieur nicht gegen die Kritik, sondern begrüßt sie als Initiative.

Geschichte und Praxis des Ingenieurwesens werden oft im Sinne von zunehmend größer und komplexer werdenden Maschinen, Bauten, Geräten, Systemen und Prozessen verstanden, die alle eine Tendenz dazu haben, immer technischer, geheimnisvoller und bedrohlicher zu werden. Aber die Grundideen des Ingenieurwesens und die fundamentalen Prinzipien technischer Methoden sind in Wirklichkeit nicht so komplex. Wenn wir versuchen, einfache Ideen und Prinzipien ausgerechnet anhand der komplexesten Beispiele und Problemstellungen zu verstehen, dann fühlen wir uns in der Regel überfordert. Wenn wir aber das Wesen der Ingenieurkunst anhand der elementarsten und am wenigsten abstrakten Beispiele begreifen, dann fällt es uns leichter, zum Kern der Sache vorzudringen, wenn wir mit etwas konfrontiert werden, was so groß und unvertraut ist, daß wir uns kaum sein wirkliches Aussehen vorstellen, geschweige denn, es in unserer Hand halten und darüber nachdenken können. Was als das Geheimnis des Ingenieurwesens erscheinen mag, findet sich im Gewöhnlichen wie im Ungewöhnlichen, im Kleinen wie im Großen, im scheinbar Einfachen wie im unzweifelhaft Komplexen. Aber bei näherer Betrachtung kann sich selbst das scheinbar gewöhnlichste, kleinste und einfachste Objekt auf seine Art als ebenso komplex und großartig erweisen wie eine Raumfähre oder eine große Hängebrücke. Daher kann die Untersuchung des vermeintlich Trivialen die Entdeckung des Monumentalen bedeuten. Fast jedes beliebige Objekt kann dazu dienen, die Geheimnisse des Ingenieurwesens zu lüften und seine Beziehung zu Kunst, Wirtschaft und allen anderen Aspekten unserer Kultur aufzudecken.

Das Beispiel der Entwicklung des Bleistifts kann als ideales Anschauungsmaterial dienen. Ein Bleiklumpen oder ein Kohlestück konnte zwar sicherlich als primitives Schreibinstrument gute Dienste leisten, doch war es auch leicht zu kritisieren: Das längere Schreiben oder Zeichnen mit einem Klumpen irgendeines Materials kann die Finger verkrampfen und damit den Schreibstil und vielleicht auch das Hirn. Der relativ unförmige Klumpen verdeckte dem Schreiber oder Zeichner gerade das, was er schrieb oder zeichnete, und machte ein sorgfältiges und detailliertes Arbeiten zumindest schwierig. Der von einem Bleiklumpen gezogene Strich war vielleicht nicht so dunkel, wie man ihn gern gehabt hätte; der von einem Kohlestück gezogene Strich dagegen war vielleicht zu dunkel und verschmierte das Pergament oder Papier, von den Händen ganz zu schweigen. Die Menschen des Altertums waren zweifellos ebenso chronische Nörgler wie wir heute, und sie haben sicher eine ähnliche Kritik an der mangelhaften Qualität ihrer Schreibinstrumente geäußert. Gab es denn nichts Besseres als einen Bleiklumpen oder ein Stück Kohle?

Noch bis in die Neuzeit bedurfte die Tätigkeit des Schreibens vieler Vorbereitungen und war mit zahlreichen Unbequemlichkeiten verbunden. In der Antike kannte man Federn aus Schilfrohr, dann wurden für über ein Jahrtausend Federkiele benutzt. Aber beide Instrumente verlangten die Vorbereitung ihrer Spitze und mußten immer wieder in Tinte eingetaucht werden, die verspritzen und verschmieren konnte. Zum Zubehör für das Schreiben mit der Feder gehörten zum Beispiel nicht nur Feder und Tinte, sondern auch ein Federmesser zum Schärfen der Spitze und eine saugfähige Substanz, wie etwa Puder, mit der man die Tinte trocknete und sie am Verlaufen hinderte. Berühmte Bildnisse Albrecht Dürers zeigen den Heiligen Hieronymus mit einem Federkiel und Erasmus mit einer Rohrfeder beim Schreiben auf einer geneigten Oberfläche, mit einem Tintenfaß in der Hand oder auf einer ebenen Fläche in erreichbarer Nähe.

Lange Zeit waren Metallgriffel und Wachstafel die wichtigste Alternative zu Feder und Tinte auf Papyrus oder Pergament. Das lateinische Wort für Baumstamm, *codex*, wurde schließlich für die mit Wachs bedeckte hölzerne Tafel verwendet, die sich zum modernen Buch weiterentwickeln sollte. Der harte Rahmen der Tafel, der später auch aus Elfenbein gefertigt wurde, umschloß eine Wachsoberfläche, in die man mit dem spitzen Ende des Schreibgriffels oder *Stilus* ritzen konnte. Das andere Ende des Schreibgriffels war oft flach oder auf eine andere Art so geformt, daß es das Wachs für Änderungen oder Wiederverwendung glätten konnte, und diente so zum Radieren. Einige Gelehrte glauben, daß der englische Dichter Chaucer Werke wie die *Canterbury Tales* auf Wachstafeln konzipiert und nur die Endfassung mit Tinte auf Pergament geschrieben habe. Die «Erzählung des Büttels» beschreibt, wie ein skrupelloser Klosterbruder eine Wachstafel, auf der Schriftzeichen leicht gelöscht werden konnten, handhabt, ohne sich weiter um die Leute zu scheren, denen er einen Gefallen versprochen hatte:

An einem Stab mit einem Griff von Horn
Zog sein Kumpan mit, der von Elfenbein
Schreibtafeln trug, in die er nur zum Schein
mit blankem Stift der Geber Namen schrieb...
Doch kaum war er zum Tore noch hinaus,
So wischt er schon die Namen wieder aus,
Die er soeben in die Tafeln schrieb.

Thomas Astle, dessen erste Ausgabe von *The Origin and Progress of Writing* im Jahr 1784 erschien, schildert, wie man frühe Briefe auf mehrere Holztafeln schrieb, die mit einer Schnur zusammengehalten wurden, deren Knoten mit Wachs versiegelt war. Der altmodische Ausdruck «einen Brief erbrechen» stammt vermutlich daher, daß man dieses brüchige Siegel zerbrechen mußte, um den Brief zu lesen. Astles Traktat berichtet dann, daß zu seiner Zeit, im späten achtzehnten Jahrhundert, Bücher aus Elfenbein, «in die man mit Bleistiften schreibt», für «Memoranden» benutzt wurden. Da es das Hauptanliegen von Astles Buch ist, die sogenannte «diplomatische Wissenschaft» zu beleuchten, die das Alter und die Authentizität von wichtigen historischen Dokumenten, besonders von umstrittenen, bestimmt, ist es nicht verwunderlich, daß er nebenbei auch ein paar Geschichten über Gewalttätigkeiten einfließen läßt. So verleiht Astle seinen Ausführungen über Größe und Gewicht von hölzernen und elfenbeinernen Tafeln eine dramatische Note, wenn er vermerkt, daß «bei

Ein junges Mädchen aus Pompeji mit Griffel und *pugillares* (Wachstafelbuch).

Plautus ein Schuljunge von sieben Jahren vorkommt, der seinem Lehrer mit seinen Schreibtäfelchen den Kopf einschlägt».

Astle behauptet auch, daß scharfspitzige «eiserne Schreibgriffel gefährliche Waffen waren und von den Römern verboten wurden» und daß «an ihre Stelle Griffel aus Elfenbein traten». Er berichtet von gewalttätigen Auseinandersetzungen, bei denen Römer die Griffel mißbrauchten, die zusammen mit den *pugillares* benutzt wurden, wie man die Schreibtäfelchen auf Latein nannte. Diese Bezeichnung leitet sich vom lateinischen Wort für «Handvoll» ab, vermutlich weil zumindest die kleineren Tafeln mit einer Hand offengehalten werden konnten, während die andere den Griffel hielt, um das Wachs zu beschreiben. Astle erzählt zum Beispiel, daß Caesar einen Stilus benutzte, um Cassius damit «vor dem versammelten Senat» in den Arm zu stechen, und daß Caligula dazu aufhetzte, einen Senator mit Hilfe von Griffeln zu massakrieren, und er erzählt von den Foltern, die «Cassianus von seinen Schülern erdulden mußte, die ihn mit ihren *pugillares* und Schreibgriffeln umbrachten».

Metallgriffel, für friedliche Zwecke benutzt, waren schon lange dafür bekannt, daß man mit ihnen einen hellen Strich auf vielen verschiedenen

DER BLEISTIFT

Oberflächen ziehen konnte. Aber im Mittelalter wurden sie dann vor allem von Kaufleuten und anderen, die leicht lesbare Listen brauchten, auf Oberflächen eingesetzt, die mit speziellen kreideartigen Substanzen überzogen waren, um die Zeichen deutlicher sichtbar zu machen. Bis heute haben sich Alternativen zu Feder und Tinte gehalten, zum Beispiel die Schiefertafel, auf die Schulanfänger in einigen Ländern der Dritten Welt mit Griffel oder Kreide noch schreiben. Aus Mangel an einem Schreibinstrument haben bekanntermaßen schon viele zu einem unkonventionellen Mittel gegriffen, um ihre Gedanken festzuhalten. Der schottische Dichter Robert Burns soll einige seiner Verse verfaßt haben, indem er die Worte mit einem Diamantring in eine Fensterscheibe kratzte. Einige Wirte haben diese Praxis zwar beklagt, doch anderen war der populäre Poet willkommen; bis zum heutigen Tag erinnert ein Hotel in Stirling seine Besucher daran, daß Burns einmal einen Vers in eines seiner Fenster geritzt hat, und unterhält stolz eine Robert-Burns-Suite, wo der Dichter inspiriert worden sein soll.

Mit der Zeit sollte man zwar herausfinden, daß der Graphit, der in Bleistiftminen verwendet wurde, chemisch mit dem Diamanten identisch und nicht weniger wertvoll ist. Doch muß es der Traum von vielen Schriftstellern zu allen Zeiten gewesen sein, ein wirklich unbequemes Schreibinstrument durch ein Gerät zu ersetzen, das so tragbar, aber nicht annähernd so teuer war wie ein Ring. Dieser Traum wurde durch eine Erfindung wahr, die nicht nur keine flüssige Tinte benötigte, sondern auch relativ klare und saubere, und doch ausradierbare Zeichen auf einem unbehandelten Papier machen konnte, das seinerseits viel tragbarer war als eine Wachstafel, eine Schiefertafel oder eine Fensterscheibe.

Oft deutet das bloße Aussprechen eines Mangels bei einem Gegenstand auch gleich an, wie dieser Mangel bei einem neuen oder verbesserten Gegenstand zu beheben ist. Wenn ein Bleiklumpen für die Hand unbequem ist, dann sollte er umgeformt werden, um bequem in der Hand zu liegen. Wenn der Klumpen dem Schreiber die Sicht auf das Geschriebene versperrt, dann sollte der Klumpen kleiner gemacht werden. Aber wenn man das Schreibgerät bloß kleiner machte, könnte es noch mehr die Hand verkrampfen, die es hält. So sollte der Klumpen vielleicht so gehämmert werden, daß er am schreibenden Ende schmal ist und sonst doch nicht so dünn, daß er unbequem zu halten wäre. Ein Handwerker, der nach solch einfachen technischen Beobachtungen handelte, konnte den Klumpen

Blei für feineres Schreiben und Zeichnen zum Griffel gestalten und für das Vorlinieren zum scheibenförmigen *plumbum*, das nicht gleich abstumpfte. Und da diese Verbesserungen billig zu haben waren, hätte sich derjenige, der die Vorläufer unserer Bleistifte herstellte oder lieferte, nur schwer den Änderungen verweigern können – besonders in einer Gesellschaft mit freiem Unternehmertum, wo das Nichtreagieren auf die Mängel des eigenen Produkts eine Einladung an die Konkurrenz ist, den Markt mit einer verbesserten Version des gleichen Produkts zu erobern.

Was die Stärke der von einem Stück Metall gezogenen Linie angeht, so ist Blei eben Blei, und seinen Strich kann man nicht einfach dunkler machen, indem man bloß noch einmal drüberfährt. Man kann versuchen, das Blei zu erhitzen oder es mit anderen Materialien zu vermischen, um einen dunkleren Strich zu erzielen. Aber solche Änderungen bedürfen der Forschung und Entwicklung (so primitiv sie in diesem Beispiel auch scheinen mögen) und können unvorhersehbare Kosten zur Folge haben, die sich vielleicht niemals auszahlen. Daher konnte der antike Produzent von Schreibgriffeln dem antiken Griffelbenutzer auf seine Kritik antworten, daß man den Strich nicht ohne Aufwand dunkler machen könne (es sei denn, man wolle krümelige Holzkohle benutzen). Es war eben kein besseres Material für einen Stift bekannt als reines metallisches Blei. Und der Produzent mochte vielleicht beim Versuch, sich für die Schwächen des Materials zu entschuldigen, die Kritiker daran erinnern, daß man Bleistriche mit Brotkrümeln ausradieren konnte.

Die Form des Griffels konnte sich also viel leichter aus einem Klumpen Blei entwickeln, als es die Qualität des Strichs konnte. Im Laufe der Zeit sollten sich jedoch durch Nachdenken, Herumbasteln und Versuche auf gut Glück Bleilegierungen entwickeln, etwa mit Zinn und Wismut und eventuell Quecksilber, die einen besseren Strich ergaben und nebenbei auch eine bessere Spitze, die länger hielt und weniger kratzte. Schon im zwölften Jahrhundert schrieb der deutsche Mönch Theophilus über eine Blei-Zinn-Legierung, die man zusammen mit Lineal und Zirkel benutzte, um Zeichnungen auf Holztafeln zu machen. Solche Griffel, die aus etwa zwei Teilen Blei und einem Teil Zinn bestanden, wurden in Deutschland als «Silberstift» bekannt, unabhängig von ihrer Form oder ihrem genauen Metallgehalt. Da Theophilus nach Cyril Stanley Smith «der erste Mensch in der Geschichte war, der mit Worten alles mögliche dokumentierte, was sich nur irgendwie mit neben-

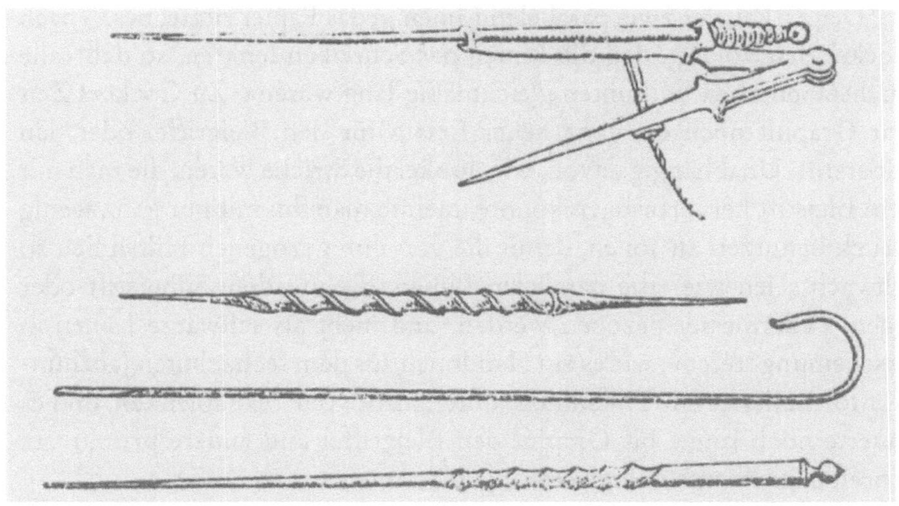

Einige Bleigriffel und Silberstifte, darunter ein Zeicheneinsatz für einen Zirkel.

sächlichen Details einer Technik berührte, die er aus eigener Erfahrung kannte», ist ungewiß, wie lange es schon Silberstifte gab, bevor sie das erste Mal beschrieben wurden.

Schreib- bzw. Zeichengeräte aus Blei oder aus Legierungen mit anderen Metallen mochten zwar Feder und Tinte weit unterlegen sein, doch wurden sie bis ins Mittelalter benutzt, um Linien und Ränder auf Papyrus, Pergament und Papier zu ziehen, damit der Text des Manuskripts leichter gerade zu halten war und die Abstände regelmäßig gerieten. Anscheinend wurde dieser Brauch im frühen fünfzehnten Jahrhundert seltener, und die Zeilen von Manuskripten nach dieser Zeit wurden «krumm und schief». Aber diese Praxis geriet nicht völlig in Vergessenheit.

Edward Cocker, ein Schulmeister des siebzehnten Jahrhunderts, schrieb unter anderem das erste englische Rechenbuch für das Handelswesen. Das Buch war derart bekannt, daß «nach Cocker» im englischen Sprachraum zur sprichwörtlichen Bezeichnung für Akkuratesse wurde. Aber Cocker wollte nicht nur, daß seine Leser ihre Rechnungsbücher ordentlich führten. Unter der Überschrift «Handhabung und Gebrauch einer Feder» begann er seine Anweisungen über das Schreiben: «Wenn man ein Buch zum Hineinschreiben oder ein Blatt Papier zum Daraufschreiben hat, auf dem Hilfslinien mit einem Bleistift oder einem Zirkel gezogen sein müssen...»

Der Zirkel, der zwei parallelen Linien in das Papier ritzte, besaß nach Cocker den Vorzug, daß die Linien das Schreiben lenkten, so daß «alle Buchstaben oben und unten gleichmäßig lang waren». Zu Cockers Zeit war Graphit noch ein ganz neuer Ersatz für den Bleigriffel oder den Silberstift. Unabhängig davon, wie dunkel die Striche waren, die man mit dem Bleistift hervorbringen konnte, meinte man ihn mit nur ganz wenig Druck benutzen zu sollen, damit die von ihm gezogenen Hilfslinien so schwach seien wie «die parallelen Linien, die mit dem Silberstift oder einem Federmesser gezogen werden, und nicht als schwarze Linien in Erscheinung treten», wie es ein Handbuch aus dem sechzehnten Jahrhundert formulierte. Die Hilfslinien sollten nicht vom Text ablenken, und es dauerte noch lange, bis Graphit den Bleigriffel und andere primitivere Schreibinstrumente völlig verdrängen konnte.

Zwar existieren wohl keine alten Bleistifte mit Metallmine mehr, doch die Praxis, für Schönschrift schwache Hilfslinien zu benutzen, wird wohl nie ganz verschwinden. Holzbleistifte und Bleigriffel bestanden bis ins neunzehnte Jahrhundert nebeneinander, und ein Autor erinnert sich, daß im Norden des Staates New York in den zwanziger Jahren des neunzehnten Jahrhunderts «Gänsekiele fürs Schönschreiben und Bleigriffel zum Linienziehen verwendet wurden; *Bleistifte* waren für den Schulgebrauch nicht notwendig, obwohl sie verbreitet waren.» Die Bleigriffel waren oft handgemacht, und ein Junge konnte sich eine Gußform aus einem Stück Kiefernholz schneiden, um geschmolzenes Blei in die Gestalt einer Axt oder eines Tomahawks zu gießen. Diese Bleigriffel trug man in der Tasche, und sie waren mit ihren scharfen Kanten immer zur Hand, um Hilfslinien für Schönschrift zu ziehen. Neben dem Reiz, den sie auf einen kleinen Jungen ausübte, hatte die Form der Axt oder des Tomahawks klare Vorzüge gegenüber spitzen Bleigriffeln. Letztere verbogen sich leicht unter dem Druck, der zum Linieren nötig war, während die flacheren Formen ihre Kanten besser behielten. Die Menschen der Antike wußten das, weshalb Bleigriffel zum Vorlinieren in Form einer flachen, scharfkantigen Scheibe gemacht wurden. Die Römer nannten eine solche Scheibe *plumbum* oder auch *productal,* was soviel heißt wie «etwas, was man nach vorne zieht». Die Griechen nannten sie *paragraphos,* was «Dazugeschriebenes» bedeutet und wovon sich das Wort «Paragraph» ableitet.

Bleigriffel sind inzwischen aus der Mode gekommen, doch es gibt noch unlinierte Schreibblöcke mit einem einzelnen Linienblatt. Es ver-

     DER BLEISTIFT

hindert nicht nur, daß sich der Stift auf das nächste leere Blatt durchdrückt, sondern sorgt auch für einen gleichmäßigen Abstand der Zeilen. Nach einem im Jahr 1540 veröffentlichten italienischen Schreib-Handbuch sollte «das Blatt mit den schwarzen Linien» die Hand des Anfängers üben, bis er «gut und sehr sicher» ohne Linien schreiben konnte.

Aber auch wenn sich Gebräuche nur langsam ändern, warten Verbesserungen der Gebrauchsgegenstände nicht unbedingt die Entdeckung von neuen und besseren, reineren Materialien ab. Lange bevor Graphit allgemein als Zeichen- und Schreibmedium bekannt war, wurden Bleigriffel infolge von tatsächlich geäußerter oder vorweggenommener Kritik verändert, wenn nicht sogar infolge der Launen und Phantasien von Schulkindern. Einige Griffel wurden in Form von dünnen Stäben hergestellt, die am einen Ende fürs Schreiben gespitzt und am anderen fürs Linienziehen abgeflacht waren; so machten sie ein separates *plumbum, productal* oder *paragraphos* überflüssig. Diese Verfeinerung entwickelte sich möglicherweise aus der Idee des Wachstafel-Griffels, dessen eines Ende stumpf war zum Löschen der Schrift; oder vielleicht entwickelte sie sich auch deshalb, weil Mönche sich darüber beklagten, daß sie erst ein Stück Blei aus der Hand legen mußten, um ein anderes aufzunehmen, oder auch weil diese Verbesserung einen sparsamen Materialverbrauch gewährleistete. Aus diesen Gründen empfahlen auch im zwanzigsten Jahrhundert Lehrbücher für technisches Zeichnen den Ingenieuren, die Bleistifte an beiden Enden unterschiedlich anzuspitzen, um Spitzen für je verschiedene Zwecke zur Verfügung zu haben.

Als sich der Griffel aus reinem Blei, in welcher Form auch immer, zu einem Stift aus einer Legierung weiterentwickelte, verwendeten unterschiedliche Hersteller natürlich voneinander abweichende Legierungen mit verschiedenen Graden an Verunreinigungen, was vielleicht mit der Qualität und der Verfügbarkeit lokaler Rohstoffe zusammenhing. So hatten Schriftsteller und Künstler immer noch Grund zur Klage und konnten sich über die relativen Vorzüge des einen oder des anderen Griffels streiten. Aber im großen und ganzen hatte sich der Griffel schon im Altertum zu einem recht komfortablen Instrument entwickelt, das einen einigermaßen ordentlichen Strich ergeben konnte. Und nachdem der Strich des Schreibgeräts erst einmal «perfektioniert» worden war, konnte man sich auf die Verbesserung weniger wichtiger Merkmale konzentrieren. So wurden Griffel aus einer Bleilegierung schließlich in Papierhülsen eingewickelt, vielleicht um mit geringem Aufwand auf die Beschwerde zu reagieren, daß nacktes Metall die Finger schmutzig mache. Das war in der Tat eine Klage, die schon in der Zeit Plinius' des Älteren geäußert wurde; denn dort, wo der römische Gelehrte in seiner *Naturkunde* die Popularität des Goldes diskutiert, sagt er über das Edelmetall: «Ein weiterer, noch bedeutenderer Grund für seinen Wert besteht darin, daß es sich beim Gebrauch sehr wenig abnützt; während sich mit Silber, Kupfer und Blei Linien ziehen lassen und die Hände durch das abgeriebene Material schmutzig werden.» Mit Papier umhüllte Bleigriffel, die die Hand nicht verschmutzten, blieben bis weit ins achtzehnte Jahrhundert hinein verbreitet und kamen erst Anfang unseres Jahrhunderts außer Gebrauch.

Bei einer ägyptischen Ausgrabung wurden fünf kleine Graphitstücke gefunden, die von 1400 v. Chr. datieren, doch sie sind verunreinigt und wohl eher als Pigment als zum Schreiben oder Zeichnen verwendet worden. Weniger alte – schriftliche – Zeugnisse von 1400 n. Chr. beziehen sich vermutlich auf vereinzelte und minderwertige europäische Vorkommen. Die Ursache dafür, daß der Graphit schließlich die Bleilegierung als bevorzugte Substanz für ein trockenes Schreib- und Zeichenmedium ablöste, das keine speziell behandelte Schreiboberfläche brauchte, war einfach der Umstand, daß um die Mitte des sechzehnten Jahrhunderts eine große Menge leicht abbaubaren Materials gefunden wurde, das einen viel besseren Strich ergab. Es sollte zwar noch Jahrhunderte dauern, bis man seine eigentliche chemische Struktur herausfand und es richtig benannte, doch bemerkt wurden die außergewöhnlichen Eigenschaften der Substanz schon bald nach ihrer Entdeckung in der Nähe der Stadt Keswick in Cumberland in Nordwest-England, mitten im sogenannten Lake District. Die Entdeckung des Graphits selbst scheint nirgends dokumentiert worden zu sein, aber sie hat zweifelsohne ihre Spuren in Wissenschaft, Technik, Kunst und der gesamten Zivilisation hinterlassen.

Kapitel 4

Das Aufkommen einer neuen Technologie

Die moderne Geschichte des gewöhnlichen Holzbleistifts reicht mehr als vier Jahrhunderte zurück: Ein leicht erkennbarer Vorläufer des heutigen Bleistifts wird in einem 1565 in Zürich veröffentlichten Buch über Fossilien beschrieben, das der Schweizer Arzt und Naturforscher Konrad Gesner verfaßt hat. Wie praktisch alle gelehrten Abhandlungen dieser Zeit ist das Buch in Latein geschrieben und trägt den schwerfälligen Titel *De Rerum Fossilium Lapidum et Gemmarum Maxime, Figuris et Similitudinibus Liber*, was etwa heißt, daß dieses Buch besonders von den Formen bzw. Abdrücken von Fossilien, Steinen und Edelsteinen handelt. Aber anders als die meisten anderen zeitgenössischen Abhandlungen zur Naturgeschichte ist Gesners Buch bebildert. Unter den Illustrationen ist eine, die nicht ein Fossil zeigt, sondern einen Gegenstand, den Gesner als eine neue Art Schreibgriffel oder Schreibinstrument bezeichnet. Er ist neben einem Stück des Minerals abgebildet, aus dem seine Schreibspitze gemacht war. Wie nicht anders zu erwarten, wissen wir viel mehr über die Person, die diesen ersten bekannten Graphitstift benutzte, als über den Stift selbst, seine Vorläufer oder seinen Hersteller.

Konrad Gesner wurde im Jahr 1516 in Zürich geboren. Sein aufgewecktes Wesen veranlaßte seinen Vater, ihn den Unterricht im Haus eines Verwandten besuchen zu lassen, der Heilkräuter pflanzte und sammelte. Der Junge lernte Griechisch und Latein und bereitete im Alter von einundzwanzig Jahren ein Griechisch-Lateinisches Wörterbuch vor. Seine Kenntnisse im Griechischen ermöglichten ihm, genügend Geld für ein Medizinstudium zu verdienen, und noch nachdem er als Arzt zu praktizieren begonnen hatte, hielt er Vorlesungen über die aristotelische Physik.

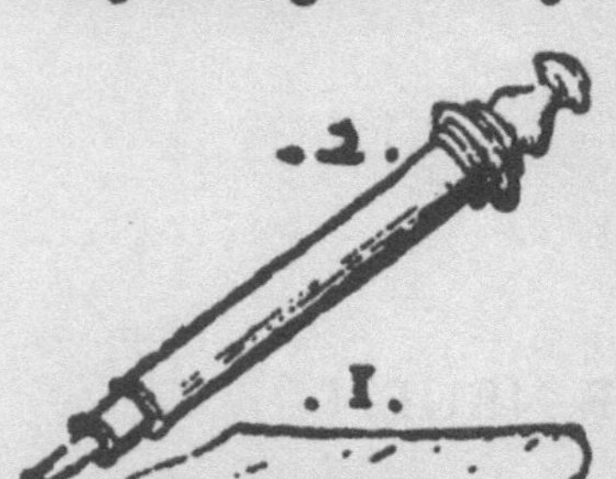

Die erste bekannte Abbildung eines Bleistifts aus Konrad Gesners 1565 erschienenem Buch über Fossilien.

Für Gesner war es ganz selbstverständlich, sich ebenso für eine neue Art von Schreibinstrument zu interessieren wie für Fossilien, denn seine Neugierde war grenzenlos. Er las einfach alles, schrieb über ebenso viele Themen und gab alle möglichen Bücher heraus. Wir verdanken ihm etwa siebzig Bücher, darunter Werke, die ihm Titel wie «Vater der Bibliographie», «Deutscher Plinius» oder «Vater der Zoologie» eingebracht haben. Er soll «mit einer Schreibfeder in der Hand geboren» worden sein, und er scheint sie nur niedergelegt zu haben, um einen Bleistift zu ergreifen, wenn er sich Notizen für ein neues Buch machen wollte. Gesner starb 1565, dem Jahr der Veröffentlichung seiner Abbildung des Bleistifts, an der Pest.

Unter seinen anderen Werken befinden sich ein medizinischer Traktat über die Vorzüge der Milch, ein Bericht über die ungefähr 130 Sprachen, die zu seiner Zeit bekannt waren, mit Holzschnitten reich illustrierte Untersuchungen über das Leben von Pflanzen und Tieren sowie eine kritische Bibliographie mit über 1800 Einträgen, ein enzyklopädisches Werk, in dem ein Überblick über das damals bekannte Wissen der Welt gegeben werden sollte. Es versteht sich von selbst, daß reine Werke über das Ingenieurwesen in Gesners Bibliographie des sechzehnten Jahrhunderts nicht gerade zahlreich vertreten waren. Aber für jemanden, dessen Leben sich derart um Lesen und Schreiben drehte, mußte die Begegnung mit einem neuen und praktischen Schreibgerät wirklich so aufregend gewesen sein wie die zufällige Entdeckung einer neuen Pflanze beim Herumklettern in den Bergen.

Das in Gesners Buch abgebildete Instrument sieht wie eine Holzröhre aus, mit einer Spitze aus Blei am einen und einem kunstvollen Knauf am anderen Ende, dort wo wir heute einen Radiergummi erwarten würden. Eine andere Abbildung Gesners veranschaulicht, daß ein solcher Knauf dazu diente, ein Stück Schnur am Griffel zu befestigen, damit er an das von Gesner *pugillares* genannte Notizbuch des Naturforschers angebunden werden konnte. Spuren einer solchen Praxis finden sich noch in neuerer Zeit. Bleistifte mit einem Knauf oder Ring am Ende werden seit dem späten neunzehnten Jahrhundert hergestellt, darunter zum Beispiel Stifte für Wahlkabinen. In Viktorianischer Zeit ließen sich Holzbleistifte in Gold- oder Silbergehäuse zurückziehen, die ihre Mine und die Kleider ihrer Besitzer schützten und die ausnahmslos einen Ring besaßen, um an einer Kette befestigt werden zu können. Handwerker und Leute, die Notizen aufnehmen, kerben das eine Ende ihres Bleistifts oft ein, damit sie eine Schnur daran befestigen und diese an einen Schreibtisch oder ein Klemmbrett binden können. Den modernen Kugelschreiber, von dem man einmal gesagt hat, er sei «nichts anderes als

Gesners Abbildung eines an einem Wachstafelbuch befestigten Griffels.

ein tintiger Bleistift», kann man noch immer an Post- und Bankschalter angekettet finden.

Für Gesner war jedoch nicht der altbekannte Knauf das eigentlich Bemerkenswerte, sondern der Schreibstoff, der in das funktionale Ende der Röhre eingesetzt war und eine speziell grundierte Schreib- oder Zeichenoberfläche überflüssig machte. Gesner sagt über den abgebildeten Gegenstand nur:

Der unten gezeigte Griffel ist zum Schreiben gedacht und besteht aus einer Art Blei (manche bezeichnen, wie ich gehört habe, den Stoff als englisches Antimon), das zugespitzt und in einen Holzgriff gesteckt wird.

So gewöhnlich der Bleistift heute auch ist, so kann man doch noch moderne Bücher über das Skizzenzeichnen und über technische und Architekturzeichnungen finden, die neben anderen einleitenden Erörterungen über Werkzeuge auch Abbildungen von Bleistiften enthalten. Aber diese Bücher zeigen keine Graphitklumpen und beschreiben nur selten die Herkunft des Stoffs. Es muß also die Neuheit dieser Substanz zu Gesners Zeiten gewesen sein, die ihn dazu veranlaßte, nicht so sehr den Stift als vielmehr seine Spitze zu beschreiben. Und da er daran gewöhnt war, seine Bücher mit Holzschnitten von neuen Pflanzen- und Tierarten auszustatten, lag es für Gesner nur nahe, auch eine Abbildung des neuen Schreibinstruments und seines Materials beizufügen. Was Gesners Illustration genau zeigt, ist ein wenig Interpretationssache. Aber entsprechend dem Gedanken, daß das Material, aus dem die Spitze des Griffels gemacht ist, das eigentlich Neue ist, muß das untere, nicht beschriebene Objekt in Gesners Illustration ein Stück des «englischen Antimons» sein.

Obwohl Gesners Griffel wie ein moderner Druckbleistift aussieht, ist er in Wirklichkeit viel primitiver. Die Spitze des «Bleis» wurde vermutlich vom abgebildeten größeren Stück abgesägt oder abgehobelt und in eine Röhre gesteckt, die ihrerseits vielleicht wieder in eine andere, größere gesteckt wurde, wahrscheinlich in ähnlicher Weise, wie Haarbüschel von Tieren zu Pinseln verarbeitet wurden. Andererseits kann Gesners Abbildung so interpretiert werden, daß eine Art Ring etwas zusammenhält, was eine geschlitzte Röhre aus Holz um das Stück Graphit herum sein könnte. Auf beide Arten ließe sich leicht ein kleines zugespitztes Stück «Blei» in einer Röhre festhalten. Eine sich entsprechend verjüngende Röhre, die mit Druck genau in eine andere paßt, und andere Verbindungsarten, denen gewöhnlich noch Festhaltevorrichtungen hinzugefügt werden, sind heute noch in Gebrauch. Solche Vorrichtungen werden in so unterschiedlichen Dingen verwendet wie den Teleskopbeinen eines Kamerastativs, dem Bohreinsatz eines elektrischen Bohrers und – passenderweise – dem Schnappmechanismus eines Druckbleistifts.

Ungeachtet des genauen Mechanismus, der die Spitze in der von Gesner abgebildeten Erfindung festhielt, bedeutete diese eine beachtliche Verbesserung gegenüber einem Stück metallischem Blei oder gegenüber einer von Papier umhüllten Bleilegierung. Jetzt konnte man nicht nur einen dunkleren Strich ziehen, sondern hatte auch ein sauberes, praktisches und bequemes Instrument (das am Reisetagebuch oder am Skizzen- oder Notizbuch eines Felsenkletterers befestigt werden konnte), in dem man «Blei» in verschiedenen Formen und Größen halten konnte, selbst «Blei»stücke, die zu klein waren, um in der Hand gehalten zu werden.

Dies wäre wichtig, falls der Nachschub an dem wundervollen neuen Schreibmaterial knapp und teuer werden sollte und nur kleine Stücke erhältlich sein würden, wie es tatsächlich von Zeit zu Zeit der Fall war.

Hinsichtlich Form und Funktion war das von Gesner beschriebene «Wunder» eindeutig das, was wir heute einen Bleistift nennen. Er behandelte ihn vermutlich deshalb als etwas Besonderes, weil er, zumindest für ihn, ein neues, besseres, tragbares Schreibinstrument war – «aus einer Art Blei», das «manche ... englisches Antimon» nannten. Dieser Stoff machte einen guten Strich auf gewöhnlichem Papier und ersparte es so dem Naturforscher, entweder *pugillares* und Metallgriffel oder lästige und schmutzige Tinte samt Tintenfaß und dem damit verbundenen Zubehör mitzunehmen, um die Fossilien, Pflanzen und Tiere zu dokumentieren, die er in allen möglichen schwer zugänglichen Felsformationen und anderen natürlichen Umgebungen fand.

Gesners Abbildung ist zwar die erste Darstellung eines modernen Bleistifts; die erste Erwähnung findet sich allerdings schon früher. Im Jahr 1564, also ein Jahr vor der Veröffentlichung von Gesners Buch, schrieb Johannes Mathesius über einen damals neu entdeckten Schreibstoff: «Ich weiß noch ..., wie man früher mit einem Silberstift schrieb ...; heute schreibt man auf Papier mit einem neuen, unveredelten Mineral.» Aber diese ungenaue Erwähnung bleibt weit hinter den wohl tausend Worten zurück, die einer verbalen Wiedergabe von Gesners Abbildung entsprächen. Daher ist sie viel weniger im Gedächtnis geblieben als Gesners Illustration. Weder Mathesius noch Gesner aber datieren das erste Erscheinen des Bleistifts genau; sie berichten lediglich über etwas, was schon in Gebrauch ist.

Gesners Illustration wurde vergrößert in einem 1648 veröffentlichten Buch erneut abgedruckt. Dieses setzte posthum das enzyklopädische *Musaeum Metallicum* des Ulisse Aldrovandi fort, eines Naturforschers aus dem sechzehnten Jahrhundert, dessen Werk eine «vollständigere, jedoch weniger kritische Zusammenstellung als die von Gesner» war. Aldrovandi, der ebenfalls in Latein schrieb, nannte den Hauptbestandteil des Bleistifts nicht *«stimmi Anglicum»*, sondern *«lapis plumbarius»*, d.h. «Bleistein». Daß der Bleistift mit einer Abbildung versehen wurde, zeigt, daß er noch Mitte des siebzehnten Jahrhunderts als bemerkenswert galt – wobei die Bezeichnungen für das schreibende Material noch immer uneinheitlich waren.

  DER BLEISTIFT

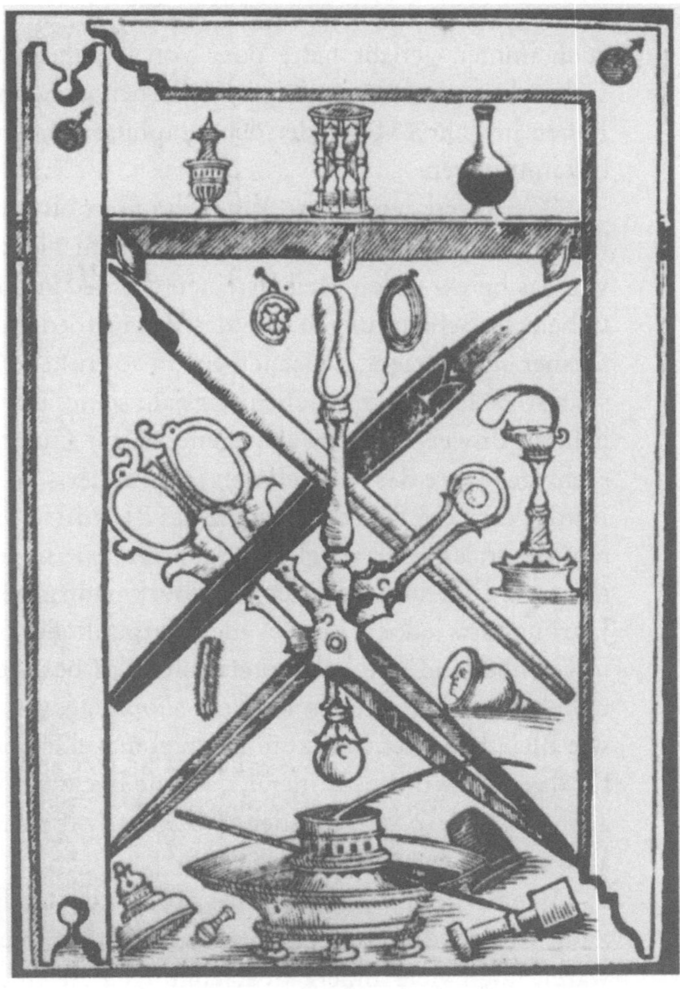

Solche Erwähnungen des Bleistifts dokumentieren zwar, wann es ihn bereits gab, doch verraten sie nicht den genauen Zeitpunkt seines ersten Auftretens. Aber obwohl die fehlende Erwähnung des Bleistifts kein Beweis dafür ist, daß es ihn nicht gab, so legt doch das Schweigen bestimmter Bücher dies nahe. Ein 1540 von dem italienischen Schreibmeister Giovambattista Palatino veröffentlichtes Buch zum Beispiel enthält eine Beschreibung und eine Abbildung «aller Werkzeuge, die ein guter Schreiber braucht», wie Palatino behauptet. Ein Zirkel und ein Metallgriffel sind zwar als Werkzeuge zum Vorlinieren mit aufgenommen, doch gibt es keinen Hinweis darauf, daß der Autor auch nur die leiseste Ahnung von einem Stück Graphit, unter welcher Bezeichnung auch immer, gehabt hätte oder von einem Stift aus diesem Material. Daher kann man mit einiger Sicherheit annehmen, daß zumindest in Italien im Jahr 1540 weder der Graphitstift noch seine Schreibsubstanz bekannt waren.

Wann und wo genau Stifte, die Graphit enthielten, das erste Mal hergestellt und verwendet wurden, scheint nicht dokumentiert zu sein, wie das bei so vielen Meilensteinen der Technologie der Fall ist. Es gibt unbelegte Behauptungen, die das Zutagefördern des Graphits, auf den Gesner sich bezieht, zwischen einem so frühen Zeitpunkt wie 1500 und spätestens 1565, dem Erscheinungsjahr seines Buches, ansetzen. Die spärlichen Hinweise deuten aber generell auf Cumberland und die frühen sechziger Jahre des sechzehnten Jahrhunderts als Ort und Zeitpunkt der Entdeckung der Schreibsubstanz des Bleistifts – jenes «neuen, unveredelten Minerals» oder «englischen Antimons». In seiner *History of Inventions and Discoveries* schrieb John Beckmann gegen Ende des achtzehnten Jahrhunderts jedoch, ihm sei «der Zeitpunkt der Entdeckung der Gruben in Cumberland, die bekanntermaßen das beste *plumbago* produzieren, unbekannt». Das lateinische Wort *plumbago*, was soviel wie «verhält sich wie Blei» bedeutet, war zum Beispiel nur eine der vielen Bezeichnungen für das merkwürdige Mineral, das, wie Beckmann notiert, im Englischen auch «*black lead, kellow* oder *killow, wad* oder *wadt* genannt wurde, was alles eigentlich ‹schwarz› bedeutet».

Wie bei der Benennung eines Stoffes, dessen Bedeutung in der Ersetzung von zuvor gebrauchten Materialien lag, nicht anders zu erwarten, waren noch viele andere Bezeichnungen allgemein in Gebrauch, bevor man auf die seine Funktion beschreibende und wissenschaftlich genaue Bezeichnung «Graphit» kam, ganze zehn Jahre, nachdem der schwedische Apotheker K.W. Scheele im Jahre 1779 schließlich die eigentliche chemische Struktur der Substanz bestimmt hatte. Diese Bezeichnung leitet sich vom griechischen *graphein*, «schreiben», ab. Eine kurze Mitteilung an die *Philosophical Transactions* vom Mai 1698 zeigt, daß mehr als ein Jahrhundert nach seiner Entdeckung noch große Unsicherheit über die Natur des Graphits herrschte:

Die mineralische Substanz ..., die man nur in Keswick *und* Cumberland *findet ..., enthält mit Sicherheit alles andere als Metall. Sie*

*läßt sich nicht verschmelzen und noch weniger mit dem Hammer
bearbeiten; noch kann sie zu den Steinen gezählt werden, da sie
nicht genügend hart ist; es bleibt daher nur noch, sie zu den Erden
zu zählen, obwohl sie sich nicht in Wasser löst ...*

Da der Verfasser des Artikels nicht sicher weiß, wie er Graphit klassifizieren soll, kommt er zu dem merkwürdigen vorläufigen Schluß, daß «der passendste Name, den man ihm geben kann, vielleicht *Ochra Nigra* oder Schwarzer Ocker ist».

Das deutsche Wort für Graphit war «Bleiweiß». Dieses Wort stammt von einem frühen «Mißverständnis von Graphit als einem glänzenden, weißen, bleiähnlichen Metall», das vielleicht dem Zinn verwandt war. Heute dient Bleiweiß natürlich zur Bezeichnung eines giftigen Pigments für Malerfarben, das basisches Bleicarbonat enthält. Für die Urkundenlehre aber war, unabhängig von den Bezeichnungen, die Geschichte der Entdeckung und Verwendung von Graphit von mehr als nur akademischem Interesse. Dies meint jedenfalls Beckmann:

Es könnte von einiger Bedeutung für die Diplomatik sein, festzustellen, wie alt der Gebrauch von Graphit zum Schreiben ist, da dann das Alter von Manuskripten bestimmt werden könnte, die mit dieser Substanz vorliniert oder geschrieben sind, oder von Zeichnungen, die damit gemacht wurden. Das wenige, was ich darüber weiß, werde ich hier mitteilen, um andere dazu anzuregen, mehr zu sammeln.
Ich spiele hier auf Stifte an, die aus dem Mineral geformt sind, das üblicherweise plumbago *und* Molybdän *genannt wird, obwohl von den neuen Mineralogen ein Unterschied zwischen diesen beiden Bezeichnungen gemacht wird. Das Mineral, das für die Stifte verwendet wird, nennen sie Reissbley,* plumbago *oder Graphit ... Plumbago ... enthält kein Blei; und die Bezeichnungen «Reissbley» und «Bleystift» haben keine andere Begründung als die bleifarbenen Spuren, die der Stoff auf Papier hinterläßt. Diese Linien sind haltbar und bleichen nicht so leicht aus; aber wenn man will, kann man sie völlig ausradieren. Graphit kann daher viel bequemer und schneller verwendet werden als irgendeine gefärbte Erde, Holzkohle oder auch Tinte.*

Beckmanns bahnbrechende Forschungen haben zwar vielleicht andere zum Weitersammeln angeregt, doch scheint es nicht sehr viel mehr zu sammeln gegeben zu haben. Zumindest ist in den beiden folgenden Jahrhunderten nicht mehr viel zusammengetragen worden. Im frühen zwanzigsten Jahrhundert kamen dann doch Debatten über die ersten Bleistiftspuren in Manuskripten auf. C.T. Schönemann behauptete, daß in einem Codex des elften oder zwölften Jahrhunderts, der in einer deutschen Bibliothek bewahrt wurde, mit Graphit gezogene Linien auftauchten. Dem wurde von C.A. Mitchell widersprochen, dessen Pionierleistungen auf dem Gebiet mikroskopischer Untersuchungen von Bleistiftspuren keinerlei Zeugnisse in britischen Museen aus der Zeit vor dem siebzehnten Jahrhundert erbrachten und somit den Standpunkt stützten, daß reiner Graphit zuerst in Cumberland entdeckt wurde.

Zu den neuesten Darstellungen über das Gebiet, das das Zentrum der englischen Bleistiftherstellung und der Rohstofflieferant früher Bleistiftfirmen in ganz Europa wurde, gehört Molly Lefebures Buch *Cumberland Heritage*. In dem Kapitel «In Quest of Wadd» (Auf der Suche nach Graphit), beschreibt sie freimütig, mit welchen Frustrationen sie sich konfrontiert sah bei ihren wissenschaftlichen Forschungen über die Geschichte der Entdeckung und der frühen Ausbeutung des Materials:

Wenn man über Graphit nachliest, entdeckt man, daß die meisten Gewährsleute nur die Worte früherer Schreiber wiederholen. So gräbt man sich durch einen Berg von endlosen (und manchmal fehlerhaften) Wiederholungen.
Der Graphit wurde der Legende nach ursprünglich von Schafhirten entdeckt, nachdem eine große Esche (nach einer anderen Version eine Eiche) auf der Bergseite vom Sturm entwurzelt worden war. Der Zeitpunkt der Entdeckung ist nicht bekannt. Zuerst wurde – so die Legende weiter – die Substanz einfach nur von den Einheimischen benutzt, um ihre Schafe zu markieren.

Eine andere Version der Geschichte von der Entdeckung der ersten Graphitmine auf dem Landgut Borrowdale in Cumberland erhebt nicht wie Lefebures Buch den Anspruch auf wissenschaftliche «Belesenheit», macht aber eine gute Geschichte daraus, die nicht ganz so zurückhaltend ist, was die Fakten betrifft. «The Pencil», ein Artikel von Clarence Fle-

ming, der in einem ursprünglich 1936 herausgegebenen Heft der Bleistiftfirma Koh-I-Noor erschien, beginnt so:

*Die Entwurzelung einer großen Eiche während eines Sturms soll
zur Entdeckung der berühmten Graphitmine von Borrowdale in
England geführt haben. Das war 1565, zur Zeit von Königin
Elizabeth. Ein Bergwanderer, der von den Teilchen einer seltsamen, schwarzen Substanz angelockt wurde, die an den Wurzeln
des umgefallenen Baums hingen, hörte bald die Landbewohner
aufgeregt über das rätselhafte Mineral diskutieren.*

Das Jahr 1565 ist natürlich eigentlich das Jahr der Veröffentlichung von
Konrad Gesners Buch. Auch Lewis Mumford datiert in seiner Liste der
Erfindungen im Anhang seines bekannten Buchs *Technics and Civilization* die Einführung des Bleistifts auf das Jahr 1565 und schreibt anscheinend Gesner die Erfindung zu. Aber das ist sicherlich mehr, als dieser für
sich beanspruchen konnte, und das wohl einzig Sichere ist, daß Graphit
erhältlich und sehr geschätzt war, besonders von Naturforschern und
Künstlern. Im Jahr 1586 zum Beispiel konnte der englische Antiquar und
Historiker William Camden über Borrowdale schreiben: «Hier findet
man auch große Mengen dieser Mineralerde bzw. dieses harten, glänzenden Steins, den wir *Blacklead* (‹Schwarzblei›) nennen und der von Malern
zum Stricheln und Schattieren benutzt wird.»
    Königin Elizabeth förderte während ihrer Regierungszeit neue Indu-
strien. In mehreren englischen Grafschaften, darunter auch in Cumberland, suchte man die Hilfe erfahrener Deutscher bei der Entwicklung von
Abbau und Verhüttung verschiedener Erze. Die Deutschen waren in den
späten sechziger Jahren des sechzehnten Jahrhunderts am Bergbau in
Keswick und Umgebung beteiligt, und es ist durchaus möglich, daß durch
ihre Vermittlung der Graphit den Weg auf den europäischen Kontinent
fand. Daß die Deutschen in England plötzlich einem so großen Reichtum
an Metallen gegenüberstanden, ist möglicherweise der Grund dafür, daß
sie die englischen Bezeichnungen für Zinn, *white lead* («Weißblei»), und
Graphit, *black lead* («Schwarzblei») verwechselten, oder sie hatten andere, eigene Gründe, Graphit als «Bleiweiß» zu bezeichnen. Die wahre
Ursache aber wird man wohl nie erfahren, sowenig wie das genaue Datum
der Entdeckung des Graphits. Flämischen Händlern und italienischen

Künstlern hat man ebenfalls das Verdienst zugeschrieben, Graphit auf dem europäischen Kontinent eingeführt zu haben. In Italien war er unter der Bezeichnung «Flämischer Stein» oder «Flandrischer Stein» bekannt, weil er über Belgien und die Niederlande nach Südeuropa kam. Auf welchem Wege auch immer, gegen Ende des sechzehnten Jahrhunderts war Graphit in ganz Europa gut bekannt. Im Jahr 1599 schrieb der italienische Naturhistoriker Ferrante Imperanto über *grafio piombino*, daß «er viel praktischer zum Zeichnen ist als Feder und Tinte, weil die von ihm gemachten Striche nicht nur auf einem weißen Untergrund zu sehen sind, sondern infolge ihrer Helligkeit auch auf einem schwarzen; weil sie nach Belieben stehengelassen oder ausradiert werden können; und weil man sie mit einer Feder nachziehen kann, was Blei- oder Kohlezeichnungen nicht gestatten.»

Wie jedoch Gesners Erwähnung Jahrzehnte früher verdeutlicht, waren nicht nur Künstler am Gebrauch von Graphit interessiert. Es entwickelten sich bald verschiedene Möglichkeiten, Stücke davon zum Schreiben und zum Zeichnen zu halten. Genau wie metallisches Blei in Papier eingewickelt worden war, so wurden Graphitstücke im Rohzustand, vielleicht direkt von der Mine kommend, mit Schaffell umwickelt, griffel- oder schotenförmige Stücke des Rohstoffs dagegen mit Papier oder Schnur, damit die Finger sauber blieben. Stäbchenförmige Graphitstücke konnten auch ins Ende eines hohlen Zweigs oder Rohrs geschoben werden. Eine Reihe kurzer Stücke konnte in einen Strohhalm gesteckt werden, der mit Schnur umwickelt wurde; diese ließ sich dann abwickeln und abreißen, sobald die Spitze kleiner wurde, etwa so, wie man heute das Papier von einer kleiner werdenden Rolle Bonbons abwickelt. Natürliche Graphithalter wie beispielsweise Rebenzweige dürften nicht ungewöhnlich gewesen sein, denn sogar noch in diesem Jahrhundert wurde in Teilen Cumberlands und der Grafschaft Durham der Ausdruck «Rebe» für Bleistift benutzt.

Zu Beginn des siebzehnten Jahrhunderts wurde Graphit aus Borrowdale bereits weithin exportiert. In Deutschland zum Beispiel, wo man ihn für eine Legierung mit Antimon hielt, war er auch als «Wismut» bekannt. 1610 wurde Graphit schon regelmäßig in den Straßen von London verkauft, an Künstler und andere, die ihn in hölzerne Bleistifthalter einsetzten, oder vielleicht an Leute, die ihre Feldforschungen in ihrem Arbeitszimmer in Büchern betrieben und ihn mit Papier oder

  DER BLEISTIFT

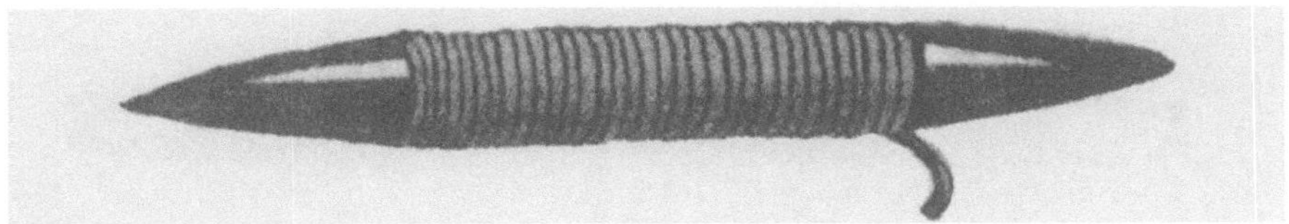

Ein angespitztes, mit Schnur umwickeltes Stück Graphit.

Schnur umwickelten oder in Zweige steckten. 1612 galten nicht nur die Schwärze, sondern auch die Entfernbarkeit des Strichs als bemerkenswerte Eigenschaften des Borrowdale-Graphits. Ein Autor äußert sich zu der Gepflogenheit, gedruckte Bücher mit Randnotizen zu versehen. Er empfiehlt für solche Bücher, «die man, falls es beliebt, wieder sauber haben möchte, einen Stift mit Graphit zu benutzen; denn diesen kann man nach Belieben mit Krümeln von frischem Weißbrot wieder ausradieren.»

Das Ansehen des Borrowdale-Graphits verbreitete sich während des ganzen siebzehnten Jahrhunderts. Es herrschte überall ein großer Bedarf an Graphit, und in dem Maße, wie sein Gebrauch zunahm, so entwickelten sich auch die Gerätschaften weiter, die erlaubten, ihn auf saubere und bequeme Art zu halten. Ein Halter mit der französischen Bezeichnung *porte-crayon* besaß klauenartige Griffe, die unverarbeitete Graphitstücke (bzw. Kreide oder Holzkohle) festklammern konnten. M.C. Eschers eindrückliche *Drawing Hands* zeichnen einander mit Stiften in metallenen *porte-crayons*. Da *crayon* (ohne weiteren Zusatz) das französische Wort für praktisch jedes trockene Zeichen- oder Schreibgerät ist, diente die Bezeichnung *crayon d'Angleterre* schließlich im Französischen dazu, den Graphitstift von anderen Geräten zu unterscheiden.

Geradeso wie die Mittel zur Handhabung sich verbreiteten und das einzigartige Produkt aus den Lagerstätten Cumberlands sich wachsender Beliebtheit erfreute, so sprach sich auch herum, daß die leicht zu stehlende und absetzbare Ware eine Quelle schnell verdienten Geldes war. Graphit war ein strategischer Rohstoff, der geschützt werden mußte, und wenn die Lager für Englands Zwecke voll genug waren, wurde die Schließung der Borrowdale-Gruben für mehrere Monate oder gar Jahre angeordnet. Sie wurden sogar unter Wasser gesetzt, um sicherzustellen, daß kein Graphit entwendet werden konnte. Diese Vorsichtsmaßnahme wurde ergriffen, als man die Mine nur alle fünf oder sechs Jahre etwa sechs Wochen lang abbaute, denn dieser auf eine kurze Zeit konzentrierte

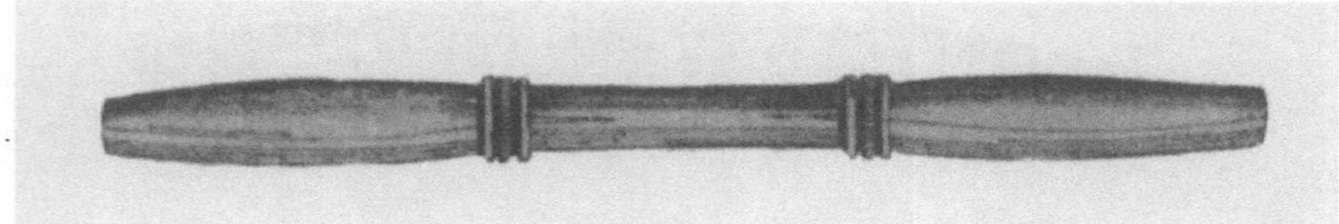

Ein *porte-crayon* aus Holz.

Abbau reichte aus, um den heimischen Bedarf an Graphit zu decken. Die Borrowdale-Mine blieb zwischen 1678, als man sie fast erschöpft glaubte, und 1710, als man nach neuen Adern suchte, geschlossen. Als die Mine wieder geöffnet wurde, stellte man fest, daß während dieser Zeit Plünderer am Werk gewesen waren. Gegen Ende des achtzehnten Jahrhunderts produzierte die Mine wieder nur noch wenig; 1791 wurden nur etwa fünf Tonnen minderwertigen Graphits abgebaut.

Es ist nicht genau bekannt, ab wann der leicht zu verbergende Graphit im großen Stil aus der Mine geschmuggelt wurde, aber diese Praxis nahm schließlich solche Ausmaße an, daß man ausgefeilte Sicherheitsmaßnahmen ergreifen und gesetzliche Schritte unternehmen mußte. Militärische und andere Verwendungen von Graphit, zum Beispiel zum Gießen von «Bomben, Gewehr- und Kanonenkugeln», dürften zum Teil mit dafür verantwortlich gewesen sein, daß eine Gesetzesvorlage ins englische Unterhaus eingebracht wurde mit dem Titel: «Gesetz zur wirkungsvolleren Sicherung von Graphitminen gegen Diebstahl und Plünderung». Darin galt als «schweres Verbrechen, in eine Mine oder Grube mit Graphit einzubrechen ... und welchen zu stehlen». Die Vorlage erhielt drei Lesungen, wurde von einem Ausschuß begutachtet und vom Oberhaus verabschiedet, um am 26. März 1752 als Gesetz in Kraft zu treten, als Seine Majestät Georg II., mit allen Insignien auf seinem Thron sitzend, den in eine Robe gewandeten Herzog von Cumberland an seiner Seite, verkündete: «Le Roy le veult.»

DER BLEISTIFT

Kapitel 5
Tradition und Neuerung

Es wird zwar oft und viel mit dem Bleistift geschrieben, doch gibt es kaum Literatur über ihn. Denn wer hätte je über den Bleistift gelesen, was über die Schreibfeder geschrieben worden ist? Oder über das Ingenieurwesen, was man über die Wissenschaft geschrieben hat? Wer über Fabriken, was über Kathedralen geschrieben worden ist? Aber das heißt nicht, daß für die Geschichte der Zivilisation ohne Bedeutung ist, was nur selten gefeiert wird. Eine deutsche Bleistiftfirma etwa schreibt in einer prosaischen Darstellung über ihr Produkt: «Es gibt nur wenige Artikel, die mehr zur Verbreitung von Kunst und Wissenschaft beigetragen haben. Nicht einen kann man nennen, der im täglichen Gebrauch auch nur annähernd so verbreitet ist. Aber gerade seine Vertrautheit läßt ihn uns normalerweise mit Gleichgültigkeit betrachten.» Doch in der Darstellung wird im weiteren behauptet, wohl mehr zur Selbstrechtfertigung als aus historischer Perspektive, daß «der Bleistift, wie die meisten Artikel, deren Existenz von technischen Fertigkeiten abhängt, ganz und gar ein Produkt der Neuzeit ist.»

Die bis ins siebzehnte Jahrhundert langsam fortschreitende Entwicklung des Bleistifts verläuft parallel zur Geschichte des zeitgenössischen Ingenieurwesens. Vieles von dem, was bis zum Jahrhundert vor der Industriellen Revolution erreicht wurde, war offensichtlich eine Nachahmung antiker Praxis. Obwohl die großen gotischen Kathedralen errichtet worden waren, blieb der römische Rundbogen für Steinbrücken die Norm. Obwohl Stonehenge und die Pyramiden seit Jahrtausenden Monumente technischen Fortschritts waren, stellte Galilei gerade wieder von neuem Fragen, die die Philosophen der aristotelischen Schule aufgeworfen, aber nicht voll beantwortet hatten. Doch gegen Ende des siebzehnten

Jahrhunderts hatten nicht nur Galilei und Newton die Grundlagen der modernen Naturwissenschaft und Ingenieurkunst gelegt, sondern auch der Bleistift hatte seine heutige Gestalt erlangt. Auch wenn zum Fortschreiten von Wissenschaft und Technik ein Bleistift nicht nötig gewesen sein dürfte, profitierte seine Entwicklung doch schließlich enorm von den zunehmend wissenschaftlicheren Methoden der Ingenieurpraxis. Aber das sollte noch bis zum Ende des achtzehnten Jahrhunderts auf sich warten lassen.

Es gibt mehrere Gründe, warum ein so trivialer und scheinbar einfacher Gegenstand wie der moderne Bleistift so lange brauchte, bis er sich aus dem Bleigriffel entwickelt hatte. Zwar war es leicht, den Griffel zu kritisieren, aber für die frühen Handwerker und Künstler, die Griffel produzierten, war völlig unklar, wie man sie besser machen konnte – auch wenn man die Kosten außer acht ließ. Versuche, den Griffel durch die Verwendung von Legierungen zu verbessern, scheiterten vor der Entdeckung eines wirklich geeigneten Materials für den Schreibstoff. So wurde das eigentliche Instrument auch durch die Entwicklung besonderer Formen für spezielle Zwecke nur geringfügig verändert. Das vorherrschende primitive, vorwissenschaftliche Verständnis von chemischen Prinzipien bedeutete, daß es nur wenige theoretische Grundlagen gab, auf denen man aufbauen konnte, bzw. fast gar keine verbindliche Ingenieurpraxis, die grundsätzliche Veränderungen der Materialien für den Schreibstift zugelassen hätte. Zwar hätten empirische Methoden ihren Zweck ebenso gut erfüllt wie heute, doch ohne geeignete Materialien oder Bearbeitungsmethoden gab es noch nicht einmal Gelegenheit zum Herumprobieren.

Nachdem jedoch in Cumberland Graphit entdeckt worden war, konnte sich die Entwicklung des Bleistifts beschleunigen. Auch wenn die eigentliche chemische Natur von Graphit noch unbekannt war, konnten sich Hersteller und Benutzer von Bleistiften im sechzehnten und siebzehnten Jahrhundert auf die Frage konzentrieren, wie man das ideale Material zum Schreiben und Zeichnen auf möglichst praktische und effektive Weise bearbeitete. Da der Graphit anfangs nur in Form von aus den Borrowdale-Minen gewonnenen Klumpen vorlag, richteten sich die Bemühungen vor allem darauf, Mittel zu finden, wie man Bleistiftminen aus den Graphitbrocken herausschneiden und in Haltern einschließen konnte. Als das Produkt bekannt wurde und die Nachfrage stieg, verviel-

fältigte sich natürlich die Zahl der Bleistifthersteller und Verkäufer, und
die Konkurrenz nahm zu.

Der wachsende Wettbewerb erleichterte die Kritik nicht nur unter
den Konkurrenten, sondern auch unter den Verbrauchern, denn es gab
jetzt Beispiele verschiedener Arten von Bleistiften, die man miteinander
vergleichen konnte. Als Künstler, Techniker und Zeichner, die die Bleistifte hauptsächlich benutzten, anspruchsvoller wurden, mußten die Hersteller besonders auf ihre Kritik antworten oder, falls die Kosten gering
waren, ihren Anlaß beseitigen. Dieser dynamische Prozeß setzte sich im
wesentlichen von alleine fort und regulierte sich selbst; er hatte die
Entwicklung besserer Bleistifte zur Folge oder konnte zumindest weniger
teure hervorbringen. Ihm folgt mehr oder weniger jede moderne technische Entwicklung. In der Anfangszeit des Bleistifts blieb es größtenteils
den Handwerkern überlassen, Veränderungen herbeizuführen, die auf die
Kräfte von Phantasie und Kreativität, Kunst und Handwerk, Angebot
und Nachfrage, Kritik und Wirtschaftlichkeit reagierten. Und solange das
ideale Material leicht erhältlich war, konnte man natürlich erwarten, daß
der ideale Bleistift aus der Tradition der auf die Bleistiftherstellung spezialisierten Handwerker hervorgehen würde.

Bleistifthersteller und Ingenieure haben sich, anders als Historiker,
nur dann und wann dazu entschlossen, etwas über ihre Verfahrensweisen
und Produkte zu schreiben. Hersteller und Leute der Tat sind selten
Geschichtsschreiber gewesen, zumindest haben sie keine glaubwürdige
und objektive Geschichtsschreibung betrieben, die zugleich eine gut erzählte, interessante Geschichte wäre. Was im allgemeinen aus den An-
fangszeiten der Bleistiftherstellung und des modernen Ingenieurwesens
bekannt ist, sind nur Bruchstücke von Geschichten, jedenfalls bis zum
neunzehnten Jahrhundert. Das liegt natürlich zum Teil daran, daß die
Ingenieure der Industriellen Revolution, ebenso wie die frühen Bleistifthersteller, mehr Handwerker als Gelehrte waren. Sie dachten über und
mit dem Bleistift nach, und recht häufig verloren ihre Überlegungen für
sie an Bedeutung, wenn sie diese in die Tat umgesetzt hatten. Die verbesserten Produkte, über die sie nun von neuem mit dem Bleistift in der Hand
nachdachten, ersetzten die alten und ließen sie in Vergessenheit geraten.
Auf vielen Rück- und Unterseiten von alten Möbeln kann man die
Bleistiftberechnungen und -skizzen ihrer Handwerker finden, doch sind
die Bleistiftentwürfe gewöhnlich unvollständig und oft rätselhaft. Die

Bleistiftmarkierungen der Ingenieure auf großen Bauwerken und Maschinen, sozusagen den Möbelstücken der Zivilisation, sind im allgemeinen unseren Blicken ebenso verborgen, wenn sie denn überhaupt erhalten sind.

Aber nicht nur Erfindung und Weiterentwicklung des konkreten Bleistifts sind undokumentiert: Der Verbrauch an Borrowdale-Graphit nahm zwar während des siebzehnten Jahrhunderts zu, doch wie nun genau der Graphit zum Schreiben und Zeichnen gehalten und wie er von seinen Benutzern genannt wurde, darüber kann man wegen der spärlichen Aufzeichnungen nur spekulieren. Die wenigen beiläufigen Erwähnungen, die existieren, ergeben kein vollständiges Bild. Zum Beispiel beschreibt eine Figur in Ben Jonsons 1609 verfaßtem Stück *Epicoene* den Inhalt von irgend jemandes Schachtel mit mathematischen Instrumenten als «sein Winkelmaß, sein Zirkel, seine Messingstifte und Graphit zum Kartographieren». Später im Jahrhundert beziehen sich einige Erwähnungen, darunter eine des englischen Chronisten John Evelyn von 1644, auf den Gebrauch eines «Graphitstifts» zum Zeichnen. 1688 wurden in einem Buch mit dem Titel *The Excellency of the Pen and Pencil* verschiedene Instrumente unterschieden, wobei «Graphitstifte» zu den «notwendigen Zeicheninstrumenten» zählten. Aber während die Feder sowohl zum Zeichnen als auch zum Schreiben benutzt werden konnte, war der Bleistift im großen und ganzen ein Instrument zum Zeichnen, Nachdenken und Notizenmachen. Unter Künstlern und Schriftstellern konnte der Bleistift der Feder vorausgehen, häufiger aber folgte er schließlich auf die Feder, nämlich dann, wenn Leser ihn für ausradierbare Randnotizen in Büchern verwendeten.

Das Verständnis der Geschichte des Bleistifts wird nicht gerade erleichtert durch die – bis ins neunzehnte Jahrhundert hinein bestehende – verwirrende Vielfalt der Bezeichnungen für seine Schreibsubstanz. Selbst was man zu bestimmten Zeiten Feder und was man Bleistift nannte, läßt sich nicht immer leicht feststellen. Nicht nur im Englischen waren die Bezeichnungen für den Bleistift uneinheitlich und verwirrend. In seinem Buch *The Mastery of Drawing* stellt der Kunsthistoriker Joseph Meder seinem Kapitel über Graphit eine Liste mit Bezeichnungen voran, mit denen dieses Schreibgerät im Deutschen, Italienischen, Holländischen, Französischen und Englischen – den Sprachen seiner Meister – belegt wurde: «*Bleistift, Blay-Erst, Wasserbley, Blei, Bleifeder, Englisch Bley-*

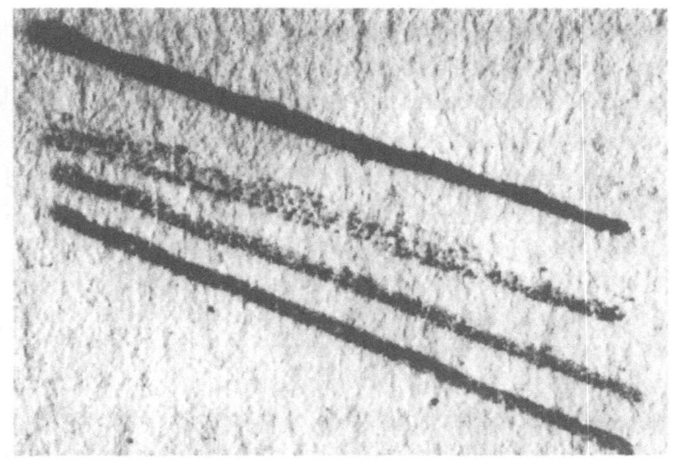

weiss, Reissbley – Grafio piombino, Lapis piombino – Potlot, Potloykens – Mine de plomb d'Angleterre, Crayon de Mine de plomb, Crayon de mine, Crayon – Black-lead Pencil, Plumbago.»

Meder beklagt dann, daß «es in Katalogen, Lexika und anderen Publikationen zur Kunst kein anderes Zeichengerät gibt, das so viele Irrtümer und Mißverständnisse verursacht hat wie der ‹Blei›stift». Meders Interesse gilt zwar vor allem dem Gebrauch des Bleistifts als Zeicheninstrument, doch der Versuch, in Manuskripten echten Graphit von metallischem Blei und seinen Legierungen zu unterscheiden, hat nicht weniger Verwirrung gestiftet. Das ist nicht weiter verwunderlich, wenn man bedenkt, daß es den mikroskopischen und chemischen Untersuchungen von C.A. Mitchell im frühen zwanzigsten Jahrhundert vorbehalten blieb zu erklären, wie man naturwissenschaftlich genau zwischen dem Strich einer Spitze aus metallischem Blei und dem eines Stücks Graphit unterscheiden konnte. Nach Mitchell weist der Strich von Blei und seinen Legierungen, wenn man ihn unter dem Mikroskop bei Seitenbeleuchtung betrachtet, einen charakteristischen Schimmer und charakteristische Streifen auf, die es bei den gleichmäßig verteilten Mengen schwarzen Pigments, die vom normalen Graphit hinterlassen werden, nicht gibt. Außerdem können mit dieser genauen Untersuchung verschiedene Sorten und Mischungen von Graphit unterschieden werden, so daß vermutete Fälschungen von Bleistifttexten oder -zeichnungen nicht nur erwiesen, sondern auch datiert werden können. Mitchell fand mit Graphit geschriebene Aufzeichnungen in Notizbüchern von 1630, aber seine Analyse konnte natürlich nichts darüber aussagen, wie der Graphit gehalten wurde.

Im siebzehnten Jahrhundert gab es in der fränkischen Stadt Nürnberg schon richtige Bleistifthersteller, im Gegensatz zu den Händlern mit unverpacktem Borrowdale-Graphit. Aber es wird wohl nie mit Sicherheit zu sagen sein, ob sie tatsächlich die ersten Bleistifthersteller waren oder ob diese Ehre, wie die Cumberland Pencil Company behauptet, Produzenten gebührt, die – näher an der Mine von Borrowdale – in der englischen Stadt Keswick saßen. Ein Autor schreibt, daß Keswick der Legende nach in elisabethanischer Zeit «Bleistifte herstellte», wofür auch der Umstand spräche, daß man sich dort leicht mit dem Material versorgen konnte. Aber das bedeutet nicht, daß alle Bleistifte schon vorfabriziert gekauft worden wären. Noch 1714 konnte ein Londoner Reklameplakat einen fahrenden Händler darstellen, dessen Ausrufe vermuten lassen, daß er keine fertigen Bleistifte, wie wir sie kennen, verkaufte, sondern daß er eher die Schreibsubstanz selbst feilbot, die der Käufer dann in einen passenden Handgriff stecken konnte:

> *Buy marking stones, marking stones buy*
> *Much profit in their use doth lie;*
> *I've marking stones of colour red,*
> *Passing good, or else black Lead.*

Außer Graphitstücken, die direkt an die Einwohner Londons verkauft wurden, die sie dann mit Schnur umwickeln oder in *porte-crayons* festhalten konnten, waren auch in Holzkörper eingebettete Bleistifte vor dem Ende des siebzehnten Jahrhunderts erhältlich. Wie die frühesten Bleistifte der Heimindustrie genau aussahen, ist nicht sicher zu sagen, aber es scheint, daß gegen Ende des Jahrhunderts der Begriff und das Instrument allmählich ein modernes Aussehen bekamen. In einem Buch über Metallurgie schrieb Sir John Pettus 1683 unter dem Stichwort «Blei»:

> *Es gibt auch ein* Mineral Blei, *das wir* Black-Lead *nennen, etwas Ähnliches wie* Antimon, *aber nicht so glänzend oder hart ...; in letzter Zeit wird es in Holzkörper aus* Kiefer *oder* Zeder *auf sonderbare Art hineingeformt und dann als trockene* Bleistifte *verkauft, als etwas Nützlicheres als* Feder *und* Tinte.

So hatte gegen Ende des siebzehnten Jahrhunderts die Idee des in einen Holzkörper eingebetteten Bleistifts definitiv Gestalt angenommen. Graphit war anscheinend der Hauptbestandteil in einem Erzeugnis, das eher als Fertigware verkauft wurde denn als etwas, was man sich selbst aus

Rohmaterial zusammensetzte. Sir John erwähnt auch, daß es zu seiner Zeit mindestens drei unterschiedliche Anwender von Graphit gab: Maler, Chirurgen und Schriftsteller. Maler benutzten ihn, vermutlich an Stelle von Holzkohle, am häufigsten für vorläufige Skizzen und radierten dann die Striche aus oder übermalten sie mit Tinte oder Farbe. Chirurgen und andere Personen, die Kranke behandelten, verwendeten ihn vermutlich für medizinische Zwecke. Mineralien und Mischungen aus Mineralien waren dafür seit alters verwendet worden, wie ausführlich in der *Naturkunde* des Plinius berichtet wird. Nach Thomas Robinson, der 1704 einen *Essay Towards a Natural History of Westmorland and Cumberland* verfaßte, wurde Graphit sogar «für viel Geld von den Holländern aufgekauft», um angeblich damit Farbstoffe herzustellen, aber Beckmann vermutet, daß dieser Zweck nur «ein Vorwand» war, und er «neigt eher dazu zu glauben, daß sie daraus Bleistifte fertigten».

Gleichgültig, ob es sich dabei um eine List handelte oder nicht: Verwendungen im medizinischen und im Textilbereich sind für die Geschichte der Bleistiftherstellung weniger wichtig als die technischen Anwendungen von Graphit. Beim Glasieren und Härten von Schmelztiegeln war Graphit von großer Bedeutung; er fand auch weiterhin verbreitet Anwendung in der durch die Industrielle Revolution wachsenden Eisen- und Stahlherstellung. Der Name eines bekannten amerikanischen Bleistiftherstellers, der Joseph Dixon Crucible Company, erinnert noch daran, daß derselbe Rohstoff (damals schon als Graphit bekannt) ein wesentlicher Bestandteil in so unterschiedlichen Produkten wie Schmelztiegeln (*crucible*) und Bleistiften sein konnte.

Aber zurück ins späte siebzehnte Jahrhundert. Es war die dritte Verwendungsmöglichkeit von Graphit in einem «auf sonderbare Art» geformten Schreibinstrument, die Sir John als damals neu und als «etwas Nützlicheres als Feder und Tinte» hervorhob. Anscheinend hatte sich der «auf sonderbare Art» geformte Holzkörper im Verlauf der letzten hundert Jahre ausgebildet. Genau wie Gesner den Graphitstift für ein ausgezeichnetes Instrument zum Zeichnen in der freien Natur hielt, so betrachteten andere die «Federn aus spanischem Blei» als nützlich, da sie etwa Reiter davon befreiten, mit Feder und Tinte zu jonglieren, wenn sie sich im Sattel Notizen machen wollten. Es ist anscheinend nicht dokumentiert, ob diese Erwähnung von «spanischem Blei» aus dem späten sechzehnten Jahrhundert auf ein Graphitvorkommen auf dem europäischen Kontinent hinweist oder lediglich auf eine andere Gegend der Bleistiftherstellung.

Der erste Bleistift, der aus einem in eine Röhre gesteckten Stück Graphit bestand, besaß zwar große Vorzüge gegenüber Feder und Tinte, doch hatte er zweifellos auch einige Nachteile. Je nachdem, wie der Handgriff den Graphit an seinem Platz hielt, konnte er sich leicht lockern oder in den Griff zurückrutschen oder herausfallen – alles frustrierende Erfahrungen, die wir heute noch mit einem billigen Holzbleistift oder einem schlecht funktionierenden Druck- oder Drehbleistift machen können. Oder das Stück Graphit war vielleicht zu dick, um eine ausreichend dünne Linie zu ziehen. Die Erkenntnis solcher Mängel des neuen Geräts hat aber wohl die zeitgenössische Wertschätzung nicht ernsthaft gefährdet. Denn etwaige Mängel des ersten Graphitstifts, dessen Schreibeigenschaften eine so große Verbesserung gegenüber Stiften aus Blei darstellten, wurden sicherlich als das unter den gegebenen Umständen Bestmögliche hingenommen. Der Verstand regierte den Umgang mit dem von Gesner Mitte des sechzehnten Jahrhunderts gepriesenen Bleistift nicht weniger, als er den mit den technologischen Gerätschaften des späten zwanzigsten Jahrhunderts bestimmt. Wir alle hätten lieber eine bessere Mausefalle, aber das heißt nicht, daß wir nicht auch die zu schätzen wissen, die wir im Moment besitzen.

Die Technologie hat sich zwar nicht immer mit der Geschwindigkeit des Elektronikzeitalters entwickelt. Doch erfuhr der Bleistift, über den ein Naturforscher 1565 ins Schwärmen geraten konnte, gegen Ende des siebzehnten Jahrhunderts eine entscheidende Verbesserung. Dieses neue Produkt lenkte die Aufmerksamkeit auf die Mängel seines Vorläufers und ließ Bleistiftbenutzer vielleicht sogar fragen, wie sie jemals mit dem ersten primitiven Gerät zurechtgekommen waren. So sehr die ersten Bleistifte ihren Benutzern als kleine Wunder erschienen sein mußten: Das Abschneiden eines Splitters oder einer Scheibe von einem Graphitblock dürfte nicht so einfach für einen Neuling auf diesem Gebiet gewesen sein.

Wenn man Graphitstäbe mit Hilfe von Klebstoff in Kiefern- oder Zedernholzstücke einbettete, konnte man den Graphit im Holzkörper sicher halten und ihn nach Bedarf freilegen, indem man das Holz mit dem Messer wegschnitzte. (Da Künstler und Schriftsteller daran gewöhnt waren, ihre Federkiele und Rohrfedern mit einem Federmesser zuzuschneiden, war für sie das Spitzen eines Bleistifts auf diese Art und Weise nichts Neues und wurde nicht als ein besonderer Nachteil des Bleistifts empfunden.) Der Holzkörper, der dem aus mehreren Teilen zusammengesetzten Schaft seine Festigkeit verlieh, gestattete, den Graphit im Querschnitt so dünn zu machen, daß er eine feine Spitze besaß.

Nach einer lokalen Überlieferung hat ein Schreiner aus Keswick als erster die Idee entwickelt, Graphitstäbchen in Holz zu fassen. Das Produkt gefiel einem Geistlichen, der einige Holzbleistifte für seine Freunde machen ließ und so die Erfindung weiter verbreitete. Eine andere Überlieferung verlegt die Erfindung der «Technik, rechteckige Graphitstäbe in Holz zu kleben», nach Nürnberg, wo dies zuerst «ein Exklusivrecht der Zunft der Schreiner» war. Als erster Bleistiftmacher Nürnbergs wird laut kirchlichem Ehebuch der bereits 1659 verstorbene Hannß Baumann (der Ältere) genannt. Unabhängig davon, wo die Idee zuerst aufkam, kann man wohl annehmen, daß ihre Verwirklichung dem Holzhandwerk der Schreiner zu verdanken ist. Denn die Fertigkeit, ziemlich kleine Holzstücke zu formen und zusammenzusetzen, vom Schneiden und Sägen kleiner Graphitstücke aus unförmigen Brocken ganz zu schweigen, war eine notwendige Voraussetzung für die Umsetzung der Idee in die Tat. Eine praktische Abhandlung der «mechanischen» Künste aus dem frühen neunzehnten Jahrhundert beschreibt denn auch das Schreinern vor allem als die «Kunst, mit Holz zu arbeiten oder verschiedene Holzteile zusammenzusetzen, um bestimmte Teile an Gebäuden zu schmücken», und unterscheidet es so vom Zimmermannshandwerk. Das Buch weist auch darauf hin, daß die Franzosen das Schreinerhandwerk *menuiserie* oder «kleine Arbeit» nennen. Aber die Ausführung der Idee, Graphit in Holz zu fassen, dürfte gar nicht so selbstverständlich gewesen sein, außer vielleicht für den phantasievollen Schreiner, der den ersten Versuch unternommen hat. Selbst heute, da wir mit dem Holzbleistift aufgewachsen sind, bleibt eine der am häufigsten gestellten Fragen: «Wie kommt die Mine in den Bleistift?»

Das ursprüngliche Verfahren scheint folgendes gewesen zu sein: Man schnitt reinen Graphit aus den Klumpen, die direkt von der Grube kamen, in dünne, ungefähr rechteckige Stücke. Ein ideales Graphitstück war ungefähr 3 mm dick, 2,5 cm breit und so lang wie möglich. (Einige Kanten behielten vielleicht sogar die unregelmäßige Form des ursprünglichen Graphitklumpens bei.) In einen Holzstab von ungefähr 12 mm Breite, 9 mm Dicke und 15 bis 17,5 cm Länge – das war ungefähr die Länge und fast die Dicke des fertigen Bleistifts – wurde längs eine Rinne eingesägt,

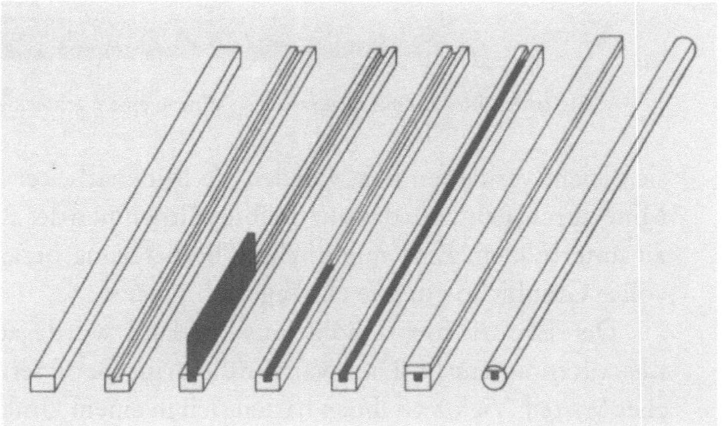

wobei die Breite der Rinne der Dicke der Graphitscheibchen entsprach. Die längste gerade Seite eines Graphitstücks wurde in Klebstoff getaucht und dann in eines der Rinnenenden eingelegt. Der überstehende Graphit wurde dann abgesägt oder – dies ist wahrscheinlicher – wie ein Stück Glas eingekerbt und dort abgebrochen, wo er aus der Rinne hervorstand. Da der Graphit nicht die ganze Länge der Rinne ausfüllte, wurde ein zweites Graphitstück neben das erste eingelegt und ebenfalls abgesägt bzw. abgebrochen. Das Verfahren wurde fortgesetzt, bis eine Reihe von Graphitstücken den Holzkörper fast ausfüllte. Das Holzstück und der freiliegende Graphit wurden dann glattgehobelt. Dann wurde diese Oberfläche mit Leim bestrichen und ein Holzbrettchen von etwa 6 mm Dicke und 12 mm Breite als Deckel daraufgepreßt. Wenn der Leim getrocknet war, konnte der Bleistift in dieser eckigen Form benutzt oder zu einem runden Bleistift, der bequemer zu halten war, weiterverarbeitet werden.

Diese Methode, reinen Graphit in einen Holzkörper einzubetten, war ein bedeutender Fortschritt für die Bleistiftmacher, da sie ihnen erlaubte, in jedem Bleistift nur kleine Splitter des Materials aus Borrowdale zu verwenden, das zunehmend teurer wurde. Aber beim Sägen und Hobeln blieb natürlich auch eine beachtliche Menge unbrauchbarer kleiner Stücke und viel Graphitstaub zurück. Man hatte bisher keine andere Graphitlagerstätte gefunden, die Material von so hoher Qualität enthielt, und es stellte sich allmählich heraus, daß die Borrowdale-Minen keine unerschöpfliche Quelle waren. Die Produktion der Minen wurde – wie bereits erwähnt – kontrolliert, sobald Plünderung als schweres Verbrechen strafbar war. Da es sich trotzdem durchaus lohnte, Graphit zu stehlen, und er

Ein früher Bleistift mit quadratischer Mine in einem achteckigen Holzkörper.

sich leicht verkaufen ließ, wurden die Minenarbeiter beim Verlassen der Mine durchsucht, um das unerlaubte Mitnehmen des Rohstoffs möglichst zu unterbinden. Eine mündliche Überlieferung besagt, daß «ein Mund voller Graphit so gut wie ein Tageslohn war».

Der Export von Graphit aus England wurde außer in Form von Bleistiften untersagt. Dies war für die britischen Hersteller ein beachtlicher Vorteil. Viele von ihnen hatten sich in einem Umkreis von etwa zehn Meilen um die Borrowdale-Minen in Keswick und Umgebung angesiedelt, obwohl sie das Material in London ersteigern mußten, wohin es unter bewaffneter Bewachung transportiert worden war.

Produzenten auf dem europäischen Kontinent waren gezwungen, nach Alternativen zu dem Verfahren Ausschau zu halten, Minen direkt aus reinem Borrowdale-Graphit zu schneiden. Der Schneideprozeß war eigentlich immer unwirtschaftlich gewesen, aber solange der Rohstoff reichlich vorhanden war, hatte man das hingenommen. Als jedoch englischer Graphit, egal zu welchem Preis, zunehmend schwieriger zu bekommen war – die übrigen europäischen Vorkommen waren hinsichtlich ihrer Qualität und Reinheit weit unterlegen –, sahen sich die kontinentalen Hersteller gezwungen, ihre Anstrengungen vermehrt auf Forschung und Entwicklung zu richten, um alternative Wege zur Herstellung von Bleistiftminen zu finden.

Während im zwanzigsten Jahrhundert das ideale Holz für die Ummantelung der Bleistiftmine knapp werden sollte, konzentrierten sich die Sparmaßnahmen vor zweihundert Jahren ganz auf den Graphit. Schon 1726 empfand man die Notwendigkeit, Borrowdale-Graphit zu sparen, und verwendete Graphitstaub und kleinste Stücke von minderwertigem Graphit in aufbereiteter Form. Kontinentaleuropäischer Graphit enthielt einen so hohen Grad an Verunreinigungen, die die Schreiboberfläche zerkratzten und zerrissen, daß das Mineral zuerst pulverisiert werden mußte, um die Verunreinigungen auszusondern. Bei den Versuchen, Graphitstaub und -puder zum Strecken der verfügbaren Vorräte zu verwenden, mengte man ihnen Bindemittel bei, und zwar zusätzlich zu Schwefel zum Beispiel Gummi, Schellack, Wachs und

     Der Bleistift

Aus den Anfängen der Bleistiftherstellung um 1700: ein Graphitbrocken oben, ausgeprägte Graphitstücke in der Mitte, darunter ein noch grober Holzstift mit eingelegtem Graphitstück, schließlich ganz unten ein schon feinerer runder Bleistift mit Graphitmine.

Fischleim (eine Art aus Fischblasenmembran hergestellte und in Klebstoffen verwendete Gelatine). Aber dadurch erhielt man Minen, die sich nur schwer spitzen ließen oder beim Gebrauch zerbrachen und keinen besonders guten Strich produzierten. So kam es noch einmal zur Verwendung von metallischem Blei, das mit unterschiedlichen Mengen Zinn, Silber, Zink, Wismut, Antimon und Quecksilber versetzt war. Aber im Vergleich mit Bleistiften aus reinem Borrowdale-Graphit scheint das Ergebnis solcher Mühen enttäuschend gewesen zu sein. Trotz allem hatten sich Bleistifte, minderwertig oder nicht, inzwischen gut auf dem Markt etabliert.

Anders als bei den heutigen Bleistiften nahm die Mine eines Bleistifts aus dem achtzehnten Jahrhundert nicht unbedingt die ganze Länge des Holzkörpers ein. Es gab nämlich, wie aus dem zeitgenössischen Bericht eines Berliner Bleistiftmachers hervorgeht, ein «Ende, bei dem das Blei herausschaut», und deshalb folglich auch eines, bei dem kein Blei zu sehen war. Das war natürlich eine andere Methode, Graphit zu sparen, ohne daß es den Benutzer besonders störte. Nachdem der Bleistift zu einem ganz kurzen Stummel abgefeilt oder heruntergespitzt war, wäre es ja sowieso schwierig gewesen, ihn in der Hand zu halten; daher wurde er weggeworfen und machte einem neuen Platz. Diese Praxis bestand noch im neunzehnten Jahrhundert, wie eine Passage aus Jane Austens Roman *Emma* verdeutlicht. Harriet zeigt Emma ihre geheimen Schätze, die sie aufbewahrt hat, weil sie in Zusammenhang mit einem von ihr verehrten Mann stehen. Zuerst zeigt Harriet Emma ein Stück Heftpflaster, das sie aufgehoben hat, weil er einen anderen Teil davon benutzt hatte, um seinen Finger zu verbinden, nachdem er sich mit Emmas Federmesser geschnitten hatte. Dann zeigt sie ihr einen anderen Schatz: «das Ende von einem alten Bleistift, das Stück ohne Blei». Er ist ein «noch wertvollerer Schatz», weil er dem Mann wirklich gehört hat, der sich hatte aufschreiben wollen, wie man Sprossenbier braut, aber «als er den Bleistift herauszog, war nur noch so wenig Blei darin, daß er beim Anspitzen bald alles weggeschnitten hatte». Emma lieh ihm einen anderen Bleistift, und der hochgeschätzte leere Stummel «blieb zu nichts nütze auf dem Tisch liegen». Harriet will ihre Schätze verbrennen, doch Emma macht zwischen den beiden einen Unterschied und bestätigt die Nutzlosigkeit des bleilosen Holzstummels: «Für den alten Bleistiftstummel will ich kein Wort einlegen, aber das Pflaster kann man doch noch benutzen.»

Die Herstellung von Holzbleistiften hatte zwar als Ableger des Zimmermanns- und Schreinerhandwerks begonnen, doch als sich Versorgungsschwierigkeiten bei «einem so wertvollen Rohstoff» wie Graphit bemerkbar machten, kam es selbst innerhalb dieses schon spezialisierten Gewerbes zu weiteren Spezialisierungen, wie zum Beispiel dem Bleischneiden und dem Holzformen. Tatsächlich wurde im frühen achtzehnten Jahrhundert die Bleistiftherstellung als ein vom allgemeinen Schreinerhandwerk getrennter Produktionszweig betrachtet. Der Bleistift entwickelte sich zu einem Produkt, das immer stärker der Arbeitsteilung unterworfen wurde und von einem für seine Zeit recht fortgeschrittenen

Stand der Technologie zeugte. Was als Heimindustrie begonnen hatte, sollte sich zu einer größeren kommerziellen Unternehmung entwickeln, mit all den Schwierigkeiten, die mit den widerstreitenden Interessen von Zünften, Regierungen und ausländischer Konkurrenz verbunden waren. Gegen Ende des achtzehnten Jahrhunderts entwuchs die Bleistiftherstellung, wie zahlreiche andere zeitgenössische Industrien auch, endgültig dem Zeitalter, in dem ein Bleistiftmacher «in einem Korb die Produktion einer Woche in die Stadt tragen» konnte.

Kapitel 6

Findet man einen besseren Bleistift oder macht man ihn?

Ein heutiger Bleistift mag einem bloß wie ein Stück Graphit vorkommen, das man clever in einen Holzkörper eingebettet hat. In Wirklichkeit aber handelt es sich um das Ergebnis eines komplizierten Prozesses, an dem eine Vielzahl von Rohstoffen beteiligt ist. Die für die Herstellung eines Bleistifts nötigen Materialien setzen ein hochmodernes und weltumspannendes politisches, wirtschaftliches und technologisches System voraus. Die Mine in einem einzigen deutschen oder amerikanischen Bleistift des späten zwanzigsten Jahrhunderts zum Beispiel kann eine Mischung sein aus Graphit (aus Sri Lanka, Sibirien, Bayern und Mexiko), Ton aus Mississippi, Gummi aus Malaysia oder dem Orient und Wasser aus Pennsylvania oder Nürnberg. Der Holzkörper wird sehr wahrscheinlich aus dem Holz der Kalifornischen Flußzeder (Inszentzeder) oder der brasilianischen Pinie gemacht sein, der Ring möglicherweise aus Messing oder Aluminium aus dem amerikanischen Westen, und der Radiergummi ist vielleicht eine Mischung aus südamerikanischem Gummi und italienischem Bimsstein.

Das weltpolitische Klima kann zwar zuweilen die Versorgung mit den notwendigen exotischen Bestandteilen empfindlich stören, doch Bleistifthersteller sind schon immer erfinderisch bei der Suche nach Alternativen gewesen. Manche horteten sogar in Erwartung von Versorgungsengpässen Graphit oder erwarben die alleinigen Rechte an den Vorkommen einer neu entdeckten Mine oder einer Insel mit Zedern. Oder sie forsteten ganze Wälder nur mit Bäumen für ihr Bleistiftholz auf. Aber selbst bei garantierten und unbegrenzten Rohstoffvorräten ist es nicht einfach, sie so zu verarbeiten und zusammenzufügen, daß man viel Bleistift für wenig Geld erhält. Denn heimische und ausländische Konkurrenten stellen eine ständige Bedrohung dar. Die optimale Verwendung des Materials ist Dreh- und Angelpunkt jeder modernen Technologie, ob es sich nun um die Herstellung von Bleistiften, Autos oder Computern handelt. Diese Verwendung ändert sich ständig; sie hängt mit Angebot und Nachfrage zusammen und ist nichts Neues.

Gegen Ende des achtzehnten Jahrhunderts entwickelten sich britische und kontinentaleuropäische Methoden der Bleistiftherstellung in entgegengesetzte Richtungen, wie das auch bei vielen anderen Technologien der Fall war. Die Differenzen ergaben sich vor allem aus der unterschiedlichen Verfügbarkeit und Qualität von Graphit. Dieser Rohstoff ließ sich leicht abbauen und genügte allen Anforderungen, als man in Cumberland eine große Lagerstätte reinen Materials fand. Denn wie ein Artikel über «Borrowdale» in der *Encyclopaedia Perthensis* von 1816 angab, war es der in den Derwentwater Fells dieses Tals gefundene Graphit, «mit dem die ganze Welt versorgt» wurde.

Doch auch wenn die Borrowdale-Minen die ganze Welt versorgten, waren diese keineswegs die einzigen Graphitvorkommen zu Beginn des neunzehnten Jahrhunderts, wie ein anderer Artikel desselben Lexikons präzise vermerkt:

> Graphit ... *wird in verschiedenen Ländern gefunden, zum Beispiel in Deutschland, Frankreich, Spanien, dem Kap der Guten Hoffnung und Amerika, aber im allgemeinen in kleinen Mengen und von sehr unterschiedlicher Qualität. Die beste und für Bleistifte geeignetste Sorte findet man jedoch in Cumberland, an einem Ort namens Borrowdale, wo er so reichlich vorhanden ist, daß von dort nicht nur die ganze Britische Insel, sondern praktisch der ganze europäische Kontinent versorgt wird.*

Die Erschöpfung der alten und die Entdeckung neuer Funde war anscheinend zumindest teilweise der Grund für das Hin und Her zwischen Horten und Exportieren von Borrowdale-Graphit im Britannien der Jahrzehnte vor und nach 1800. Während des ganzen Auf und Ab der Belieferung des Weltmarkts konnten die besten englischen Bleistifte immer noch aus unvermischtem, heimischem Borrowdale-Graphit gemacht werden, solange seine Vorräte beschützt wurden. Aber es mußten einige drastische Maßnahmen ergriffen werden, um das chronische Problem des Diebstahls in den Minen in den Griff zu bekommen. In einem Zusatz von 1846 zu Beckmanns Geschichte des Graphits heißt es:

Gegenwärtig wird der kostbare Schatz durch ein festes Gebäude geschützt, das aus vier Räumen im Erdgeschoß besteht. Direkt unter dem einen ist der mit einer Falltür gesicherte Zugang, durch den nur die Arbeiter ins Innere des Berges gelangen können. In diesem Raum, dem sogenannten Ankleidezimmer, wechseln die Minenarbeiter bei der Ankunft ihre gewöhnliche Kleidung gegen Arbeitskleidung. Nach sechs Stunden als Posten oder Arbeiter ziehen sie sich unter den Augen des Verwalters wieder um und dürfen dann hinausgehen. Im hintersten der vier Zimmer sitzen zwei Männer an einem großen Tisch und sortieren den Graphit. Während ihrer Arbeit sind sie eingesperrt und werden von einem Nebenzimmer aus vom Verwalter beobachtet, der mit zwei geladenen Donnerbüchsen bewaffnet ist. In bestimmten Jahren soll der Nettoertrag der jährlich nur sechs Wochen lang ausgebeuteten Mine zwischen 30 000 und 40 000 £ betragen haben.

Infolge dieser protektionistischen Maßnahmen bestand für die lokalen Bleistiftmacher nur wenig Anreiz, ihr Herstellungsverfahren über die inzwischen mehr oder weniger gleichbleibende Handwerkspraxis hinaus weiterzuentwickeln. Bis Mitte des neunzehnten Jahrhunderts, als sich die Vorkommen sichtlich rasch und bald endgültig erschöpften, bestand im nahegelegenen Keswick in der Tat wenig Veranlassung, den Produktionsprozeß von Bleistiften zu ändern. Aber auf dem Kontinent, wo die unsichere Versorgung mit teurem Borrowdale-Graphit und minderwertigem Material aus anderen Lagerstätten schon länger als in England die Regel war, sollte ein revolutionäres Verfahren der Minenherstellung entwickelt werden, das noch heute angewendet wird. Diese technologische Innovation wurde im wesentlichen von den äußeren sozialen und politischen Bedingungen sowie den wirtschaftlichen Zwängen von Angebot und Nachfrage nach gutem Graphit veranlaßt. Im Vergleich dazu spielten besondere Initiativen der wachsenden, jedoch immer noch auf dem Handwerk beruhenden Bleistiftindustrien in England und Deutschland eine geringere Rolle. Not sollte tatsächlich erfinderisch machen, aber es gab auch technische Faktoren, die eine erfolgreiche Innovation ermöglichten – und einen Zufall, der sich einen günstigen Zeitpunkt ausgesucht hatte.

Was die Situation für die Bleistiftherstellung in den neunziger Jahren des achtzehnten Jahrhunderts von Grund auf veränderte, war der Umstand, daß in Frankreich kein Borrowdale-Graphit oder *plombagine* erhältlich war. 1793 brach zwischen Frankreich und England Krieg aus (unter anderem). So konnte Frankreich nicht nur keinen erstklassigen englischen Graphit bekommen, sondern noch nicht einmal die minderwertigen, aber brauchbaren deutschen Bleistifte, die damals aus einer Mischung aus Graphitstaub, Schwefel und Leim hergestellt wurden. Da Krieg, Revolution, Schulwesen und tagtägliches Handwerker- und Kaufmannsgewerbe aber nur schwer ohne einen Bleistift auskommen konnten, suchte der französische Kriegsminister Lazare Carnot nach einer anderen Methode, um Bleistifte in Frankreich zu produzieren. Zu dieser Zeit war der Ingenieur und Erfinder Nicolas-Jacques Conté neununddreißig Jahre alt. Die Revolution hatte ihn dazu gebracht, seine Laufbahn als populärer Porträtmaler zugunsten einer wissenschaftlichen Karriere aufzugeben. In den frühen neunziger Jahren hatte er sich auf vielen Gebieten einen guten Ruf erworben, und Gaspard Monge, der erste Direktor der Ecole Polytechnique, sagte über Conté, daß er «jede Wissenschaft im Kopf und jede Kunstfertigkeit in seinen Händen» hatte. Daher war es nicht weiter verwunderlich, daß jemand wie Conté von Carnot beauftragt wurde, eine Alternative zur Verwendung von reinem Borrowdale-Graphit für Bleistiftminen zu entwickeln. Aber es ist schwierig, Dichtung und Wahrheit in der Geschichte des eigentlichen intensiven Forschungs- und Entwicklungsprogramms auseinanderzuhalten. Conté setzte sich für den militärischen Einsatz von Ballons ein und arbeitete anscheinend gerade an einigen Experimenten mit Wasserstoff, als eine Explosion sein linkes Auge verletzte. Seine Experimente mit Graphit dagegen erwiesen sich als weniger gefährlich. Angeblich war es 1794 nur eine Sache von Tagen, bis Conté Erfolg hatte. Innerhalb eines Jahres, am 3. Januar 1795, wurde seine Erfindung patentiert.

Contés innovatives Verfahren scheint sich aus seiner Vertrautheit im Umgang mit Graphit bei der Produktion von Schmelztiegeln entwickelt zu haben. Die neue Methode der Herstellung von Bleistiftminen bestand darin, fein pulverisierten, von Verunreinigungen befreiten Graphit mit

DER BLEISTIFT

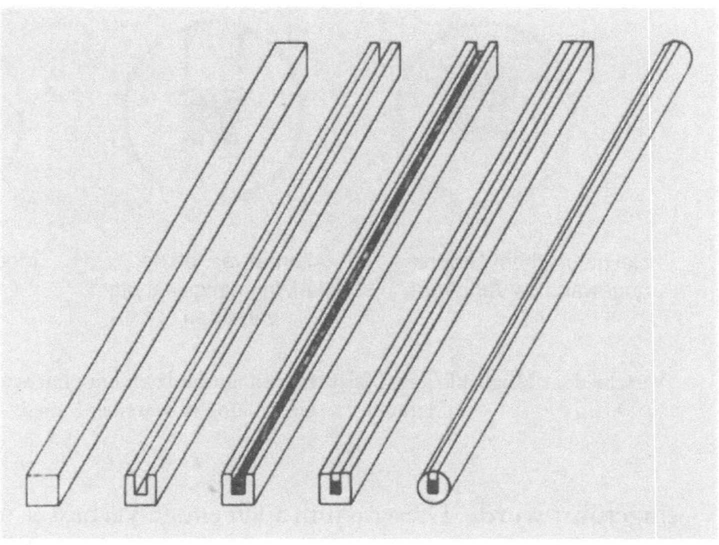

Ton und Wasser zu mischen und den nassen Brei in lange, rechteckige Formen zu streichen. Wenn die Minen getrocknet waren, wurden sie aus den Formen genommen, in Holzkohle verpackt, in ein Keramikgehäuse eingeschlossen und bei hoher Temperatur gebrannt. Da die zerbrechlichen keramischen Minen nicht einfach glattgehobelt werden konnten, wurden sie in Holzkörper eingelegt, wie sie ganz ähnlich schon von einigen frühen deutschen Bleistiftmachern zur Umhüllung ihrer Schwefel-Graphit-Minen benutzt worden waren. Das Holzstück, in das die Minen eingelegt wurden, besaß eine Rinne, die etwa doppelt so tief war wie die Dicke des Stäbchens. Auf die eingelegte Mine wurde dann ein Holzstab geleimt, um die Rinne ganz zu füllen. Dann konnte der Bleistift in die gewünschte äußere Form gebracht werden. Bleistifte für Künstler, die nach dem neuen französischen Verfahren hergestellt waren, wurden als *crayons Conté* bekannt.

Man hat manchmal behauptet, daß das Conté-Verfahren schon 1790 unabhängig von dem Österreicher Josef Hardtmuth, einem Baumeister aus Wien, entdeckt wurde, aber dies scheint nur das Datum der Gründung seiner Bleistiftfabrik gewesen zu sein. Hardtmuth selbst behauptete, das Verfahren – die sogenannte «Wiener Methode» – erst im Jahr 1798 erfunden zu haben, also drei Jahre nach Contés Patent. Andere Quellen berichten aber, daß das neue Verfahren in Wien erst viel später zur Anwendung kam, als es nämlich von Contés Schwiegersohn Arnould Humblot dort

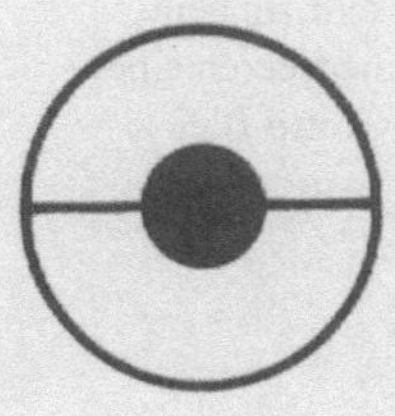

Verschiedene Möglichkeiten, Bleistiftminen mit Holz zu umschließen, darunter die heutige
Methode zur Umhüllung von runden Minen.

eingeführt wurde. Dieser nahm auch einige Verbesserungen am «primitiven Verfahren» seines Schwiegervaters vor und wurde schließlich Direktor einer Bleistiftfabrik in Paris.

Einerlei, wie und wann es entdeckt wurde: Sobald sie das Verfahren beherrschten, hatten die kontinentalen Bleistiftmacher jede Möglichkeit, sich aus ihrer Abhängigkeit von erstklassigem englischem Graphit zu befreien. Zuerst wurde das Verfahren nur in Frankreich und Österreich angewendet, später auch in einer staatseigenen Bleistiftfabrik im bayrischen Passau. Mitte des neunzehnten Jahrhunderts war es dann weitverbreitet, und es bildet noch heute die Grundlage der Bleistiftherstellung. Nach dem Conté-Verfahren scheint man in gewissem Umfang auch im England des frühen neunzehnten Jahrhunderts gearbeitet zu haben. Die traditionelle Methode der englischen Bleistiftherstellung wurde aber erst völlig aufgegeben, als die Borrowdale-Minen gänzlich erschöpft waren – manche geben dafür das Jahr 1869 an, doch läßt sich das genaue Datum so schwierig bestimmen wie der Zeitpunkt der Entdeckung der Minen.

Obwohl das Verfahren nach Conté den Bleistiftmachern auf dem europäischen Kontinent eine gewisse Unabhängigkeit von den schwindenden Vorräten des Borrowdale-Graphits verlieh, war man allgemein der Ansicht, daß die neue Bleistiftmine nicht annähernd so gut schreiben konnte wie die besten Minen aus reinem englischem Graphit. Hat man die Wahl zwischen einem sehr guten und gar keinem Bleistift, oder zwischen einem unverschämt teuren und einem preiswerten Bleistift, ist man jedoch zu Zugeständnissen bereit. Außerdem waren *crayons Conté*

  DER BLEISTIFT

bei weitem den mit Schwefel hergestellten Stiften überlegen. Indem man das Verhältnis von Ton zu Graphit variierte, konnte man Bleistiftminen mit unterschiedlichen, aber untereinander einheitlichen Schwärze- und Härtegraden produzieren, womit man bei englischen Bleistiften nicht immer rechnen konnte.

Was Contés Verbesserung von der ursprünglichen Methode, Bleistifte aus reinem Graphit herzustellen, unterschied, war ihr bewußt innovativer Charakter. Das konnte man von den früheren Stadien der Bleistiftentwicklung nicht mit derselben Sicherheit behaupten. Die Legende von der zufälligen Entdeckung des wundervollen Borrowdale-Graphits unter einem vom Sturm entwurzelten Baum und von den harten Klumpen seltsamer Erde, die zunächst zum Markieren von Schafen benutzt wurden, ist nicht die Geschichte einer zielgerichteten Suche. Sie erzählt vielmehr von der Bereitschaft, jedweden Naturstoff, den die «gütige Erde» hergeben wollte, anzunehmen. Unabhängig davon, ob die Geschichte von der Entdeckung des Graphits völlig der Wahrheit entspricht, zeigt ihre Aufnahme in die mündliche und schriftliche Überlieferungstradition der Bleistiftindustrie, daß sie mit einem Klima in Einklang stand, in dem man die Dinge so hinnahm, wie sie waren, und nicht aktiv nach einem Schreibmaterial mit den besten Eigenschaften suchte.

Aber ganz gleich, ob man nun danach gesucht hatte oder nicht, gewann der in Borrowdale abgebaute Graphit immer stärker an Bedeutung und Wert, als seine einzigartigen Eigenschaften offenbar wurden. Und diese Eigenschaften bestanden nicht nur darin, daß der Graphit einen besseren Strich auf Papier machte als metallisches Blei, sondern er war auch hart genug, um ihn zu handlichen Stängelchen oder Stäbchen zu formen, die gespitzt werden konnten und doch nicht so leicht unter dem beim Schreiben und Zeichnen ausgeübten Druck zerbrachen. Zwar werden die Anfänge des modernen Bleistifts traditionell auf die Entdeckung des Borrowdale-Graphits zurückgeführt. Doch die Tatsache, daß Graphitbrocken, wenn auch mit Verunreinigungen, schon bei ägyptischen Ausgrabungen gefunden wurden, verleitet zu der Frage, warum der Gebrauch von Graphit als Schreibstoff anscheinend nicht vor der Mitte des sechzehnten Jahrhunderts aufgekommen ist. Man hat sogar behauptet, daß Graphit geraume Zeit vor seiner Verwendung für Bleistifte in der Nähe von Passau entdeckt worden sei, wo man anscheinend die Schreibeigenschaft des Materials erkannte; so mag die Bezeichnung *plumbago* sogar zuerst hier Verwendung gefunden haben. Der Graphit scheint dort jedoch deswegen nicht zum Schreiben benutzt worden zu sein, weil er nicht in großer Menge und handlichen Klumpen von sehr hoher Reinheit auftrat und daher nur schwer zu guten Schreibstäben geformt werden konnte. So scheint das Material nicht mehr als eine lokale Kuriosität geblieben zu sein. Es gab offensichtlich keine bewußten Versuche, den Passauer Graphit zu veredeln und zu einer fürs Schreiben und Zeichnen geeigneten Konstruktion oder Form zu verarbeiten.

Was ließ den Franzosen Conté im Jahr 1794 auf ganzer Linie erfolgreich sein, während es andere zu anderer Zeit an anderem Ort nicht waren? Natürlich befand man sich während der wissenschaftlichen Revolution allerorten auf intellektueller Suche, aber man hatte kaum den Anspruch, sich zwischen praktischen und philosophischen Werken hin und her zu bewegen. Derselbe Mensch teilte bei der Suche seine Kräfte oft gleichsam unter den getrennten Stollen auf, die er in einen noch nicht kartierten Berg hineintrieb. Doch gelangte er kaum unter die Oberfläche der Dinge und versuchte recht häufig, sich den Berg aus seinem Maulwurfsloch heraus zu erschließen. Selbst der große Newton, der sich durchaus auch für Praktisches interessierte, gelangte nicht immer über seine «Tunnelsicht» hinaus. Aber er verstand sich ja nicht als Minenarbeiter, sondern verglich sein Leben mit einem Spaziergang an der Meeresküste, wo er überglücklich dann und wann eine Muschel fand. Er war allerdings betrübt darüber, daß «der große Ozean der Wahrheit ganz unentdeckt» vor dem an der Küste entlangspazierenden Muschelsucher lag. Newtons Bild von der Meeresküste stellt das Ziel geistiger Tätigkeit als etwas Objektives und schon dort draußen Vorhandenes dar, das bloß seiner Entdeckung harrt. Die Meeresküstenmetapher läßt zu, daß eine Muschel (bzw. Theorie) hübscher (eleganter) als eine andere ist und daß der Suchende die alten Muscheln vielleicht weniger schätzt, wenn er hübschere findet. Aber das bedeutet doch, daß die Wahrheiten als ganze im Ozean liegen und es nur eine Frage der Zeit ist, bis man sie an die Küste gespült findet.

Bleistifte mögen zwar dabei helfen, abstrakte Theorien der Bewegung und Gravitation zu formulieren, doch fabrizieren abstrakte Theorien keine Bleistifte. Man wird keine schwarze Erde entdecken, mit der man schreiben und zeichnen kann, wenn man auf dem Weg zu einer hübscheren Muschel Sand auf sie wirft. Kurz, obwohl Gedanken wie die von

Newton zu den wissenschaftlichen Grundlagen des modernen Ingenieurwesens beitragen sollten, waren sie von nur geringem Nutzen für die Vervollkommnung von Dingen, die weit davon entfernt waren, die Aufmerksamkeit von Muschelsammlern zu erregen.

In seinem Rohzustand ist Graphit nicht annähernd so hübsch wie eine am Strand liegende Muschel oder ein über dem Horizont aufgehender Planet. In der Tat wurde er erst interessant und wertvoll, als offenbar wurde, daß man mit ihm bessere Bleistifte, Schmelztiegel und Kanonenkugeln machen konnte. Ebenso kann schwarze Erde für alle bloß Schmutz sein, außer für den Bauern, der die in ihr enthaltenen Nährstoffe kennt und weiß, wie wichtig sie für das Saatgut der nächsten Ernte sind.

Es ist zwar wohl bestimmt richtig, daß der moderne Bleistift mit der zufälligen Entdeckung sehr reinen Graphits zusammenhängt. Doch ist es nicht undenkbar, daß die Idee zu einem Bleistift möglicherweise schon vor der Entdeckung eines Materials mit den zu ihrer Verwirklichung nötigen Eigenschaften dagewesen ist. So war auch der bemannte Flug ein Traum, lange bevor er Wirklichkeit wurde. Selbst wenn sich Graphit nie hätte finden lassen, hätte sich der «Bleistift» vielleicht aus einem Ersatzmaterial entwickeln können. Die Tatsache, daß Bleilegierungen zum Schreiben und Zeichnen verwendet wurden, weist ja darauf hin, daß es tatsächlich eine zielgerichtete Suche nach einer Alternative zu Feder und Tinte gab.

Im achtzehnten Jahrhundert – als die Grundlagen der modernen Chemie gelegt wurden, als «Bleiweiß» richtig als eine Form des Kohlenstoffs identifiziert wurde und fortan als Graphit bekannt sein sollte, als die Vorstellung vom Bleistift und der Bedarf nach einem solchen etabliert waren – verbreitete sich auch eine pragmatische Betrachtungsweise unter den anwendungsorientierten Ingenieuren, im Gegensatz zu den theoretisch orientierten Wissenschaftlern. In einer solchen Atmosphäre war es nicht nur möglich, sondern auch wahrscheinlich, daß ein Ingenieur wie Conté gefragt wurde, welches Material man als Ersatz für den reinen, aber nicht verfügbaren Borrowdale-Graphit verwenden konnte. Bis zu dieser Zeit war es ja nicht praktikabel, verunreinigten Graphit zu verwenden, und die bisherige Methode, bei der Minenherstellung Graphitstaub und Schwefel mit Wachs zu vermengen, war unbefriedigend. Diese Probleme waren für Conté eine Herausforderung, nicht in der Erde, sondern im Geiste nach den Methoden zu forschen, wie man einen Bleistift aus dem machen konnte, was man bisher übersehen hatte.

Innovation, Genialität und Erfindungsreichtum hat es immer schon gegeben. Davon legen die technischen Fortschritte der ältesten Kulturen und die Maschinen und Geräte Zeugnis ab, die von antiken Autoren wie Vitruv und Hero von Alexandria beschrieben oder später durch Leonardos Zeichnungen festgehalten worden sind. Aber systematische Ansätze, die Handwerk und Wissenschaft miteinander verbanden, damit aus Träumen wirkliche Gegenstände wurden, bildeten sich im Ingenieurwesen erst nach Jahrhunderten aus. Das Entwerfen eines Bleistifts mag zwar leichter scheinen als das Entwerfen einer Brücke, aber es kann in Wirklichkeit sogar noch schwieriger und mit größeren Unsicherheiten verbunden sein.

Wie eine Brücke muß ein Bleistift wirtschaftlich, stabil und widerstandsfähig sein. Aber diese Anforderungen sind von einer subtileren und weniger kalkulierbaren Art als bei einer Brücke. Die Bleistiftmine muß aus einem Material gemacht sein, das nicht nur stabil und widerstandsfähig ist, sondern auch einen guten Strich auf Papier produziert. Borrowdale-Graphit gab es zufällig und glücklicherweise in Stücken, die groß genug waren, daß man sie zu Minen schneiden konnte, die die richtige Kombination aus Stabilität und günstigen Schreibeigenschaften aufwiesen. Aber mit Schwefel und Wachs versetzter Graphitstaub besaß diese Kombination nicht, denn die daraus hergestellten Bleistiftspitzen neigten dazu, bei warmem Wetter weich zu werden, und schrieben nicht gerade sehr gleichmäßig.

Contés großer Beitrag zur Bleistiftherstellung entsprach dem in Frankreich vorherrschenden, wissenschaftlichen Geist des Ingenieurwesens, der im weiteren Gefolge von Galilei und Newton aufgekommen war. Diese Geisteshaltung erkannte, daß man sich für neue Ideen nicht ausschließlich auf die Handwerkstradition als Quelle der Inspiration stützen konnte. Auch wenn das Handwerk nicht sehr hoch angesehen war, barg es unverzichtbare Kenntnisse: Gerade von der analytischen und systematischen Untersuchung seiner Produkte und Verfahren sollten die neuen Segnungen der Menschheit kommen. Diese Einstellung kam in Denis Diderots monumentaler *Encyclopédie* zum Ausdruck, deren erster Band 1751 erschien. Wie Galilei erkannten die Enzyklopädisten, daß es unter den Handwerkern eine kleine Zahl erstklassiger Leute gab, von denen man viel lernen konnte. In Jean d'Alemberts «Vorbemerkungen» zur *Encyclopédie* findet sich übrigens eine Beobachtung, die als Beschreibung einer damals noch ungewöhnlichen Gattung Mensch verstanden werden kann: «Künstler, die gleichzeitig Gelehrte sind». Aber da «die Mehrheit derer, die angewandte Künste ausüben, ihr praktisches Handwerk notgedrungen ergriffen haben und es instinktiv betreiben» und einige von ihnen «vierzig Jahre lang gearbeitet haben, ohne irgend etwas über ihre Maschinen zu wissen», war es gerade der ungewöhnliche Handwerker, der zum Ingenieur wurde.

Unabhängig davon, ob Handwerker etwas über ihre Maschinen «wissen» oder in Worte fassen können, was sie bei der Ausübung ihrer Kunst tun, kann das Handwerk selbst eine Komplexität erreichen, die keine noch so umfassende Theorie allein beschreiben kann. Diese im späten achtzehnten Jahrhundert gewonnene Erkenntnis einer im Handwerk impliziten und nonverbalen Tradition verbreitete sich ebenso langsam wie ihre Nutzbarmachung zur Beschleunigung des technologischen Fortschritts. Die Wahrscheinlichkeit sprach klar gegen rasche Neuerungen innerhalb von Handwerk oder «unflätig werck», wie nach Agricola im sechzehnten Jahrhundert die allgemeine Ansicht über die Bergbauindustrie lautete. Außer den «Dutzend unter tausend Handwerkern», die auch Gelehrte waren, oder den Gelehrten, die vielleicht eine praktische Lehre absolviert hatten, machte der typische Handwerker wohl immer wieder die gleiche Brücke oder den gleichen Bleistift; und der typische Minenarbeiter grub da, wo man schon immer gegraben hatte. Umgekehrt war der typische Gelehrte bzw. der moderne Wissenschaftler, der innovativ sein wollte, ein hoffnungsloser Theoretiker, der Neues von dem ableitete, was er in der Bibliothek fand. Ingenieure, die – und sei es auch nur als Lehrlinge – in der Tradition neugieriger und des Wortes mächtiger Handwerker stehen und gleichzeitig praxisorientierte und erfahrene Wissenschaftler sind, sind daher die geborenen Erfinder.

Conté konnte eine Revolution in der Fabrikation von Bleistiftminen herbeiführen, weil er im Sinne Galileis praktische und theoretische Interessen verband. Bevor sich Carnot an ihn gewandt hatte (und vielleicht wandte sich Carnot gerade aus diesem Grund an ihn), hatte Conté schon Interesse an Graphit gezeigt – als einem hitzebeständigen Material, das bei der Herstellung von Schmelztiegeln und Kanonenkugeln gebraucht wurde, von seiner Verwendung als Zeichenmaterial für den Künstler Conté einmal abgesehen. Die klare Trennung von so spezialisierten Handwerken wie Tiegelherstellung und Bleistiftfabrikation, die vor Conté praktisch von jedem gemacht wurde, bot wenig Gelegenheit, die aufkommende wissenschaftliche Methode so anzuwenden, daß sich Verbesserungen in der einen Kunst entwickeln ließen, die auf Erfahrung in der anderen beruhten. Als Conté über die Herstellung einer Bleistiftmine aus Graphitstaub und Ton nachdachte, konnte er einen qualitativen Sprung machen, da er schon mit der Art und Weise vertraut war, wie sich diese Materialien für hervorragende Schmelztiegel verbanden. Davon abgebrochene Stückchen haben vielleicht nebenbei als Schreibsteine gedient – dieses oder ähnliches könnte Conté bei seinen Basteleien im Labor bemerkt haben.

Das Labor ist eigentlich die moderne Werkstatt. Das moderne Ingenieurwesen ist eine Folge der Verbindung von wissenschaftlicher Methode mit der Erfahrung in den Werkzeugen und Produkten der Handwerker. Das moderne Ingenieurwesen sollte sich in Großbritannien und Amerika zwar recht langsam entwickeln, doch spielte es in der Folge eine immer aktivere Rolle bei der Überführung der Handwerkstradition in moderne Technologie, die auf der Grundlage von Forschung und Entwicklung steht. Im Jahrhundert nach Conté sollte diese Transformation in praktisch jedem Bereich des technologischen Lebens stattfinden: vom einfachen Bleistiftmachen bis zum monumentalen Brückenbau.

Kapitel 7

Von alten Methoden und Betriebsgeheimnissen

Die langsame Entwicklung des Bleistifts und seiner Herstellungsverfahren vollzog sich im achtzehnten Jahrhundert bis zu Contés revolutionären Entdeckungen im Jahr 1794 in einer sozusagen vorwissenschaftlichen und primitiven Ingenieurpraxis. Mit dem bei Gesner abgebildeten Bleistift ahmte man eigentlich bloß die antiken Griffel und Pinsel nach, wenn man «englisches Antimon» so in eine Holzröhre steckte, wie man ein Stück Blei oder ein Büschel Tierhaar in das Ende eines hohlen Rohrs oder Zweiges gesteckt hatte. Dies war ein Akt schöpferischer Phantasie, der etwa so modern war wie der, der eine Stahlaxt mit Holzgriff hervorbrachte, als das Prinzip des Tomahawk bekannt war.

Daß Schreiner von Natur aus dazu neigen würden, Borrowdale-Graphit mit raffinierteren Holzgehäusen zu umhüllen, war zu erwarten. Metallstücke hatte man schon seit langem in hölzerne Rahmen und Halter gesteckt, um elementare Holzwerkzeuge wie Hobel und Meißel zu fertigen. Die Schreiner des siebzehnten und achtzehnten Jahrhunderts waren natürlich mit noch weitergehendem fundamentalem Spezialwissen vertraut. So wußten sie beispielsweise, welche Eigenschaften das Holz aufweisen mußte, um ein Stück Graphit fest an seinem Platz zu halten und um angespitzt werden zu können, ohne zu zerbrechen oder zu splittern. Es war weder ein Zufall noch besonders erstaunlich, daß einige der ersten Holzbleistifte aus Zeder gemacht wurden, dem Holz, das noch heute als das ideale Bleistiftholz gilt. Die Schreiner dürften auch die Techniken des Zusammenleimens von Holz gut gekannt haben und dazu in der Lage gewesen sein, genauso leicht einen Bleistift in eine schöne endgültige Form zu bringen, wie sie eine Spindel drehen konnten. Kurz, die Schreiner besaßen alle Fertigkeiten und Erfahrungen, die für die Gestaltung eines Holzbleistifts vonnöten waren – so gut und zweckmäßig man ihn eben aus den damals verfügbaren Rohstoffen machen konnte. Schreiner und Zimmerleute konnten jedoch nur schwerlich gute Bleistifte zustande bringen, wenn guter Graphit oder gute Hölzer nicht zur Verfügung standen.

Obwohl es schon lange der Traum von Zimmerleuten gewesen sein mag, Holz aus Sägemehl gleich einem Phönix aus der Asche wiedererstehen zu lassen, ist es unwahrscheinlich, daß man (von einigen sehr phantasievollen alten Holzhandwerkern einmal abgesehen) eine solche Leistung jemals für etwas anderes als Mythologie oder Wunschdenken gehalten hat. Das Mischen von Graphitstaub mit Schwefel, Gummi oder Leim und das Kneten der Masse zur Gewinnung von Klumpen festen Graphits, von denen man rechteckige Minen schneiden und in Holz einsetzen konnte, lag gleichermaßen außerhalb des eigentlichen Schreinerhandwerks. Als der außergewöhnliche Schreiner es dann doch wagte, die Routine zu verlassen, gab es keinerlei Garantie für ein zufriedenstellendes Ergebnis. In der Tat stand die Bleistiftmanufaktur bis zum letzten Jahrzehnt des achtzehnten Jahrhunderts in einer Handwerkstradition, die im allgemeinen so einengend war, daß sie wirkliche Innovationen eher verhinderte als förderte. Die Entwicklung neuer Methoden der Minenherstellung verlangte nach ehrgeizigen Experimenten, die über das eigentliche Schreinerhandwerk hinausgingen.

Wie technologische Innovation sowohl aus der Tradition von Handwerk und Gewerbe hervorgehen als auch in ihr erstickt werden kann, läßt sich anhand der frühen Entwicklung der Bleistiftherstellung in Deutschland veranschaulichen. Englischer Graphit war dort wohl schon bald nach seiner Entdeckung in Borrowdale bekannt geworden, und zwar durch deutsche Bergleute, die seit 1564 im Lake District arbeiteten. Sei es durch diese Verbindung oder durch Vermittlung flämischer Händler – die Sitte, «Bleiweiß» mit Holz zu umschließen, war jedenfalls in Nürnberg in den sechziger Jahren des siebzehnten Jahrhunderts bereits etabliert. Aber das herrschende Zunftsystem war so starr, daß es weder Wettbewerb noch Neuerungen begünstigte, wie Friedrich Staedtler 1662 erfahren mußte.

Staedtler war der Sohn eines zugewanderten Drahtziehers, doch der junge Mann lernte – vielleicht aufgrund der Wirren im Gefolge des Dreißigjährigen Kriegs – nicht das Gewerbe seines Vaters, sondern wurde

Die Werkstätte eines «Bleiweißschneiders», Kupferstich von 1711. Die deutsche Bezeichnung leitet sich aus der frühen – irrigen – Annahme ab, daß Graphit ein glänzendes, bleiweißartiges Metall sei.

Ladenbesitzer in Nürnberg. Er heiratete die Tochter eines Schreiners und lernte von seinem Schwiegervater die Grundbegriffe dieses Handwerks mitsamt der Kunst, Graphit in Holz zu montieren. Zu dieser Zeit war der Grad an Spezialisierung so hoch, daß die «Weißmacher» genannten

Schreiner, die kleine Holzartikel wie Nähkästchen und Spielzeuge herstellten, noch nicht einmal ihren Graphit selbst zuschnitten, sondern ihn von einem «Bleiweißschneider» kauften.

Staedtlers Vorhaben bestand darin, sich ausschließlich auf die Bleistiftherstellung zu verlegen – ebenso wie vor ihm Hannß Baumann der Ältere, dessen Sohn und andere frühe Nürnberger Bleistifthandwerker – und seine Kräfte nicht mit modischem Kleinkram und Spielzeug zu vergeuden. Trotz der Einwände seines Schwiegervaters und anderer Schreiner beantragte er beim Nürnberger Stadtrat die Genehmigung, «Bleiweiß-Steffte» herstellen zu dürfen. Sein Antrag wurde jedoch abgelehnt, da das Rugsamt der Stadt, das sich mit der Regelung von Handwerksangelegenheiten befaßte, die Auffassung vertrat, daß das Einmontieren von Graphitstäben in Holz das Exklusivrecht der Schreiner war; eine weitere Spezialisierung wurde nicht gestattet. Staedtler gab jedoch anscheinend nicht auf, denn in offiziellen Verzeichnissen wird er anläßlich der Geburt seiner ersten Tochter als Bleistiftmacher bezeichnet. Kirchenbücher geben in der Folgezeit weitere Hinweise auf Bleistiftmacher. Spätestens 1675 waren Friedrich Staedtler und andere seines Fachs offenbar recht gut in der Gemeinschaft etabliert, so daß er das Bürgerrecht verliehen bekam, das man ihm zuvor verweigert hatte. Vielleicht bewahrte Staedtlers unabhängiges und beharrliches Wesen ihn auch davor, ewig Bleistifte in der Art und Weise herzustellen, wie es die traditionellen Nürnberger Schreiner taten. Der junge Bleistiftmacher begann seinen Graphit selbst zu schneiden und dadurch alle größeren Arbeitsschritte, die mit der Bleistiftherstellung verbunden waren, in einer einzigen Werkstatt auszuführen. Als diese Praxis allgemein üblich wurde, erkannte man die Bleistiftherstellung offiziell als eigenständiges Gewerbe an. 1731 gründeten die Bleistiftmacher dann ihre eigene Gilde.

Friedrich Staedtler soll im späten siebzehnten Jahrhundert mit Mischungen aus pulverisiertem Graphit und geschmolzenem Schwefel experimentiert haben und so Graphitstaub zum Formen einer damals als künstlich geltenden Bleistiftmine verwendet haben. Ein solches Vorgehen verwertete nicht nur sonst verschwendetes Material, sondern erlaubte auch, Graphit von minderer Qualität zu veredeln, bevor er bei der Bleistiftherstellung zum Einsatz kam. Beide Vorgehensweisen machten Staedtler unabhängiger von einem importierten und zunehmend rarer werdenden Rohstoff.

Staedtlers Sachkenntnis als Bleistiftmacher ging zunächst auf seine Kinder über, dann auf seine Enkel – die Anfänge einer Familiendynastie in der Bleistiftherstellung. Im späten siebzehnten und frühen achtzehnten Jahrhundert wurden in Nürnberg andere Familienbetriebe der Bleistiftmanufaktur gegründet. Nach den Annalen des städtischen Rugsamts für 1706 gehörten bis auf zwei autorisierte Bleistiftmacher alle anderen den Familien Staedtler, Jenig und Jäger an. Mochten diese Familienbetriebe auch von einfallsreichen und findigen Unternehmern wie Friedrich Staedtler gegründet worden sein, die meisten von ihnen wurden wohl von weniger phantasiebegabten und vorausschauenden Kindern und Enkeln geerbt. Ihre Bleistifte wurden im großen und ganzen weiterhin Jahr für Jahr auf die gleiche Weise hergestellt, wobei die Notwendigkeit oder das Aufkommen neuer technologischer Entwicklungen, mit denen man vielleicht bessere oder billigere Bleistifte hätte produzieren können, weitgehend ignoriert wurden. Der Staedtlersche Familienbetrieb hielt sich – mit Unterbrechungen – bis ins neunzehnte Jahrhundert im Geschäft, als eine neue Ära der Bleistiftherstellung beginnen sollte.

In der Zwischenzeit kämpfte das Familienunternehmen, ebenso wie andere, die sich nicht halten konnten, ums Überleben, und zwar nicht nur aufgrund des fairen Wettbewerbs mit besseren Bleistiftmachern, sondern vor allem wegen der Konkurrenz von Bleistifthandwerkern, die sich unter der Bezeichnung «Stümpler» vor den Toren der Stadt Nürnberg niederlassen mußten. Sie arbeiteten außerhalb der Stadtgrenzen und damit außerhalb der Gültigkeit städtischer Statuten und Zunftvorschriften. Die Stümpler konnten im allgemeinen ihre Bleistifte zu niedrigen Preisen anbieten, da sie häufig keine teuren Materialien enthielten. Anstatt festen Graphit von hoher Reinheit zu verwenden oder auch bloß fein pulverisierten Graphitstaub, der irgendwie mit minderwertigen Bindemitteln versetzt war, machten einige Stümpler ihre Bleistiftminen nur gerade so gut, daß sie sie verkaufen konnten, oder steckten nur sehr kleine Mengen einer einigermaßen guten Bleistiftmine in die Holzfassungen. Ein gutes Stück Bleistiftmine ragte gelegentlich nur etwa zweieinhalb Zentimeter in den Holzkörper hinein, während der Rest mit äußerst minderwertigem Graphit aufgefüllt war, wenn er denn überhaupt mit etwas aufgefüllt war. Einige skrupellose Bleistiftmacher suchten die Lieferungen mit bloßen Attrappen zu strecken: «Der Handel wurde (manchmal) mit vollkommen unbrauchbaren Holzstücken versorgt, die einem Bleistift äußerlich ähnlich sahen; sie waren aber bloß an beiden Enden mit Graphit geschwärzt, um eine durch das ganze Holz verlaufende Mine vorzutäuschen.» Zu dieser Zeit galten die Nürnberger Bleistifte allgemein als qualitativ minderwertige Ware im Vergleich zu den sogenannten «englischen Sorten» mit gutem Graphit. Die Bezeichnung «Nürnberger Ware» wurde so allmählich ein Begriff für billiges, minderwertiges Zeug.

Ab 1840 entwickelte sich deshalb der Brauch, Warenzeichen auf die Bleistifte zu drucken, um dem Handel, den Ladenbesitzern und auch den einzelnen Käufern zu garantieren, daß der gekaufte Bleistift bestimmten Qualitätsansprüchen genügte. Für eine gewisse Zeit gab es jedoch Widerstand dagegen, daß die Bleistiftmacher ihre Produkte zeichneten, denn der Endverbraucher sollte nicht wissen, wer die besten Bleistifte herstellte, damit er nicht den Zwischenhändler übersprang. Davon abgesehen wurde in Deutschland der Kampf gegen die Konkurrenz der Stümpler durch die restriktiven Praktiken stark erschwert, die den Zunftmitgliedern zum gegenseitigen Schutz auferlegt waren. Erst als die Reichsstadt Nürnberg im Jahr 1806 zu Bayern kam und das Rugsamt in der Folge aufgelöst wurde, erlaubte ein gewisses Maß an freiem Unternehmertum es Bleistiftmachern wie Staedtler zu expandieren.

Paulus Staedtler, Friedrichs Ururenkel, leitete in dieser Zeit den Betrieb und bezeichnete sich als Fabrikant und seine Werkstatt als Fabrik. Paulus Staedtler war offiziell ein Bleistiftmacher-Meister und beaufsichtigte als Vorarbeiter eine große Anzahl von hochspezialisierten Arbeitskräften, die selbst keine Lizenz zur Bleistiftherstellung besaßen. Dieses System förderte jedoch nicht gerade das Experimentieren mit neuen Produkten oder Verfahren, weshalb praktisch gar keine Forschung oder Entwicklung stattfand. Die Erben des Familienunternehmens und auch die neue Dynastien in der deutschen Bleistiftindustrie machten kaum Fortschritte, den Bleistift über das zerbrechliche, kratzende, in Holz eingebettete Stück wiederaufbereiteten Graphits hinaus weiterzuentwickeln.

Oft konsolidierten Eheschließungen innerhalb der bleistiftproduzierenden Familien die Betriebe, aber sie trugen wenig zu Innovation und Aufschwung in der Bleistiftindustrie bei. Das Kirchenregister in dem Dörfchen Stein bei Nürnberg enthält Eintragungen von Heiraten zwischen «Bleistiftmachern» und «Bleiweißschneidern», denn es waren sowohl Männer als auch Frauen am Herstellungsprozeß beteiligt. Aber

　　　　　DER BLEISTIFT

nicht alles Neue bei der Bleistiftherstellung ging auf Eheschließungen zurück. Im Jahr 1760 zum Beispiel ließ sich Kaspar Faber, ein Handwerker, in Stein nieder und hängte im folgenden Jahr ein Schild vor seine Tür, auf dem er seine neue Bleistiftfertigung ankündigte. Faber produzierte seine Bleistifte in seinem Häuschen, und zunächst war seine wöchentliche Produktion so gering, daß sie in einem Handkorb zum Verkauf nach Nürnberg und Fürth, einem anderen nahegelegenen Dorf, getragen werden konnte. Als Kaspar Faber 1784 starb, wurde sein Sohn Anton Wilhelm alleiniger Inhaber des Betriebs und gab ihm den Namen, unter dem er weltweit bekannt werden sollte: A.W. Faber.

Die Entdeckung des Graphitpulver-Ton-Mischverfahrens durch den Franzosen Conté brachte 1795 einen Bleistift hervor, der jedem anderen, der im späten achtzehnten Jahrhundert in Deutschland hergestellt wurde, weit überlegen war. Die keramische Bleistiftmine des Conté-Verfahrens besaß – im Gegensatz zu den deutschen Graphit-Schwefel-Stiften – Schreibeigenschaften, die sich mit denen der englischen Stifte messen lassen konnten. Außerdem waren die französischen Stifte stabil und gleichmäßig beim Schreiben, während die deutschen brüchig und kratzig waren. Und schließlich konnten die französischen Stifte in unterschiedlichen Härtegraden hergestellt werden, indem man das Verhältnis von Graphit zu Ton variierte. Die verschiedenen Grade waren innerhalb des Bleistifts einheitlich, was selbst bei Bleistiften aus reinem, englischem Graphit nur selten vorkam.

In der Zwischenzeit war englischer Graphit immer schwieriger zu bekommen, weshalb selbst die besseren deutschen Bleistifte aus reinem Graphit nicht in nennenswertem Umfang hergestellt werden konnten. Die Unfähigkeit der Deutschen, schnell auf die neue technologische Entwicklung der Produktion von Bleistiftminen aus Tongemisch zu reagieren, ließ die Handwerksbetriebe schlechten Zeiten entgegengehen. In dem Vierteljahrhundert nach Contés Entdeckung wurde die Situation durch die Trägheit der deutschen Produktionsmethoden immer schwieriger.

Zu den Faktoren, die zum Niedergang der deutschen Bleistiftindustrie im frühen neunzehnten Jahrhundert beitrugen, gehörte das traditionelle Handels- und Zunftwesen. Seine Auswirkungen wurden durch die ausgeprägte Vorliebe der Familienbetriebe für ererbte Produktionsmethoden vielleicht noch verschärft. Unter solchen Bedingungen kann ein zu strenges Festhalten an Betriebsgeheimnissen paradoxerweise die Beherrschung und Übernahme von vorteilhaften neuen Entwicklungen verzögern. Ein Klima der Geheimniskrämerei verhindert auch den freien Ideenaustausch und hinterläßt kaum schriftliche Dokumente für Technologiehistoriker. Doch solche Frustrationen sind weder neu noch betreffen sie nur die Bleistiftherstellung. Der amerikanische Bergbauingenieur und spätere Präsident Herbert Hoover und seine Frau Lou Henry Hoover bemerkten in der Einführung zu ihrer Übersetzung von *De Re Metallica*, Georgius Agricolas Schrift über den Bergbau aus dem sechzehnten Jahrhundert, folgendes:

> *Wenn man bedenkt, welche Rolle die «mechanischen» Künste in der Geschichte der Menschheit gespielt haben, ist es erstaunlich, wie wenig Literatur es bis zur Zeit Agricolas darüber gab. Zweifellos wurden die Künste von ihren Meistern als eine Art Handwerkszeug eifersüchtig gehütet, und es ist auch wahrscheinlich, daß diejenigen, die im Besitz des Wissens waren, gewöhnlich keine schriftstellerischen Interessen hatten. Auf der anderen Seite war vor dieser Zeit die kleine Gruppe von Schriftstellern nicht besonders an der Beschreibung industrieller Tätigkeiten interessiert.*

Dies hörte mit Agricola nicht auf. James Watt, den seine Verbesserungen der Dampfmaschinen berühmt und reich machten, fand die Herstellung von Kopien seiner Geschäftsbriefe langweilig und zeitraubend. «Doch ihr vertraulicher und technischer Charakter zusammen mit Watts Sparsamkeit schlossen wahrscheinlich die Einstellung eines Kopisten aus.» Dies brachte Watt dazu, «eine Methode zu entwickeln, mit der man gleichzeitig schreiben und kopieren konnte», indem er mit speziellen Flüssigkeiten getränktes Seidenpapier auf das mit einer speziellen Tinte geschriebene Original drückte. 1779, als Watt eine eigene Firma zur Vermarktung dieses Verfahrens gründen wollte, schlug er zum Schutz seiner eigenen Interessen und der seiner Partner vor, «eine Subskription für 1000 Personen» zu eröffnen, «die in den Besitz des Geheimnisses gelangen sollen, zusammen mit einer bestimmten Menge geeigneten Papiers und Materials und einer Presse, um die Abdrücke abzunehmen»; aber «niemand soll in diesen Besitz gelangen, bevor nicht das Ganze subskribiert ist, da die Sache so

   Der Bleistift

einfach und leicht ist, daß wir nach der Bekanntgabe an wenige den Rest vielleicht verlieren werden.»

Die Bedeutung von vertraulicher Korrespondenz und der Wahrung von Betriebsgeheimnissen hat mit dem Fortschreiten der Technologie sicherlich nicht abgenommen, und die Bleistiftindustrie bildet hier keine Ausnahme. Im späten neunzehnten Jahrhundert war die Zeitschrift *Scientific American* eine recht wichtige Informationsquelle für die neuesten Errungenschaften und Verfahren der Industrie, und ihre Herausgeber waren anscheinend gerne bereit, ihren Lesern jedes Geheimnis mitzuteilen, das sie den Herstellern entlocken konnten. Im neunzehnten Jahrhundert las sich der *Scientific American* oft wirklich wie ein *Reader's Digest* für Tüftler und Erfinder, da er Berichte über Funktionsweise und Herstellung von allem möglichen aus Veröffentlichungen zu Gewerbe und Technik zusammenfaßte. So gibt ein Artikel mit dem Titel «Graphit für Bleistifte» im späten neunzehnten Jahrhundert die Schilderung eines Korrespondenten von *The Pharmaceutical Era* wieder, der erfolglos versucht hatte, Bleistiftgraphit aus «zehn Gewichtsteilen Graphit und sieben Teilen deutschem Ton» herzustellen, die er «zu einem zähen Brei verarbeitet, in einer Form modelliert» und schließlich gebrannt hatte. Der Herausgeber von *The Pharmaceutical Era* wird mit der Aussage zitiert, daß er dem Leser nicht behilflich sein könne, denn «die erfolgreiche Herstellung von Bleistiftminen ist ein sehr wertvolles Betriebsgeheimnis der Bleistiftproduzenten, und wir sind nicht sehr zuversichtlich, daß wir Ihnen irgendwelche befriedigenden Informationen zu diesem Thema geben können». Im folgenden werden von ihm aber drei Methoden der Minenherstellung «allgemein» beschrieben. Die eine bezieht sich auf das ursprüngliche Verfahren, Graphitstücke zurechtzusägen, eine andere wird als die Methode, «die von M. Conté 1795 erfunden wurde», bezeichnet. Contés Verfahren wird, mit einigen näheren Einzelheiten, so beschrieben: Man mischt Graphitpulver mit «einer gleichen oder einer anderen gewünschten Menge reinen, gewaschenen Tons», gibt Wasser hinzu, modelliert die Minen in Formen und setzt sie, wenn sie getrocknet sind, «verschiedenen Hitzegraden» aus. Diese publizierte Beschreibung enthält zwar sicherlich die wesentlichen Züge des Verfahrens nach Conté, doch fehlen einige außerordentlich wichtige Details: Wie fein muß das Graphitpulver sein? Wie rein der Ton? Wieviel Wasser braucht man? Wie trocken müssen die Minen sein? Wieviel Hitze ist nötig?

Auch wenn ein an der Herstellung von Bleistiftminen Interessierter versucht haben sollte, ein Bündel Bleistiftminen aus Graphit, Ton, Wasser und Hitze zu verfertigen, wird er zu einem völlig unbefriedigenden Ergebnis gelangt sein – so wie der Korrespondent der *Pharmaceutical Era*. Seine Formel enthielt zwar alle richtigen Bestandteile, aber das ist offensichtlich nicht genug. Denn er vermochte genausowenig eine gute Bleistiftmine zu produzieren, wenn er die Bestandteile nicht richtig siebte, mischte und brannte, wie er einen guten Kuchen aus Mehl- und Zuckerklumpen in einem kalten Ofen backen konnte. Selbst in unserem Jahrhundert kann man nur schwer an Geheimrezepte gelangen, wie ein junger amerikanischer Hersteller erfahren mußte, als er sich dazu entschloß, selbst Minen zu produzieren, anstatt sie von einer eingesessenen Bleistiftfabrik zu kaufen. Der Neuling beschrieb die Lage in den frühen zwanziger Jahren:

> *Eine Gräfin ... besitzt eine bedeutende Minenfabrik in der Tschechoslowakei. Zwei- oder dreimal in der Woche geht sie in ein Privatzimmer in der Fabrik und mischt eine bestimmte Menge Material mit Hilfe von Formeln, die nur ihr bekannt sind. Wenn sie stirbt, wird ihr Sohn die Formeln und den Betrieb erben und weiter das Material auf dieselbe geheime Weise mischen. Wie wir festgestellt haben, umgab eine ganze Menge dieser Art von Geheimniskrämerei die meisten der Minenfabriken in [Amerika]. Ich glaube, daß in einigen Fällen selbst die Fabrikbesitzer die Verfahren nicht verstanden, sondern sich auf Männer verlassen mußten, die ihre Formeln in fremden Ländern gelernt hatten.*

Industrieformeln werden heute genauso geheimgehalten wie zu Beginn des Jahrhunderts, und sie wurden damals nicht weniger geheimgehalten als vor und zu der Zeit, als Conté das Verfahren für eine moderne Bleistiftmine entdeckte. Die deutschen Bleistiftmacher dürften zwar gewußt haben, daß die überlegenen Minen Contés Ton statt Schwefel enthielten, doch dies Wissen nützte ihnen wenig. Wenn sie die Sachkenntnis nicht durch Heirat erwerben konnten, dann hätten sie mit unterschiedlichen Reinheits- und Feinheitsgraden von verschiedenen Graphitarten und Tonen experimentieren müssen, mit unterschiedlichen Mengen Wasser und verschiedenen Misch-, Formungs- und Trockentechniken, mit

DER BLEISTIFT

verschiedenen Arten und Temperaturen des Brennens. Mit einer solchen Zahl von Variablen zu jonglieren braucht Zeit und Methode, und man kann keine Zeit sparen, indem man einen Brief an einen anderen Bleistiftfabrikanten mit der Bitte um Preisgabe des Betriebsgeheimnisses schreibt oder an die Ratgeberkolumne einer Fachzeitschrift. Diejenigen, die die Antwort wissen, werden sie wahrscheinlich nicht verraten, und diejenigen, die gerne antworten würden, können dies nicht mit ausreichender Genauigkeit tun. Die Deutschen hätten im frühen neunzehnten Jahrhundert ihre eigene Forschung und Entwicklung betreiben müssen, aber sie scheinen diese dringende Notwendigkeit nicht erkannt zu haben. Oder sie waren vielleicht nicht willens, zu diesem Zeitpunkt Investitionen zu tätigen.

Wie jede moderne Industrie braucht die Bleistiftherstellung, ob zu Contés Zeiten oder heute, zum wirtschaftlichen Überleben eine wissenschaftlich fundierte Ingenieurpraxis in Form von Forschung und Entwicklung. Dieser Grundsatz wurde zum Beispiel 1917 in einem Artikel mit dem Titel «Was die Industrie der Wissenschaft verdankt» zum Ausdruck gebracht. Ein Drittel des in *The Engineer* erschienenen Beitrags war der Bleistiftindustrie gewidmet: «Die Industrie ist auf relativ wenige Firmen beschränkt, von denen die meisten eine lange Tradition haben. Die Einzelheiten der Herstellung werden größtenteils geheimgehalten, doch das bisher Geäußerte deutet darauf hin, daß die Industrie die Auswahl, Mischung und allgemeine Behandlung der Materialien vor allem der Chemotechnik verdankt und die Erfindung arbeitssparender Maschinen für die beteiligten Verfahren besonders dem Maschinenbau.»

Chemotechnik, Maschinenbau und andere Gebiete des Ingenieurwesens liefern die für eine erfolgreiche Forschung und Entwicklung unbedingt erforderlichen Werkzeuge und Methoden. Als Grundlagen sind sie für die Elektro-, Erdöl-, Automobil-, Luftfahrt- und Bauindustrie ebenso wichtig wie für die Bleistiftindustrie damals und heute. Zwar hat die Entwicklung des Bleistifts in den zwei Jahrhunderten nach Conté, der sich formal und ausdrücklich auf die wissenschaftlich-technische Methodik stützte, zum großen Teil in einer vorprofessionellen Ära von Ingenieurwesen und Wissenschaft stattgefunden – ganz zu schweigen von den Autodidakten unter den Ingenieuren und Wissenschaftlern, die nicht so bekannt wie Conté sind. Trotzdem ist der moderne Bleistift in hohem Maße ein Produkt bewußter Ingenieurkunst.

Die Geschichte der Bleistiftherstellung im Amerika des neunzehnten Jahrhunderts mag als Musterbeispiel für die Geschichte der zeitgenössischen Technologie im allgemeinen dienen. Amerika war damals noch eine junge Republik, deren Unternehmer sich nicht durch restriktive Gewerbepraktiken eingeschränkt und von Zunfträten und Gewerbeämtern behindert sahen. Der Pioniergeist gab der Entwicklung neuer Methoden in der Bleistiftherstellung nicht weniger Impulse als der Erschließung neuen Landes. Da es gewöhnlich nur wenige professionelle Pioniere gibt und die Pioniertätigkeit nur sehr oberflächlich in Erfahrung und Tradition wurzelt, wurde das Ingenieurwesen im Amerika des frühen neunzehnten Jahrhunderts, wie auch anderswo, von hochmotivierten Autodidakten betrieben.

Was die amerikanischen «Bleistift-Pioniere» anstrebten, war etwas, wonach auch Conté suchte und wonach die Deutschen hätten suchen sollen: Es ging darum, trotz eines kleiner werdenden Vorrats an erstklassigem Graphit einen erstklassigen Bleistift zu entwickeln; einen Bleistift, dessen Mine nicht so leicht zerbrach und nicht aus kurzen Stücken bestand, die sich beim Schreiben lockerten; einen Bleistift, dessen Mine nicht durch Hitze oder Alter schlechter wurde; einen Bleistift, der in Holz eingebettet war, das nicht brach oder splitterte; einen Bleistift, der schön anzuschauen und doch bequem zu halten war; und schließlich: einen Bleistift, der seinen Preis wert war, denn zu keiner Zeit zahlt sich minderwertige Qualität wirklich aus.

Kapitel 8

In Amerika

Um 1800 gab es in Amerika noch keine organisierte Bleistiftherstellung, aber das heißt nicht, daß der Graphitstift oder seine Alternativen damals in der Neuen Welt nicht benutzt oder gefertigt worden wären. Genau wie in der Alten Welt, wo Blei lange vor Graphit zum Zeichnen auf Papier verwendet worden war, stellte Blei wohl auch im jungen Amerika bis weit ins neunzehnte Jahrhundert hinein eine Alternative zu dem im Ausland hergestellten Zeder-Graphit-Stift dar. Einer der Quellen zufolge war um die Jahrhundertwende der «Feder-Stift» «der schärfste Konkurrent» des Graphitstifts:

> *Er war ein minderwertiger Artikel und wurde ganz offensichtlich nie in einer Fabrik hergestellt, sondern jeder, der einen solchen Stift haben wollte, machte ihn selbst. Die Werkzeuge und Materialien bestanden aus einer Gänsefeder, einer Kugel, einer Schöpfkelle zum Schmelzen und einer Steckrübe. Die Feder wurde auf eine Länge von ein paar Zentimetern zugeschnitten, das Ende wurde in die Rübe gesteckt und damit aufrecht gehalten, die Kugel wurde geschmolzen und in den Federkiel gegossen, und der Stift war fertig.*

Der «Feder-Stift» ergab offenbar «einen hellen, blassen Strich» und scheint «fast überall von altmodischen Schulmeistern zum Linieren von Schulheften benutzt worden zu sein». Es ist fast so, als ob die junge amerikanische Republik die Weltgeschichte noch einmal durchlaufen hätte, indem sie die allgemeine Entwicklung des Bleistifts mit ihren hausgemachten Stiften noch einmal zusammenfassend wiederholte. Denn der «Feder-Stift» war nichts anderes als ein Bleigriffel mit einer Hülle.

Unmittelbar nach 1800 waren ausländische Graphitstifte für Künstler und die autodidaktischen amerikanischen Ingenieure und Landvermesser jedenfalls erhältlich und wurden von ihnen benutzt. So gab es wahrscheinlich Beispiele verschiedener europäischer Bleistifte aus Graphitpulver und Bindemitteln und vielleicht Gerüchte über die neuen französischen Bleistifte mit Minen, die nach dem Conté-Verfahren hergestellt waren. Möglicherweise waren sogar einige Exemplare davon vorhanden. Außerdem existierte sehr wahrscheinlich eine ärgerlich große Menge kleiner Stückchen kostbaren Borrowdale-Graphits, der noch in den Bleistiftstummeln steckte oder vielleicht von den besten englischen Stiften abgebrochen oder aus ihnen herausgefallen war. Dieses Zusammentreffen verschiedener Umstände könnte leicht den Rohstoff, den Anreiz (wenn nicht gar die Notwendigkeit) und die Vorbilder für die ersten in der Neuen Welt geschaffenen Graphitstifte geliefert haben.

Horace Hosmer wurde 1830 in Concord, Massachusetts, geboren und lebte später nur fünf Meilen von dort entfernt in Acton, wo er, neben anderen Beschäftigungen, Bleistifte herstellte und verkaufte. Er verfaßte um 1880 für *Leffel's Illustrated News* einen kurzen Artikel über frühe Bleistiftmacher in Neuengland. Darin schreibt er einem Schulmädchen aus Massachusetts das Verdienst zu, den ersten Bleistift in Amerika gemacht zu haben:

> *Am Anfang war eine Frau. Bevor Männer ihre Briefe 1800 n. Chr. datierten, gab es eine Schule für junge Damen in der altehrwürdigen Stadt Medford, und eine ihrer Schülerinnen war aus Concord in Massachusetts. Sie lernte nicht nur zeichnen, malen, sticken etc., sondern auch, die einzelnen Stückchen des Borrowdale-Graphits, der zum Zeichnen benutzt wurde, zu gebrauchen, indem sie sie fein zerstampfte und mit einer Lösung aus Gummi oder Leim vermischte. Die Fassungen wurden aus Holunderzweigen gemacht, aus denen sie das Mark mit Hilfe einer Stricknadel entfernt hatte. Soweit dem Schreiber bekannt, war dies die erste Einrichtung zur Bleistiftherstellung im Lande. Vor vierzig Jahren [1840] half der Autor, der damals ein Junge von 10 Jahren war, ebendieser Dame, ähnliche Stifte aus Graphit und englischem Rötel zu fertigen.*

Hosmers Detailgenauigkeit und seine persönliche Bekanntschaft mit der Frau lassen seine Geschichte glaubwürdig erscheinen. Doch da er sich nicht gerade wie ein Frauenfeind anhört, verwundert es, daß er nicht den Namen der Frau nennt, mit der er zusammenarbeitete, zumal er dann die Namen vieler Männer angibt, die eine Rolle bei der weiteren Entwicklung der Bleistiftherstellung in und um Concord spielten. Vielleicht gehörte sie zu seiner Verwandtschaft.

Horace Hosmers Artikel über die frühen Bleistiftmacher in Neuengland erinnert dann daran, daß ein anderer Mann aus Concord, David Hubbard, «die ersten Zedernholz-Bleistifte für den neuenglischen Handel herstellte; aber sie waren nur von geringem Wert und wurden nur in kleiner Zahl gefertigt.» Wieviele andere amerikanische Handwerker-Ingenieure es gab, die sich primitive Bleistifte «von geringem Wert» ausdachten und herstellten, wird man wohl ebensowenig je erfahren wie die Zahl der Erbauer von irgendwelchen unbedeutenden Stein-, Holz- oder Eisenbrücken. Aber genau wie im achtzehnten Jahrhundert William Edwards, ein walisischer Steinmetz vom Lande, nach drei vergeblichen Versuchen am Ende doch dank seines Einfallsreichtums und seiner Beharrlichkeit jene Brücke bauen konnte, die Pont-y-tu-prydd heißt und heute noch steht, so sollte auch die kollektive, wenn auch getrennte Wege einschlagende Entschlossenheit der frühen amerikanischen Ingenieure und Bleistiftmacher nach und nach zum Erfolg führen.

Obwohl gleichzeitig in Frankreich die mathematischen und philosophischen Grundlagen des modernen Ingenieurwesens geschaffen wurden, ignorierte man sie weitgehend in Großbritannien und Amerika, wo das alte System der Lehrlingsausbildung Neuerungen bestrafte und Kreativität erstickte. Eine vom Sohn verfaßte biographische Skizze über William Munroe, der im frühen neunzehnten Jahrhundert einer der ersten amerikanischen Bleistiftmacher werden sollte, veranschaulicht dieses Klima sehr eindrucksvoll. 1795, als Conté sich seinen modernen Bleistift in Paris patentieren ließ, begann der siebzehnjährige Munroe in Roxbury, Massachusetts, seine Lehre bei einem Schreiner, der gleichzeitig auch Diakon war. Dem jungen Munroe war es ganz und gar nicht erlaubt, seinen Kopf durchzusetzen: «Jungen mußten sich damals damit abfinden, bloß als Jungen zu gelten, deren Rechte und Pflichten von den Meistern festgelegt wurden, und zwar mit ziemlicher Strenge.»

Aber der Geist der Industriellen Revolution, befeuert vielleicht noch von dem der amerikanischen und französischen politischen Revolutionen, fachte auch den Widerspruchsgeist der Jungen an. Wie Oliver Twist protestierten der junge Munroe und seine Altersgenossen gegen die Art ihrer Mahlzeiten. Sie verlangten nach mehr als bloß Brot und Milch, die sie jeden Morgen und jeden Abend vorgesetzt bekamen, außer sonntags: Da gab es morgens Kakao. Auf einige ihrer Beschwerden ging man schließlich ein. Sie erhielten zum Beispiel jeden Morgen Kakao. Aber andere Forderungen wurden nicht erfüllt: Die Jungen erreichten nie, mehr als einmal pro Jahr in Boston ins Theater gehen zu dürfen. Diese soziale Unterdrückung war an sich schon schlimm genug; aber ein solches Arbeitsklima mußte auch jede technologische Neuerung im Keim ersticken.

In der Schreinerwerkstatt berechtigte der junge Munroe schon früh zu den besten Hoffnungen, und er wurde «in ihr der beste Arbeiter»; als er ging, «war seinen Händen die feinste und schwierigste Arbeit anvertraut». Sein Aufstieg war allerdings nicht ohne Widerstand erfolgt:

Vor Abschluß seiner Lehre war ihm bewußt geworden, daß er Fähigkeiten besaß, die unterdrückt wurden, sobald er sich eine neue Methode ausdachte, sein Werkstück herzustellen oder zu verzieren. Aber die Regeln der Werkstatt waren strikt und erlaubten keine Neuerungen. Bei einer Gelegenheit jedoch verstieß er dagegen und ging in aller Stille und, wie er dachte, unbemerkt daran, die Ausziehplatte eines Tisches so in ihre Scharniere zu hängen, wie es nach dem Reglement nicht üblich war. Er kam ganz gut voran, bis ihn jemand beim Diakon verpetzte. Bald gab es ein ziemlich großes Donnerwetter, doch auf seine Bitten, mit der begonnenen Arbeit fortfahren zu dürfen, wurde ihm schließlich unter vielen Ermahnungen erlaubt weiterzumachen. Das Ergebnis war, daß von da an nur noch seine Methode, eine Ausziehplatte einzuhängen, die Regel in der Werkstatt war.

Munroes Entschlossenheit war jedoch die Ausnahme, und die Starrheit des Ausbildungssystems muß viele angehende Neuerer gelähmt und die Einführung von Verbesserungen bei Produkten und Verfahren verhindert haben. Nachdem er seine turbulente Lehre in der Schreinerei des Diakons beendet hatte, blieb der innovative Munroe noch sechs Monate als Geselle und verdiente genug Geld, um ein paar eigene Werkzeuge zu kaufen. Er schloß sich seinen älteren Brüdern an, die Uhrmacher waren, und verfertigte einige Jahre lang Holzgehäuse für ihre Uhren.

1810 tauschte Munroe einige seiner Uhrengehäuse gegen Uhrwerke aus Norfolk in Virginia und investierte den aus dem Verkauf der Uhren erzielten Erlös in Mais und Weizen. Auf mehreren Umwegen gelangte er schließlich an eine Werkstatt in der Nähe des Mill Dam, wo er versuchte, sich seinen Lebensunterhalt als normaler Schreiner zu verdienen. Aber Munroe wurde klar, daß er damit nicht fortfahren konnte: «Da sich herausstellte, daß ich mit meinen eigenen Händen mehr Möbel machen als verkaufen konnte, weil jegliches Geschäftsleben darniederlag, ... würde ich spätestens in ein paar Jahren ... arm sein.» Der Krieg mit England hatte begonnen, und Embargos und andere Handelsbeschränkungen belasteten die Wirtschaft.

Munroe überlegte sich, so schreibt sein Sohn, daß es unter den gegebenen Umständen eine starke Nachfrage nach wichtigen Artikeln geben mußte, die bisher nur im Ausland gefertigt worden waren. Außerdem glaubte er, daß bei solch knapper Ware «Erfindung ... ermutigt und gut belohnt wurde». Er machte zunächst Winkelmaße für Schreiner, aber «die Nachfrage war natürlich beschränkt und die Konkurrenz leicht». Daher sah sich Munroe nach etwas anderem um, nach etwas, wonach eine ständige Nachfrage bestand und was zudem für die Konkurrenz schwieriger nachzuahmen war:

> *Da er sah, wie hoch der Preis für einen Bleistift war und daß man sich den Artikel fast überhaupt nicht verschaffen konnte, sagte er sich: «Wenn es mir gelingt, Bleistifte zu machen, werde ich weniger Angst vor der Konkurrenz haben müssen und kann es zu etwas bringen.» Er versuchte diese Idee sofort in die Tat umzusetzen, legte seine Werkzeuge beiseite und besorgte sich ein paar Klumpen Graphit. Diesen pulverisierte er mit dem Hammer und trennte seine Bestandteile nach ihrer Wasserlöslichkeit in einem Glas. Daraus machte er in einem Löffel seine erste experimentelle Mixtur. Und so entstand sein erster Versuch, einen Bleistift herzustellen. Das Ergebnis war nicht gerade ermutigend.*

Man sagt, daß Munroe bei seinen ersten Experimenten Ton verwendete und daß er versuchte, das Conté-Verfahren in einem Zimmer, das nur seine Frau betreten durfte, zu meistern. Da der Sohn, der die Biographie schrieb, nicht selbst der Bleistiftherstellung nachging, ist es durchaus möglich, daß er noch Jahre später die Bedeutung von Ton bei der Herstellung der Minen nicht kannte oder nicht richtig einschätzte und ihn deshalb unerwähnt ließ. Doch davon abgesehen, wie die Bestandteile nun aussahen: Munroe verheimlichte nicht, daß er von dem minderwertigen Bleistift, den er verfertigte, entmutigt war. Während er sich recht und schlecht durchschlug, indem er weiter Winkelmaße herstellte und ein paar Schreinerarbeiten erledigte, hörte er nicht auf zu experimentieren. Weiter heißt es in der Biographie:

Aber innerlich war er zwei oder drei Monate lang vor allem damit beschäftigt, sich Methoden der Bleistiftherstellung auszudenken. Er hatte keinen Zugang zu Informationen, die ihm hätten weiterhelfen können, er hatte Angst davor, seine Freunde zu Rate zu ziehen, und war manchmal durch sein wiederholtes Scheitern entmutigt. Aber schließlich, nachdem er eine etwas bessere Mine zustande gebracht und ein wenig Zedernholz von vollkommen ungeeigneter Qualität auf den benachbarten Hügeln zusammengesucht hatte, konnte er sich am 2. Juli 1812 nach Boston aufmachen mit einer bescheidenen Probe von etwa dreißig Bleistiften; sie waren die ersten, die in Amerika fabriziert worden waren und natürlich nicht von besonders guter Qualität. Er verkaufte sie an Benjamin Andrews, einen Haushaltswarenhändler in der Union Street, dem er schon die Winkelmaße für Schreiner verkauft hatte. Dieser Andrews war ein tatkräftiger und unternehmender Mann, der all diese Neuheiten unterstützte, und er riet, mit den Bleistiften weiterzumachen. Dieser Rat kam [Munroes] Absichten entgegen, und am 14. Juli ging er mit drei Gros Bleistiften nach Boston. Auch diese wurden von Andrews bereitwillig abgenommen, der dann einen Vertrag abschloß und sich verpflichtete, alles, was bis zu einem bestimmten Zeitpunkt produziert werden sollte, zu einem festen Preis abzunehmen.

Diese Geschichte von anfänglicher Begeisterung, früher Entmutigung, wiederholter Frustration, ständiger Ablenkung, anhaltender Entschlossenheit, völliger Isolation und, zum Schluß, einem brauchbaren, aber noch lange nicht perfekten Produkt klingt sehr plausibel. Sie erinnert an eine wahrhafte Anstrengung der Ingenieurkunst: – an eine Odyssee von der Idee über einen primitiven Prototyp zum Produkt und schließlich zum verbesserten Produkt, die so voller Abenteuer steckt wie die Reisen des Odysseus. Und es ist eine Geschichte von Forschung und Entwicklung, die sich *mutatis mutandis* wiederholen läßt, wenn man «Bleistift» durch «Glühbirne», «Dampfmaschine» oder «Eisenbrücke» ersetzt.

Daß das Herstellen von Bleistiften selbst dann noch eine Herausforderung blieb, nachdem Munroe sein erstes Gros in Boston verkauft hatte, geht aus der Fortsetzung der vom Sohn erzählten Geschichte hervor. Obwohl Munroe damals eine vielversprechende Zukunft als Bleistiftmacher vor sich hatte, waren seine Schwierigkeiten 1812 noch nicht zu Ende:

Er hatte große Mühe, sich das benötigte Material zu beschaffen, und verlor einige Zeit damit, sich die richtigen Methoden auszudenken, um die verschiedenen Verfahren in einem größeren Umfang als bei seinen Experimenten durchführen zu können. Aber Ermutigungen stimulierten seine Energie, regten seine Erfindungsgabe an und versetzten ihn bald in die Lage, alle Schwierigkeiten zu meistern. Er allein mischte eigenhändig die Minen und setzte sie in die Bleistifte ein, in einem kleinen Raum seines Wohnhauses, der sorgfältig vor neugierigen Augen geschützt war. Niemandem außer seiner Frau war erlaubt, irgend etwas über seine Geheimmethoden zu erfahren. Das Pulverisieren der Rohminen und die Vorbereitung der Holzstücke geschah durch seine Mitarbeiter in der Werkstatt auf dem Mill Dam; die abschließenden Arbeiten wurden von ihm oder von Familienmitgliedern zu Hause erledigt.

William Munroes Probleme – die Beschaffung von geeigneten Materialien, die Ausweitung seiner Experimente zu einer kommerziellen Produktion und die Geheimhaltung (statt Patentierung) seiner hart erarbeiteten Technologie, die den finanziellen Erfolg seiner Forschung und Entwicklung garantieren sollte – sind sicher nicht nur für die Bleistiftherstellung charakteristisch. Die Entwicklung von praktisch jedem Produkt der modernen Ingenieurkunst, von der patentierten Eisenbrücke bis zur Atomkraft, war mit denselben Widrigkeiten konfrontiert. Und auch die rasante Entwicklung der heutigen Computertechnologie – auch wenn diese Technologie im allgemeinen als so viel «höher» als die des bescheidenen Bleistifts gilt – zieht eigentlich im zwanzigsten Jahrhundert nur mit Silikon nach, was das neunzehnte Jahrhundert schon mit Graphit gekritzelt hat.

Nachdem Munroe seine anfänglichen Probleme in den Griff bekommen hatte, war sein Geschäft tatsächlich einträglich – aber nur in den achtzehn Monaten, in denen er Graphit beschaffen konnte. Während der Krieg zwischen Amerika und England weiter tobte, machte Munroe Zahnbürsten und Bürsten für Uhrmacher und führte einige Schreinerarbeiten aus, bis er gegen Ende des Krieges wieder die Rohstoffe bekommen konnte, die für seine Bleistiftproduktion notwendig waren.

Das Ende des Krieges im Jahr 1815 brachte jedoch ein neues Problem mit sich, und zwar eines, das Munroe schon erwartet und befürchtet hatte: den Import eines Bleistifts, der besser war als der, den er selbst herstellen konnte. Statt das Bleistiftmachen nun aufzugeben, das er mit seinen autodidaktisch erworbenen Kenntnissen von einem Handwerk zu einer rentablen Heimindustrie entwickelt hatte, ging Munroe wie ein wissenschaftlicher Ingenieur vor und studierte die Werke von Bleistift-Schöpfern so genau, wie der Naturwissenschaftler die Werke des Großen Schöpfers erforscht. Nun setzte Munroe sich «in Besitz selbst der kleinsten Information, die er über auswärtige Methoden der Minenherstellung bekommen konnte». Da nur wenige Informationen in Büchern oder anderswo zugänglich waren, verlegte er sich aufs Experimentieren und «machte gelegentlich für den Verkauf ein paar Bleistifte von nicht gerade zufriedenstellender Qualität». Sein Sohn erzählt:

Das ging bis 1819 so weiter, als er sich entschloß – er konnte inzwischen bessere experimentelle Ergebnisse vorweisen und erhielt bessere Minen und besseres Zedernholz –, den Bereich der Schreinerei in seinem Betrieb aufzugeben und sich ganz der Manufaktur von Bleistiften zu widmen. ... Nicht ohne Schwierigkeiten erwarb er sich einen Ruf als Bleistifthersteller und fand Anerkennung. Erst nach über zehn Jahren, in denen er beharrlich den Verkauf seiner Waren durchgesetzt und Forschung zur Verbesserung ihrer Qualität betrieben hatte, konnte er sagen, «daß die Käufer schließlich genauso darauf bedacht waren, ihn aufzusuchen, wie er es bisher gewesen war, sie aufzusuchen». Von da an und solange er im Geschäft blieb, galt er in der Öffentlichkeit als

So brauchte William Munroe zehn lange Jahre, um zu spüren, daß es ihm gelungen war, einen Bleistift zu «perfektionieren» – eine Entwicklung, die anderen vielleicht «glatt» vorgekommen ist «dank seines einzigartigen Geschicks». Und in diesen zehn Jahren war aus dem Handwerker, der als Lehrling rebelliert hatte, ein wirklicher Ingenieur geworden, denn seine Kunst war nicht länger unwissenschaftlich. Aber ob er «der beste und wichtigste Bleistifthersteller» blieb, bedarf einer objektiveren Einschätzung als der Biographie seines Sohnes.

Natürlich ist die Entwicklung von Munroes Betrieb ohne Hilfe nicht zu denken. Munroe brauchte gewiß Unterstützung, wenn er die Zweimann-Handsäge bediente, um Leisten und dünne Holzscheiben aus den Zedernstämmen zu schneiden. Die Leisten wurden dann mit dem Handhobel auf die richtige Stärke gebracht, und zumindest am Anfang wurden die Rinnen für die Minen einzeln herausgeschnitten. Diese und andere arbeitsintensive Vorgänge kennzeichnen die frühe Bleistiftherstellung allgemein. Als Munroe sich 1819 dazu entschloß, das Schreinergeschäft aufzugeben, verkaufte er einige seiner Werkzeuge an seine Gesellen Ebenezer Wood und James Adams, die weiterhin Holz für Munroe bearbeiteten.

Wood wurde zwar selbst Schreiner, doch blieb er weiter der Bleistiftherstellung verbunden. Vielleicht hatte Horace Hosmer recht, wenn er behauptete, daß Woods «Hand und Hirn sehr dazu beitrugen, Munroes Vermögen zu machen»; jedenfalls entwickelte Wood allem Anschein nach die ersten Maschinen, die bei der Bleistiftherstellung zur Verwendung kamen. Seine keilförmige Leimpresse konnte zwölf Gros Bleistifte zum Trocknen halten, und seine Bleistift-Schneidemaschine konnte «kaum einfacher oder besser sein». Er stellte offenbar die erste Kreissäge im Betrieb auf und entwickelte daraus eine Maschine, die sechs Rinnen für Bleistiftminen gleichzeitig schneiden konnte. Er brachte auch an einem runden Schneideblatt eine Reihe von Messern an, um den Bleistiften, später auch sechseckigen und achteckigen, ihre endgültige Form zu geben. Kopien seiner nicht patentierten Maschinen wurden in der zweiten Hälfte des neunzehnten Jahrhunderts von und für New Yorker Bleistiftfirmen gebaut. Auf der Pariser Weltausstellung von 1867, wo der amerikanische

Fortschritt im Maschinenbau gebührend anerkannt wurde, gab es Gold-
medallien für eine Nähmaschine, eine Knopflochmaschine – und für eine
Maschine, die in einem Vorgang sechs Bleistifte herstellte.

Die amerikanischen Bleistiftproduzenten hatten im ersten Viertel des
neunzehnten Jahrhunderts offensichtlich eine gewisse Meisterschaft im
Bleistiftmachen erreicht. Andrew J. Allen, ein Bostoner Schreibwarenhändler, der in seinem Katalog von 1827 beteuerte, daß er «immer amerikanische Betriebe gefördert hatte und jeden Artikel, der von guter Qualität ist, ständig im Schreibwarensortiment führen» werde, bot in Amerika
produzierte Güter im direkten Wettbewerb mit ausländischer Ware an,
die er sich anscheinend aus der ganzen Welt beschaffen konnte. Entsprechend dem Bestreben der zeitgenössischen Händler, die genaue Bezugs-
quelle ihrer Waren zu verheimlichen, werden die Hersteller der Bleistifte
in Allens Katalog nicht genannt; deshalb läßt sich nicht sagen, welche der
verschiedenen Bleistiftmacher, die im Gebiet von Boston Mitte der zwanziger Jahre des neunzehnten Jahrhunderts ansässig waren, Allens Ansprü-
chen genügten. Es gab dort aber mit Sicherheit einige, die versuchten,
amerikanische Bleistifte herzustellen, die es mit den besten englischen
Erzeugnissen aufnehmen konnten.

Kapitel 9

Eine amerikanische Bleistiftmacherfamilie

Das neunzehnte Jahrhundert war das Zeitalter der Selbständigkeit und der Autodidakten, und zwar nicht nur in dem sich formierenden Berufszweig der Ingenieure und der sich entwickelnden Bleistiftindustrie, sondern auch unter den Bürgern ganz allgemein. So kam es, daß die Bezeichnung, unter der man zum Zwecke einer Volkszählung geführt wurde oder die man sich bei der Beantwortung eines Fragebogens selbst zulegte, sehr von der Tätigkeit abhängen konnte, die man zur Zeit der Erhebung gerade ausübte. Ein Einwohner von Concord in Massachusetts, ein Mitglied des Harvard-Abschlußjahrgangs von 1837, antwortete einem Kommilitonen, der wissen wollte, was zehn Jahre nach seinem College-Abschluß aus ihm geworden war, folgendes:

Ich weiß nicht, ob das, wovon ich lebe, ein Beruf oder ein Gewerbe oder sonst was ist. Es ist noch nichts Akademisches und ist in jedem einzelnen Fall, schon bevor man es studierte, ausgeübt worden. ...
Es ist nicht eine einzige Tätigkeit, sondern ihre Zahl ist Legion. Ich werde Dir einige Köpfe des Monsters nennen. Ich bin Schulmeister – Privatlehrer, Feldvermesser – Gärtner, Farmer – Maler, ich meine damit Anstreicher, Zimmermann, Maurer, Tagelöhner, Bleistiftmacher, Glaspapiermacher, Schriftsteller und manchmal Dichterling. ...
In den letzten zwei oder drei Jahren habe ich in den Wäldern von Concord alleine gelebt, etwas mehr als eine Meile vom nächsten Nachbarn entfernt, in einem Haus, das ich ganz und gar selbst gebaut habe.

Henry David Thoreau im Jahr 1854. Kreidezeichnung von Samuel Worcester Rowse.

Später in seinem Leben bezeichnete sich ebendieser Universitätsabsolvent auch als Ingenieur. Zwar hätte er wenig Neigung dazu verspürt, einer Berufsgenossenschaft beizutreten, da er nur wenig Klassengeist besaß und sich noch weniger darum kümmerte, was seine Nachbarn von ihm dachten. Doch seine Geschichte ist für das Verständnis des Ingenieurwesens im neunzehnten Jahrhundert ebenso bedeutsam wie für das Verständnis des amerikanischen Transzendentalismus. Dieser Harvard-Abgänger wurde 1817 auf den Namen David Henry getauft, und in dieser Reihenfolge erschienen seine Namen auch auf dem Programm der Abschlußfeier seines Colleges. Er war jedoch von seiner Familie immer Henry genannt worden, und aus keinem anderen ersichtlichen Grund, als daß er fand, daß dies schöner klang, begann er kurz nach seinem Abgang von Harvard mit Henry David Thoreau zu unterzeichnen.

Thoreaus Geschichte, besonders seine Verbindung mit der Bleistiftmanufaktur, ist aus mehreren Gründen für das Verständnis von Ingenieuren und Ingenieurkunst im neunzehnten Jahrhundert hilfreich. Erstens war sich ein Ingenieur wie der Hochschulabsolvent Thoreau vor der Mitte des Jahrhunderts nicht unbedingt sicher, daß seine Tätigkeit ein richtiger Beruf war, denn sie war noch nichts «Akademisches». Außerdem zeigt die Geschichte von Thoreau wieder einmal, daß man das Ingenieurwesen nicht studiert haben mußte, um es ausüben zu können. Zur damaligen Zeit bereitete die Universitätsausbildung auf ein geistliches Amt, das Rechtswesen, den Arzt- oder den Lehrberuf vor. Diejenigen, die in der ersten Hälfte des neunzehnten Jahrhunderts die Ingenieurkunst ausübten oder weiter voranbrachten, kamen an sie großenteils über das Handwerk und das System der Lehrlingsausbildung.

Zweitens ist Thoreaus Geschichte deshalb instruktiv, weil sie daran erinnert, daß innovative und kreative Ingenieurtätigkeit von solchen Leuten ausgeübt wurde, die sich über technische Fragen hinaus für ein breites Spektrum an Themen interessierten. Unabhängig davon, ob sie einen Hochschulabschluß hatten oder nicht, konnten einflußreiche Ingenieure des frühen neunzehnten Jahrhunderts rechte Literaten sein, die ungezwungen mit den prominentesten zeitgenössischen Schriftstellern, Künstlern, Wissenschaftlern und Politikern verkehrten. Und diese Kontakte förderten eher die Fähigkeit der Ingenieure, schwierige technische Probleme zu lösen, als daß sie sie beeinträchtigten.

Drittens waren Ingenieure wie Thoreau oft ein bißchen aufmüpfig und rebellisch und lehnten Traditionen und Regeln ab. Nicht wenige Ingenieure des achtzehnten und neunzehnten Jahrhunderts kamen aus Akademikerfamilien, die nicht immer Verständnis dafür aufbrachten, wenn ein junger Mann lieber eine Lehre absolvieren als die Universität besuchen wollte, oder wenn er nach dem Studium unbedingt als Ingenieur tätig sein wollte.

Viertens wurde das Ingenieurwesen, wie auch die Bleistiftherstellung von Thoreau, mündlich und mit dem Bleistift ausgeübt, und es gab vor der Mitte des neunzehnten Jahrhunderts nur sehr wenige schriftliche Aufzeichnungen darüber. Daher war kaum etwas vorhanden, was der Nachwelt die Geschichte der Technik hätte erzählen können, etwa wie und warum bestimmte Konstruktionen oder Verfahren entwickelt oder anderen Konzepten vorgezogen wurden. Die Richtigkeit der Theorien, die sich die Pioniere unter den Ingenieuren gebildet hatten, wurde durch die erfolgreiche Errichtung einer stabilen Brücke oder durch ein effizientes Verfahren zur Herstellung eines guten Bleistifts demonstriert. Wichtige Beiträge zur Technologie konnten unwiderlegbar bewiesen werden, ohne daß ein einziges Wort außerhalb der Werkstatt gesprochen oder auf Papier festgehalten worden wäre.

Daß Henry David Thoreau sich vor diesem Hintergrund schließlich an der Bleistifttechnik beteiligte, kann letzten Endes auf Joseph Dixon zurückgeführt werden, der selbst nur auf Umwegen zur Bleistiftherstellung kam. Dixon hatte nur eine dürftige Ausbildung, besaß aber eine technische Erfindungsgabe, mit der er schon als Jugendlicher eine Maschine zum Schneiden von Feilen entwickelt hatte. Er fing dann im Druckgewerbe an, hatte aber nicht genug Geld, um sich Metalltypen zu kaufen, und brachte sich daher selbst bei, hölzerne Typen zu schnitzen. Als seine Mittel und Ambitionen größer wurden, begann er in Salem mit Graphit zu experimentieren, um Tiegel herzustellen, in denen er Metall für seine Typen schmelzen konnte. Da der Markt für Schmelztiegel beschränkt war, begann er Graphit auch für die Herstellung von Ofenoberflächen und Bleistiften zu verwenden. Doch anders als William Munroe stieß er auf geringes Interesse, als er seine Bleistifte in Boston abzusetzen suchte, und «man sagte ihm, daß er sie mit ausländischen Etiketten versehen müßte, wenn er sie verkaufen wollte».

Darüber erbost gab Dixon die Bleistiftproduktion auf, doch anscheinend nicht bevor Henrys Vater John Thoreau von ihm, dem Autodidakten, die Grundzüge der Bleistiftherstellung erlernt hatte und vielleicht nebenbei auch die der Chemie. Es gibt einige Hinweise darauf, daß Dixon möglicherweise über einen Freund, einen Chemiker namens Francis Peabody, von Contés Gebrauch von Ton in Bleistiftminen erfahren hatte. Aber ohne ausreichende Experimente mit dem Verfahren hätte selbst dieses Wissen aus Dixons frühen Bleistiften nichts Außergewöhnliches werden lassen. Es kann sein, daß John Thoreau seinerseits erfuhr, daß Ton mit Graphit vermischt einen exzellenten Bleistift abgab, doch auch er hätte mit dem Verfahren experimentieren müssen. Es gibt jedoch keinen sicheren Beweis dafür, daß das französische Verfahren, Bleistifte herzustellen, im Amerika der zwanziger Jahre des neunzehnten Jahrhunderts überhaupt wirklich bekannt war, geschweige denn beherrscht wurde.

Im Jahr 1821 entdeckte Thoreaus Schwager Charles Dunbar bei seinen Wanderungen in Neuengland eine Graphitlagerstätte. Er, der bisher das schwarze Schaf der Familie gewesen war, stolperte in Bristol in New Hampshire anscheinend über den Graphit, weshalb er sich entschloß, ins Bleistiftgeschäft einzusteigen. Dunbar fand in Cyrus Stow aus Concord einen Partner, mit dem er die Firma Dunbar & Stow gründete, um die Mine abzubauen und Bleistifte zu fertigen. Ihrem Graphit wurde bescheinigt, daß er jedem anderen, der bisher aus den Vereinigten Staaten gekommen war, weit überlegen war, weshalb dem Betrieb eine glänzende Zukunft beschieden schien. Doch aufgrund einiger gesetzlicher Bestimmungen zur Verleihung von Rechten an Bodenschätzen wurde den Partnern nur eine siebenjährige Pacht der Mine bewilligt, und so riet man ihnen, soviel Graphit wie möglich abzubauen, bevor ihr Pachtvertrag ablief.

Eine schnellere Graphitproduktion bedeutete auch, daß man schneller Bleistifte herstellen konnte, und das war anscheinend der Grund dafür, daß Charles Dunbar 1823 Thoreau einlud, dem Geschäft beizutreten. Bald darauf stiegen Stow, der wohl andere Einkommensquellen besaß, und kurz nach ihm aus unbekannten Gründen auch Dunbar aus dem Bleistiftgeschäft aus, worauf die Firma in John Thoreau & Company umbenannt wurde.

Entweder hatte John Thoreau geeigneteren Graphit als Dixon, oder er war beharrlicher bei der Verbesserung seines Herstellungsverfahrens, denn die Thoreau-Bleistifte ließen sich offenbar ohne ausländische Etiketten verkaufen. Bis 1824 waren Thoreaus einheimische Bleistifte sogar von so guter Qualität, daß sie bei einer Ausstellung der Massachusetts Agricultural Society besondere Aufmerksamkeit erlangten. Wie im *New England Farmer* berichtet wurde, «waren die Bleistifte, die von J. Thorough [*sic*] & Co. ausgestellt wurden, allen Exemplaren, die in den vergangenen Jahren gezeigt wurden, überlegen».

Thoreaus Bleistifte fanden einen gleichbleibenden Absatz mit und ohne Aufdruck des Familiennamens und wurden vielleicht sogar von Bostoner Schreibwarenhändlern angeboten. Spätestens in den frühen dreißiger Jahren stellten die Bleistifte für William Munroes Geschäft eine Bedrohung dar, und es kam zu einem harten Konkurrenzkampf. Da beide

Firmen ihren Graphit in der Mühle von Ebenezer Wood mahlen ließen, versuchte Munroe anscheinend, Wood dazu zu bewegen, nicht weiter für Thoreau zu arbeiten. Wood verdiente jedoch offenbar besser an Thoreau und hörte statt dessen auf, für Munroe Graphit zu mahlen.

Während Munroes Geschäft schlecht lief, florierte das Bleistiftgeschäft von Thoreau. Aber ein blühender Betrieb bedeutet nicht unbedingt, daß es keine Schwierigkeiten gibt. Man konnte Bleistifte nicht ohne Graphit machen, und als man ihn nicht länger aus der Mine in Bristol gewinnen konnte, mußte man andere Quellen auftreiben. Diese fanden sich in einer Mine in Sturbridge, Massachusetts, und später, nachdem diese erschöpft war, in Kanada. Sehr wahrscheinlich kannte der junge Thoreau zum Zeitpunkt, als er fortging, um das College zu besuchen, die Herstellung von Bleistiften bereits aus eigener Anschauung und Erfahrung; damals bestand der Familienbetrieb ja schon seit ungefähr zehn Jahren. Tatsächlich machte Henry David Thoreau 1834 mit seinem Vater eine Reise nach New York, um dort Bleistifte an Geschäfte zu verkaufen, vermutlich weil man Geld für Henrys Ausbildung brauchte.

Einer der Gründe, weshalb Thoreau-Bleistifte mit Erfolg mit dem Angebot von Munroe konkurrieren konnten, lag darin, daß alle zu dieser Zeit in Amerika hergestellten Bleistifte «schmierig, grobkörnig, brüchig, ineffizient» waren und Benutzer, besonders Künstler und Ingenieure, ständig nach etwas Besserem Ausschau hielten. Die Minderwertigkeit amerikanischer Bleistifte war großenteils darauf zurückzuführen, daß Firmen wie John Thoreau weiterhin ihren ungenügend gereinigten und gemahlenen Graphit mit Substanzen wie Leim versetzten und etwas Gagelstrauchwachs hinzugaben oder Walrat, eine wachsartige Masse, die man aus dem Fett des Pottwals oder Delphins gewann und die auch für Kerzen verwendet wurde. Reiner Borrowdale-Graphit war ja nicht verfügbar, und Contés Rezept für Bleistiftminen blieb anscheinend unbekannt oder wurde in Amerika nicht vervollkommnet. Das erwärmte Gemisch wurde dann mit einem Pinsel in die Rinne des Holzgehäuses gestrichen und ein zweites Stück Zedernholz daraufgeleimt. John Thoreau arbeitete mit einem gewissen Erfolg daran, sein Produkt ein wenig besser zu machen als das seiner Konkurrenten. Obwohl seine und andere amerikanische Bleistifte die Qualität der besten englischen oder französischen Bleistifte nicht einmal annähernd erreichten, konnte sich die Firma

DER BLEISTIFT

Thoreau & Company, indem sie preiswerte Alternativen anbot, bis zur Mitte der dreißiger Jahre gut auf dem Markt etablieren.

Als Henry David Thoreau seinen College-Abschluß machte, hatte er nicht die Absicht, sich mit Bleistiften seinen Lebensunterhalt zu verdienen. Er folgte dem Vorbild seines Großvaters, seines Vaters, seiner Tante, seines Bruders und seiner Schwester, die alle für eine gewisse Zeit Lehrer gewesen waren oder damals noch unterrichteten, und nahm das Angebot an, in seiner früheren Schule, der Center School in Concord, zu lehren. Nach zwei Wochen jedoch wurde er zurechtgewiesen, weil er keine körperlichen Züchtigungen vornahm, um im Klassenzimmer für Ruhe und Ordnung zu sorgen. Er reagierte anscheinend auf diese Kritik äußerst empfindlich, ging dazu über, seine Schüler ohne ersichtlichen Grund mit dem Stock zu schlagen, und reichte noch am selben Abend seinen Rücktritt ein. Dieses offensichtlich irrationale Verhalten, verbunden mit seiner hartnäckigen Verdrehung der Reihenfolge seiner Vornamen, verwirrte die Bewohner von Concord, und viele sahen den jungen Thoreau und seine unkonventionelle Art seitdem schief an.

Ohne Stellung, begann Thoreau für seinen Vater zu arbeiten. Aber seinem Wesen gemäß wollte der junge Mann nicht bloß ein weiterer Bleistiftmacher sein und suchte deshalb zu ergründen, warum amerikanische Bleistifte den europäischen so weit unterlegen waren. Er wußte, daß der Graphit eine ausgezeichnete Qualität hatte, auch wenn die Graphitstücke anscheinend nicht rein oder groß genug waren, daß man sie verwenden konnte, ohne sie zuvor zu vermahlen und mit Bindemitteln zu versetzen. Daraus schloß Thoreau, daß das Problem im Füllstoff oder im Verfahren der Minenherstellung selbst lag. Zu jener Zeit wurden Thoreau-Bleistifte immer noch so gemacht, daß man eine Mischung aus Graphit, Wachs, Leim und Walrat zu einem Brei verknetete, den man erhitzte und, wenn er weich war, in die Rinnen der Holzgehäuse pinselte oder goß.

Das Identifizieren und die Korrektur der Ursachen für die Mängel eines Produkts, das den Erwartungen nicht entspricht, sind die Hauptaufgaben technologischer Forschung und Entwicklung. Gleichgültig, ob er oder jemand anders es nun auch so nannte, jedenfalls war es genau das, was Thoreau sich zu tun anschickte. Da das Problem, die Mängel des Herstellungsverfahrens herauszufinden, so schwer zu lösen war, prüfte Thoreau, ob er die Bestandteile einer guten europäischen Mine bestimmen könnte oder das, was die europäischen Bleistiftproduzenten anders machten.

Man hat zwar behauptet, daß deutsche, von Faber hergestellte Bleistifte die Vorbilder waren, die Thoreau Mitte der dreißiger Jahre nachzuahmen versuchte. Es ist allerdings fraglich, ob damals überhaupt viele deutsche Bleistifte nach dem Conté-Verfahren hergestellt wurden, das die sogenannten «Polygrades»-Bleistifte ermöglichte, deren Härtegrad vom Verhältnis von Ton zu Graphit in der Mine abhing. In einem historischen Abriß über die deutsche Industrie, einer Broschüre, die 1893 von der Bleistiftfabrik Johann Faber in Nürnberg veröffentlicht wurde, heißt es:

> *... die ersten Polygrades-Bleistifte von «Faber» wurden dem Handel in Deutschland durch «Pannier & Paillard», Paris, im Jahr 1837 angeboten (mit französischen Etiketten) und als* französischer *Artikel ausgegeben. Als jedoch Herr Faber auf seinen frühen Reisen seinen Kunden erklärte, daß die «Faber»-Bleistifte* deutschen *und nicht* französischen *Ursprungs waren, stieß seine Behauptung sehr oft auf Unglauben.*

Zwar wird in den Publikationen einiger Bleistifthersteller, die selbst Abkömmlinge der deutschen Industrie sind, behauptet, daß Ton in deutschen Bleistiftminen schon in den zwanziger Jahren des neunzehnten Jahrhunderts verwendet wurde, doch war seine Verwendung bei Bleistiften, die exportiert wurden, mit Sicherheit nicht weit verbreitet. Erst als Lothar Faber 1839 die Bleistiftfabrik seines Vaters A.W. Faber übernahm, beschäftigte er sich damit, «Geschäftsbeziehungen in der ganzen zivilisierten Welt zu knüpfen». Daher ist es sehr wahrscheinlich, daß deutsche Bleistifte in Amerika gar nicht verbreitet waren, als der junge Thoreau zuerst versuchte, das Produkt seines Vaters zu verbessern; und die deutschen Bleistifte, die es gab, waren vielleicht noch nicht einmal nach dem überlegenen Conté-Verfahren hergestellt. Was Henry Thoreau sich erhofft hatte, war vielleicht, einen französischen Bleistift nachzumachen oder auch bloß herauszufinden, wie die Deutschen ihre Bestandteile mischten und verarbeiteten, um einen guten, aber bei weitem nicht perfekten Bleistift zu erhalten.

Da er nicht Chemie studiert hatte, konnte Thoreau nicht so leicht eine Probe von einer Bleistiftmine analysieren. Daher suchte er offenbar zunächst in der Bibliothek von Harvard nach Hinweisen. Einer oft wiederholten Geschichte zufolge fand Thoreau in einer schottischen, in Edinburgh veröffentlichten Enzyklopädie, daß deutsche Hersteller Graphit mit bayrischem Ton kombinierten und dann die Mischung brannten. Die Geschichte geht anscheinend zurück auf das, was Thoreau selbst Jahre später gesagt haben soll, als die Faber-Stifte tatsächlich nach dem Conté-Verfahren gefertigt wurden und sich «in der ganzen zivilisierten Welt» durchsetzten. Aber zu der Zeit, als Henry die Harvard-Bibliothek benutzt haben soll, ungefähr um 1838, kann eine schottische oder irgendeine andere Enzyklopädie wohl kaum den Gebrauch von bayrischem Ton in der deutschen Bleistiftherstellung beschrieben haben. Die Deutschen selbst nämlich brachten das Verfahren damals offensichtlich noch nicht in nennenswertem Umfang zur Anwendung.

Man nimmt allgemein an, daß es die *Encyclopaedia Britannica* gewesen ist, deren Warenzeichen, die Distel, noch heute an die schottischen Ursprünge des Werkes erinnert, die Thoreau auf die Idee gebracht hat, Graphit mit Ton zu mischen. Doch der Artikel zum Stichwort «Bleistift» hatte sich in allen Auflagen dieses Werkes, die Thoreau zugänglich waren, seit der zweiten, 1784 vollendeten Auflage nicht geändert – seit einem Zeitpunkt also, der vor der Erfindung des Ton-Graphit-Verfahrens lag. Zwar wird die deutsche Art der Bleistiftherstellung in dem Artikel beschrieben, doch es wird das Verfahren, Schwefel mit Graphit zu mischen, diskutiert – und kritisiert, denn diese Bleistifte wurden als den englischen unterlegen angesehen.

Im späten achtzehnten und im frühen neunzehnten Jahrhundert wurden in Edinburgh viele Lexika herausgegeben. Vielleicht zog Thoreau ja auch die *Encyclopaedia Perthensis* zu Rate, deren zweite Auflage 1816 in Edinburgh erschienen war. Oder er las vielleicht *The Edinburgh Encyclopaedia*, deren erste amerikanische Ausgabe 1832 herauskam. Aber da deutsche Bleistifte damals im allgemeinen nicht mit Ton hergestellt wurden, kann es nicht verwundern, daß keine dieser Enzyklopädien ein solches Verfahren beschreibt. Warum sich keine auf das französische Verfahren der Bleistiftherstellung bezieht, ist weniger einsichtig, obwohl nicht auszuschließen ist, daß der Nationalstolz dabei eine Rolle spielte. Daß jegliche Erwähnung der französischen Industrie fehlt, ist vielleicht auch darauf zurückzuführen, daß Diderots große *Encyclopédie*, 1772 vollendet, vor Contés Entdeckung erschienen war, durch die die französische Bleistiftherstellung auf dem europäischen Kontinent führend wurde. Stellt man im übrigen in Rechnung, daß enzyklopädische Werke voneinander abzuschreiben pflegen, überrascht es vielleicht nicht, daß in den dreißiger Jahren des neunzehnten Jahrhunderts das Geheimnis der Bleistiftherstellung nicht so einfach über Publikationen zugänglich war, wie es einige Kenner von Thoreaus Literatur annehmen. Auch die Auflage der *Encyclopaedia Americana* von 1832 zum Beispiel wiederholt fast wortwörtlich den früheren Eintrag der *Britannica*.

Aber wenn er nirgendwo las, daß man Ton und Graphit kombinierte, um einen hervorragenden Bleistift zu machen, wie kam Thoreau dann auf diese Idee? Auch wenn er es nicht ausdrücklich las, ist immer noch möglich, daß er etwas in der Bibliothek von Harvard fand, das ihn auf die richtige Spur brachte. Wenn Thoreau zum Beispiel «Graphit» in der *Encyclopaedia Perthensis* nachgeschlagen hätte, so hätte er unter anderem über Bleistifte lesen können:

Eine gröbere Art macht man dadurch, daß man Graphitpuder mit Schwefel oder einer klebrigen Masse zusammen verarbeitet; aber diese sind gerade für Zimmerleute oder für sehr grobe Zeichnungen gut genug. Ein Teil Graphit, drei Teile Ton und einige Kuhhaare ergeben ein ausgezeichnetes Material zum Auskleiden von Retorten, da es sogar seine Form behält, wenn die Retorten geschmolzen sind. Die bekannten Tiegel von Ypsen bestehen aus mit Ton versetztem Graphit.

Beim ersten Lesen dieses Abschnitts erwartet man vielleicht nach der Kritik an Schwefel als einem Zusatzstoff, der nur für die Mine eines Zimmermannsbleistifts geeignet ist, einen Hinweis darauf, welcher Bestandteil nun zu besseren Bleistiften führen würde. Daher könnte man vielleicht erwarten, daß auf «ein Teil Graphit, drei Teile Ton» etwas folgt wie «ergeben einen Bleistift, der für Künstler und Ingenieure geeignet ist». Doch selbst wenn Thoreau solche Wörter nicht im Geist ergänzte und dieser Lexikonartikel weder ihm noch sonst jemandem sagte, wie man einen Conté-Bleistift nun genau machte, könnte der Eintrag ein Gedankenkatalysator gewesen sein.

Durch die Gegenüberstellung der Nachteile von Schwefel als Zusatzstoff und der Vorteile von Ton als einem hitzebeständigen Material – wenn auch nur für Retorten – könnte ein solcher Lexikonartikel die Voraussetzung für einen Akt der Erfindung geschaffen haben – oder der Wiedererfindung. Auch wenn er keinen besseren Strich produzierte, konnte ein mit etwas Ton hergestellter Bleistift eine Spitze besitzen, die nicht schmolz oder so schnell weich wurde wie eine mit Schwefel. Die Erwähnung von Tiegeln im gleichen Zusammenhang könnte Thoreau ebenfalls auf die Idee gebracht haben, denn er wußte vielleicht von der Schmelztiegelfirma Phoenix Crucible Company in Taunton, Massachusetts, und hätte so eine mögliche Quelle für geeigneten Ton gekannt. Oder ihm war vielleicht bekannt, daß die New England Glass Company damals auch bayrischen Ton importierte. Und selbst wenn er mit diesen Bezugsquellen nicht vertraut war, hätte Thoreau sie leicht ausfindig machen können, als er es sich in den Kopf gesetzt hatte, mit einer Ton-Graphit-Mischung zur Herstellung von Bleistiften zu experimentieren. Was auch immer seine Quelle gewesen sein mag, Thoreau verschaffte sich offensichtlich etwas Ton und machte sich damit an die Arbeit. Er konnte zwar sofort eine härtere und schwärzere Bleistiftmine produzieren, doch sie war immer noch grobkörnig, und er vermutete, daß sich dieser Mangel beheben ließ, indem man den Graphit feiner vermahlte.

Wie so oft im Ingenieurwesen bleibt auch bei Thoreau unklar, inwieweit Sohn und Vater sich bei der Entwicklung einer neuen Graphitmühle wechselseitig beeinflußten. Es kann auch sein, daß die Gewohnheit des älteren Thoreau, Chemiebücher zu lesen, und seine frühere Verbindung zu Joseph Dixon zu der Grundidee geführt haben, Graphit mit Ton zu vermischen. Aber Details, etwa wie fein man den Graphit mahlen mußte oder wie man Verunreinigungen, die Bleistiftminen kratzig machten, entfernte, hätte man wohl noch herausfinden müssen. Zwar mag sich Henry Thoreau auf Anregung seines Vaters auf eine neue Graphitmühle konzentriert haben, doch er selbst arbeitete anscheinend alle technischen Details aus. Aber ob eine Anregung zur Ausarbeitung von Einzelheiten nun Ingenieurkunst oder Management ist, kann davon abhängen, ob die Anregung mehr ist als eben bloß – eine Anregung. Eines steht fest: daß nämlich Henry Thoreau zumindest später in seinem Leben imstande war, das anzufertigen, was wir heute technische Zeichnungen oder Pläne nennen. Er entwarf und baute jedenfalls seine Hütte in Walden, und weitere Beispiele für seinen Hang zum Technischen finden sich in der öffentlichen Bibliothek von Concord in seinen Zeichnungen für einen Kuhstall und für eine Maschine zum Herstellen von Bleirohren. So scheint der junge Thoreau durchaus Talent und Neigung zum Ingenieurdasein besessen zu haben, als er die Einzelheiten einer Maschine ausarbeitete, die feineren Graphit produzieren sollte. Nach Ralph Waldo Emersons Sohn Edward, einem jungen Freund Thoreaus, bestand die Lösung in «einer butterfaß-ähnlichen Kammer um die Mühlsteine, die ungefähr sieben Fuß hoch war und sich in eine lange, schmale, flache Kiste, eine Art Regal, öffnete. Nur Graphitstaub, der fein genug war, um von einem Luftzug nach oben auf diese Höhe getragen zu werden und sich in der Kiste abzulagern, wurde benutzt, der Rest wurde noch einmal gemahlen.» Walter Harding schreibt dazu in seiner Biographie Thoreaus: «Die Maschine drehte sich in einer Kiste auf dem Tisch und konnte aufgezogen werden, so daß sie von alleine lief und daher leicht von seinen Schwestern bedient werden konnte.»

Die Nachfrage nach den Qualitätsbleistiften, die die Thoreaus mit feinerem Graphit produzierten, erlaubte ihnen die Erweiterung ihres Geschäfts. Zur selben Zeit beschränkten sie den Zugang auf ihr Gelände, da sie kein Geld dafür ausgeben wollten, ihre Maschinen patentieren zu lassen – oder das Verfahren bekannt zu machen, das sich in keiner Enzyklopädie genau beschrieben fand. Aber Henry Thoreau war charakterlich anscheinend so veranlagt, daß er, nachdem es ihm gelungen war, den besten Bleistift Amerikas herzustellen, in den Routinearbeiten keine Herausforderung oder Befriedigung mehr sah. Nun wollte er unterrichten.

Ungefähr zu derselben Zeit, als er dem Bleistiftgeschäft seines Vaters beitrat, begann er sein Tagebuch. Das zwei Millionen Wörter umfassende *Journal* sollte sein umfangreichstes schriftliches Werk werden. Damals war das Tagebuch, obwohl es eine private Form des Schreibens zu sein schien, ein übliches Kommunikationsmittel unter den Transzendentalisten. Sie tauschten Tagebuchpassagen untereinander aus, um ihre spontaneren Formen des Kontakts zu ergänzen. Thoreaus erster Tagebucheintrag datiert vom «22. Okt. 1837»; in den folgenden Jahrzehnten beteiligte er sich immer mal wieder am Geschäft, erwähnte aber das Bleistiftmachen nur selten und dann auch nur nebenbei.

Thoreau wurde unruhig, als er keine Lehrerstelle fand, schmiedete Reisepläne und brach 1838 nach Maine auf, kam aber noch im selben Jahr wieder nach Concord und betrieb dort mit seinem Bruder zusammen eine Privatschule. Die Brüder machten 1839 eine Flußwanderung auf dem Concord und dem Merrimack, und Thoreau trug vermutlich sein Tage-

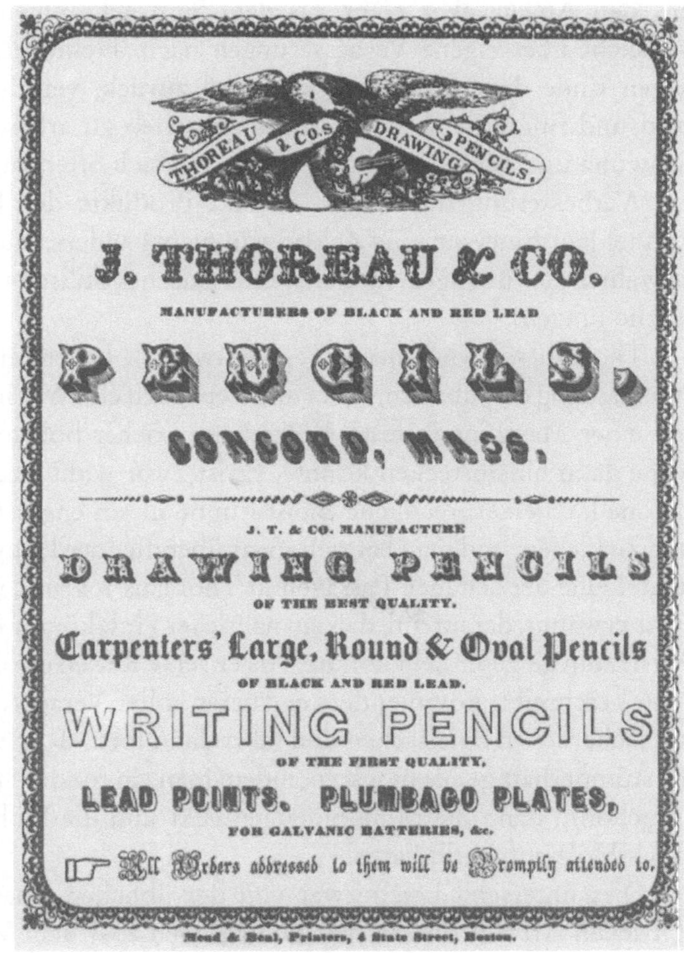

buch und seinen Bleistift bei sich, auch wenn er – wie schon erwähnt –
letzteren nicht als notwendigen Bestandteil der Ausrüstung für solch eine
Wanderung anführte.

Johns Gesundheit zwang die Brüder Thoreau, ihre Schule 1841 zu
schließen. Kurz darauf zog Henry zu den Emersons, wo er zwei Jahre
lang blieb, um mit Ralph Waldo Emerson zu diskutieren, gelegentlich
anfallende Arbeiten am Haus auszuführen und die Emerson-Kinder zu
unterhalten. 1843 verbrachte er etwa acht Monate als Privatlehrer auf
Staten Island und schrieb oft nach Hause, um über seine Lektüre in den
Bibliotheken zu berichten und sich nach den «Fortschritten in der
Bleistiftbranche» zu erkundigen. So war der Familienbetrieb ihm zwar

aus den Augen, aber nicht aus dem Sinn gekommen, und er dachte vielleicht über eigene Verbesserungen nach. Heimwehkrank kehrte er gegen Ende des Jahres nach Concord zurück, verschuldete sich aber bald und fing erneut an, im Familienbetrieb zu arbeiten – mit neuem Schwung und Einfallsreichtum. Er dachte sich offenbar viele Methoden zur Verbesserung der Verfahren und Produkte der Fabrik aus, und konnte laut Emerson eine Zeitlang an nichts anderes mehr denken (aber er wahrte ein für Ingenieure charakteristisches Stillschweigen über technische Fragen).

Thoreau soll viele neue Wege entwickelt haben, eine Mine in eine Holzfassung einzubetten, unter anderem auch eine Methode, bei der man mit einer Maschine in feste Holzstücke Löcher bohrte, in die man die Mine dann hineinstecken konnte. Es ist zwar wohl weder einfach noch rationell, eine zerbrechliche Bleistiftmine in ein enges Loch zu stecken und zu kleben, und man hat sich sogar über die Idee lustig gemacht. Doch deutet eine der seltenen Passagen in Thoreaus *Journal*, in denen er Bleistifte erwähnt, darauf hin, daß ein nahtloser Holzkörper für ihn wohl eine Art Traum gewesen sein könnte. Als er seine Reisen durch Maine im Jahr 1846 beschreibt, kommentiert er zuerst voller Verachtung einen Laden mit lächerlichen Spielsachen und fährt dann fort: «Ich sah hier Bleistifte, die stümperhaft gemacht waren, indem man ein rundes Stück Zedernholz ausgehöhlt, dann die Mine hineingesteckt und die Höhlung mit einem Stück Holz aufgefüllt hatte.»

Dies unterschied sich zwar von der üblichen amerikanischen und britischen Art der Bleistiftherstellung, glich aber dem Vorgehen bei der Umhüllung von Minen, die nach dem Conté-Verfahren geformt wurden. Nichtsdestoweniger zeigt diese Passage, daß Thoreau bestimmt davon ausging, daß er die ideale oder jedenfalls die eigentlich richtige Methode kannte, wie man einen Bleistift machte. Denn immerhin ist eine runde Bleistiftmine die zum Spitzen geeignetste Form, und nach dem Conté-Verfahren hergestellte Minen konnten ja genauso leicht in eine runde Form gepreßt werden wie in jede andere. Conté selbst produzierte anscheinend runde Minen. Solche Minen wurden in England auch schon lange vor der Mitte des Jahrhunderts für mechanische Stifte hergestellt, indem man einen rechteckigen Graphitstrang erst durch polygonale und danach durch runde Löcher in Rubinen preßte, wie wenn man Draht ziehen würde. Daher könnte die Idee, eine runde Mine in ein rundes Loch

Ein Dutzend Thoreau-Bleistifte in Originalverpackung.

einzusetzen, vielen Leuten als sehr vernünftig erschienen sein, unabhängig davon, wie schwierig sich die Ausführung gestaltet hätte. Denn so hätte man sich all die Arbeit mit Rinnenfräsen und Kleben erspart. Aber ob Thoreau wirklich davon träumte, bleibt unklar.

Es gab für Thoreau wohl viele Gründe anzunehmen, daß er wußte, was eine gute Bleistiftherstellung ausmachte. Er hatte nicht nur einen guten Bleistift entwickelt; er hatte auch herausgefunden, daß er durch Variation des Tonanteils in der Mischung Bleistifte mit verschiedenen Härte- und Schwärzegraden produzieren konnte, genau wie das Conté entdeckt hatte. Je mehr Ton eine Bleistiftmine enthielt, desto härter war die Bleistiftspitze. Daß Thoreau dies nicht sofort erkannte, deutet darauf hin, daß er nichts Genaues über das Conté-Verfahren gelesen hatte. So konnte Thoreau & Company Bleistifte in unterschiedlichen Härtegraden anbieten, «gestuft von 1 bis 4», wie auf den Verpackungen der Bleistifte stand. Eine von ihnen warb für «NOCH BESSERE ZEICHENBLEISTIFTE für die anspruchsvollsten Verwendungen, für Zeichner, Landvermesser, Ingenieure, Architekten und Künstler allgemein». Um 1844 gehörten Thoreau-Bleistifte zum Besten, was man bekommen konnte, sei es aus einheimischer oder ausländischer Produktion.

Obwohl die Meinungen darüber auseinander gehen, wieviel die verbesserten Thoreau-Bleistifte gekostet haben – einige Berichte sprechen davon, daß ein einziger Bleistift bis zu fünfundzwanzig Cents kostete, andere sprechen von fünfundsiebzig Cents für das Dutzend – steht offensichtlich außer Frage, daß sie teurer waren als andere Marken, von denen einige im Dutzend nur etwa fünfzig Cents kosteten. Die Preisdifferenzen rühren zweifellos daher, daß die Thoreaus im Laufe der Zeit viele verschiedene Bleistiftarten produzierten, wie noch vorhandene Etiketten und Reklameschilder belegen, und daher ihre Stifte auch zu unterschiedlichen Preisen verkauften. Heute haben natürlich alle Gegenstände, die mit Henry David Thoreau assoziiert sind, einen großen Wert; schon 1965 bezahlte ein Sammler für ein Dutzend Bleistifte, das von einem Bostoner Buchladen angeboten wurde, 100 $.

Auf die Unterschiedlichkeit von Thoreau-Bleistiften deutet außerdem hin, daß einige «von 1 bis 4 gestuft» waren. Dies war das von Conté gewählte System. Doch es gibt auch Belege, wonach Thoreaus Bleistifte mit den Buchstaben S für *soft* («weich») und H für *hard* abgestuft waren, wobei S.S. weicher als S und H.H. härter als H bedeutete. Thoreaus

 DER BLEISTIFT

System, das ein Gegensatzpaar verwendete, entsprach zwar mehr der Sprachlogik als das europäische System mit seinen Abkürzungen für «schwarz» und «hart». Doch beide dualen Systeme der Abstufung waren während des ganzen neunzehnten Jahrhunderts in Gebrauch und werden mit einigen Modifikationen noch heute verwendet. Dabei kennzeichnet das Zahlensystem heute gewöhnlich die normalen Schreibbleistifte, während das alphabetische für die teureren Zeichenstifte gilt.

Thoreau-Bleistifte wurden auch in einer verwirrenden Vielfalt abgepackt – auch dies eine Praxis, die sich bis heute gehalten hat, vermutlich, um dem Käufer zu suggerieren, daß es einen Bleistift für jeden Zweck gibt. Es ist schwierig, wenn nicht gar unmöglich, die wechselnden Bezeichnungen und Verpackungen von Thoreau-Bleistiften in eine unwiderlegbare chronologische Ordnung zu bringen, und das Durcheinander von undatierten Objekten macht die Herausforderung für den Technologiehistoriker noch größer. Als die Thoreaus von Ende der dreißiger bis Mitte der vierziger Jahre eine größere Auswahl an Bleistiften anboten und weitere Verbesserungen bei ihrem Verfahren einführten, war es für sie zweifellos erstrebenswert, ja notwendig, die neueren und besseren Bleistifte von den älteren und überholten zu unterscheiden. Aber sie verspürten offensichtlich nicht das Bedürfnis, über ihre Veränderungen Buch zu führen.

Die Thoreaus waren sich darüber im klaren, daß die allerneuesten Bleistifte in ihrem Angebot zumindest anders, wenn nicht gar ihre besten waren, denn sonst hätte wenig Anlaß bestanden, die Etiketten und Kennzeichnungen zu ändern. Es gibt kaum einen Zweifel daran, daß die von Henry David Thoreau und seinem Vater produzierten Bleistifte im Lande ihresgleichen suchten. Im Spätsommer 1844 meinte Henrys Mutter Cynthia Dunbar Thoreau, daß ihnen der Familienbetrieb bereits ein eigenes Haus eingetragen hätte, und Henry steckte noch mehr Stunden in die Bleistiftproduktion, um das nötige Kapital verdienen zu helfen. So war Henry David Thoreau, entgegen einer landläufigen Meinung damals und heute (nicht nur in Concord), durchaus kein Versager, auch wenn er im Mai 1845 sein Zuhause und das Bleistiftgeschäft verließ und anfing, seine Hütte beim Walden-Teich zu bauen, wo er bis 1847 lebte. Zu den vielen Beschäftigungen, denen er in Walden nachging, gehörte eine Form der Chemotechnik, die als Brotbacken bekannt ist, und eine seiner Erfindungen bestand darin, manchen seiner Teigsorten Rosinen hinzuzufügen.

Diese ihm zugeschriebene Erfindung des Rosinenbrots soll die Hausfrauen von Concord schockiert haben.

In *Walden* findet sich keine Erwähnung der Bleistiftherstellung, jedoch eine Menge an wirtschaftlichen Überlegungen und fundierten Gedanken über das Geschäftsleben – Aspekte, die guter Ingenieurkunst nicht fremd sind. Thoreaus berühmte Aufstellung der Materialkosten für seine Hütte (28.12½ $) und des Gewinns, den er mit seiner «Farm» erzielte (8.71½ $), belegt sein Interesse und Verständnis sowohl für die Wirtschaft als auch für das Ingenieurwesen. Wie er in *Walden* schreibt: «Ich habe mich immer bemüht, strenge Geschäftsgewohnheiten anzunehmen. Sie sind für jedermann unverzichtbar.» Doch gleichzeitig erkannte er die Absurdität des Wirtschaftssystems: «Der Farmer versucht das Problem seines Lebensunterhalts nach einer Formel zu lösen, die komplizierter als das Problem selbst ist. Um seine Schnürsenkel zu bekommen, spekuliert er mit Viehherden.»

Um an Schnürsenkel zu kommen, hatten die Thoreaus erfolgreich mit Bleistiften spekuliert, und als Henry David sich 1849 verschuldet hatte, um sein erstes Buch *A Week on the Concord and Merrimack Rivers* zu publizieren, stellte er Bleistifte im Wert von tausend Dollar her, um sie in New York zu verkaufen. Doch der Markt wurde allmählich von Produkten aus amerikanischen und ausländischen Manufakturen überschwemmt, besonders von denen der weltmarktbewußten Deutschen, die in der Zwischenzeit selbst das Conté-Verfahren beherrschten. So mußte Thoreau bei seiner Spekulation Verluste hinnehmen und konnte seine Ladung nur für hundert Dollar verkaufen. Obwohl sein Buch gute Kritiken bekam, verkaufte es sich nicht, und er schleppte Hunderte von Exemplaren in sein Arbeitszimmer unter dem Dach. Er soll die Bemerkung gemacht haben, daß seine Bibliothek dort «fast neunhundert Bände» umfaßte, «von denen ich über siebenhundert selbst geschrieben habe».

Während Thoreau versuchte, sein Buch zu verkaufen, bekam die Bleistiftfirma die ersten großen Aufträge für gemahlenen Graphit. Die Bostoner Druckerei Smith & McDougal wollte nicht verraten, warum sie solche Mengen des Materials brauchte, so daß die Thoreaus den Verdacht hegten, daß sie in die Bleistiftproduktion einsteigen wollte. Aber nachdem sie die Thoreaus zur Verschwiegenheit verpflichtet hatte, erklärte ihnen die Firma, daß hochwertiger Graphit für das kürzlich erfundene Verfahren der Galvanoplastik geradezu ideal war und daß die Gesellschaft sich

　　　　DER BLEISTIFT

ihren Wettbewerbsvorteil erhalten wollte. Der Verkauf von feinem Graphitpuder war äußerst lukrativ, so daß die Thoreaus ihre Bleistiftproduktion nur noch pro forma weiterführten und schließlich 1853 das Bleistiftgeschäft ganz aufgaben.

Nachdem die Bleistiftherstellung selbst als Aushängeschild aufgegeben war, kündete «John Thoreau, Bleistiftmacher» öffentlich sein neues Produkt als «Graphit, besonders für Galvanoplastik» an, und das Graphitgeschäft lief weiterhin gut. Als sein Vater 1859 starb, übernahm Henry den Betrieb und kaufte sich zum Zeichen seines Pflichtbewußtseins ein Exemplar des *Businessman's Assistant*. In der Zwischenzeit hatten deutsche Firmen den amerikanischen Bleistiftmarkt überrannt.

Kapitel 10

Wenn das Beste nicht gut genug ist

1837 wurde in London *The Complete Book of Trades* veröffentlicht; es enthielt «eine ausführliche Tabelle mit allen Gewerben, Professionen, Beschäftigungen und Berufen», die damals in England ausgeübt wurden. Als ein «Führer für Eltern und Lehrbuch für Jugendliche» gab das Buch das übliche Lehrgeld und die Höhe des zu einer Geschäftsgründung benötigten Kapitals an. Während der Ingenieur zu den Berufen mit dem höchsten Lehrgeld zählte (zwischen 150 und 400 £) und einiges an Kapital forderte (ungefähr 500 bis 1000 £), verlangte das Gewerbe der Bleistiftherstellung keinerlei Lehrgeld und nur 50 £ Kapitalinvestition. Daran wird deutlich, daß sich der Ingenieurberuf als solcher von seiner traditionellen Subsumierung unter bestimmte Handwerksrubriken gelöst hatte. Daß sich aus dem Feuer und Dampf der Gießereien und Fabriken eine Ingenieurdisziplin klar herausbildete, hieß aber ganz und gar nicht, daß es nun für Ingenieure dort nichts mehr zu tun gab. Es bedeutete einfach, daß sich infolge von Spezialisierung allmählich eine Kluft zwischen den verschiedenen Aspekten der Herstellung auftat, zwischen Forschung und Entwicklung einerseits und der Produktion andererseits. Als diese Kluft sich verbreiterte, wurde ein Brückenschlag immer dringlicher.

Diese wachsende Kluft war bei der Bleistiftherstellung genauso von Bedeutung wie bei jeder anderen Industrie jener Zeit. Im mittleren Drittel des neunzehnten Jahrhunderts führten das Problem der schwindenden Rohstoffvorräte und die zunehmende Komplexität der Verfahren und des Vertriebs dazu, daß das Ingenieurwesen (ob es nun als eigenständige Disziplin galt oder nicht) eher *noch* wichtiger wurde für die sich entwickelnde Bleistiftindustrie. Der Stand der englischen Bleistiftindustrie

Mitte der dreißiger Jahre des neunzehnten Jahrhunderts wurde im *Complete Book of Trades* so beschrieben:

> *... Graphit ist ein dunkles, glänzendes Mineral, das man auf den Malvern Hills und in Cumberland findet, von wo es in großen Mengen nach London gelangt. Es wird auf einem monatlichen Markt verkauft, und zwar aus einem Depot unter der Kapelle in der Essex Street, zu unterschiedlichen Preisen. Sein Wert bestimmt sich nach seiner Gleichmäßigkeit und Festigkeit, Eigenschaften, die mit dem Alter besser werden und die einige Bleistiftmacher durch unbestimmt lange Lagerung erhöhen. Früher war Mr. John Middleton der in dieser Hinsicht bekannteste Bleistiftmacher. Aber im Moment produzieren Messrs. Brookman und Langdon die gefragtesten Bleistifte für Landvermesser; und sie verlangen notwendigerweise unglaublich hohe Preise. Es ist vielleicht unnötig, auf die zahlreichen Betrügereien hinzuweisen, die täglich an der Öffentlichkeit mit diesem dringend benötigten Artikel verübt werden.*

Solange er reichlich vorhanden und preiswert war, konnte man den echten Cumberland-Graphit mit der besten Qualität leicht kaufen und lagern, bis er «mit dem Alter besser» wurde. Neue Lieferungen ergänzten ja den Vorrat des Bleistiftmachers, wenn der alte Bestand verwendbar war. Aber als erstklassiger Graphit nicht mehr erhältlich war oder unerschwinglich wurde und andere bedeutende Vorkommen noch nicht entdeckt waren, muß die Versuchung groß gewesen sein, den Graphit vorzeitig zu Bleistiften zu verarbeiten und minderwertige Bleistifte als «englischen Graphit» enthaltend auszugeben, selbst wenn sie nur wenig oder gar nichts von dem kostbaren Stoff enthielten.

Andere Bleistiftmacher «von betrügerischem Charakter» verwendeten «raffiniertes Blei». Das war kein bloß ungenügend gealterter oder minderwertiger Graphit, sondern eher eine Art Ersatz für den echten Stoff. Solche Ersatzstoffe konnten Mischungen von Graphitstaub oder -puder mit Schwefel, Ton und anderen Zusätzen sein, die natürlich – je nach Inhaltsstoffen und angewandtem Verfahren – besser oder schlechter waren. So standen um die Mitte des neunzehnten Jahrhunderts englische Bleistiftkäufer genauso vor dem Problem minderwertiger Blei-

 Der Bleistift

stifte oder falscher Behauptungen wie Amerikaner oder Kontinentaleuropäer. Aber wie die zur Neige gehenden Vorräte von erstklassigem Graphit skrupellose Straßenhändler anzogen, die einen besseren Bleistift zu einem niedrigeren Preis versprachen, so spornte dieselbe Knappheit auch Erfinder und Ingenieure innerhalb und außerhalb des Bleistiftgewerbes an, einen besseren Bleistift zu entwickeln – nicht immer zu einem niedrigeren Preis.

Gegen Mitte des Jahrhunderts umspannte der Wettbewerb unter den Bleistiftmachern, wie bei allen expandierenden Industriezweigen, Kontinente und Meere. In diesem Klima sollte im Sommer 1851 die Weltausstellung in Londons Hyde Park stattfinden: «The Great Exhibition of the Works of Industry of All Nations». Die Aufmerksamkeit der ganzen Welt richtete sich auf dieses Ereignis. Die Weltausstellung markierte in der internationalen technologischen Entwicklung und Konkurrenz einen Wendepunkt, ebenso in der Internationalisierung von Großindustrie und Handel. So, wie alle folgenden Weltausstellungen den Industrien und Staaten die Gelegenheit geboten haben, ihre Errungenschaften und Kultur mit Stolz zu präsentieren und sich mit ihren neuen und zukünftigen Produkten und Träumen zu brüsten, tat dies auch dieses Paradebeispiel einer Weltausstellung.

Der Kristallpalast, der eigens dafür erbaut wurde, stellte viele seiner Ausstellungsstücke in den Schatten. Daß solch ein riesiges und großartiges und doch nur provisorisch erstelltes Bauwerk um die Jahrhundertmitte errichtet wurde, paßte in die damalige Stimmung. Die Weltausstellung belegte an einer Vielzahl von Beispielen, wie sehr das Ingenieurwesen Handwerkskunst und Wissenschaft in den acht Jahrzehnten vereint hatte, die seit der ersten Auflage der *Encyclopaedia Britannica* vergangen waren. Während die schottischen Verfasser noch überhaupt keinen Zusammenhang zwischen Handwerkskunst und Wissenschaft gesehen hatten, war diese Verbindung nun so allgegenwärtig, daß man erwartete, daß die Gesellschaft mit gleichem Interesse einen berühmten Diamanten und einen Brocken Kohle betrachtete. Einhunderttausend Ausstellungsstücke waren auf den etwa 70 000 m² Fläche unter dem einen so bemerkenswerten Dach des Kristallpalastes verteilt, und man erwartete nicht, daß die Besucher alles auf einmal aufnehmen konnten.

Hunt's Hand-Book, das sozusagen ein Baedeker zu den kilometerlangen Gängen und Gallerien der Ausstellung war, lenkt die Aufmerksamkeit des Besuchers zwischen Handwerkskunst und Wissenschaft hin und her und kommentiert einige der Höhepunkte, darunter auch ein Modell der Britannia-Brücke. Während eines Besuches auf der Baustelle dieser Brücke im Nordwesten von Wales war Joseph Paxton auf die Idee für seine Konstruktion des Kristallpalasts gekommen und hatte sie in einer Kladde skizziert. Robert Stephensons kühne Anwendung von neuen Konstruktionsideen und Materialien in einem Ausmaß, das alles bisher Dagewesene in den Schatten stellte, ermutigte Paxton zweifellos zum Entwurf des riesigen Gebäudes, das für die Weltausstellung in Rekordzeit vollständig fertig und bezogen sein mußte. Der Kristallpalast selbst und die dort ausgestellten Objekte waren zweifellos eine Augenweide, doch sollte der Besucher nicht nur unterhalten, sondern auch belehrt werden. So erklärt das Handbuch als erstes, bevor es sich an die Beschreibung der zahlreichen ausgestellten Modelle und Zeichnungen von Brücken macht, daß «wir vorschlagen, bei so wichtigen Themen viel weiter ins Detail zu gehen, und wir werden einen allgemeinen Überblick über das Thema der Konstruktion von Brücken mit großer Spannweite ... versuchen». In weniger als dreihundert Worten wird dem Leser dann ein Grundkurs in Materialfestigkeit gegeben – heutige Studenten der Ingenieurwissenschaft lernen das gewöhnlich im zweiten Jahr, nachdem sie die erforderlichen Kurse in Physik, Infinitesimalrechnung und Maschinenbau absolviert haben.

Das Interesse an der Erklärung technischer Sachverhalte war nicht allein durch die Weltausstellung von 1851 verursacht. Eher waren es die Erwartungen der breiten Öffentlichkeit und ihre Empfänglichkeit für solche Einzelheiten, die den Erfolg der Ausstellung sicherstellten. Die zeitgenössische Öffentlichkeit war ja daran gewöhnt, über Errungenschaften der Ingenieurkunst in Zeitschriften wie den *Illustrated London News* und, jenseits des Atlantiks, dem erst kürzlich begründeten *Scientific American* zu lesen. Eines der Wunder des Zeitalters, von dem die Leute lasen, war die Britannia-Brücke über die Menaistraße, eine neue Art von Balkenbrücke, deren Bedeutung der interessierten Öffentlichkeit kaum entging. Aber während Brücken ganz offensichtlich als einzigartige und spektakuläre Resultate der Ingenieurkunst betrachtet werden konnten, stellten gute Bleistifte durchaus keine geringere Leistung dar.

Obwohl um die Mitte des neunzehnten Jahrhunderts französische, deutsche und selbst einige amerikanische Bleistifte nach Contés Graphitpulver-Ton-Mischverfahren hergestellt wurden, waren jene englischen, mit reinem Cumberland-Graphit gemachten Bleistifte in der Welt noch immer die Qualitätsnorm. Doch die Unwägbarkeiten bei der Versorgung mit dem besten Graphit, die nicht nur auf Kriege und Plünderung, sondern auch auf die bloße Erschöpfung der Minen zurückzuführen waren, stellten zum Zeitpunkt der Eröffnung der Weltausstellung ein akutes Problem dar. Obwohl das Material fast völlig zur Neige gegangen war, wurde im Kristallpalast ein großer Klumpen unverarbeiteter Cumberland-Graphit zur Schau gestellt, und *Hunt's Hand-Book* stellte gleich eine naturwissenschaftliche Verbindung zwischen dem dunklen Graphit und dem glänzenden Objekt in einem benachbarten Schaukasten her:

Der Diamant ist ein brennbarer Körper, wie Sir Isaac Newton aus seinem hohen Brechungsvermögen schloß. Die Forschungen Lavoisiers und anderer haben gezeigt, daß dieser Edelstein nichts anderes ist als reiner Kohlenstoff, und unter dem Einfluß der voltaischen Batterie hat man vor kurzem Diamanten in Kohle umgewandelt. Der Graphit, der in der benachbarten Nische liegt, und die nur ein wenig weiter entfernte Kohle unterscheiden sich nur in ihrer physikalischen Beschaffenheit; in ihrer chemischen Beschaffenheit gleichen sie dem Diamanten. Der Diamant Koh-i-Noor befindet sich östlich des Querhauses. ...

Hunt's Hand-Book erklärt dann, daß Koh-i-Noor «Berg des Lichtes» bedeutet, und gibt die hinduistische Legende über die Entdeckung des Diamanten und seine Geschichte wieder. Seiten später erfahren wir, daß der Ertrag der Cumberland-Mine von fünfhundert Faß im Jahr 1803 auf «etwa ein halbes Dutzend Faß, jedes mit einem Gewicht von hunderteinviertel» im Jahr 1829 zurückging. Und wir erfahren außerdem durch Exponate, daß England um die Jahrhundertmitte Graphit aus Indien, Ceylon, Grönland, Spanien, Böhmen und aus Nord- und Südamerika importierte. Ein unlängst gemachter kleiner Fund im Norden Schottlands wird beschrieben und seine chemische Analyse nach Gewichtsanteilen angegeben; sie zeigt, daß er 88,37 Prozent Kohlenstoff enthielt.

Einer der Aussteller im Kristallpalast war William Brockedon, der das «wirksame Ersatz»-Verfahren gefunden hatte, mit dem man Graphitpuder ohne Bindemittel wieder zu Blöcken formen konnte. Brockedon war

Thomas Telford, der erste Präsident der britischen Institution of Civil Engineers. Bleistiftskizze von William Brockedon, dem Erfinder eines Verfahrens zur Kompression von Graphitstaub.

der einzige Sohn eines Uhrmachers, von dem er schon als Kind eine Vorliebe für wissenschaftliche und technische Fragen erwarb. Er begann als Uhrmacher zu arbeiten und widmete seine freie Zeit dem Zeichnen, dem er ebenfalls seit seiner Kindheit zugetan war. Mit Unterstützung eines Gönners studierte Brockedon an der Royal Academy und wurde ein anerkannter Maler. Er besaß auch als Schriftsteller einen gewissen Ruf, da er viele Reisebücher geschrieben und illustriert hatte. Während seiner ganzen Laufbahn als Künstler und Schriftsteller bewahrte sich Brockedon sein Interesse an technischen Fragen und ließ sich Erfindungen patentieren, die von der Methode, Draht durch Löcher in Saphiren, Rubinen und anderen Edelsteinen zu ziehen, bis zu einer neuen Schreibfederspitze reichten. 1843 patentierte er seine Methode, «künstlichen Graphit für Bleistifte» zu produzieren, «der reiner war als alles, was man damals bekommen konnte, da die Minen in Cumberland ja erschöpft waren». Die aus Brockedons Graphit hergestellten Bleistifte galten unter Künstlern als besonders wertvoll, da sie frei von grobkörnigen Partikeln waren.

Hunt's Hand-Book verriet, wie Brockedon seine schwarze Magie ins Werk setzte. Er vermahlte zuerst den Graphit in Wasser und zerteilte ihn möglichst fein und gleichmäßig. Dann packte er den Puder in Pakete aus Spezialpapier ein, stellte ein Vakuum her und setzte die Masse großem Druck aus. Vermutlich kann sich der schlüpfrige Graphitpuder unter Druck frei bewegen. Wenn der Druck weggenommen und der Graphit vom Papier gelöst worden ist, ergibt laut Handbuch «eine genaue Betrachtung, daß sich die Partikel unter dem Einfluß des Drucks genauso angeordnet haben wie bei ihrem natürlichen Vorkommen. Und wenn eine dieser komprimierten Massen bricht, ist der Bruch genau der gleiche wie bei einem Stück natürlichen Graphits.»

Das Verfahren wurde zuerst von Mordan & Company kommerziell angewendet, doch nach Brockedons Tod im Jahr 1854 versteigerte man Produktionsstätte und Maschinen an einen Kaufmann aus Keswick. Einem Nachruf zufolge war Brockedons Graphit der «beste» damals produzierte Graphit. Offensichtlich kam das Verfahren noch mehrere Jahre lang in England und Amerika zur Anwendung, aber es scheint teuer gewesen zu sein und wurde wohl nach der vollständigen Erschöpfung der Borrowdale-Minen allmählich immer seltener. Es war das Conté-Verfahren, das in der Bleistiftherstellung fast überall benutzt werden sollte, und aus *Hunt's Hand-Book* geht auch hervor, daß dieses Verfahren zum Zeitpunkt der Weltausstellung allgemein bekannt war, jedenfalls in England.

In «Großbritannien und den Inseln» gab es 319 Bleistiftmacher, wie den Tabellen der Volkszählung von 1851 zu entnehmen ist. Viele waren in London ansässig, doch konzentrierte sich auch eine nicht unerhebliche Zahl in einem kleinen Gebiet um Keswick. Diese Stadt in Cumberland war das historische Zentrum einer Heimindustrie der Bleistiftproduktion, natürlich wegen der Nähe zu den Graphitgruben; aber auch andere kleinere Industrien hatten sich seit dem achtzehnten Jahrhundert überall im Lake District angesiedelt. Die Gegend war für solche Aktivität von Natur aus günstig: Es gab reichlich Holz und Bodenschätze und ausgiebig Regen und damit viel Wasserkraft.

Obwohl neue Verfahren einen gewissen Ersatz für reinen Cumberland-Graphit geliefert hatten, waren die neuen Techniken meist komplex und kompliziert und trieben den Preis der besten englischen Zeichenstifte in die Höhe. Daher waren gerade Künstler, die ohnehin häufig ein technisches Interesse an ihren Materialien zeigen, um die Jahrhundertmitte besonders daran interessiert, soviel wie möglich über die Bleistiftherstellung mit einheimischem Graphit zu erfahren. Der Herausgeber des *Illustrated Magazine of Art* hatte dafür zweifellos ein Gespür, und so erschien 1854 in dieser Zeitschrift ein Artikel über die «Bleistiftherstellung in Keswick». Der Artikel beweist, daß trotz jahrzehntelanger Knappheit an erstklassigem Graphit sich die Verfahren der englischen Bleistiftherstellung kaum geändert hatten, auch wenn in den frühen dreißiger Jahren Maschinen eingeführt worden waren, die einige der Arbeitsgänge übernahmen, die man vorher von Hand ausführen mußte:

> *Die Männer ... tragen dunkelblaue Kittel – was die allgemeine Arbeitskleidung an diesem Ort ist – mit weiten, am Handgelenk eng anliegenden Ärmeln und sitzen an sehr schwarzen, glänzenden Tischen. Die Hände der Männer und die Werkzeuge, mit denen sie hantieren, und auch die meisten Möbel im Raum sehen aus, als ob sie jeden Morgen vom Dienstpersonal nach denselben Verfahren poliert worden wären, mit denen sie die Kamine und Öfen säubern. Ihre Gesichter aber zeigen oft Flecken und Streifen in verschiedenen Farben. Jeder Arbeiter hat eine Anzahl Zedernstangen, in die schon Rinnen gefräst sind, und eine Reihe Graphitstücke, die direkt vom Sägen kommen. Er nimmt dann eines der Stücke: Wenn er sieht, daß es zu breit für die Rinne ist, reibt er es an einem vor ihm liegenden rauhen Stein auf die richtige Größe; ansonsten taucht er es direkt in einen Topf mit Leim, der gleich neben ihm heiß gehalten wird, und drückt es dann in die Rinne. Er ritzt dann die Mine auf der Höhe der Holzoberfläche ein und bricht sie ab, so daß die Rinne vollständig gefüllt bleibt. Bei der Herstellung eines einzigen Bleistifts werden vielleicht drei oder vier Stückchen Graphit gebraucht; aber wieviele es auch sein mögen, jedes Stückchen paßt mit seinem Ende genau an das andere, so daß keine Lücken entstehen.*

Die gefüllten Zedernstangen wurden an den «Zumacher» weitergegeben, der den nächsten Arbeitsschritt ausführte. Er leimte ein zweites Stück Zedernholz auf die Mine, klemmte die Konstruktion ein und legte sie zum Trocknen beiseite. Manchmal wurden Zedernstangen von dreifacher Län-

Runden der Bleistifte

Polieren der Bleistifte

Schneiden auf Bleistiftlänge

Anbringen der Goldbuchstaben

Einige Arbeitsgänge bei der Endphase der Bleistiftherstellung in Keswick um 1854: Die Bleistifte wurden in dreifacher Länge zusammengesetzt und nach dem Polieren auf Bleistiftlänge geschnitten.

ge mit Rinnen versehen, ausgefüllt und geleimt, wobei jede getrocknete und bearbeitete Stange drei Bleistifte ergab. Der Zeitschriftenartikel endet mit Statistiken über die Produktion der beschriebenen Fabrik, die fünf oder sechs Millionen Bleistifte pro Jahr herstellte. An einer Maschine konnte ein Mann 600 bis 800 Dutzend Bleistifte am Tag runden, an einer anderen konnte ein Junge etwa 1000 Dutzend am Tag glattschleifen und polieren, und an einer weiteren Maschine wurden sogar 200 Bleistifte pro Minute mit «Banks, Son, and Co., Manufacturers, Keswick, Cumberland» gestempelt, außerdem mit den Buchstaben, die den Härtegrad der Mine anzeigten.

Im Jahr 1854 hatten also Bleiftifthersteller wie Banks immer noch Vorräte an Borrowdale-Graphit, mit dem sie ihre besten Bleistifte machen konnten, allerdings nur wenn die Stücke groß genug waren. Einige waren nur erbsengroß, wenn sie aus der Mine zutage gefördert wurden; man verwendete sie für minderwertige Bleistifte, nachdem sie zusammen mit einer großen Menge importierten Graphits «gespalten, pulverisiert und vermischt» worden waren. Künstler fanden, daß Bleistifte «in der Qualität sehr nachgelassen hatten im Vergleich zu dem, was sie einmal waren». Selbst Stifte, die mit «garantiert reine Cumberland-Mine» gestempelt waren, hatten, wie sich oft herausstellte, «wenig oder gar nichts davon».

Auch in der Fabrik von Banks, der schon seit der Jahrhundertwende Miteigentümer der Minen war, wurden Stücke des Borrowdale-Graphits, die zu klein waren, um direkt in die Holzgehäuse gesteckt zu werden, pulverisiert und zusammen mit dem beim Schneiden anfallenden Staub und einem immer größer werdenden Anteil minderwertigen Graphits vermischt. Vermutlich wurde das Ganze dann zu Minen geformt, indem es mit Gummi oder Wachs gebunden oder mit Ton nach einer Art Conté-Verfahren vermischt wurde. Möglicherweise verarbeitete man es sogar nach einer noch neueren Methode wie beispielsweise der von Brockedon entwickelten, bei der Graphitstaub wieder zu Blöcken komprimiert wurde. Eine Art minderwertiger Bleistift, der aus zwei Dritteln schlechtem Graphit und einem Drittel geschwefeltem Antimon gemacht war, wurde noch in der zweiten Hälfte des neunzehnten Jahrhunderts Griffel genannt. Ganz schlechte Bleistifte bestanden aus einer Mischung von pulverisiertem Graphit, Kleister und tonartiger Bleicherde.

Unabhängig davon, wie die Bleistifte nun gemacht waren, scheint im frühen neunzehnten Jahrhundert niemand die Annahme in Frage gestellt zu haben, daß solche aus reinem Borrowdale-Graphit die besten der Welt waren. Doch auch bei dem besten von Handwerk und Technologie angebotenen Produkt gibt es in der Regel Fehler und Mängel, wenn nicht im Erzeugnis selbst, dann im Herstellungsprozeß. Daher können Produkt und Herstellungsmethoden immer noch weiter verbessert werden. Die zunehmende Schwierigkeit, große Stücke guten Borrowdale-Graphits zu bekommen, bedeutete im Falle des Cumberland-Bleistifts, daß die Bleistiftmine oft aus einer ganzen Reihe von kurzen Graphitstücken bestand, die aneinanderstießen. Das funktionierte so lange gut, und der Bleistift schrieb und zeichnete so lange mit all den phantastischen Eigenschaften der besten Bleistifte – bis man ein Federmesser zum Anspitzen benutzte. Wenn die sichtbare Mine das Ende eines Stücks Graphit war, blieb beim Schneiden nur ein sehr kurzes Stück unzerbrochenen Graphits im Holzkörper zurück. Wenn man dann versuchte, mit diesem frisch gespitzten Bleistift zu schreiben oder zu zeichnen, brach die Spitze ab oder fiel aus dem Holzschaft heraus. Diese Frustration erlebte man selbst bei Bleistiften des frühen zwanzigsten Jahrhunderts häufig, wenn das, was eigentlich eine einzige fortlaufende Mine sein sollte, im Holz irgendwie in kleine Stücke zerbrach. Diese Art verborgener Mangel wurde später bei der Herstellung von Qualitätsbleistiften durch fortschrittlichere Fabrikationsprozesse vermieden. In den Industrieländern produzierte Bleistifte enthalten heute relativ widerstandsfähige Minen im Holzverband, während etwa chinesische Massenware solchen Qualitätsansprüchen noch nicht genügt.

Das beste Mittel gegen Minenbruchstücke bestand natürlich darin, die Minen aus einem einzigen, widerstandsfähigen Stück zu fertigen. Das frühere Mischen von Graphitspänen und pulverisiertem Graphit mit Wachs mag einen Teil des Problems gelöst haben, doch auf Kosten der Schreibqualität. Das Verfahren nach Conté ermöglichte es ebenfalls, Minen aus einem Stück zu formen, aber einige Künstler fanden, daß ihre Schreibeigenschaften dem besten reinen Cumberland-Graphit unterlegen waren. Brockedons Technik, Graphitpuder großem Druck auszusetzen, ergab einen sehr guten Bleistift, aber zu einem hohen Preis. Und so mußte man unter den Nachteilen wählen: Entweder man nahm eine unzusammenhängende Mine in Kauf, eine schlechtere Qualität oder hohe Kosten.

KAPITEL 11

VOM KLEINBETRIEB ZUR BLEISTIFTINDUSTRIE

Um 1800 hatten Bleistiftmacher in Deutschland weder den qualitativ hochwertigen Graphit, der in England verfügbar war, noch das Wissen oder das Bedürfnis, das neue, in Frankreich entwickelte Ton-Graphit-Verfahren bei der Minenherstellung anzuwenden. Die politischen und kulturellen Traditionen in Deutschland hatten die internationale Entwicklung und das Wirtschaftswachstum behindert. Die Bleistiftproduktion war im großen und ganzen eine Heimindustrie geblieben mit Methoden, die vom Meister auf den Lehrling übergingen. Aber im neunzehnten Jahrhundert machten dann die alten Methoden den neuen Platz. Die Beschränkungen, die die Handwerksgilden dem Handwerk auferlegten, wurden gelockert, und aus den Reihen der traditionellen Handwerker entwickelte sich die neue Gruppe der «Fabrikanten». Aber erst weit im neunzehnten Jahrhundert sollte diese Art Unternehmer unter den Bleistiftmachern die Schwierigkeiten meistern, die durch eine lange Periode der Vernachlässigung der technologischen Entwicklung erzeugt worden waren.

Der Staedtlersche Familienbetrieb zum Beispiel, der nach 1662 von «Bleistiftmacher» Friedrich Staedtler gegründet worden war, wurde in der Folge von Johann Adolf, Johann Wilhelm und Michael geleitet. Sie alle waren «Meister», doch Friedrichs Ururenkel Paulus Staedtler nannte sich Fabrikant, schon bevor er 1815 seine Meisterprüfung ablegte. Er konnte seine Stellung, dem traditionellen Handwerks- und Zunftsystem zum Trotz, zweifellos zum Teil aufgrund seines Ehrgeizes und seiner Persönlichkeit verbessern, zum Teil aber auch deswegen, weil er den Bleistiftbetrieb zufällig in einer Zeit leitete, als politische, soziale und technologische Faktoren Veränderungen möglich machten.

Mit der 1806 erfolgten Eingliederung der Freien Reichsstadt Nürnberg in das neue Königreich Bayern wurde auch das städtische Rugsamt 1808 aufgelöst. Zwar ermutigte die Liberalisierung des Gewerbes neue Bleistiftmacher wie Johann Froescheis, der im gleichen Jahr eine alte Fabrik kaufte und die heutige Lyra-Bleistiftfabrik gründete. Doch die Bleistiftbranche war im allgemeinen nicht in einer Situation, in der sie aus der neuen Freiheit Kapital schlagen konnte. Denn guter englischer Graphit war nicht erhältlich, und die Deutschen hielten an ihren alten Verfahren der Minenherstellung fest, mit denen sie Bleistifte produzierten, die auf dem freien Markt nicht mehr länger wettbewerbsfähig waren. Die französischen, mit Ton hergestellten Bleistifte waren nicht nur viel besser als die deutschen Stifte auf Schwefelbasis, sondern mit dem Conté-Verfahren war es auch «möglich geworden, Bleistifte zu fertigen, deren Schreibeigenschaften in keinerlei Hinsicht den sogenannten englischen Bleistiften unterlegen waren». Selbst wenn die Bleistifte aus der Ton-Graphit-Mischung nicht so gut wie die besten englischen waren: Die englischen Stifte wurden nun wirklich knapp, weshalb sich auch die Qualitätsstandards ändern sollten.

Obwohl die Existenz der deutschen Industrie allmählich von ausländischer Ware bedroht wurde, scheinen die einzelnen Bleistiftfirmen keine Schritte zur Selbsthilfe unternommen zu haben. Daher baute die bayrische Regierung 1816 eine königliche Bleistiftmanufaktur in Obernzell bei Passau, um Bleistifte nach der französischen Methode herzustellen. Zwar war diese Unternehmung letztlich kein kommerzieller Erfolg, doch sie spornte die privaten Hersteller im Nürnberger Raum an, sich noch einmal mit ihrer Art, Bleistifte zu machen, zu befassen. Paulus Staedtler wurde 1820 von der «Bayerischen Gesellschaft zur Förderung der vaterländischen Industrie» empfohlen, Bleistifte in vier Härtegraden nach dem neuen Contéschen Verfahren herzustellen. Seine Versuche hatten Erfolg, so daß er bald die neue Methode für seine eigene Fabrik übernahm.

Zeitgleich mit der Lockerung der Zunftvorschriften und der Anwendung des neuen Verfahrens der Minenherstellung wurden Pferde- und Dampfkraft in die Bleistiftproduktion eingeführt, die damit an der Industriellen Revolution teilnahm. Zunehmende Rationalisierung, höhere Produktivität und ein größerer Absatz, die durch den technischen Fortschritt möglich geworden waren, gaben nicht nur den Betrieben Impulse zur Expansion, sondern ermutigten auch Einzelpersonen, ihren eigenen

   Der Bleistift

Weg zu gehen. Johann Sebastian Staedtler hatte gemäß dem alten Zunft-
brauch 1825 in der Fabrik seines Vaters angefangen, bewarb sich aber 1835
um eine Genehmigung, sein eigenes Bleistiftgewerbe «in allen Orten und
Städten des Königreichs Bayern» zu eröffnen. Johann Staedtler beabsich-
tigte, eine Fabrik zu gründen, die Graphitmühlen aufnehmen sollte,
außerdem Öfen zum Brennen der Minen und Maschinen zum Schneiden,
Schlitzen und Formen des Holzes für die Bleistiftgehäuse, die zu dieser
Zeit aus importiertem Zedernholz aus Florida und aus heimischem Erlen-
und Lindenholz gemacht wurden. In dem Jahr, in dem die erste deutsche
Eisenbahn zwischen Nürnberg und Fürth in Betrieb genommen wurde,
und nur ein Jahr vor der Einführung der ersten stationären Dampfmaschine in der Gegend war Staedtlers Unternehmen ein innovatives und ehr-
geiziges Projekt. Zusätzlich zur Fertigung von Bleistiften aus Graphit und
Ton produzierte die Firma auch gute Farbminen, wobei sie Zinnober und
andere natürliche Farbstoffe für die «Kreiden», wie man die Farbstifte
nannte, verwendete.

Zwar sollte die Firma 1840 auf der Nürnberger Industrieausstellung
dreiundsechzig verschiedene Sorten Bleistifte zeigen, doch J.S. Staedtler,
wie das Unternehmen heute noch heißt, begann in erster Linie mit der
Produktion von Kreiden aus rotem Ocker. Darauf war der Familienbetrieb schon seit langem spezialisiert, und der junge Johann Staedtler
hatte, als er noch im Betrieb seines Vaters mitarbeitete, das Verfahren
stark verbessert. Einem zeitgenössischen Bericht zufolge hatten die neu-
en Rötelstifte «den großen Vorteil vor den aus normalem rotem Ocker
hergestellten Kreiden, daß sie leichter gespitzt werden können, immer
dieselbe Härte besitzen und ihre Farbe unverändert beibehalten». Andere Bleistiftmacher bezogen bald von J.S. Staedtler rote Kreiden, so daß
dessen Unternehmen ungefähr hundert Angestellte zählte, als die Fabrik
1855 in die Hände der drei ältesten Staedtler-Söhne überging. Einer der
Brüder, der dem Beispiel seines Vaters folgte, ging schließlich fort, um
seine eigene Bleistiftfabrik zu gründen: Wolfgang Staedtler & Co. In den
siebziger Jahren des neunzehnten Jahrhunderts fabrizierte J.S. Staedtler
rund zwei Millionen Bleistifte pro Jahr, doch auf dem zunehmend härteren Weltmarkt gerieten die beiden Staedtler-Betriebe allmählich in
Schwierigkeiten, und J.S. Staedtler wurde daraufhin von einem Enkel des
Gründers verkauft. Ab 1880 gehörte J.S. Staedtler der Familie Kreutzer,
die 1912 auch die glücklose Firma Wolfgang Staedtler aufkaufte, um die

alleinige Kontrolle über den Namen Staedtler in der Bleistiftbranche zu erlangen.

Diese Familiengeschichte ist nicht die einzige ihrer Art. Der «Bleystefftmacher» Kaspar Faber, der 1761 ein Schild vor sein Häuschen in Stein gehängt hatte, war ebenfalls mit seinem kleinen lokalen Geschäft erfolgreich. Aber da es nicht im Interesse der Händler lag, daß die Endverbraucher wußten, wo und von wem ihre bevorzugten Bleistifte gemacht wurden, konnten Faber und Staedtler ihre Namen oder Adressen noch nicht auf den Produkten anbringen. Erst nachdem Lothar Faber 1840 seine Stifte gegen alle Gewohnheiten mit dem Firmennamen stempelte und so die ersten Markenschreibgeräte in Europa herstellte, sollten auch Staedtler, Froescheis und andere mit Hilfe von Phantasiezeichen wie Harfe, Stern, Mond oder gekreuzten Hämmern eine steigende Nachfrage nach ihren Produkten erzeugen. Die Lyra, die 1868 von Johann Froescheis' Sohn Georg Andreas eingetragen wurde, beansprucht, das älteste heute noch gebräuchliche Warenzeichen für Bleistifte zu sein.

Als Anton Wilhelm Faber 1784 die Bleistiftmanufaktur seines Vaters übernahm, setzte er die traditionelle Art der Bleistiftherstellung fort. Die Firma A.W. Faber florierte in einem gewissen Umfang, als der Sohn des Besitzers, Georg Leonhard, sie 1810 übernahm. Die Konkurrenz in Nürnberg und Umgebung hatte stark zugenommen, und die lokale Nachfrage nach Bleistiften war nicht annähernd so groß wie das potentielle Angebot. Nur bessere oder billigere Bleistifte waren konkurrenzfähig. Bessere Bleistifte konnte man aber ohne englischen Graphit oder die Anwendung des neuen französischen Verfahrens praktisch nicht produzieren, und so verdrängten billigere Bleistifte die Produktion von qualitativ guten Stiften, zum allgemeinen Schaden der deutschen Industrie. Obwohl Georg Leonhard Faber tatsächlich einige Verbesserungen am Management der Firma A.W. Faber und ihren Fertigungstechniken vornahm, litt das Geschäft unter einer repressiven und allem Fremden gegenüber feindlich eingestellten Umgebung.

Als Georg Leonhard Faber 1839 starb, übernahm sein ältester Sohn Lothar das Geschäft. Seit seiner Jugend hatte er alle Bereiche im Bleistiftgeschäft seines Vaters studiert und war 1836 zur Erweiterung seines Horizonts nach Paris gegangen. In Paris beobachtete Lothar Faber, daß die Pariser Firmen enge Geschäftsbeziehungen mit Märkten in ganz Frankreich und im Ausland unterhielten, und er erkannte die Vorteile eines Weltmarktes für Bleistifte. In sein Tagebuch schrieb er: «Über Alles behielt ich aber in Paris meinen künftigen fabriklichen Beruf im Auge und sann schon in Paris darüber nach, welche Mittel ich zu ergreifen habe, um einstmals mit meinen Fabrikaten die ganze Welt zu beherrschen.» Er besuchte noch London, um sich in der Branche weiterzubilden, bevor er nach dem plötzlichen Tod des Vaters nach Nürnberg zurückkehrte, um die Fabrik zu übernehmen, deren Belegschaft inzwischen auf ungefähr zwanzig Mitarbeiter gesunken war.

Zu den Veränderungen, die der junge Faber zum Aufbau seines Geschäfts für unbedingt nötig hielt, gehörten die Erweiterung seiner Produktpalette sowie die Verbesserung der Fertigungsverfahren und der Produktqualität, wofür er dann auch höhere Preise verlangen konnte. Dadurch, daß er das französische Conté-Verfahren übernahm und verbesserte, konnte Faber eine völlig neue Serie von gleichmäßig schreibenden Stiften mit unterschiedlichen Härtegraden auf den Markt bringen. Wegen ihrer verläßlichen Einheitlichkeit und ihrer Auswahl waren diese «Polygrades»-Bleistifte bei Künstlern und Ingenieuren begehrt, doch der Absatz für die teuren Bleistifte war in Nürnberg allein nicht sehr groß. Daher unternahm Lothar Faber als erster deutscher Fabrikant persönlich Reisen durch ganz Deutschland und Frankreich, durch England, Italien, Österreich, Rußland, Belgien, Holland und die Schweiz, um Kunden für seine Bleistifte zu gewinnen. Die neuen ausländischen Märkte sollten an Bedeutung zunehmen, da Faber im Laufe der Jahre ständig neue und bessere Bleistifte einführte. Die ausländische Nachfrage stieg kontinuierlich nicht nur nach Produkten von A.W. Faber, sondern in deren Gefolge auch nach Bleistiften anderer deutscher Hersteller. Für seine Verdienste um das weltweite Wachstum der deutschen Industrie wurde dem innovativen Vermarkter 1863 der Adelstitel verliehen; er wurde Freiherr, Ehrenbürger Nürnbergs und «Erblicher Reichsrat der Krone Bayerns».

Fabers Bleistifte waren um die Mitte des Jahrhunderts so bekannt, daß «Faber» mittlerweile zum Synonym für Bleistift geworden war. Doch scheint ihre Qualität (zumindest vorübergehend) unter dem zunehmend geringer werdenden Angebot von gutem Graphit gelitten zu haben. 1861 schrieb ein Beobachter, er habe es zunächst nicht glauben wollen, daß man an gute Bleistifte nicht herankommen könne; aber nachdem er «die meisten der bekannten Hersteller unvoreingenommen ausprobiert hatte»,

Werbeplakat der Firma A.W. Faber aus dem Jahr 1855, vorgestellt auf der Pariser Industrieausstellung.

schloß er, daß es «praktisch unmöglich» war. Seine Klage war, wie er beteuerte, damals «unter Architekten und Zeichnern üblich». Weiter heißt es:

Seit dem Jahr der Weltausstellung 1851 habe ich keine Bleistifte mehr finden können, die so gut waren wie einmal die von Faber: Damals waren sie vollkommen; heute sind sie nicht besser als die anderen. Es ist zu schlimm, daß die Hersteller, die einmal wirklich gute Artikel gemacht und damit Medaillen auf Ausstellungen gewonnen haben, einen Vorteil aus ihrem bekannten Namen ziehen und der Öffentlichkeit ein minderwertiges Erzeugnis zum gleichen Preis anbieten, wobei sie glauben machen, daß es genauso gut ist wie das, was verdientermaßen prämiert worden ist.
Jeder Bleistiftmacher, der Bleistifte mit einem gleichbleibend feinen, festen, schwarzen Strich produzierte und sicherstellte, daß alle mit dem gleichen Buchstaben gekennzeichneten Stifte auch gleich wären, erwiese sich und der Öffentlichkeit gewiß einen

Das Graphitbergwerk von A.W. Faber im Sajangebirge.

Das Conté-Verfahren war zwar infolge der Londoner Weltausstellung von 1851 anscheinend überall bekannt, aber viele Hersteller beherrschten es nicht richtig. Obwohl Lothar von Faber das Contésche Verfahren für seine Fabrik verbesserte, hätten doch auch A.W. Fabers Bleistifte ihre Qualität nicht so außerordentlich steigern können, wäre der Firma nicht durch die Entdeckung neuer Rohstoffe im Osten ein unschätzbarer Vorteil gegenüber der gesamten Konkurrenz zugefallen. Denn ab 1861 war das Besondere an den Produkten von A.W. Faber, daß die besseren Stifte Graphit aus einer Grube in Sibirien enthielten, der ein Schreibmaterial ergab, das als das beste galt, das bisher in drei Jahrhunderten entdeckt worden war. Fabers Weg zur Monopolstellung auf dem Markt für diesen neuen Graphit begann mit einem französischen Kaufmann, der in Sibirien wohnte und von Goldfunden in Kalifornien gehört hatte.

Auf einer 1846 begonnenen Geschäftsreise durch die Bergregion Ostsibiriens suchte Jean-Pierre Alibert im Sandbett mehrerer Flüsse zum Polarmeer nach Anzeichen von Gold. Er fand zwar kein Gold, aber in einer der Bergschluchten in der Nähe von Irkutsk stieß er auf einige Brocken reinen Graphits. Da sie glatt, rund und stark poliert waren, schloß Alibert, daß sie über eine große Entfernung vom Strom mitgeführt worden sein mußten. Daher begann er systematisch dem Strom und seinen Zuflüssen bis zu ihren Quellen zu folgen. 1847 ortete er den Ursprung des Graphits, ungefähr 270 Meilen westlich seiner ersten Entdeckung, in einem Ausläufer des Sajangebirges, auf dem Gipfel des Batugol, nahe der chinesischen Grenze.

Versorgungsgüter mußten über Hunderte von Meilen herangeschafft werden und gelangten nur mit Hilfe von Rentieren auf den Gipfel, doch Alibert ließ sich nicht entmutigen. Er gründete eine Farm am Fuße des Berges, um soviel Nahrungsmittel wie möglich selbst zu erzeugen, und bevölkerte seine Kolonie allmählich mit Arbeitern. Die dreihundert Tonnen Graphit, die Alibert in den ersten sieben Jahren abbaute, waren nicht besser als das, was früher in Borrowdale als Ausschuß galt. Schließlich entdeckte man jedoch eine reiche und zusammenhängende Lagerstätte, die einige Blöcke reinen Graphits hergab, die bis zu achtzig Pfund wogen. Die russische Regierung unterstützte die Ausbeutung der Mine, und Alibert schickte Proben des besten Materials an die Akademie der Wissenschaften in St. Petersburg. Nach deren Urteil hatte es die gleiche Qualität wie der berühmte Cumberland-Graphit. Die Kaiserliche Akademie der Schönen Künste untersuchte Aliberts Graphit ebenfalls und berichtete, daß sie ihn «von ausgezeichneter Qualität für Zeichenstifte aller Art» fand «und daß er nicht nur bei weitem allem überlegen ist, was gegenwärtig bei der Herstellung von Bleistiften verwendet wird, sondern gleichwertig, ja sogar besser ist als der Graphit, der früher von der inzwischen erschöpften Mine in Borrowdale abgebaut wurde, deren Bleistifte ein so hohes Ansehen in ganz Europa genießen».

Alibert wurde eine königliche Silbermedaille verliehen und der Batugol in Alibertberg umbenannt. Er reiste auch nach England, wo er sich vergewisserte, daß die Mine von Borrowdale im wesentlichen abgebaut war, und bat englische Bleistiftfabrikanten, seinen neuen Graphitfund zu begutachten. Sie stimmten mit der russischen Akademie darin überein, daß die Qualität des sibirischen Graphits «in keiner Weise der des Cum-

berlandbleies nachstehend» war, und Alibert zog den Schluß, daß er in
Sibirien etwas entdeckt hatte, was kalifornischem Gold ebenbürtig war.
Vom französischen Kaiser empfing er das Kreuz der Ehrenlegion, und die
Gesellschaft zur Förderung der Künste und der Wissenschaften, die die
Aussichten auf die Produktion von künstlichem Graphit als gering ein-
schätzte, verlieh Alibert eine goldene Medaille. Alibert stellte Proben
seines Graphits verschiedenen Museen zur Verfügung, und Schönheit und
Wert seines Fundes trugen ihm weitere Ehrungen unter anderem von
Spanien, Dänemark, Preußen, Schweden und Norwegen ein und ebenso
von Rom.

Da er A.W. Faber für die größte damalige Bleistiftfabrik hielt und
glaubte, daß sie «die meiste feine Waare in die civilisirte Welt versende»,
unterbreitete er der Firma das Angebot, ihr für die Herstellung von
Bleistiften die Exklusivrechte am Kauf seines sibirischen Graphits zu
überlassen. Der Vertrag wurde 1856 geschlossen und von der russischen
Regierung gebilligt, die die Rechtshoheit über die Bodenschätze innehat-
te. Der wahre Wert des sibirischen Graphits zeigte sich, wenn man seine
Reinheit durch das richtige Vermahlen, Mischen und Brennen ausnutzte,
um ein Sortiment von Bleistiften mit einheitlichen und reproduzierbaren
Härtegraden zu erhalten. Die Entwicklung dieser neuen Verarbeitungs-
und Produktionsverfahren nahm fünf Jahre «unermüdlicher Arbeit» in
Anspruch, «bevor es [Faber] gelungen war, die Schwierigkeiten des neuen
Materials zu meistern». Aber diese Investition sollte Faber helfen, sich auf
dem internationalen Markt außerordentlich erfolgreich zu behaupten.

Auch wenn Faber-Stifte inzwischen so etwas wie Weltreisende geworden waren, kamen die Faberschen Bleistiftarbeiter über Stein oder
Nürnberg kaum hinaus. Der Weltmarkt brachte es mit sich, daß man nicht
nur in großen Mengen, sondern auch in großer Auswahl produzieren
mußte, weshalb das expandierende Geschäft seine Belegschaft vergrößern
mußte. Es war natürlich erstrebenswert, firmentreue Arbeiter zu haben,
damit man nicht immer wieder Zeit in die Einarbeitung investieren mußte
und die Verbreitung von Betriebsgeheimnissen möglichst gering gehalten
werden konnte.

Es wurde eine Sparkasse eröffnet, und die Arbeiter bekamen fünf
Prozent Zinsen, wenn ihre Einlagen einen bestimmten Mindestbetrag
erreichten. Die Einlagen, die für zukünftige Bedürfnisse gedacht waren,
konnten aber nur im Notfall abgehoben werden. Außerdem gründete

Faber 1844 – etwa vierzig Jahre vor der allgemeinen Sozialgesetzgebung –
eine der ersten Fabrikkrankenkassen in Deutschland. Arbeitersiedlungen
wurden gebaut und denjenigen, die ihr eigenes Haus besitzen wollten,
verkaufte Faber billig Land und gewährte Darlehen. Eine Schule, eine
Kirche, eine Leihbibliothek, eine öffentliche Parkanlage, eine Freiluft-
Sportanlage und andere Einrichtungen wurden geschaffen. Schon ab 1851
gab es auch einen Kindergarten, der während der Arbeitsstunden die
Kleinkinder betreute, deren Mütter «nicht bereit sind oder es sich nicht
leisten können, die Arbeit in der Fabrik aufzugeben».

Einige der Institutionen, für die Faber Geld stiftete, waren, wie etwa
die Ortskirche, für die größere Gemeinde Stein, aber die Mehrzahl kam
der kleineren Gemeinde der A.W. Faber-Arbeiterfamilie zugute. Die
Fabers berichteten, daß sie gemeinsam mit ihren Angestellten an Sport-
veranstaltungen und Festivitäten teilnahmen, und der Familienwohnsitz
der Fabers und die Fabrikgebäude standen dicht beieinander. Lothar
Faber wird in einer der Firmengeschichten beinahe vergöttert:

*Er selbst wohnt in ihrer Nähe und wahrhaftig in ihrer Mitte. Die
Gärten und Parks um sein Haus und das seines Bruders [Johann]
umgeben die Fabrikgebäude auf drei Seiten, während die Rednitz
zwischen ihnen und dem Dorf selbst fließt. Die leichte Erhebung,
auf der das Wohnhaus gebaut ist, läßt das Dach mit seinen Türmen
hoch über dem Nordufer des Flüßchens aufragen, während der
spitze gotische Turm einer hellen, freundlichen Kirche am Südende
des Dorfes ... über die ganze Nachbarschaft einen Heiligenschein
von Frieden, Ruhe und Wohlstand wirft.*

Ob A.W. Fabers Allgegenwart in der Ortschaft Stein im neunzehnten
Jahrhundert auch von den Arbeitern so gesehen wurde, oder ob sie dies
als bedrückend empfanden, wird in den Firmengeschichten nicht vermerkt. Doch besteht wohl kein Zweifel daran, daß die Bleistiftherstellung
für Stein von Vorteil war, denn seine Bevölkerung hatte sich bis zum
Ende des Jahrhunderts verdreifacht, gemessen an den etwa achthundert
Einwohnern, die dort lebten, als Lothar Faber den Betrieb übernahm. Aber lange vor dieser Zeit fand am 16. September 1861 zu Ehren
des hundertjährigen Bestehens der Bleistiftfabrik A.W. Faber ein Fest
statt.

     Der Bleistift

Die Feierlichkeiten begannen früh am Morgen und dauerten bis
zum frühen Abend. Es gab Spiele und Preise und Tänze um den Mai-
baum, die nur unterbrochen wurden von der Ankunft eines handgeschriebenen Glückwunschbriefes des Königs, der bemerkte, daß Fabers
«im In- und Ausland wohl begründeter Ruf der bayerischen Industrie
zur Ehre» gereiche. Der König drückte auch seine Zustimmung zu
Fabers Sorge um die «sittlichen und ökonomischen Verhältnisse» seiner
Arbeiter aus und wünschte der Firma anhaltenden Wohlstand. Der Brief
war unterschrieben mit: «Ihr wohlgewogener König Max». Nachdem

Faber ihn gelesen hatte, brachte er ein dreimaliges Hoch auf König Max aus.

Dann erklärte er, wie sehr er den Künstlern verpflichtet sei, die seine Stifte benutzt und ihr Ansehen gemehrt hatten, las ein Gedicht vor, das auf seinem Motto «Wahrheit, Sittlichkeit, Fleiß» beruhte und enthüllte ein «allegorisches Bild, ... das die Tätigkeit des Handelsunternehmens darstellte und eine passende Anspielung auf die Jubiläumsfeier enthielt». Der Künstler blickte auf «die Geschichte des Bleistifts und seine Bedeutung für die Kunst» zurück, dankte Faber für seine Verdienste und ließ die Bleistiftfabrik dreimal hochleben. Zu den Geschenken für Faber gehörte eine Stiftung, die in alle Ewigkeit einen Knabenchor bezahlen sollte, «der immer dadurch seines Geburtstages gedenken wird, daß er zu seinen Lebzeiten bei Tagesanbruch Kirchenlieder unter seinem Fenster singen wird und nach seinem Tod an seinem Grab».

Die Hundertjahrfeier war ein so großer Erfolg, daß ein zweiter Feiertag geplant wurde, um das fünfundzwanzigjährige Jubiläum von Lothar Fabers Inhaberschaft zu begehen. Obwohl der 19. August 1864 das eigentliche Datum seines Silberjubiläums war, wählte man den 19. September als Feiertag. An diesem Morgen wurde Faber ein Gemälde überreicht, das eine Graphitmine darstellte und Zedern, die gerade gefällt wurden, sowie andere passende Bleistiftmotive; das alles umrahmte ein Gedicht und die Unterschriften der Geber. Am Nachmittag wurde ein Umzug veranstaltet, angeführt von «einem Herold, der statt seines gewöhnlichen Stabes einen riesigen Bleistift in der linken Hand hielt, während das Geschirr seines Pferdes geschmackvoll mit Konstruktionen aus allen möglichen Bleistiften verziert war»; ihm folgten eine Reihe von Fahrzeugen und Festwagen:

Das erste Fahrzeug stellte den Graphitabbau dar und trug Bergleute in deutschen und chinesischen Kostümen. Letztere sollten eine Anspielung auf die Graphitmine in Sibirien sein, die ihren Ertrag an die Firma A. W. Faber liefert. Das zweite Fahrzeug zeigte den Vorgang des Graphitwaschens und die Zubereitung der Mine. Das dritte zeigte die Bearbeitung des Holzes; das vierte das Leimen der Bleistifte, das fünfte das Hobeln und Lackieren der Bleistifte; und das sechste das Polieren, Binden und Stempeln; das siebte trug ein Schiff, das mit der sternenübersäten amerikanischen

*Fahne und den deutschen, britischen und französischen Flaggen
geschmückt war. Das Schiff war mit weißen und schwarzen See-
leuten bemannt und mit Zedernholz aus Florida beladen. Als
achtes Fahrzeug hatte man einen der Lieferwagen gewählt, in dem
ein Arbeiter mit einem Tragekorb stand und zeigte, wie die Bleistifte früher vertrieben wurden. Das neunte Fahrzeug war mit
Blumen, Obst und Gemüse beladen, und sollte die Umwandlung
des früher wüsten Landes und der verarmten Felder in das große
und bezaubernde Faber-Anwesen andeuten. Diesen Fahrzeugen
folgten vier Arbeiter, die auf ihren Schultern einen Bleistift von
acht Fuß Länge und entsprechender Stärke trugen, blau glänzend,
am einen Ende gespitzt und am anderen mit einer weißen Spitze
versehen.*

Das war nicht das Ende des Umzugs, denn es folgten noch eine riesige
Schiefertafel und ein Modell der Kirche. Doch die Fahrzeuge, die die
einzelnen Schritte der Bleistiftproduktion darstellten, standen im Mittel-
punkt. Die Leute auf den Wagen verharrten nicht in künstlichen Posen,
denn sie, die «Säger, Hobler, Rinnenfräser, Wäscher, Leimer, Lackierer,
Beschrifter, Drucker und die Mädchen beim Polieren und Binden, waren
alle an ihren Arbeitstischen und Maschinen eifrig beschäftigt». Es gab
auch eine Dampfmaschine in Betrieb. Als der erstaunliche Umzug am
Park angelangt war, wurde der überraschte Fabrikbesitzer mit Reden,
Urkunden und Hochrufen bedacht. Dann zog die Prozession langsam an
Lothar von Faber und seiner Familie vorbei, wobei auf jedem Wagen ein
Redner stand, «der seine Bedeutung in wohlgesetzten Versen erklärte».
Faber hielt dann vor den Arbeitern eine Rede, in der er ihnen «eine kurze
Erläuterung seiner Prinzipien» gab, «auf die er seinen Betrieb gegründet
hatte». Beim Rückblick auf die fünfundzwanzig Jahre sei er stolz, daß
«trotz der Perioden der Stagnation und der Wirtschaftskrisen, die wir
während dieser Zeit erlebt haben und durch die die meisten großen
Fabriken in Deutschland gezwungen worden sind, eine große Zahl ihrer
Arbeitskräfte zu entlassen, die Belegschaft dieser Firma zum vollen Lohn
ohne Unterbrechung voll beschäftigt gewesen ist». Er versprach ihnen,
daß es so bleiben werde.

Andere bedeutsame Ereignisse in der Geschichte der Familie Faber
boten ebenfalls Gelegenheit zur Besinnung, wenn auch vielleicht nicht

Blick in eine deutsche
Bleistiftfabrik (A.W. Fa-
ber) um die Mitte des
neunzehnten Jahrhun-
derts.

immer so öffentlich. Im Jahr 1877, als sein Sohn Wilhelm heiratete und einen Teil des Managements der Firma übernahm, überreichte ihm Lothar von Faber ein Album mit einer Widmung, in der unter anderem stand: «Ich widme Dir dieses Album in Erinnerung an eine wichtige Epoche Deines Lebens, nämlich Deine Heirat und den Beginn Deiner Laufbahn als unabhängig für das Firmengeschäft A.W. Faber Tätiger. ... Die Leitung des Firmengeschäfts, gleichgültig, ob seine Waren in Monarchien oder Republiken verkauft werden, wird nach dem monarchischen System ausgeübt, das ich für das allein richtige halte.»

In den dreißiger und vierziger Jahren des neunzehnten Jahrhunderts führten die Deutschen, und insbesondere Faber, einige Neuerungen in ihre Bleistiftindustrie ein: Unter anderem setzten sie Maschinen ein, um die Holzbrettchen zu schneiden und die Rinnen für die Minen zu fräsen. Bleistiftminen aus Graphit-Ton-Mischungen wurden mittlerweile mit Hilfe von Pressen zu langen Strängen getrieben. Man verwendete schließlich Gold- und Silberfolie, um die Spitzenmodelle zu kennzeichnen, und in den frühen vierziger Jahren stellte das Unternehmen A.W. Faber sechseckige Bleistifte her. Aber obwohl die Maschinen den Ausstoß derart vervielfacht hatten, daß man einen riesigen Exportmarkt beliefern konnte, bot die Verfügbarkeit billiger deutscher Arbeitskräfte keinen Anreiz zur vollen Mechanisierung.

1861, im Jahr des hundertjährigen Bestehens der Firma und fünfzehn Jahre nach Aliberts Entdeckung, kamen Faber-Bleistifte mit sibirischem Graphit auf den Markt; in Amerika sollten sie erst 1865 erhältlich sein. A.W. Faber konnte von da an nicht nur ausgezeichnete Bleistifte aus dem reinen sibirischen Graphit machen; die Firma konnte zudem auch das pulverisierte Material mit feinem bayrischen Ton kombinieren, um ein unübertroffenes Sortiment der besten Polygrades-«Künstlerstifte» zu schaffen, deren Härte einheitlich und reproduzierbar war. Dadurch wurde es auch möglich, das Spektrum des Standardsortiments an Zeichenbleistiften zu erweitern, die Faber seit den späten dreißiger Jahren hergestellt hatte. Zunächst wurden die Stifte in sieben mehr oder weniger gleichmäßig abgestuften Härtegraden gemacht und nach abnehmender Schwärze und zunehmender Härte gekennzeichnet: BB, B, HB, F, H, HH, HHH. In London konnte man um die Mitte des Jahrhunderts dreizehn verschiedene Abstufungen von Wolffs «Stiften aus gereinigtem Graphit» kaufen, doch die Verfügbarkeit sibirischen Graphits ermöglichte es Faber, die

Skala auf sechzehn Härtegrade zu erweitern. Sie wurden auf der Londoner Weltausstellung von 1862 gezeigt und als der einzige Fortschritt bei der Bleistiftmine seit der Weltausstellung von 1851 gefeiert, wo Stücke von Brockedons komprimiertem Graphit zur Schau gestellt worden waren.

Der Ursprung dieser Kennzeichnung mit Buchstaben ist nicht mit letzter Sicherheit auszumachen. Doch der Brauch, Bleistifte zur Kennzeichnung der Schwärze ihres Strichs überhaupt abzustufen, kam anscheinend in Frankreich auf, als man sich in der Lage sah, die Härte der Mine durch das Verhältnis von Ton zu Graphit zu bestimmen. Conté benutzte die Zahlen 1, 2 usw., um *abnehmende* Härte zu bezeichnen; im Gegensatz dazu bedeutet heute eine größer werdende Zahl zunehmende Härte. Es ist denkbar, daß Buchstaben zuerst im frühen neunzehnten Jahrhundert vom Londoner Bleistiftmacher Brookman aufgebracht wurden, wobei B für *black* stand und H für *hard* und die Zahl der Bs oder Hs zunehmende Schwärze oder Härte anzeigte. (Die unterschiedlichen Bedürfnisse der Künstler, die vor allem der Schwärzegrad der Bleistifte interessierte, und der technischen Zeichner, denen der Härtegrad wichtig war, könnten unter anderem für die scheinbare Asymmetrie der Bezeichnungen B und H verantwortlich sein.) Als die Benutzer der Bleistifte eine immer stärkere Vorliebe für die Härtegrade, die um B und H lagen, zeigten, könnte die Bezeichnung HB eingeführt worden sein für einen «harten und schwarzen» Bleistift zwischen B und H, und außerdem F, möglicherweise für *firm* («fest») oder *fine point* («feine Spitze»), für einen Bleistift zwischen HB und H. Sowohl deutsche als auch französische Autoren führen die Buchstaben der Härteskala für Bleistifte auf englische Wörter zurück.

In Amerika, wo die Thoreaus Zahlen benutzten, um einige ihrer Bleistifte zu klassifizieren, verwendeten sie auch die Buchstaben S (*soft*) und H (*hard*), was eher der Sprachlogik entsprach. Gegen Ende des Jahrhunderts bot die Firma Dixon Bleistifte für Künstler und Zeichner in elf Stufen feil, die – für Dixon typisch – von VVS (*very, very soft*) über MB (*medium black*) bis VVVH (*very, very, very hard*) reichten. Im zwanzigsten Jahrhundert wurden die Klassifikationssysteme der Bleistifte scheinbar vereinheitlicht, doch in Wirklichkeit hat man das Klassifizieren niemals richtig normiert, und was genau eine Bezeichnung wie HH oder 2H bedeutet, ist noch immer ganz vom jeweiligen Hersteller abhängig.

Obwohl man das Klassifikationssystem von den Engländern übernommen hatte und obwohl das System der Minenherstellung von den Franzosen erfunden und die beste neue Graphitquelle von einem Franzosen in Sibirien entdeckt worden war, wurde der deutsche Bleistift schließlich zur Norm – dank des deutschen Sinns für Vermarktung. Durch die Initiativen Lothar von Fabers und unter seiner Führung wurde Nürnberg das große Welthandelszentrum für Bleistifte: mit sechsundzwanzig Fabriken, die lange vor der Jahrhundertwende mehr als 5000 Menschen beschäftigten und 250 Millionen Bleistifte pro Jahr produzierten.

Da die Firma A.W. Faber die Exklusivrechte am Ertrag der Alibert-Mine besaß, erinnerte sie ihre Kunden unermüdlich daran, daß nur sie «die Bezeichnung ‹sibirischer Graphit› zu einem Begriff unter Künstlern, Ingenieuren, Zeichnern und Architekten allgemein» gemacht habe. Der Firmenkatalog von 1897 zum Beispiel bildete ihre Spitzenprodukte ab, «Bleistifte aus sibirischem Graphit», von denen jeder, in der Art der besten englischen Bleistifte, «aus einem einzigen Stück Graphit» gemacht war. Der Katalog führte einige der «herausragendsten Künstler in Europa» an, unter ihnen Eugène Viollet-le-Duc und Gustave Doré, die «Zeugnis von der hervorragenden Qualität dieser Bleistifte abgelegt» hätten. Die amerikanische Preisliste von 1897 trug auch einen Hinweis in Großbuchstaben, der angeblich vom Namenspatron der Firma stammte (der schon lange tot war):

Ich mache besonders auf meine eingetragenen Warenzeichen aufmerksam, die aus dem Namen und den Buchstaben «A.W. Faber» bestehen oder bei einigen der billigen Sorten aus den Initialen «A.W.F.»

Bitte beachten Sie, daß das Etikett um jedes Dutzend meiner Bleistifte ausnahmslos den Namen A.W. Faber und ein Faksimile der Unterschrift trägt ... sowie die Worte «DIE FABRIK BESTEHT SEIT 1761».

Dieser letzte Hinweis wurde oben und unten auf jeder Seite der Preisliste wiederholt, die gleichzeitig ein mit großem Aufwand gestalteter Katalog war mit Farbabbildungen der Bleistifte. Außerdem hatte Faber 1874 eine Petition zum Schutze des Markenartikels beim Deutschen Reichstag eingereicht, die 1875 als Gesetz in Kraft trat. Offensichtlich waren diese

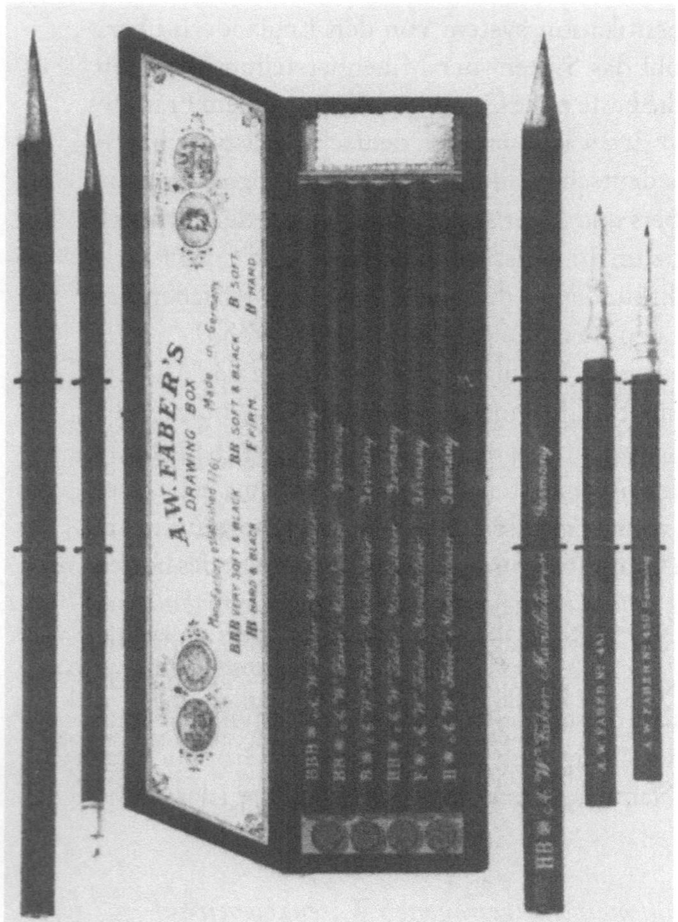

Seite aus einem Katalog von A.W. Faber gegen Ende des neunzehnten Jahrhunderts. Abgebildet sind sechseckige Zeichenstifte, eine Schachtel «englischer» Zeichenstifte mit Reißzwecken und Radiergummi und «Künstlerstifte mit Metallspitze und beweglichem Blei».

Maßnahmen notwendig geworden, weil damals wie heute Imitation die aufrichtigste Form der Schmeichelei war und der schnellste Weg, sich auf dem hart umkämpften Weltmarkt einen Namen zu machen.

Weil ein gut eingeführter Name so sehr viel zählte, war es für Lothar von Faber besonders wichtig, daß ein männlicher Erbe das deutsche Unternehmen weiterführte. Dies schien auch gewährleistet, als Lothars Sohn Wilhelm seine Cousine Bertha heiratete, die Tochter des New Yorker Bleistiftbarons Eberhard Faber. Aus dieser Ehe gingen zwei Söhne hervor, aber beide starben, bevor sie fünf Jahre alt waren, und Wilhelm arbeitete ohne große Begeisterung weiter im Betrieb, bis er überraschend 1893 starb. Als der Patriarch Lothar von Faber, der den Betrieb über ein

　　　　　　　　DER BLEISTIFT

halbes Jahrhundert lang geleitet und zu Weltruhm geführt hatte, 1896 selbst starb, übernahm seine Frau das Unternehmen bis zur Heirat ihrer Enkelin Ottilie mit dem Grafen Alexander zu Castell-Rüdenhausen. Der Graf erhielt die königliche Genehmigung, die Namen Faber und Castell zum neuen Familiennamen Faber-Castell zusammenzufügen, und diese Linie führt die Tradition der Bleistiftherstellung bis heute fort.

Bevor die Familie von Schicksalsschlägen getroffen wurde, schien es so, als gäbe es ein Übermaß an Fabers. 1876 hatte sich Johann Faber, ein jüngerer Bruder Lothar Fabers und der Partner, der die technisch-herstellerische Seite des A.W. Faberschen Unternehmens in Stein geleitet hatte, aus dem Familienbetrieb zurückgezogen. Da er in der Herstellungsabteilung tätig gewesen war, kannte Johann alle Geheimnisse eines ausgezeichneten Bleistifts, und so gründete er 1878 in Nürnberg seine eigene Firma. Er stattete seine Fabrik mit den neuesten Maschinen aus, expandierte bald über Deutschland hinaus und gründete Häuser in London und Paris. Aber obwohl er die besten Bleistifte anbieten konnte, mußte er «viele Vorurteile überwinden, als er seine Waren auf dem Markt einführte»:

Zu dieser Zeit gab es eine Reihe von Pseudo-Faber, die minderwertige Bleistifte in Nachahmung der bekannten «Faber»-Marke produzierten, indem sie sie betrügerisch mit dem Namen «Faber» stempelten, ihnen aber andere Initialen hinzufügten als die, die auf den originalen Artikeln standen. Das alles war dazu angetan, die Öffentlichkeit mißtrauisch gegenüber einer anderen (wenn auch originalen) «FABER»-Marke zu machen.

Eines der Probleme, denen sich Johann Faber gegenübersah, war die Bekanntmachung seines Bruders Lothar, daß alle «Faber»-Bleistifte ohne die Initialen «A.W.» «unechte Imitationen» seien. Dies brachte die Brüder vor Gericht, und 1883 erging ein Urteil zugunsten Johanns, das A.W. Faber zwang, die Legitimität von Johann Fabers Bleistiften anzuerkennen. Doch für Johann Faber wurde es dadurch nicht leichter, seine Bleistifte aus Deutschland zu exportieren. Daher mußte das neue Unternehmen auf dem seit langem bestehenden Markt seine Vertreter ausschicken. Johanns Söhne Carl und Ernst übernahmen bald den Betrieb und unternahmen ausgedehnte Reisen durch Europa, um einen Kundenstamm für ihre Produkte zu gewinnen. Zur Zeit der Chicagoer Weltausstellung von 1893 wurden Johann Fabers Bleistifte weltweit verkauft.

Johann Faber hatte sibirischen Graphit aus einer anderen Quelle als der Alibert-Mine bezogen, die, wie das neue Unternehmen behauptete, «höchstwahrscheinlich eingefallen und zerstört» war. Die «große Reinheit» des neuen sibirischen Graphits belegte eine Analyse des Chefchemikers des Bayrischen Industriemuseums. Der hohe Kohlegehalt wird typographisch besonders hervorgehoben:

☞ **Kohlenstoff**	94,5 ☜
Kaolin	3,1
Kieselsäure	1,6
Eisenoxid	0,4
Kalk und Magnesium	0,2
Andere Stoffe	0,2
	100,0

Alle Bleistifthersteller hielten es für wichtig, behaupten (oder zumindest suggerieren) zu können, daß ihre Spitzenmodelle aus dem besten Graphit gemacht waren. Johann Faber konnte mit der chemischen Analyse seines neuen Rohstoffes werben, der das Unternehmen in die Lage versetzte, «das Sortiment seiner Bleistifte zu vervollständigen». Andere Bleistifthersteller griffen zu anderen Mitteln, um die Qualität ihrer besten Produkte herauszustellen.

Eine Rose mit anderem Namen duftet zwar immer noch lieblich, doch ein Bleistift mit dem falschen Namen läßt sich nur schlecht verkaufen. Die Hersteller wissen das schon lange und stempeln daher ihre Bleistifte mit Namen und Behauptungen, die Qualität assoziieren sollen. Leere Behauptungen über Bleistifte, die angeblich Cumberland- oder sibirischen Graphit enthalten, mögen glatte Lügen gewesen sein, doch der Gebrauch von Farbe und Folie und die Assoziation mit Gold sind ein wahrer Geniestreich gewesen.

Faber-Stifte waren zu einer harten Konkurrenz auch für das Unternehmen L. & C. Hardtmuth geworden, das Fabriken in Wien und Budweis unterhielt. Da hatte Franz von Hardtmuth, der Enkel des Gründers, die Idee zu einem erstklassigen Bleistift, der sich zum dreifachen Preis jedes anderen Bleistifts in der Welt verkaufen lassen würde. Nach der nötigen Forschung und Entwicklung konnte der neue Bleistift in die Produktion gehen. Einer Überlieferung zufolge stand bereits fest, daß seine Farben die der österreichisch-ungarischen Fahne sein sollten, und da der Graphit schwarz war, mußte der Bleistift goldgelb lackiert werden. Doch auch wegen ihrer Anspielung auf die östliche Herkunft des besten Graphits war die Farbe Gelb eine glänzende Wahl. Weil Hardtmuth einen unverwechselbaren Namen brauchte, der Qualität und Wert suggerieren sollte, wurde der Bleistift Koh-I-Noor genannt. 1890 kam er auf den Markt und wurde ein überwältigender Erfolg, besonders nachdem er auf der Weltausstellung von 1893 präsentiert worden war.

Noch Jahrzehnte nach der Einführung des Bleistifts war die amerikanische Firma Koh-I-Noor stolz auf ihren Namen und behauptete kühn gegenüber ihren potentiellen Kunden – die aller Wahrscheinlichkeit nach die Londoner Weltausstellung von 1851 und das Nebeneinander von Kohlenstoff in Form von Graphit und «dem großen Diamanten der Geschichte» nicht gesehen hatten –, daß der Name Koh-I-Noor «für den großen Bleistift der Geschichte wohl vollkommen angemessen ist – daher seine Wahl». Ob der Koh-I-Noor-Bleistift nun wirklich so überragend war – das Unternehmen war sich jedenfalls im klaren darüber, daß es mehr verlangen konnte als den Preis für einen normalen Bleistift, da es auch mehr für die Herstellung eines besseren Bleistifts ausgab. Daher erklärte es auch später: «Waren von solch überlegener Qualität sind preiswert.»

Die Durchsetzung von sibirischem Graphit als anerkannter Norm und der Erfolg des gelbfarbenen Koh-I-Noor, der später als «der originale gelbe Bleistift» angepriesen wurde, veranlaßten offenbar die Hersteller, Namen wie «Mongol» und «Mikado» zu wählen, um ihre Bleistifte mit dem Osten und damit mit der Herkunft des damals besten Graphits in Verbindung zu bringen. Deshalb wurde auch das Gelblackieren von Bleistiften im letzten Jahrzehnt des neunzehnten Jahrhunderts zum Zeichen für Qualität. Allerdings hatte diese Gepflogenheit auch schon Mitte des Jahrhunderts in Keswick bestanden, vermutlich, um das schadhafte Holz, das für einige Bleistifte verwendet wurde, zu übertünchen.

Es war eigentlich gegen Ende des Jahrhunderts üblich gewesen, Bleistiften, die nicht aus naturbelassenem oder lackiertem Zedernholz waren, einen dunklen Anstrich zu geben, etwa schwarz, rot, braun oder violett. Die besten Bleistifte, die aus dem besten Holz gemacht waren, waren «naturpoliert». In einer Schilderung der Bleistiftfabrikation in Cumberland um 1866 wird das Lackieren von Bleistiften als unnötiger und «unangenehmster Teil» der Herstellung beschrieben: «Es läßt einen Bleistift vielleicht schön aussehen, kann aber gewiß seinen Inhalt nicht verbessern, und der Beweis dafür ist, daß die *besten* Bleistifte nie farbig lackiert sind.» Aber der überwältigende Erfolg des Koh-I-Noor änderte dies.

Heutzutage sind dreiviertel aller Bleistifte in den Vereinigten Staaten gelb, unabhängig von ihrer Qualität. Und es gibt eine Geschichte über gelbe Bleistifte, die wie manch eine Bleistiftgeschichte eine dunkle Herkunft hat, aber oft erzählt worden ist: Angeblich nahm ein Bleistifthersteller einmal eine bestimmte Zahl identischer Bleistifte und malte für ein bestimmtes Büro die Hälfte davon gelb, die andere Hälfte grün an. Das Büro verteilte die Bleistifte an seine Angestellten, die dann anfingen, über die Minderwertigkeit der grünen Bleistifte zu klagen – ihre Spitzen brachen leichter, sie waren nicht so leicht zu spitzen, und sie schrieben weniger gleichmäßig als die gelben Bleistifte. Offensichtlich hatte sich bis zur Mitte unseres Jahrhunderts, als das Experiment durchgeführt wurde, Gelb derart als Zeichen von «Bleistifthaftigkeit» in den Köpfen der Benutzer festgesetzt, daß ein Anstrich mit irgendeiner anderen Farbe als Zeichen für minderwertige Qualität galt, auch wenn den Benutzern wohl nicht bewußt war, daß Gelb auf den asiatischen Qualitätsgraphit anspielte oder zu einem Bleistift gehörte, der nach einem legendären Diamanten benannt war.

Aber lange bevor sibirischer Graphit und gelbe Bleistifte als Norm galten und lange bevor die Brüder Lothar und Johann Faber sich befehdeten, gab es eine Fülle von konkurrierenden Bleistiftmachern, und das noch junge Amerika war ein bedeutender neuer Markt. Um die Mitte des Jahrhunderts hatte sich in Amerika das Zentrum der Bleistiftproduktion aus der Gegend um Boston nach New York und Umgebung verlagert, wo Großhändler dem Fabrikanten die Produktion abnahmen und sie dann absetzten, so daß ihm die Mühe erspart blieb, seine Produkte von Tür zu Tür zu verkaufen. Ungefähr zur gleichen Zeit hatte die deutsche Bleistiftindustrie versucht, auf dem neuen und wachsenden Markt Fuß zu fassen. 1834 hatte die Firma A.W. Faber J.G.R. Lilliendahl aus New York City zu ihrem alleinigen Vertreter in den Vereinigten Staaten ernannt. Damit versuchte zum ersten Mal ein deutscher Bleistifthersteller, in Amerika ständige Präsenz zu zeigen, was eine Ära des harten Konkurrenzkampfes ankündigte.

Kapitel 12

Mechanisierung in Amerika

Obwohl einige Bostoner Schreibwaren- und Haushaltswarenhändler in den zwanziger Jahren des neunzehnten Jahrhunderts neben den englischen auch amerikanische Bleistifte verkauften, konnten selbst die wenigen kleinen Bleistiftmacher in Massachusetts damals nicht immer einen Abnehmer für ihre Produkte finden, wie Joseph Dixon erfahren mußte. Selbst gegen Ende des Jahrhunderts, als die von ihm gegründete Firma einer der erfolgreichsten Anbieter von Bleistiften in Amerika war, erklärten ihre Werbeschriften noch:

Es ist merkwürdig, daß es in den Köpfen der Amerikaner, jedenfalls manchmal, Vorurteile gegen amerikanische Produkte gibt. ... Dixon-Bleistifte mußten zu Beginn gegen all die tiefsitzenden Vorurteile sturer Amerikaner ankämpfen. Erst nach und nach konnten diese Vorurteile abgebaut und die Amerikaner davon überzeugt werden, daß das selbstgemachte, einheimische Produkt nicht nur genausogut, sondern in vieler Hinsicht dem ausländischen, importierten Artikel weitaus überlegen war. Zur Ehre der Joseph Dixon Crucible Company sei gesagt, daß sie ihre Waren immer als amerikanische Waren verkauft und sich niemals nach den Vorurteilen ihrer Kunden gerichtet hat, indem sie etwa ihre Produkte mit einem ausländischen Stempel versehen hätte. Heute heißt ihre Werbung: «Eine amerikanische Industrie, amerikanische Materialien, amerikanisches Kapital, amerikanische Intelligenz, amerikanische Arbeit und amerikanische Maschinen.»

In den neunziger Jahren war die Dixon Company so groß und erfolgreich geworden, daß ihr Briefkopf die auswärtige Konkurrenz ignorieren konnte: «Gegründet 1827. Das älteste Haus in der Branche. Der größte Konzern dieser Art in der Welt.» Solche Superlative hat es in der Bleistift-industrie viele gegeben, und um zu verstehen, wie sie zustande kommen und einander scheinbar widersprechen und doch auch ihre Berechtigung haben, muß man begreifen, wie die amerikanische Bleistiftindustrie im Laufe des neunzehnten Jahrhunderts gleichsam vom Tellerwäscher zum Millionär wurde. Es ist eine Geschichte über Menschen und Maschinen, und zwar gewöhnlich in dieser Reihenfolge.

Joseph Dixon wurde 1799 in Marblehead in Massachusetts geboren, als Sohn eines Reeders, dessen Schiffe zwischen Neuengland und dem Orient verkehrten, wobei einer ihrer Anlaufhäfen in Ceylon war. Da Graphit in Ceylon im Überfluß vorhanden und da er schwer und kompakt war, benutzten ihn die Schiffe als Ballast und kippten ihn in die Bucht, wenn sie in Amerika ankamen. Dixon soll, wie es heißt, als ein Junge, der noch nie einen Bleistift gesehen hatte, von seinem Freund Francis Peabo-dy gelernt haben, daß man Graphit mit Ton brennen konnte, um eine gute Bleistiftmine zu erzeugen, und so führte er einige primitive Experimente durch. Vielleicht hat Dixon die Idee einer gebrannten Mine auch ande-ren mitgeteilt, doch sie hätten ebenso herumexperimentieren müssen. Jedenfalls soll Dixon, der bald kein Geld mehr für seine eigenen For-schungen hatte, eine Arbeit an einem Brennofen angenommen haben, um etwas Geld zu verdienen und mehr über das Brennen von Keramik zu lernen.

Im Alter von dreiundzwanzig Jahren heiratete er Hannah Martin aus Marblehead, die Tochter des Schreiners Ebenezer Martin, und das Häus-chen des jungen Paares diente Dixon auch als Labor. Er experimentierte weiter mit Graphit und Ton und entwickelte einige Handkurbelmaschi-nen zum Durchpressen von Bleistiftminen und zum Schneiden und Frä-sen von Zedernbrettchen. Aber die von ihm produzierten Bleistifte wur-den augenscheinlich von den lokalen Händlern nicht akzeptiert, vielleicht weil er seine Rohstoffe nicht genügend verfeinerte. Ein Dutzend Dixon-Bleistifte, die von etwa 1830 datieren, weisen grobkörnige Minen auf, die nicht gleichmäßig in den – ebenfalls nur schlecht verarbeiteten – Holz-körper eingelegt waren. Sogar das Etikett, vom vielseitigen Dixon im Steindruckverfahren selbst gedruckt, war nicht perfekt, denn es enthielt

     DER BLEISTIFT

einen Tippfehler. Es fehlte das *a* von Salem, der Stadt in Massachusetts, wo Dixon seine erfolgreiche Tiegelfabrik gegründet hatte.

Dixon hatte damit begonnen, Graphit aus Ceylon zu importieren, weshalb Schiffskapitäne ihren Ballast von nun an am Kai entladen ließen, statt ihn in die Bucht zu kippen. So hatte er einen billigen und reichlich vorhandenen Rohstoff, der ideal war für die Herstellung von Tiegeln. Diese dienten als Behälter zum Schmelzen von Metall, bevor man es goß. Da sich die geschmolzene Metallmasse nicht mit den Tiegeln aus Graphit verband, besaßen sie einen klaren Vorteil gegenüber einfachen Tontiegeln. Dixon stellte offensichtlich exzellente Tiegel her, die unter den hohen Temperaturen, denen sie immer wieder ausgesetzt waren, keine Risse bekamen und bis zu achtzig Mal zum Brennen benutzt werden konnten. Daher erwiesen sich Gießereien nicht gerade als ein besonders lukrativer Markt für Ersatztiegel. Dixon hielt deshalb nach anderen Verwendungsmöglichkeiten für den reichlich vorhandenen Graphit Ausschau und kam auf Produkte wie Herdoberflächen und Bleistifte. Die Herdoberflächen stellten sich als ein kommerzieller Erfolg heraus – im Gegensatz zur Bleistiftherstellung.

Dixon setzte seine Tüfteleien fort. Er arbeitete mit einem anderen amerikanischen Erfinder, seinem Altersgenossen Isaac Babbitt zusammen, um ein Material zu entwickeln, das unter Reibungswärme nicht verschlissen würde. Das Ergebnis war eine Legierung mit guten Gleiteigenschaften: das sogenannte Babbitt- oder Lagermetall, das später verbreitet in Maschinenlagern zur Anwendung kam. Dixon arbeitete auch an frühen Kameras und konstruierte einen Spiegel, mit dem ein Photograph ein Bild in seinem Sucher sehen konnte, das nicht auf dem Kopf stand. Infolge seiner Vertrautheit mit Photographie und Lithographie entwickelte er ein photolithographisches Verfahren, das fälschungssicher war.

Als 1846 der Mexikanisch-Amerikanische Krieg ausbrach, gab es eine plötzliche Nachfrage nach Graphittiegeln, die man für die Eisengewinnung brauchte. Um die Nachfrage befriedigen zu können, eröffnete Dixon 1847 eine neue Fabrik in Jersey City, gegenüber von New York am Hudson River. Da Bleistifte an einem Ende der Tiegelfabrik hergestellt wurden, könnte Dixons Werk auch als die erste Bleistiftfabrik im Großraum New York bezeichnet werden. Zufällig wurde die Dixonsche Fabrik gerade zu der Zeit eröffnet, als die Bleistiftbranche weltweit zu expandieren begann. Es besteht jedoch kein Zweifel daran, daß es nicht die Bleistifte waren, die das Unternehmen am Leben hielten. Denn nach einem Jahr Betrieb in New Jersey soll Dixon mit den Tiegeln einen Gewinn von 60 000 $, mit den Bleistiften dagegen einen Verlust von 5000 $ gemacht haben.

Da die Stahlindustrie an Bedeutung zunahm, entwickelte Dixon seine Experimente mit Graphittiegeln weiter und ließ einige ihrer innovativen Verwendungsmöglichkeiten in den fünfziger Jahren patentieren. Tiegelgußstahl war die Sorte von hochwertigem Stahl, der für die Hängekabel der Brooklyn-Brücke verwendet wurde, und eine Zeitlang konnte man ihn nur in Graphittiegeln herstellen. Daß Tiegel (*crucible*) das damals wichtigste Produkt seines Unternehmens darstellten, spiegelt sich in dem

 DER BLEISTIFT

Namen wider, den Dixon ihm gab, als gesundheitliche Gründe ihn 1867
zur Reorganisation zwangen: Joseph Dixon Crucible Company. Dixon
hatte zwar schon mindestens seit den frühen vierziger Jahren Holzbleistifte von «1,25 cm Breite und 11 cm Länge mit stabiler schwarzer Mine»
gemacht, doch erst als die Deutschen in Amerika Fabriken zu gründen
begannen, fing die Dixon Company ernsthaft damit an, Qualitätsbleistifte
herzustellen.

Orestes Cleveland, Joseph Dixons Schwiegersohn und seit 1858 Direktor des Unternehmens, begann Mitte der sechziger Jahre mit den
Vorbereitungen für die Herstellung von amerikanischen Qualitätsbleistiften. Um 1872 durfte ein Lokalreporter, der das Dixon-Werk besichtigte,
die Früchte amerikanischen Erfindergeistes in Augenschein nehmen:

*Durch eine Privattür betreten wir einen zweiten Raum; eben hier
wurden die Pläne für die maschinelle Herstellung von Bleistiften
unter den Augen von Mr. Cleveland höchstpersönlich ausgearbeitet. In diesem Raum befinden sich drei Drehbänke, ein Hobel, eine
tragbare Schmiede, Schraubstöcke und zahllose Werkzeuge. Dann
überqueren wir den Hof und betreten ein neues Backsteingebäu-
de, das eigens für die Bleistiftabteilung errichtet worden ist. Das
Untergeschoß dient dem Beizen des Holzes und dem künstlichen
Trocknen. Jedes Stück Zedernholz wird einer genauen Prüfung
unterzogen, bevor es in die Maschinen kommt. Im Hauptgeschoß
passiert das Holz eine Maschine, die es hobelt und für die Minen
fräst. Es wird dann in einem anderen Raum abgeladen, wo die
Minen in die Brettchen eingelegt und zum «Rohling» zusammen-
geleimt werden. Sie gelangen in einen weiteren Raum, wo sie eine
Hobelmaschine durchlaufen und in Körbe fallen, die sie ins nächste Stockwerk transportieren. Hier werden diese noch unfertigen
Bleistifte in einen Einfülltrichter gehäuft und halten kaum an, bis
sie lackiert, getrocknet, mit Glanzlack überzogen, an den Enden
glatt und gleichmäßig geschnitten und mit dem goldenen Stempel
versehen sind. Sie sind jetzt fertig, ohne daß irgendwelche Handarbeit verrichtet worden wäre. Dann werden sie von Hand dutzendweise abgepackt. Jeweils sechs Dutzend dieser Packungen
kommen in Schachteln, die verpackt, adressiert und in Holzkisten
gelegt werden, die zwischen fünf und fünfzig Gros zum Verschif-*

Die «neuen Bleistifte» standen Anfang 1873 zum Verkauf bereit, und bei
ihrer Ankündigung erinnerte die Dixon Company an die Anfangsschwie-
rigkeiten, die ihrem Gründer das amerikanische Vorurteil bereitete, daß
«nichts gut ist, was aus einheimischer Produktion stammt». In dem halben
Jahrhundert jedoch, das seit Dixons frühen Versuchen, seine Bleistifte und
Tiegel zu verkaufen, vergangen war, hatte sich ein neues Vorurteil gebildet,
das Dixon für sich zu nutzen versuchte: «Gewisse Deutsche versuchen
hier Bleistifte herzustellen und bezeichnen sie als amerikanische Bleistifte.
Wir aber sind die EINZIGEN AMERIKANER, die die Produktion guter Bleistifte übernommen haben, und unser Erfolg ist größer, als wir zu hoffen
gewagt haben.» Der Erfolg wurde «rein amerikanischen Prinzipien» zugeschrieben, was heißen sollte: «Jeder Arbeitsschritt erfolgt durch Maschinen anstatt durch Handarbeit; das Erreichen von Perfektion und
absoluter Einheitlichkeit ist oberstes Gebot.»

Die Joseph Dixon Crucible Company wußte, daß sie sich vor Na-
mensimitatoren schützen mußte, die mit Sicherheit folgen würden,
denn sie hatte sich schon mehrfach gezwungen gesehen, Hersteller und
Händler zu verklagen, die Imitate von Dixons Ofenoberflächen verkauft
hatten, wobei sie den Namen Dixon hervorhoben. Unter anderem: James
S. Dixon, Dixon & Co., W. & J. Dixon & Co., George M. Dixon, J. Dixon
& Co., J.C. Dixon und Charles S. Dixon. Um seine Bleistifte vor diesem
Mißbrauch zu schützen, plante Dixon, jeden von ihnen mit einem stili-
sierten Tiegel zu kennzeichnen und ein neues Abstufungssystem zu verwenden. Diese charakteristischen Kennzeichen wurden als Warenzeichen
eingetragen, genau wie die Worte «amerikanischer Graphit».

Unter den ersten Maschinen, die zur Produktion der neuen amerikanischen Bleistifte entwickelt wurden, waren Konstruktionen zur Zedern-
holzbearbeitung. 1866 wurde Dixon das Patent Nr. 54.511 auf eine Holz-
hobelmaschine zum Formen von Bleistiften erteilt. Diese Maschinen

konnten pro Minute Holz für 132 Bleistifte verarbeiten, aber selbst so war es schwierig, mit der durch den Bürgerkrieg gestiegenen Nachfrage nach Bleistiften Schritt zu halten. Das Unternehmen in Jersey City wurde einmal als «die Geburtsstätte der ersten in Massenproduktion hergestellten Bleistifte der Welt» bezeichnet, vor allem wegen der Mechanisierung, die ihr Gründer und sein Nachfolger vorangetrieben hatten. Man betrachtete die Maschinen aber nicht bloß als Hilfsmittel für die menschliche Arbeitskraft. Die Formungsmaschinen waren nämlich mit Hüllen bedeckt und an Rohre angeschlossen, durch die alle Späne und aller Staub per Vakuum zum Maschinenraum hinunter gesaugt wurden, wo sie als Brennstoff dienten. Dixons Fabrik durchzog wie alle Bleistiftfabriken ein angenehmer Duft nach Zedernholz; doch in Jersey City war man sich des Brennwerts der Sägeabfälle ebenfalls bewußt.

Die Nachfrage nach Bleistiften stieg zu jener Zeit in nie gekanntem Ausmaß, und in den frühen siebziger Jahren schätzte man, daß in den Vereinigten Staaten jedes Jahr mehr als 20 Millionen Bleistifte verbraucht wurden. Die beliebteste Art Schreibstift scheint damals der schwarze runde No. 2 gewesen zu sein, und da der niedrigste Preis für einen Bleistift im Einzelhandel fünf Cents betrug, war die Bleistiftproduktion ein Millionengeschäft. Da außerdem im Gefolge des Bürgerkriegs auf ausländische Bleistifte Zölle von dreißig bis fünfzig Cents pro Gros erhoben wurden, importierte man im allgemeinen nur die hochwertigsten ausländischen Bleistifte. Daher hatten die amerikanischen Bleistiftfirmen die alleinige Kontrolle über den Markt für billige Bleistifte, mit denen besonders verschwenderisch umgegangen wurde. Ein zeitgenössischer Bericht bemerkte über die Vergeudung von Bleistiften, daß «nur dreiviertel eines jeden Bleistifts wirklich benutzt werden und der Rest ... weggeworfen wird. Im Endeffekt verschwenden die Leute im Land für nicht weniger als 250000$ Bleistifte, da sie sie wegwerfen, bevor sie aufgebraucht sind.» Dies war der Hintergrund, vor dem die Joseph Dixon Crucible Company in den siebziger Jahren Bleistifte herstellte. Aber die Konkurrenz war so stark, daß man das Geschäft nicht vernachlässigen durfte.

1873 kaufte Dixon die American Graphite Company in Ticonderoga im Staat New York. Dieser Ort gab schließlich einer bekannten Sorte von gelben Bleistiften den Namen. Als Elbert Hubbard, der zu Übertreibungen neigte, 1912 seine Hymne *Joseph Dixon, One of the World-Makers* veröffentlichte, konnte er behaupten, daß «die Dixon Company der größte Graphitverbraucher der Welt ist. Sie hat auch den höchsten Zedernholzverbrauch.» Dixon hatte zwar die Bleistiftherstellung über eine neuenglische Heimindustrie hinausgeführt, doch konnten andere aufgrund der Diversifikation des Unternehmens behaupten, daß sie es waren, die als erste eine moderne Bleistiftfabrik gegründet hatten, vor allem weil die Dixon Company erst seit den siebziger Jahren Bleistifte in einem größeren Umfang verkaufte – auch wenn Schreibgeräte schließlich die wichtigsten Produkte der Firma werden sollten.

Trotz seiner offensichtlichen technischen Begabung scheint Dixons Schwiegersohn die Politik dem Geschäft vorgezogen zu haben. 1880 wurde die Firma der Konkursverwaltung von Edward F. C. Young, einem erfahrenen Bankdirektor, unterstellt. Young sanierte das Unternehmen, das im zwanzigsten Jahrhundert unter der Leitung seines Schwiegersohns George T. Smith weiter florierte. Das Unternehmen betrieb sein Werk in Jersey City bis Mitte der achtziger Jahre dieses Jahrhunderts, als seine Gebäude von einem Immobilienhändler aufgekauft wurden, der das Wahrzeichen erhalten und den Komplex in Wohnungen und in ein «unabhängiges Stadtquartier» umgewandelt hat. Die sogenannten Dixon Mills bieten einen Blick auf Süd-Manhatten, das zudem leicht zu erreichen ist. Dixon Crucibel gehört jetzt zu Dixon Ticonderoga, Inc., einer Holdinggesellschaft, die nach ihrem bekanntesten Produkt benannt ist, dem gelbgrünen Bleistift. Der Firmensitz ist Vero Beach in Florida; Produktionsstätten gibt es unter anderem in Versailles in Missouri.

Da Tiegel aber das erste Geschäft der jungen Dixon Company bildeten und Holzbleistifte nur an einem Ende der Fabrik hergestellt wurden, ist das Verdienst, die erste Bleistiftfabrik in Amerika gegründet zu haben, auch einem Urenkel von Kaspar Faber zugeschrieben worden. Als Eberhard Faber 1822 in Stein geboren wurde, betrieb sein Vater Georg Leonhard Faber das Bleistiftgeschäft bereits in der dritten Generation; es sollte von Lothar übernommen werden, der sich seinerseits nach 1840 seine Brüder Eberhard und Johann als Geschäftspartner wählte. Der Vater erwartete von seinem jüngsten Sohn nicht, daß er sich auf die Bleistiftherstellung verlegte und hoffte, daß er Rechtsanwalt werden würde. Doch während seines Jurastudiums ging der junge Eberhard «völlig im Studium antiker Literatur und Geschichte auf und stellte Vergil weit über Justinian». Anstatt nun Rechtsanwalt in Bayern zu werden, vertrat der junge Akademiker im Auftrag seines Bruders Lothar ab 1849 das deutsche Haus

A.W. Faber in Amerika. Schon seit 1843 besaß Faber eine Repräsentanz in New York. Bereits 1851 war Eberhard alleiniger Repräsentant für A.W. Faber-Produkte in Amerika und hatte in der William Street 133 in New York eine Zweigniederlassung der deutschen Firma gegründet. Zusätzlich zu den Bleistiften verkaufte er in Kommission andere deutsche und englische Schreibwaren. Später erwarb er große Waldgebiete auf Cedar Key, einer Insel vor der Golfküste von Florida, von wo aus er Zedernholzbrettchen für die Bleistiftproduktion verschiffen lassen konnte.

Da die Kosten für den Import von Fertigprodukten ohnehin schon hoch waren und der Bürgerkrieg Zölle, Fracht- und Seeversicherungen in die Höhe getrieben hatte, fragten sich die Fabers, ob sie einen Teil ihrer Bleistifte zu einem vernünftigeren Preis in Amerika produzieren konnten. Zwar lag New York näher bei den Zedern aus Florida, doch es war weiter von böhmischem Ton und bayerischem Graphit entfernt. Daher entschied man sich, in Stein hergestellte Minen nach New York zu verschiffen, um sie dort in das Zedernholz aus Florida einzusetzen. Das sollte maschinell erfolgen, um die beträchtliche Lohndifferenz zwischen New York und Nürnberg auszugleichen. Obwohl der Krieg die Lieferung von Zedernholz aus den Gebieten der Konföderierten, wo es wuchs, erschwerte, setzten die Fabers ihre Pläne in die Tat um. 1861 – im hundertsten Jahr des Bestehens von A.W. Faber – eröffnete Eberhard mit finanzieller Hilfe seines Bruders Lothar eine Fabrik am East River, am Fuße der Zweiundvierzigsten Straße, dort, wo sich heute das Gebäude der Vereinten Nationen befindet. Johann Faber zufolge hatten schon nach kurzer Zeit «der Erfindergeist der Amerikaner zusammen mit der Fähigkeit und Erfahrung der Deutschen» in der Bleistiftherstellung zu «einer Reihe von völlig neuen Maschinen» geführt, ohne die die Massenproduktion, zu der sich die Bleistiftherstellung inzwischen entwickelt hat, nicht möglich gewesen wäre.

Es war damals zugleich die beste und die schlechteste Zeit für die Gründung einer Bleistiftfabrik in Amerika, denn es herrschte Krieg. Dadurch war die Nachfrage nach Bleistiften groß – vermutlich weil die Soldaten sie dazu benutzten, Briefe nach Hause zu schreiben. Obwohl mindestens ein Chronist darauf besteht, daß die Soldaten der Union kaum Bleistifte verwendeten, «außer während Zeiten des Einsatzes im Feld», und die Soldaten der Konföderation «eher drei Dollar für eine Flasche Tinte bezahlten oder sie sich selbst aus Kermesbeeren herstellten, als daß sie mit einem Bleistift nach Hause schrieben», wurden sie doch ganz offensichtlich auch von den Soldaten benutzt. Aber ob nun die Nachfrage nach Bleistiften gestiegen oder Zedernholz knapper geworden war: Jedenfalls wurden 1863 in New York Angebote von zehn Dollar für das Gros Bleistifte abgelehnt. Faber hatte jedoch den Vorteil, Ressourcen auf beiden Seiten des Atlantiks zu besitzen: Die amerikanische Firma produzierte die Bleistiftqualitäten, auf denen hohe Zölle lagen, selbst, während die teureren Sorten noch immer komplett aus Deutschland importiert wurden.

1872 wurde die Fabrik am East River durch Feuer zerstört. Zwar hatte sich Faber schon früher überlegt, eine neue Fabrik auf Staten Island zu errichten, doch das Feuer machte eine neue Produktionsstätte nun dringend nötig. Drei schon bestehende Gebäude wurden auf der anderen Seite des Flusses im Greenpoint-Viertel in Brooklyn gekauft, nahe der Kreuzung zwischen West Street und Kent Street. Im Laufe der Zeit wurde der ursprüngliche Komplex um mehrere Gebäude erweitert. Sie sind noch heute als Monumente der dortigen Bleistiftherstellung zu erkennen, und zwar durch das Warenzeichen von Eberhard Faber, dem Stern im Diamanten, der in das Backsteinmauerwerk unter dem Dach eingelassen ist. Ein heruntergekommenes Gebäude mit einer Ziegel-Beton-Fassade, ein größeres Gebäude aus Stahlbeton von 1923, ist zwar architektonisch unbedeutend, doch immerhin bemerkenswert durch seine Verzierung mit monumentalen Bleistiften aus gelben Kacheln, die aufrecht stehen und zwischen den großen Fenstern des sechsten Stockwerks der Fabrik sogar richtig gespitzt sind. An jeder giebelartigen Erhebung über dem sonst kompakten und kastenförmigen Gebäude befindet sich, ebenfalls in gel-

Der Stahlbetonanbau der Fabrik von Eberhard Faber in Brooklyn. Die Fassade zieren das Firmenzeichen und gelbe Bleistifte.

ben Kacheln, das Stern-im-Diamanten-Symbol, das früher einmal auf den Bleistiften des Unternehmens und im Briefkopf zu sehen war.

Da er sich so eindeutig und ausschließlich der Bleistiftherstellung widmete, konnte sich Eberhard Faber einigermaßen zu Recht als «die älteste Bleistiftfabrik in Amerika» bezeichnen. Aber dieser Anspruch, der Bleistiftfirmen wie Munroe und Thoreau, die die Pionierarbeit geleistet hatten, außer acht ließ, stimmte genaugenommen nur, wenn man ein erläuterndes «noch bestehende» mitverstand. Die alte Faber-Fabrik blieb mit dem Firmensitz in Greenpoint, bis die Produktionsstätten veralteten und das Unternehmen sich 1956 entschied, seinen Betrieb nach Wilkes-Barre in Pennsylvania zu verlegen.

Die äußeren Veränderungen der Fabrik von Eberhard Faber gingen im Laufe der Zeit auch mit Veränderungen der Identität und des Managements einher. Als Eberhard Faber 1879 starb, übernahm zunächst sein Sohn John Eberhard das Unternehmen. Von 1894 bis 1898 war dessen Bruder Johann Lothar Miteigentümer des Geschäfts. Es ist unklar, ab wann die amerikanischen und die deutschen Faber nicht mehr die eine große glückliche Familie waren. Das älteste Bleistiftunternehmen in Amerika war aber schon im neunzehnten Jahrhundert als E. Faber Pencil Company bekannt und wurde 1898 mit Johann Lothar als Direktor und Eberhard als Stellvertreter auch so in das Handelsregister eingetragen. Dieser Name wurde zweifellos gewählt, damit er mit den deutschen

Firmen A.W. Faber und J. Faber verwechselt wurde und man somit E.
Fabers Bleistifte mit den bekannten ausländischen Produkten assoziierte.
Der Name des amerikanischen Unternehmens wurde in Eberhard Faber
Company geändert, als es 1904 neu ins Handelsregister eingetragen wur-
de, was durch den Ausgang von zahllosen Prozessen zwischen Eberhard
und A.W. Faber über «den Rechtsanspruch auf das Eigentum am Namen
‹Faber›» bedingt war. 1988 wurde Eberhard Faber an die Faber-Castell
Corporation (USA) verkauft, wodurch die beiden alten Konkurrenten
wieder unter einem Dach vereint waren.

Aber zurück zur Mitte des neunzehnten Jahrhunderts, als noch andere Fabriken im Raum New York gebaut wurden. Was als amerikanisches
Büro zur Vertretung einer in Fürth gegründeten Firma begonnen hatte,
entwickelte sich zu einem Bleistiftunternehmen, das nach den Geschäfts-
partnern Berolzheimer, Ilfelder und Reckendorfer benannt wurde. Aber
bald wurde der einfachere und amerikanischere Name Eagle Pencil Company vorgeschlagen und angenommen. Das Geschäft florierte, und die
Firma bezeichnete sich in den zwanziger Jahren unseres Jahrhunderts als
die «größte Bleistiftfabrik in Amerika», da sie die meisten Aktien ausgegeben hatte und eine beträchtliche Menge billiger Bleistifte verkaufte. Der
eine Zweig der Familie Berolzheimer zog nach Kalifornien, um die Kalifornische Flußzeder (Inszentzeder) für die Bleistiftproduktion zu nutzen,
während der andere zur Führung von Eagle am Ort blieb. Die Familie
leitete das Unternehmen bis weit ins zwanzigste Jahrhundert hinein und
benannte Eagle vor einigen Jahren nach dem amerikanisierten Namen der
Familie in Berol um. Inzwischen ist die Firma aber in andere Hände
übergegangen.

Noch weitere Firmen wurden Mitte des neunzehnten Jahrhunderts
gegründet. 1861 rief ein amerikanischer Drogist namens John Faber, der
aber nicht mit den deutschen Bleistift-Faber verwandt war, mit seinem
Geschäftspartner, einem Restaurantbesitzer Siegortner, eine Bleistiftfirma
ins Leben. Wegen des Gebrauchs des Namens Faber kam es zum Prozeß,
und als dieser zugunsten von Eberhard Faber ausging, wurde die aufstre-
bende Bleistiftfirma an einige Importeure in Hoboken in New Jersey
verkauft. Edward Weissenborn, einem «unternehmenden jungen Mann»,
der die neue Bleistiftfabrik übernahm, wird die Gründung der American
Lead Pencil Company zugeschrieben. Diese Firma führte 1905 den Han-
delsnamen Venus für seine neuen Zeichenbleistifte ein und begann in den

folgenden Jahrzehnten auswärtige Büros und Produktionsstätten zu eröffnen. 1956 wurde der Firmenname in Venus Pen & Pencil Corporation geändert, und kurz darauf verlegte die Firma ihre Vorstandsbüros von Hoboken nach New York; zur gleichen Zeit kaufte Charles of the Ritz die Aktienanteile der Firma. Das Unternehmen wurde 1966 an eine Gruppe privater Investoren verkauft; ein Jahr später kaufte Venus ein Bleistiftunternehmen und wurde Venus-Esterbrook, Inc. Bald darauf wurden die Firmenanlagen in New Jersey geschlossen und die Produktionseinrichtungen nach Tennessee, England und Mexiko verlegt. Aber innerhalb weniger Jahre kaufte Berol die beiden letztgenannten Werke, und eine Holzbrettchenfabrik in Kalifornien wurde an den Staat verkauft. 1973 wurde, was von Venus-Esterbrook noch übrig war, von A. W. Faber-Castell übernommen, dessen Name dann in Faber-Castell Corporation geändert wurde.

Im neunzehnten Jahrhundert mußten sich die Bleistiftbarone außer um Übernahmen, freundliche oder feindliche, noch um vieles andere Sorgen machen. Während die Nachfrage nach Bleistiften stieg, nahm das Angebot von zumindest einem Rohstoff ab. Die während des Bürgerkriegs zunehmende Knappheit an Bleistiftholz schildert Horace Hosmer, der damals für Bleistiftmacher im Gebiet von Boston arbeitete. In einer seiner Erinnerungen beschreibt Hosmer, was ihn dazu veranlaßte, durch Thoreaus Wälder in Maine zu streifen und in der Roten Zeder nach einem Ersatzholz zu suchen: «Es gab 1862 eine große Nachfrage nach Bleistiften, und der Vorrat der Nordstaatler an Zedern aus Florida war fast erschöpft und der Preis ungeheuer hoch.»

Nicht nur das richtige Holz war für die Bleistiftherstellung wichtig; auch das Aussehen des Holzes war nach Hosmer von großer Bedeutung:

Ein Bleistiftmacher bot mir einmal 300 $ für ein Verfahren, Zedernholz nach Art der ausländischen Bleistiftmacher schwarz zu färben. Ich machte viele sorgfältige Experimente, ohne Erfolg; aber ich dachte mir das Verfahren im Kopf aus und bekam mein Geld nicht, da der Mann dachte, was ich konnte, könne er auch. Deshalb ließ ich die Sache liegen, aber während des Bürgerkriegs war sie mehr als 3000 $ wert, um den Ersatz für das Zedernholz zu färben, das man nicht bekommen konnte.

Hosmers Erinnerungen vermitteln auch einen Einblick in die Art, wie im neunzehnten Jahrhundert die abschließende Bearbeitung der Bleistifte an Auftragnehmer vergeben wurde. Obwohl das Produktions- und Handelszentrum inzwischen nach New York verlegt worden war, gab es in Massachusetts immer noch Arbeit für erfahrene Leute. An einer Stelle erzählt Hosmer von den wirtschaftlichen Schwierigkeiten, mit denen er zu kämpfen hatte, und hebt dabei auch den Umfang seiner Verpflichtungen hervor:

1864 übernahm ich 10000 Gros von Faber-Bleistiften zum Polieren, Beschriften und Anbringen von Radiergummis. Ich hatte für 3000 $ Arbeit da und merkte, daß ich sie zum vertraglich festgesetzten Preis nicht machen konnte, weil Schellack von 18 Cents auf 1,25 $ gestiegen war. Alkohol kostete 4,00 [$], während ich ihn früher für 55 Cents kaufte, und auch alles andere kostete dementsprechend mehr. Ich schickte meine Arbeiterinnen für diesen Tag heim, schloß den Laden ab und entwickelte innerhalb von drei Stunden ein völlig neues Verfahren, mit dem ich im nächsten Jahr 2300 $ verdienen konnte. Mit Hilfe von zwei Mädchen verdiente ich über 400 $ im Monat. 1867 verdiente ich mit der gleichen Arbeit mehr als 2000 $ in weit weniger als einem Jahr.

Hosmer übernahm auch die abschließende Bearbeitung der Bleistifte für die Eagle Pencil Company. Er berichtet, daß die Firma Faber einmal die Bezahlung von 20 auf 80 Cents pro Gros erhöhte, damit er weiter für sie Bleistifte bearbeitete. Er machte das neue Verfahren, das er hinter verschlossenen Türen entwickelt hatte, noch wirtschaftlicher, indem er statt Schellack Leim und statt Alkohol Naphtha verwendete, und «neue mechanische Apparate setzten zwei Mädchen in die Lage, mit 120 Gros am Tag fertig zu werden – *in einem Verfahren*». Hosmer berichtet auch, daß er einmal die Ersparnisse von fünf Jahren verlor, als seine Rechnungen von Auftraggebern im Süden nicht bezahlt wurden, und daß durch den Krieg eine Bostoner Firma um das Entgelt für eine Million Bleistifte gebracht wurde, die sie in die Staaten der Konföderierten verschifft hatte. Vermutlich wußte Hosmer vom Verlust dieser Firma, weil er für sie Faber- und Eagle-Bleistifte bearbeitete – sie polierte, beschriftete, zusammenband und für den Markt etikettierte.

Schon 1770 war «die sehr praktische Methode» bekannt, «Bleistift-
schrift mit Hilfe von elastischem Gummi auszuwischen». In seinem
Buch *Familiar Introduction to the Theory and Practice of Perspective*
berichtet Joseph Priestley, daß er «ein Material» gesehen habe, «das
ausgezeichnet für den Zweck geeignet ist, Bleistiftzeichen vom Papier zu
radieren». Er sagt auch, woher man das nützliche Material bekommen
konnte: «Es wird von Mr. Nairne, Hersteller von mathematischen Instrumenten, gegenüber der Königlichen Börse verkauft. Er verkauft ein
würfelförmiges Stück von etwa 1,25 cm für drei Schillinge; er sagt, daß
es mehrere Jahre hält.»

Fast ein Jahrhundert später hatte man Ersatzgummis entwickelt, da
der natürliche Gummi nicht alle Bleistiftzeichen vollständig entfernte.
Aber auch diese neuen Gummis waren anscheinend bei weitem nicht
ideal, wie ein Kritiker 1861 bemerkte: «Also dieser neumodische Radiergummi, etwas zwischen Scheuermittel und ... Messerbrett, reibt sich
seinen Weg durch alles.» Aber ob gut oder schlecht – Bleistift und Radierer blieben getrennte und nur einzeln erhältliche Schreibwaren bis weit in
die zweite Hälfte des neunzehnten Jahrhunderts hinein. Die Firma Faber,
für die Horace Hosmer die Bleistifte bearbeitete, beansprucht, als erste
auf ihren Bleistiften nicht nur Radiergummis, sondern auch metallene
Schutzkappen für die Spitze angebracht zu haben. Zwar patentierte Eberhard Faber tatsächlich in den frühen sechziger Jahren für die Firma A.W.
Faber «einen Bleistift mit einem eckigen Gummisiegel am einen Ende ...,
das als Abdichtung dient und als Mittel gegen Rollen und als Radierer».
Doch das erste amerikanische Patent auf einen Bleistift mit daran befe-
stigtem Radiergummi wurde 1858 an Hyman Lipman aus Philadelphia
erteilt. Seine Erfindung bestand aus einem Bleistift mit einer Rinne am
Ende, in der «ein Stück präpariertes Gummi, das auf einer Seite festgeleimt
war, angebracht war».

1862 hatte sich Joseph Reckendorfer eine verbesserte Version von
Lipmans Patent patentieren lassen, das er für angeblich 100000 $ gekauft
hatte, und er verklagte Faber wegen Patentverletzung. Der Oberste Ge-
richtshof erklärte jedoch schließlich beide Patente für ungültig, weil
«Bleistift und Radierer keine gemeinsame Funktion erfüllten; jeder erfüll-
te dieselbe Funktion wie bisher. Der Bleistift war noch immer ein Schreibinstrument und der Radierer noch immer ein Radierer. Deshalb bildeten
der Bleistift und sein Radiergummi keine patentierbare Einheit.»

Ein «Penny pencil» mit ins Holz eingelassenem Radierer.

1872 ließ sich die Eagle Pencil Company einen Bleistift mit integriertem Radierer, der in das eine Ende des Zedernholzschaftes eingelassen war, patentieren. Auch andere Unternehmen stellten solche Bleistifte her, die als «Penny pencils» bekannt wurden und lange zu den billigsten Sorten zählten. Noch in den frühen vierziger Jahren dieses Jahrhunderts konnte man sie für weniger als einen Penny pro Stück kaufen. Zwar blieben Bleistifte mit von außen angebrachten oder integrierten Radierern den größten Teil des neunzehnten Jahrhunderts über in der Minderheit, aber bereits in den ersten Jahrzehnten des zwanzigsten Jahrhunderts besaßen wohl etwa 90 Prozent aller amerikanischen Bleistifte Radiergummis.

Trotz der Tatsache, daß 1861 bei der Jubiläumsprozession zu Ehren von Lothar von Faber ein riesiger Bleistift mit Radiergummi umhergetragen wurde, bildeten die Kataloge deutscher Bleistiftfirmen im späten neunzehnten Jahrhundert viel weniger Bleistifte mit Radiergummis ab als die amerikanischen Kataloge. Das war auch bis weit ins zwanzigste Jahrhundert in Europa allgemein so. Noch heute hat zum Beispiel ein Londoner Schreibwarenhändler eine große Auswahl an Bleistiften ohne Radierer und eine fast ebenso große Auswahl an getrennten Radiergummis.

Praktisch alle europäischen Bleistifte werden (mit oder ohne Radierer) schon gespitzt verkauft, und bis heute gibt es bedeutende Unterschiede bei der äußeren Verarbeitung der Bleistifte. In Europa haben einige der besten Modelle gerundete Bleistiftenden, die in Farbe getaucht werden. In Amerika ist es der Ring, das Verbindungsstück zwischen dem eigentlichen Bleistift und dem Radiergummi, der besonders behandelt wird. Während billige Bleistifte in der Regel einen einfachen Aluminiumring besitzen, haben bessere Bleistifte bunt bemalte Ringe, traditionell aus Messing. Aber was den eigentlichen Bleistift betrifft, so ist dies alles nur Nebensächlichkeit. Was am Ende zählt, ist, ob der Bleistift gut schreibt. Die Geschichte, die Ansprüche und Gegenansprüche von Bleistiftherstellern müssen alle gleichermaßen *cum grano salis* gesehen werden, wie überzeugend sie auch klingen mögen. Denn schließlich nützten sie sehr oft ihre Tradition und ihren Namen zu ihrem Vorteil: Sie waren ja Konkurrenten auf dem Markt.

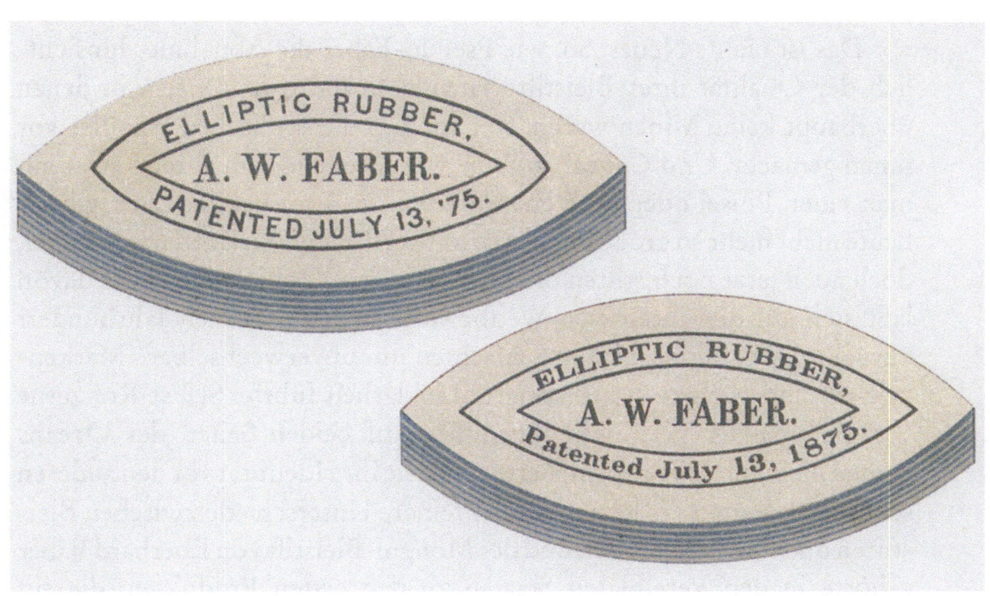

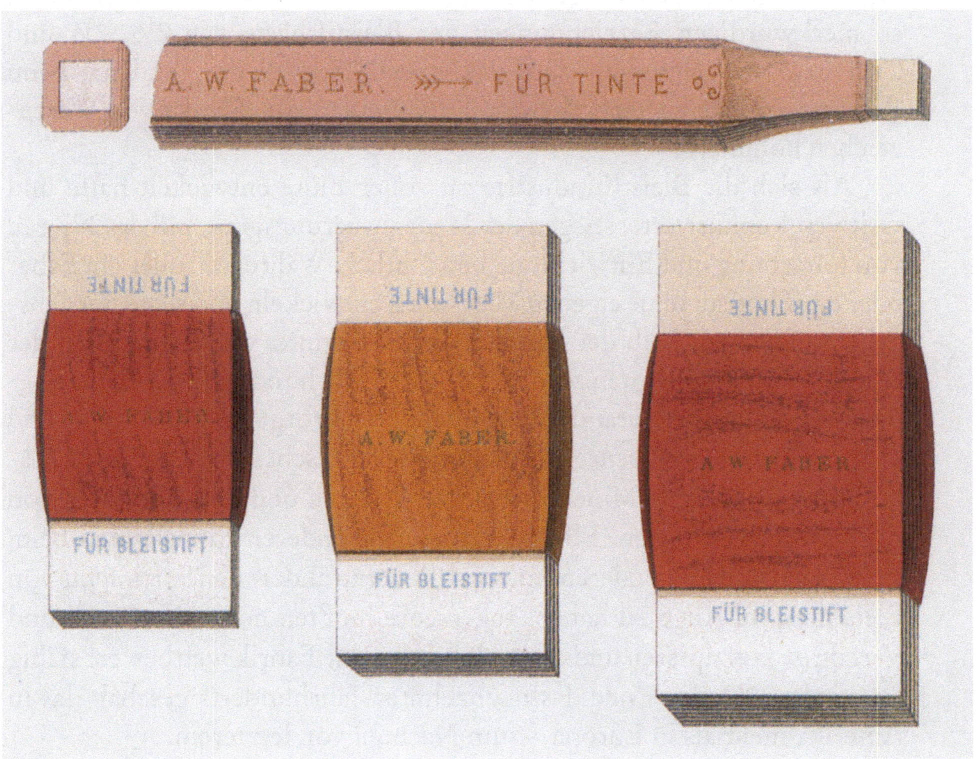

Gummistifte für Bleistifte und Tinte, Gummitabletten und Buchreiniger, 1883.

Das ist nichts Neues. So, wie Pseudo-Faber die Abnehmer hinsichtlich der Qualität ihrer Bleistifte bewußt in die Irre führten, in denen
überhaupt keine Minen waren, so hatten es die englischen Händler vor
ihnen gemacht. Und *Caveat emptor!* war zweifellos ein guter Rat, wenn
man einen Pinsel oder auch ein *plumbum* in Rom kaufte. Zwar gibt es
heute nicht mehr so große Probleme mit gefälschten Bleistiften wie früher,
doch auch jetzt noch stiften die Firmennamen Verwirrung. Vieles davon
läßt sich auf den intensiven Wettbewerb im neunzehnten Jahrhundert
zurückführen, der zu heißen Schlachten um unverwechselbare Marken-
zeichen und auch zu beabsichtigter Unklarheit führte. Selbst Konzerne
von miteinander verwandten Familien auf beiden Seiten des Ozeans
kamen nicht um das Problem herum, wie sie ihre Identität vor den anderen
schützen könnten. Es kamen immer feinere Unterschiede zwischen Bleistiften und ihrem Strich auf, und der Mongol-Bleistift von Eberhard Faber
gehörte in den Vereinigten Staaten zu den ersten Produkten, die ein
Warenzeichen trugen. Fragen des Eigentumsrechts führten schließlich zu
so merkwürdigen Bezeichnungen der Bleistifthärte wie 2½, 2⅜ und
2⁵⁄₁₀, ganz zu schweigen vom dezimalen 2,5, weil die Tendenz, beim
Rechnen Brüche zu vereinfachen, mit Gesetzen zum Schutz von Warenzeichen kollidierte.

Als sich die Bleistiftindustrie zu voller Blüte entwickelt hatte und
weltweit konkurrierte, stiegen der Mechanisierungsgrad und das Niveau
von Forschung und Entwicklung beträchtlich. Während früher ein Faber
oder ein Thoreau seine eigenen Maschinen entwickeln und seine Betriebsgeheimnisse innerhalb der Familie wahren konnte, war so etwas an der
Wende vom neunzehnten zum zwanzigsten Jahrhundert nicht mehr möglich. Die ständigen Veränderungen bei der Versorgung mit Graphit und
Holz erforderten wissenschaftliches und technisches Personal sowie La-
boratorien, um neue Minenformeln zu kreieren und den Gebrauch von
neuem Holz zu testen. Ebenso galt es, alle anderen Einzelheiten beim
Entwerfen und Produzieren eines sich dauernd ändernden Sortiments von
Bleistiften im Auge zu haben. Ingenieure mußten neue Maschinen und
Verfahren konzipieren und entwickeln, um eine Fabrik wettbewerbsfähig
zu erhalten. Gegen Ende des neunzehnten Jahrhunderts geschah das in
Amerika mehr als in Europa – zum Nachteil von letzterem.

     DER BLEISTIFT

KAPITEL 13

BLEISTIFTWELTKRIEG

Als sich das neunzehnte Jahrhundert seinem Ende näherte, ging der Einfluß von europäischen und besonders deutschen Bleistiftfirmen in Amerika allmählich zurück. Ein Beobachter bemerkte 1894, daß die Kosten für Bleistifte in zwanzig Jahren um 50 Prozent gesenkt worden waren, was zumindest zum Teil an der Erfindung von Maschinen wie denen lag, die von Dixon in Jersey City eingesetzt wurden. Außerdem waren ausländische Bleistifte «nach und nach verdrängt» worden, und Amerika soll «ungefähr genau so viele Bleistifte exportiert wie importiert» haben. Aber Lesern des *Scientific American* wurde vom Versuch abgeraten, in das boomende Geschäft einzusteigen, da die wenigen amerikanischen Fabriken angeblich «wie Brüder zusammenhängen, und falls wir unser Bargeld in eine Bleistiftfabrik stecken sollten, würden sie wahrscheinlich ganz schön ungemütlich werden».

Es gab ohne Zweifel viele und vielschichtige Gründe für diese Entwicklungen. Sie begannen mit einem Trend weg von importierten hin zu einheimischen Bleistiften und hatten auch mit zunehmendem Stolz und Vertrauen in amerikanische Fabriken zu tun, wie sie sich öffentlich etwa bei der Hundertjahrfeier-Ausstellung in Philadelphia zeigten. Während früher die aus Europa stammenden Künstler, Ingenieure und Geschäftsleute ihre Vorlieben für zu Hause hergestellte Bleistifte mitgebracht hatten, schauten die jüngeren Generationen, die weniger Bindungen an Europa hatten und weniger vorgefaßte Meinungen über Dinge ihrer alten Welt, jetzt mehr auf Fragen der Qualität, der Wirtschaftlichkeit und des Angebots, wenn sie ihre Schreibwaren einkauften.

Obwohl Abraham Lincoln seine *Gettysburg Address* angeblich mit einem deutschen Bleistift geschrieben hat, förderten die während seiner

Regierungszeit auf ausländische Waren erhobenen Schutzzölle die Entwicklung der amerikanischen Bleistiftindustrie. 1876 betrug die Steuer auf importierte Bleistifte fünfzig Cents für das Gros plus 30 Prozent des angegebenen Werts. Diese Strafsteuern auf ausländischen Waren, verbunden mit der steigenden Nachfrage nach Bleistiften in Amerika, machten die Gründung einer Bleistiftfabrik damals zu einer guten wirtschaftlichen Entscheidung, trotz der relativ hohen Lohnkosten. Auch wenn Arbeitskräfte teuer waren, konnte man andere Unkosten, wie sie zum Beispiel durch Diebstahl entstanden, niedrig halten.

Trotz Schutzzöllen und expandierenden Märkten blieb die Bleistiftproduktion das, was sie immer gewesen war: ein Geschäft mit Pfennigen. So, wie man außergewöhnliche Maßnahmen ergriffen hatte, um die englischen Arbeiter daran zu hindern, ein wenig Graphit von der Borrowdale-Grube mit nach Hause zu nehmen, so ergriffen ein Jahrhundert später die Bleistifthersteller in Amerika zuweilen extreme Maßnahmen, um unnötige Verluste zu vermindern. In den siebziger Jahren des letzten Jahrhunderts, als die Joseph Dixon Crucible Company 80000 Bleistifte am Tag produzierte, was etwa einem Drittel des damaligen amerikanischen Verbrauchs entsprach, mußte über jeden Bleistift Rechenschaft abgelegt werden. Es herrschte strenge Disziplin, und wenn ein Bleistift in einem Fabrikraum fehlte, wurde jeder Angestellte in diesem Raum entlassen, falls man ihn nicht wiederfand. Es gibt eine Geschichte, wonach einmal jemand vom Tiegelwerk ohne Genehmigung die Bleistiftfabrik betrat und einen einzigen Bleistift mitnahm im Glauben, daß niemand ihn vermissen würde. Als beim Zählen und Überprüfen das Fehlen herauskam, gab einer der Bleistiftarbeiter an, daß er den Tiegelarbeiter in der Fabrik gesehen hatte, und letzterer wurde zur Rechenschaft gezogen. Er gestand, den Bleistift genommen zu haben, und gab ihn unter Entschuldigungen zurück, aber er wurde entlassen und nie wieder eingestellt. Auf solche Geschichten sind zweifellos die aufmerksamen Blicke zurückzuführen, die jeden außenstehenden Besucher während seines Aufenthaltes in der Fabrik verfolgten.

Aber Nationalstolz, Schutzzölle und verschüchterte Angestellte waren nicht der einzige Grund, weshalb der amerikanische Bleistift den europäischen verdrängen konnte. Eine beträchtliche Zahl rein technischer und technologischer Faktoren gab vielmehr den Ausschlag. Noch etwa 1869 wurden englische Bleistifte, die einst Weltstandard waren, im großen

Arbeitsschritte bei der Brettchenfertigung und der Montage eines modernen Bleistifts. Das Verfahren ist im wesentlichen dasselbe, das im neunzehnten Jahrhundert im Zuge der Mechanisierung eingeführt wurde.
1. *Am Anfang steht ein Zedernholzbrettchen – 180 mm lang, 70 mm breit und 5 mm dick.*
2. *In dieses Holzbrettchen werden neun Rillen für die Minen gefräst und mit etwas Leim getränkt.*
3. *Ein Förderrad legt anschließend neun Minen in die vorgeleimten Rillen des sogenannten Unterbrettchens.*
4. *Danach klappt ein ebenfalls gerilltes Oberbrettchen auf das Unterbrettchen, so daß die Minen dazwischen liegen. Die Brettchen werden dann so eng miteinander verschweißt, daß die Minen nicht rutschen können.*
5. *Ein Hobelautomat schält jede Sekunde neun Stifte aus dem Doppelbrettchen heraus.*
6. *Zuletzt bekommt der als Rohling bezeichnete nackte Stift ein Farbkleid aus umweltfreundlichem Wasserlack.*

und ganzen mit aus Graphit geschnittenen Minen gemacht, der entweder direkt von der Borrowdale-Grube kam oder nach dem Brockedon-Verfahren komprimiert wurde oder mit Ton vermischt und zu Minen gepreßt, getrocknet und anschließend gebrannt wurde. Fast überall verarbeitete man den Holzkörper noch so wie in den vergangenen Jahrhunderten, mit einer viereckigen Rinne, die für jeden Bleistift einzeln mit dem Hobel oder der Säge oder vielleicht mit einer einfachen, handbetriebenen Maschine eingefräst wurde. Wenn die Rinne mit der Mine gefüllt und glattgehobelt war, wurde ein dünneres Stück Holz daraufgeleimt. Die vierkantigen Bleistifte wurden dann je einzeln in einer einfachen Maschine gerundet. Sie bestand aus einem Paar Räder, die den Bleistift packten und zwischen sich drehenden Messern durchschoben.

In Deutschland waren in den späten dreißiger Jahren einige kompliziertere Maschinen eingeführt worden, als man schließlich das Conté-Verfahren für die Minenherstellung übernahm. Anstatt Contés ursprüngliche Methode anzuwenden, der seine Minen formte, indem er die nasse Mixtur aus Graphit und Ton in viereckige, in Bretter geschnitzte Rinnen drückte, begannen die Deutschen, ihre Minen direkt durch eine Düse zu pressen. Die Firma A. W. Faber hat beansprucht, als erste Minen gepreßt zu haben, aber es gibt auch Grund zu der Annahme, daß dieses Verfahren zuerst in Frankreich oder von Brockedon in England angewandt wurde, der schon 1819 damit experimentiert hatte, Draht durch Löcher in Saphiren, Rubinen und anderen Edelsteinen zu ziehen. Gepreßte, runde Minen wurden für die frühesten mechanischen Bleistifte verwendet, doch Faber preßte auch seine viereckigen Minen für Holzbleistifte durch eine Düse. Holzbleistifte besaßen bis zur Mitte der siebziger Jahre in der Regel viereckige Bleistiftminen, aber noch gegen Ende des Jahrhunderts konnte man schreiben, daß Faber-Bleistifte «leicht an ihrer viereckigen Mine zu erkennen sind», und damit auf ihre Modernisierungsdefizite hinweisen.

Runde Minen konnten nicht auf dieselbe Art in Holz eingefaßt werden wie die viereckigen Minen seit zwei Jahrhunderten, eine Tatsache, die sich Henry Thoreau anscheinend durch den Kopf hatte gehen lassen. Eine viereckige Mine kann in eine viereckige Rinne gelegt und mit einem flachen Stück Holz bedeckt werden, aber eine runde Mine kann man nicht so asymmetrisch einsetzen. Die Rinne für eine runde Mine muß halbkreisförmig sein, und der Holzdeckel muß ebenfalls eine halbkreisförmige

Rinne aufweisen. Außerdem müssen die Rinnen von genau der richtigen Tiefe sein und exakt in der Mitte sitzen, damit die übereinanderliegenden Holzstücke eng um die Mine anliegen und einen kantigen Schaft ergeben. Wenn die Rinnen zu flach sind, können die Holzhälften nicht exakt aufeinandertreffen; wenn die Rinnen zu tief sind, kann die Mine wackeln, verrutschen und sich aus dem Holzkörper herausschieben. Dagegen ließ die Methode, viereckige Minen einzufassen, einen viel größeren Spielraum beim Schneiden der einzelnen Rinne. Wenn man bei einer etwas zu flachen Rinne die Mine abhobelte oder wenn man bei einer dünnen Mine das Holz oben weghobelte, war ein guter Sitz immer noch zu erreichen. Und da man den Holzdeckel nicht mit einer Rinne versehen mußte, konnte man für die abschließende Bearbeitung immer einen Holzkörper mit genau quadratischem Querschnitt vorbereiten. Die viereckige Mine in einem alten Bleistift lag oft außerhalb des Zentrums, aber das hatte nur wenig praktische Konsequenzen, solange das Spitzen noch im wesentlichen ein Schnitzen mit dem Messer war. Doch die Drehbewegung eines mechanischen Spitzers, der gegen Ende des neunzehnten Jahrhunderts auf den Markt kam, ließ die Mine oft brechen. Daher hingen die Entwicklung von runden Minen und die von Drehspitzern miteinander zusammen.

In Amerika wurde die Entwicklung der jungen Bleistiftindustrie nicht von festen Traditionen behindert, weshalb es nahelag, für die rationellere Herstellung von Bleistiften geeignete Maschinen zu konstruieren. Es soll zwar schon William Munroe im frühen neunzehnten Jahrhundert Bleistifte hergestellt haben, indem er je zwei Brettchen auf die Hälfte der Stärke einer Bleistiftmine einfräste, doch das wäre nur bei runden Minen ein Vorteil gewesen. Noch in den achtziger Jahren, als «verbesserte Maschinen zehn Arbeitskräfte» in die Lage versetzten, «ungefähr viertausend Bleistifte der billigeren Sorte pro Tag zu machen», wurde die Rinne manchmal in nur eines der Holzstücke gefräst.

Es war nicht nur die Geschwindigkeit der frühen Maschinen von Bedeutung; wichtig war auch die Tatsache, daß in Holzbrettchen von der Breite von vier Bleistiften vier Rinnen gleichzeitig eingefräst wurden. Vier Minen wurden dann im Brettchen festgeklebt und ein dünneres Brettchen ohne Rinne darauf geleimt, so daß vier Bleistifte gleichzeitig gemacht wurden. (Bald wurden sogar sechs oder mehr Bleistifte gleichzeitig gefertigt.) Das Doppelbrettchen mit den vier Minen wurde dann in eine «Hobelmaschine» gesteckt und ergab vier Bleistifte, die für fünfundachtzig Cents bis zwei Dollar das Gros verkauft wurden und «sehr gute Artikel» waren, «die glatt und gleichmäßig schreiben». Solche Hobelmaschinen konnten, durch ein bloßes Auswechseln der Schneidemesser, sechseckige und runde Bleistifte zuschneiden, weshalb man gewöhnlich in den achtziger Jahren viele amerikanische Bleistifte in beiden Formen angeboten fand. Dixons Katalog von 1891 bot dieselben Sorten von «feinen Bürobleistiften» sowohl in runder als auch in sechseckiger Form an, wobei letzterer mehr als ein Drittel teurer war. Die billigeren Bleistifte desselben Katalogs waren in sechseckiger Form nur etwa 20 Prozent teurer. Das läßt darauf schließen, daß es nicht das Formen, sondern der letzte Schliff war, der die Sache verteuerte. Die besten Bleistifte des Katalogs, «Dixons Künstlerstifte aus amerikanischem Graphit», von «Konstrukteuren, Zeichenlehrern, Maschinenbauern und Künstlern im allgemeinen» geschätzt, wurden nur in sechseckiger Form angeboten, denn bei 9,37 $ pro Gros spielte der Preis beim Finish «in der natürlichen Farbe des Zedernholzes» anscheinend keine Rolle. Um die Jahrhundertwende wurden einige Bleistifte ohne Preisunterschied in den verschiedenen Formen angeboten, und ein deutscher Bleistiftkatalog vom *fin de siècle* bot dreieckige und rechteckige Modelle an, allerdings oft noch mit rechteckigen Minen.

Obwohl die Deutschen in den späten dreißiger und in den vierziger Jahren des neunzehnten Jahrhunderts einige Maschinen zur Bleistiftherstellung entwickelt hatten, hielten sie offensichtlich bei der Modernisierung ihrer Fabriken nicht mit den Amerikanern Schritt. In den späten siebziger Jahren hatte amerikanische Technologie Maschinen von solcher Präzision entwickelt, daß ein Brettchen von der Breite von sechs Bleistiften auf die Hälfte der Minenstärke eingefräst und mit einem entsprechenden anderen zusammengesetzt werden konnte, um dann unter rotierenden Messern mit neuntausend Umdrehungen pro Minute herausgefräst zu werden: «Die Maschine trennt und formt etwa fünfzig Bleistifte, während der ausländische Hersteller gerade mal eine formt, und braucht niemanden, um die Arbeit fertigzustellen».

Diese Art technischer Kompetenz wurde in der zweiten Hälfte des neunzehnten Jahrhunderts in Amerika und nicht in Deutschland entwickelt, weil einerseits die Lohnkosten in Amerika hoch waren und weil andererseits die amerikanischen Bleistiftfirmen ihre neuen Werke zu einer Zeit errichteten, als die Technologie weiter fortgeschritten war und Inge-

    DER BLEISTIFT

nieure Spezialmaschinen bestellen und bauen konnten, die in der Lage waren, Präzisionsarbeiten in Holz bei hohen Geschwindigkeiten zu verrichten. Nachdem die Mechanisierung bei den Deutschen einmal ein bestimmtes Technologieniveau erreicht hatte, scheinen sich Bleistiftbarone wie Faber auf soziale Fragen konzentriert zu haben, um das Wohlergehen und die Firmentreue der Arbeiter zu fördern. Die langfristige Sicherheit der Arbeiter war jedoch eine Illusion, denn wenn man die eigentliche Fabrik nicht auf dem neuesten Stand der Technik hielt, wodurch man Bleistifte so billig wie die anderen fabrizieren konnte, gefährdete man die Stabilität des ganzen Unternehmens.

Johann Faber, der die Fabrik seines Bruders Lothar verlassen hatte, um seine eigene Firma in den siebziger Jahren zu gründen, war in der Lage, modernere Betriebsstätten zu errichten. Sein Zugriff auf eine neue Quelle sibirischen Graphits – gerade zu der Zeit, als die Alibert-Mine sich erschöpfte – verschaffte seinen Bleistiften ein beträchtliches Ansehen. In einem Abenteuer von Sherlock Holmes, das im Jahr 1895 spielt, wird Watson davon in Kenntnis gesetzt, daß «die meisten Bleistifte von Johann Faber hergestellt werden». Holmes hatte wie gewöhnlich recht, denn auf das Konto der relativ jungen Firma gingen damals etwa 30 Prozent der Produktion der sechsundzwanzig Bleistiftfabriken in Bayern, von denen dreiundzwanzig in Nürnberg saßen. Insgesamt wurden fast zehntausend Leute beschäftigt. Aber inmitten all dieses augenscheinlichen Wohlstands und Ruhms ließen Berichte aus Deutschland erkennen, daß die Industrie ihre Position nur «mit großen Schwierigkeiten» hielt. Johann Faber wurde in eine Gesellschaft mit beschränkter Haftung umgewandelt, und ihr Gründer klagte über die hohen Zölle, die von den Vereinigten Staaten erhoben wurden, die damals schon «fast so viele Bleistifte wie alle bayrischen Fabriken zusammen» produzierten. Er soll auch darüber besorgt gewesen sein, daß das beste Zedernholz, das fast vollständig abgeholzt war, noch immer «zu einem außergewöhnlich niedrigen Preis» nach Indien, Mexiko, Japan und Frankreich exportiert wurde. Faber beschwerte sich außerdem über die Zölle, die Italien, Rußland und Frankreich erhoben, und darüber, daß es französischen «Schulen und Ämtern und selbst Eisenbahngesellschaften verboten ist, deutsche Bleistifte zu kaufen».

Nach dem zeitgenössischen Bericht eines Konsuls monierte Johann Faber auch, daß die Amerikaner die gerodeten Zedernwälder nicht wieder

aufgeforstet hatten und daß man nur halb so viele Bleistifte aus dem
verfügbaren schlechteren Holz machen konnte, was die Herstellungsko-
sten für Bleistifte verteuerte. Faber behauptete, daß die amerikanische
Bleistiftindustrie ihre Überproduktion von Tausenden von Gros unter
Verlusten verschleuderte und so die Weltmarktpreise für Bleistifte weiter
drückte. Besonders der englische Markt war mit billigen amerikanischen
Bleistiften überschwemmt worden, und deutsche Firmen sahen sich gezwungen, mit Verlust zu verkaufen. Der Konsul schloß damit, daß «die
Position der deutschen Bleistiftindustrie nicht allzu glänzend ist».

Um die Jahrhundertwende faßte ein Artikel des *Scientific American*
die Situation mit der Bemerkung zusammen, daß die Deutschen «schwer
unter der Konkurrenz amerikanischer Bleistifthersteller litten» und daß
«die raffinierten, Arbeitskräfte sparenden Maschinen amerikanischer Firmen, ihre Massenproduktion und besonders die niedrigeren Preise, zu
denen sie sich mit Zedernholz versorgen können, die Hauptgründe für
die Unfähigkeit der deutschen Hersteller sind, ihre Position zu halten».
A.W. Faber-Castell, wie das Unternehmen ab 1900 hieß, stellte seine
Waren bei der Internationalen Ausstellung von 1904 in St. Louis aus und
schrieb, daß die Firma «1000 Arbeiter» und «Dampf- und Wasserkraft,
insgesamt 300 PS» habe. Aber ob sie auch irgendwelche neuen Maschinen
hatte, wurde nicht gesagt.

Mit dem Ersten Weltkrieg verschlechterten sich die Bedingungen für
Deutschland beträchtlich, während sich der amerikanischen Bleistiftindustrie weitere Chancen boten. Großbritannien etwa kaufte amerikanische Kopierstifte in einem Umfang von wöchentlich tausend Gros allein
von einem Hersteller. Es wurde zwar offiziell nicht gesagt, wozu man sie
brauchte, doch man vermutete, daß die Bleistifte an britische und alliierte
Offiziere verteilt wurden, damit sie die vielen Schreibarbeiten, die der
Krieg mit sich brachte, bewältigen konnten. Auch waren diese Kopierstifte, die man nicht ausradieren konnte, im Feld viel praktischer als
Federhalter und Tinte. Als der Krieg andauerte, mußten Zivilisten in
Großbritannien höhere Preise für Bleistifte bezahlen. Da Anilinfarbstoffe
knapp waren, kostete ein Kopierstift, der vorher einen Penny gekostet
hatte, nun viermal so viel, und Zedernstifte für einen halben Penny waren
«fast nicht erhältlich». Aber 1916 berichtete die Londoner *Times* von einer
zu erwartenden Erleichterung durch einen Verbündeten im Osten: «Die
Japaner produzieren ausgezeichneten Ersatz für deutsche Schreibwaren,

und trotz der hohen Frachtkosten bis Japan sind die Preise im Vergleich zu denen der deutschen Hersteller günstig.» Am Ende des Kriegs war England der größte Importeur von amerikanischen Bleistiften.

Der Krieg hatte besonders in Deutschland große Auswirkungen auf die Kosten und das Angebot von Rohstoffen, was den Preis für die fertigen Bleistifte in die Höhe trieb. Ton zum Beispiel mußte frei von Verunreinigungen sein, wenn daraus Minen produziert werden sollten, die nicht kratzten. Man brauchte bis zu siebenundneunzig Tonnen Wasser, um den größten Teil der Verunreinigungen aus drei Tonnen Ton zu schlämmen. Doch während des Krieges mußten die Deutschen sechzigmal so viel wie sonst für minderwertigen Ton bezahlen, der eigentlich nur für die Herstellung von Abflußrohren geeignet war. Andere Bestandteile waren ähnlich betroffen, und Rohstoffe sollen die deutschen Bleistifthersteller dreißig- bis fünfzigmal so viel wie vor dem Krieg gekostet haben, während die Löhne das Zehn- bis Zwölffache betrugen. Das ließ die Produktionskosten insgesamt ungefähr fünfzehn- bis zwanzigmal höher als vor dem Krieg sein. Doch die Preise für fertige Bleistifte stiegen nur etwa auf das Zehnfache. Der Verband der deutschen Bleistiftindustrie in Nürnberg glaubte jedoch 1920, daß die Rohstoffpreise allmählich fallen würden.

Aber auch nach dem Waffenstillstand wuchsen nicht mehr Zedern, und die Flut von ausländischen Aufträgen ließ die Preise für das amerikanische Bleistiftholz um bis zu 50 Prozent steigen. Zu den größeren Zedernholzabnehmern zählte auch Japan, das zu diesem Zeitpunkt 117 Bleistiftfabriken hatte – achtzig davon allein in Tokio –, die über zweitausend Arbeiter beschäftigten. Fast 1,5 Milliarden Bleistifte produzierte Japan in dem Jahrzehnt nach 1910, und allein 1918 wurden fast 200 Millionen davon ausgeführt.

Zu der Konkurrenz amerikanischer und japanischer Bleistifte kam hinzu, daß der Preisanstieg in Deutschland auch höhere Importzölle zur Folge hatte, die bei der Einfuhr deutscher Bleistifte in die Vereinigten Staaten zu entrichten waren. Bleistifthersteller wie Johann Froescheis und A.W. Faber-Castell protestierten zuweilen vor Berufungsgerichten gegen solche Erhöhungen, hatten aber gewöhnlich nur geringen Erfolg. Und als die Handelsschranken fielen, wurden offenere, politische Barrieren errichtet. Zum Beispiel gab es Proteste dagegen, daß der Londoner Stadtrat große Mengen deutscher Bleistifte für den Schulgebrauch kaufte. Vielleicht war es eine Untertreibung, daß der *Scientific American* von der «Verlagerung» der Bleistiftindustrie aus Deutschland als «einer der Kriegsfolgen» sprach.

Eine andere Kriegsfolge war, daß die amerikanische Regierung 1918 die A.W. Fabersche Fabrik in Newark, New Jersey, als feindliches Wirtschaftsgut beschlagnahmte. Die Fabrik, der unter anderem alle amerikanischen, beim Patentamt der USA eingetragenen Warenzeichen der Firma gehörten, wurde im Sinne amerikanischer Interessen verkauft. Die Firma wurde in New Jersey als A.W. Faber, Inc., ins Handelsregister eingetragen, doch nach dem Krieg wurden mit dem enteigneten Unternehmen in Stein enge Verbindungen geknüpft. Nach einer weiteren Unterbrechung der Beziehungen während des Zweiten Weltkriegs wurde der Name des Unternehmens zu A.W. Faber-Castell Pencil Company, Inc., geändert, wobei die deutsche Firma Faber-Castell einen Teil des Aktienkapitals zurückerwarb.

Lange vor dem Ersten Weltkrieg lag die Stärke der deutschen Bleistifte bei den qualitativ guten und teuren Stiften, die vor allem für Künstler, Zeichner, Architekten und Ingenieure gedacht waren. Zwar verkauften sich diese Bleistifte nicht im gleichen Umfang wie die billigeren Stifte, doch die Gewinnspanne war gewöhnlich für Hersteller und Händler größer. Künstler und Ingenieure kauften Bleistifte aufgrund ihrer gleichbleibenden Qualität, und wenn man sich einmal für eine Marke entschieden hatte, bedurfte es einer wirklichen technischen Verbesserung oder einer wirkungsvollen Verkaufsstrategie, um einen Bleistiftbenutzer zum Wechsel zu bewegen. Immerhin soll es Architekten oder Ingenieure gegeben haben, die selbst mit verbundenen Augen in der Lage waren, den Unterschied zwischen einem 2H- und einem 3H-Stift einer vertrauten Marke anhand seiner Griffigkeit auf Papier festzustellen.

Die Firma A. W. Faber hatte 1837 ihre Polygrades-Bleistifte mit einem Standardsortiment von BB bis HHH auf den Markt gebracht. Dem Benutzer dieser Bleistifte wurde versichert, daß sich die Bedeutung von «BB» oder eines anderen Härtegrades im Laufe der Jahre nicht ändern würde. Daher konnte der Künstler oder Ingenieur eine Skizze oder Zeichnung ohne Bedenken mit Bleistiften überarbeiten, die dieselbe Bezeichnung trugen, aber mit vielen Jahren Abstand gekauft worden waren. Lothar von Fabers sibirischer Graphit machte seine Polygrades unschlagbar, und sie gerieten erst ernsthaft in Bedrängnis, als die Alibert-Mine zu versiegen begann. Nachdem Johann Faber 1878 seine eigene Fabrik gegründet hatte, bot er selbst Polygrades-Bleistifte an, die zum Teil aus seiner unabhängigen Quelle für sibirischen Graphit fabriziert wurden.

Mit der Aussicht, ohne den für ihr Spitzenprodukt notwendigen Rohstoff dazustehen, beauftragte die Firma A.W. Faber-Castell ihre Ingenieure mit einem Forschungs- und Entwicklungsprogramm, mit dem Ziel, die besten Bleistifte aus dem Graphit, der vor kurzem in Europa und anderswo entdeckt worden war, zu fertigen. Dem daraus resultierenden Verfahren und den damit in Zusammenhang stehenden Maschinen wurde ein spezieller Name gegeben, der als exklusiver Verkaufsanreiz dienen sollte. Fabers neue Minen wurden in «Microlet-Mühlen» verarbeitet, die «eine Graphitzusammensetzung» produzierten, «die dem sibirischen Graphit sowohl hinsichtlich der Reinheit als auch der Qualität überlegen ist». Mit den neuen Minen wurde 1905 eine neue Serie von hochwertigen Zeichenbleistiften unter der Markenbezeichnung «Castell» auf den Markt gebracht, die grün lackiert waren, damit sie sich von den gelben Koh-I-Noors unterschieden. Zwar behauptete Faber-Castell, daß der Castell «der weltweit führende Bleistift für Ingenieure, Techniker und Zeichner» sei, doch dieser Anspruch wurde oft bestritten, da Faber-Castell damit die Qualität anderer bekannter Bleistifte in Frage stellte.

Der Koh-I-Noor wurde angepriesen als «der perfekte Bleistift», «der beste Bleistift der Welt» und der Bleistift mit «einem Gefühl wie Seide, so leicht wie ein Schmetterling». Die Londoner *Times* berichtete 1906, daß sie Exemplare dieser «exzellenten und wohlbekannten» Bleistifte erhalten habe, und eine Anzeige in der *New York Times* vom selben Jahr teilte dem Bleistiftbenutzer mit, daß «Ihnen der Koh-I-Noor aus Österreich am besten gefallen wird». Auch wenn Kunden sich nicht immer an den Namen des Bleistifts erinnern konnten, so erinnerten sie sich doch an die Farbe und fragten oft nach einem «gelben Bleistift». Der Erfolg des Koh-I-Noor führte zu Nachahmungen, weshalb die Hardtmuths warnten, daß selbst «Leute, die den Koh-I-Noor gut kennen, sich schon manchmal durch die Farbe von Imitaten haben täuschen lassen». Das Unternehmen versicherte, daß «die Farbe und das Äußere» des Bleistifts das einzige waren, was man imitieren konnte.

Die Einfuhr von Koh-I-Noor-Stiften in die Vereinigten Staaten begann, kurz nachdem sie auf der Chicagoer Weltausstellung von 1893 präsentiert worden waren. Die Lieferungen wurden aber während des

Ersten Weltkriegs für vier Jahre eingestellt. Um dies in Zukunft zu verhindern, ließ sich die Koh-I-Noor Pencil Company 1919 bei der Wiederaufnahme der Lieferungen ins Handelsregister von New Jersey eintragen. Solange die Bleistifte noch in der Tschechoslowakei hergestellt wurden, mußte man auf die fertigen Bleistifte Zoll entrichten, obwohl das Zedernholz ursprünglich aus den Vereinigten Staaten kam. Um diesen Benachteiligung zu umgehen, wurde 1938 eine Fabrik in Bloomsbury, New Jersey, eröffnet. Dann brauchte man nur noch Minen ohne Holzumhüllung zu importieren, die mit einheimischem amerikanischem Holz in New Jersey zu Bleistiften zusammengesetzt wurden.

Man scheute keine Mühen, die Koh-I-Noors zu schützen und ihnen den letzten Schliff zu geben: Eine Manx-Katze und ihre Jungen durften in den Lagerhallen herumspringen, wo sonst die Mäuse die noch nicht eingefaßten Minen gefressen hätten. Nachdem die Minen ins Holz eingelegt waren, bekamen die Bleistifte vierzehn goldgelbe Lackanstriche, die Enden der Bleistifte wurden mit Goldfarbe besprüht, die Buchstaben in 16-Karat Blattgold angebracht und die Härtegradbezeichnung auf jede zweite Seite des sechseckigen Stifts gestempelt, so daß man sie immer leicht lesen konnte. Die fertigen Bleistifte wurden sorgfältig geprüft, und jeder zehnte wurde ausgesondert – um auf eine kürzere Länge für Golfbleistifte und ähnliches geschnitten zu werden. Man verpackte die Koh-I-Noor-Stifte, die den Test bestanden, «dutzendweise in Metallbehälter, in denen sie selbst in feuchten Gebieten gerade blieben, wo das poröse Zedernholz dazu neigt, Feuchtigkeit zu absorbieren und sich zu verziehen».

Hohe Zölle verhinderten im Amerika des neunzehnten Jahrhunderts den Verkauf von Qualitätsbleistiften nicht, weil es für eine gewisse Zeit kaum Konkurrenz unter diesen «feinen Waren» gab, wie Bleistifte genannt wurden, die «die höchste Klasse hinsichtlich des Materials und der Verarbeitung» darstellten. Aber als sich die jungen amerikanischen Bleistiftunternehmen besser etabliert und mehr Erfahrung bei der Fabrikation von billigeren Waren gesammelt hatten, begannen sie ihr Augenmerk auf einen aggressiveren Wettbewerb im Handel mit «feineren Waren» zu richten. Immerhin würden die amerikanischen Maschinen genauso rationell beim Aushobeln von erstklassigen Bleistiften arbeiten, wenn die Firmeningenieure hochwertige Rohstoffe bekommen und handhaben konnten. Da die Amerikaner schon in bezug auf die Versorgung mit feinstem Zedernholz im Vorteil waren, ging es nur um die Frage, wie man Ton und Graphit perfekt miteinander verarbeiten konnte.

In den späten siebziger Jahren zum Beispiel brachte die Joseph Dixon Crucible Company Graphit auf 99,96 Prozent Reinheit. Dafür wurden Graphitblöcke von der Mine in Ticonderoga genommen und unter Wasser zerkleinert und pulverisiert, so daß die einzelnen Partikel an die Oberfläche trieben. Graphit zur Verwendung in Bleistiften wurde in Jersey City noch weiter pulverisiert, und da Graphit ein ausgezeichnetes Schmiermittel ist, bedeutete dies nicht, einfach Mahlsteine zu verwenden. Wenn der Graphit fein genug war, war er «feiner und weicher als jedes Mehl». Nach einem zeitgenössischen Bericht hing Dixons Graphitpuder aber «nicht wie Mehl zusammen; er kann wie Wasser mit der Hand geschöpft werden und läßt sich kaum leichter als Wasser festhalten; wenn man versucht, eine Prise davon zwischen Zeigefinger und Daumen zu nehmen, ist er so beweglich wie Quecksilber, und man fühlt bloß, daß die Haut glatter ist als vorher.»

Für eine Bleistiftmine mußte der Graphit also weiter nach Feinheit getrennt werden. Dafür wurde der Graphitstaub mit Wasser in einem Trichter gemischt, um dann langsam durch eine Reihe von Wannen zu fließen:

Die gröbsten und schwersten Partikel setzen sich am Grund der ersten Wanne ab, die nächst gröberen und schwereren in der nächsten und so weiter, wobei die Bewegung des Wassers sehr sanft gehalten wird. Wenn der Graphitstaub, der zweimal so schwer wie Wasser ist und auf den Boden sinkt, wenn er nicht gestört wird, die letzte Wanne erreicht, hat er sich schon so weit abgesetzt, daß das Wasser oben fast klar fließt. Wenn die Strömung abgestellt ist und der Graphitstaub sich hat setzen können, wird das klare Wasser abgelassen, indem man nach und nach, mit dem obersten beginnend, eine Zahl Stöpsel herauszieht, die in Löcher an der Seite einer jeden Wanne eingelassen sind. Dabei bemüht man sich, den Inhalt nicht aufzuwirbeln, um den abgelagerten Staub nicht zu stören. Danach wird die Ablagerung durch die Öffnungen am Boden der Wanne entfernt. So wird durch dieses geniale «Floating»-Verfahren eine bessere Trennung erreicht als mit jeder anderen direkten Behandlung, wobei eine trockene Behandlung voll-

*kommen unzweckmäßig ist. Für die feinsten Bleistifte wird nur
die Graphitablagerung der letzten Wanne verwendet, aber für
gewöhnliche und billige Sorten sind die der beiden vorletzten
Wannen gut genug.*

Der Ton wurde einem ähnlichen Verfahren unterzogen und, nachdem er
mit dem Graphit vermischt war, bis zu vierundzwanzig Stunden lang
zwischen flachen Steinen zerrieben: «so erreichte er die perfekteste Stabilität, Einheitlichkeit und Freiheit von grobkörnigen Partikeln» für die
besten Bleistifte. Als nächstes wurde der Minenteig durch eine Düse
gepreßt, wobei die noch weiche Masse unterhalb der Öffnung gerollt
wurde. Nachdem der auf Bleistiftlängen geschnittene Faden getrocknet
und im Ofen gebrannt war, konnten die Minen schließlich in Holzkörper
eingesetzt werden: «Für den billigsten Bleistift wird Kiefer verwendet; für
die gewöhnlichen Sorten das Holz der Roten Zeder; für alle Qualitätssor-
ten das Zedernholz aus Florida Key, das weich und fein gemasert und so
gut geeignet ist, daß selbst die europäischen Bleistiftfabrikanten gezwungen sind, dafür nach Florida zu kommen.» Dixons «feine Waren» wurden
als «American Graphite Polygrade»-Bleistifte bezeichnet, um den Käufer
daran zu erinnern, womit er sie vergleichen mußte.

Als sich die American Lead Pencil Company dazu entschloß, eine
neue Serie von Zeichenbleistiften auf dem Markt einzuführen, benannte
sie diese nach der Venus von Milo, die der Direktor des Unternehmens
Louis Reckford mit dem Louvre und der Kunst im allgemeinen assoziierte. Venus-Bleistifte in siebzehn Abstufungen wurden zuerst 1905
verkauft, und man behauptete, daß sie «die ersten sorgfältig abgestuften
schwarzen Zeichenminen» enthielten, «die je in den Vereinigten Staaten
produziert worden sind». Die charakteristische Farbe des Venus-Blei-
stifts sollte Dunkelgrün sein, aber aufgrund eines Fehlers bekam die
Farbe beim Trocknen Risse. Doch «den Vorstandsmitgliedern des Unternehmens gefiel der Effekt so gut», daß sie die rissige grüne Lackierung
als Teil des Venus-Markenzeichens übernahmen. Der Bleistift räumte die
Vorurteile gegen in Amerika produzierte Zeichenstifte aus und wurde
1919 als «der meistverkaufte Qualitätsbleistift der Welt» angepriesen.
Einer der Umstände, die dem Venus-Stift zu solcher Popularität verhal-
fen, war, daß er zu einer Zeit erhältlich war, als europäische Bleistifte wie
Castell und Koh-I-Noor rar wurden. Auch andere amerikanische Unter-

nehmen brachten während des Krieges Serien von Zeichenbleistiften
heraus.

Dixons Künstlerstifte aus amerikanischem Graphit waren mit den für
das Unternehmen charakteristischen Abstufungen von VVVS bis VVVH
versehen worden, um sie von den europäischen Bleistiften zu unterscheiden, und ihr naturbelassenes Zedernholz hatte im neunzehnten Jahrhundert als ein Zeichen für Qualität gegolten. Aber die zunehmende Knappheit an gutem Holz, besonders außerhalb Amerikas, und der Standard,
der von Koh-I-Noor und seinen Konkurrenten gesetzt worden war,
veranlaßten Dixon um 1917, seinen Eldorado auf den Markt zu bringen,
der einen blauen Anstrich und Goldbuchstaben hatte und nach der europäischen Härteskala abgestuft war. Eine Anzeige von 1919 erklärte, daß
«Dixons Eldorado, ‹der meisterhafte Zeichenstift›, während des Krieges,
als er zur Erringung des Sieges gebraucht wurde, der Nation einen wirklichen Dienst erwiesen hat». Er beanspruchte zwar, eine «wirklich *amerikanische Errungenschaft*» zu sein, doch statt Dixons vertrautem Slogan
«amerikanischer Graphit» stand jetzt auf jedem Bleistift: «der meisterhafte Zeichenstift». So sollte er ausdrücklich mit den Qualitätsmaßstäben von
Venus und denen der Europäer für entsprechende Bleistifte verglichen
werden.

Am Ende des Ersten Weltkriegs war die amerikanische Bleistiftindustrie optimistisch. Obwohl die europäischen Hersteller wieder produzierten und exportierten, hatten die Amerikaner Vertrauen in ihre Produkte
und ihre Zukunft. Sie spitzten ihre Bleistifte und sahen sich nach weiteren
Expansionsmöglichkeiten für ihre Märkte um. Wirtschaftliche Entscheidungen und solche des Marketing sollten dabei eine wichtige Rolle spielen, doch die Entwicklung von besseren Bleistiften wurde auch immer
dringender, wollte man all den Qualitäts- und Überlegenheitsansprüchen
gerecht werden.

Kapitel 14
Die Bedeutung der Infrastruktur

Die Spitze des Bleistifts ist der Grund für seine Existenz; alles andere ist Hülle, notwendige Einfassung, Infrastruktur sozusagen. Aber ohne diese kann die Bleistiftmine weder gehalten noch gespitzt oder gar bequem, kontrolliert und zuverlässig benutzt werden. Die Spitze würde sich in der Hand verlieren oder zerbrochen auf dem Schreibtisch liegen. Alle technologischen Erzeugnisse brauchen irgendeine Art von Infrastruktur. Das moderne Auto wäre nutzlos ohne ein Netz von Autobahnen, Tankstellen und Parkplätzen – mitsamt ihrem Wartungspersonal, ihren Mechanikern und Wächtern. Flugzeuge würden nie vom Boden abheben ohne Flughäfen, Flugpersonal und Fluglotsen. Telefone benötigen Maste, Drähte, Telefonvermittler, Schaltvorrichtungen und heutzutage Fernsprech-Trägerfrequenzen. Das Fernsehen braucht Produzenten, Studios, Schauspieler und Skripte.

Aber das soll nicht heißen, daß die Infrastruktur dem, wozu sie dient, vorausgeht. Henry Ford wird mit dem Ausspruch zitiert: «Autos müssen vor Straßen kommen.» Auch Graphit wurde in Form von *Plumbago* aus der Borrowdale-Grube in seinem ungeschnittenen, natürlichen Zustand benutzt, bevor er erstmals für einen weiter entwickelten Bleistift mit Holz umhüllt wurde und weite Verbreitung und Akzeptanz als Federersatz fand. Als sich Graphit jedoch von einer lokalen Entdeckung und nützlichen Kuriosität zu einer begehrten Ware entwickelte, stellte sich das Schreiben mit einer relativ seltenen, brüchigen und schmutzigen Substanz als ebenso unangenehm heraus, wie es die frühen Ausflüge aufs matschige, furchige Land mit einem relativ teuren, unzuverlässigen und unbequemen Automobil waren.

Infrastruktur nimmt viele Formen an, aber sie ist immer eine Grundvoraussetzung für das effektive Funktionieren, die Verbreitung und Akzeptanz von Erfindungen – sobald deren Reiz des Neuen verflogen ist. Das Schaffen einer Infrastruktur für ein technologisches Produkt kann ebenso ein Teil des Ingenieurwesens sein wie Entwurf und Konstruktion des zentralen Produkts. Tatsächlich bedarf gerade auch der Vorgang des Herstellens und Konstruierens einer eigenen Infrastruktur, mag sie auch nur vergänglich, kurzlebig, provisorisch sein. Das Beschaffen von Werkzeugen, Maschinen, Formen, Gerüsten oder Stützen, die man zur Herstellung einer Sache braucht, kann den größeren Teil der Arbeit ausmachen.

Es ist der Holzkörper des Bleistifts, der den Bleistift funktionieren läßt, genau wie manch große Brücke ihre Funktion erst durch Hängekabel erfüllen kann. Weder das Holz eines Bleistiftschafts noch der Stahl eines Brückenkabels ist das Wesentliche am Objekt, doch sie sind gerade die Elemente, die dem Gegenstand seine optischen Charakteristika verleihen und ihn «stabil und ansprechend aussehen» lassen. Doch unabhängig davon, wie überzeugend ein Gegenstand nach rein äußerlichen Gesichtspunkten auch sein mag, muß er am Ende doch richtig funktionieren. Die Brücke muß sich gegenüber dem Wind behaupten, darf im Regen nicht rosten und mit dem Alter nicht durchhängen. Der Bleistift muß stabil bleiben, darf sich nicht verziehen und nicht unter der Schneide des Taschenmessers oder des Spitzers splittern oder zerbrechen. Selbst wenn die Mine innen sehr gut ist, kann der Bleistift seine Spitze und zugleich seinen Sinn verlieren, wenn seine hölzerne «Infrastruktur» von minderer Qualität ist.

Die erfolgreiche Entwicklung des Bleistifts hing daher nicht nur davon ab, daß man die richtige Sorte natürlichen Graphit oder die richtige Sorte Ton und die richtigen Misch- und Verfahrenstechniken fand, sondern auch davon, daß man die richtige Sorte Holz fand, in das man die richtige Sorte von Minen einsetzen konnte. Da der moderne Bleistift seinen Erfolg in so hohem Maße dem Vorhandensein eines geeigneten Holzes verdankt, überrascht es nicht, daß ausgerechnet Holzhandwerker und Schreiner die ersten waren, denen es gelang, holzgefaßte Bleistifte zu machen. Sie kannten die Eigenschaften der verschiedenen Hölzer und konnten deshalb kompetent entscheiden, welche Holzarten sich für diesen Zweck am besten eigneten.

Noch bevor der erste moderne Bleistift gemacht wurde, importierten englische Hersteller von Kleidertruhen schon das Holz der Roten Zeder aus Virginia und Florida. Als die Idee aufkam, Stangen von Borrowdale-Graphit mit Holz zu umhüllen, kannte man deshalb die Eigenschaften der Roten Zeder und wußte, daß sie dafür geeignet war. Es waren ja dieselben Handwerker, die bisher mit dem Holz gearbeitet hatten und nun nach einem Bleistiftholz suchten, das sich nicht verzog oder splitterte. So wurde die Rote Zeder angeblich schon im siebzehnten Jahrhundert für Bleistifte verwendet. Zwar nahm man von Zeit zu Zeit auch andere Möbelhölzer wie Tanne und Kiefer, doch es war die Rote Zeder, die sich für Bleistifte allem anderen gegenüber als weit überlegen erwies.

Aber es gibt keinen unerschöpflichen Bestand an natürlich wachsenden Bäumen. Die Verwendung von Holz nicht nur bei Gerüsten für Steinbauten, sondern auch in dauerhaften Holzkonstruktionen, ganz zu schweigen vom Verbrennen zur Erzeugung von Hitze für die Eisengewinnung und von Wärme für die Wohnungen, verschlang in vielen jungen Industriegesellschaften schnell ganze Wälder. Sie wurden zur Landgewinnung und wegen ihres Holzes gerodet, so daß im achtzehnten Jahrhundert in England Holz so rar wurde, daß die Suche nach Alternativen für die Eisengewinnung und den Brückenbau tatsächlich zur Entwicklung von neuen Techniken der Eisengewinnung und des Brückenbaus führten.

Mit dem Anwachsen der Bleistiftproduktion und anderer holzverbrauchender Industrien während des ganzen neunzehnten Jahrhunderts wurde die zukünftige Versorgung mit Roter Zeder so fraglich, wie es die mit Borrowdale-Graphit zuvor gewesen war. Das hätte jedoch eigentlich niemanden überraschen dürfen, denn der schwedische Naturforscher Peter Kalm hatte schon 1750 das nahende Ende der Versorgung mit amerikanischem Holz vorausgesagt. Der deutsche Bleistiftbaron Lothar von Faber versuchte, seine eigene Versorgung sicherzustellen, indem er 1860 nahe seiner Fabrik auf vierhundert Morgen Samen der Roten Zeder aussäen ließ. Aber da die Bäume im gemäßigten deutschen Klima zu langsam wuchsen, sollten erst Experimente um die Jahrhundertwende erweisen, daß das Holz aus Bayern für die Herstellung von Bleistiften vollkommen ungeeignet war.

Noch 1890 konnte ein Bleistiftfabrikant sagen, daß er seinen Bedarf an Zedernholz mit den umgefallenen Bäumen, die sonst in Florida nur verfaulen würden, decken konnte. Tatsächlich ergaben verrottende Bäume, die vor Alter umgestürzt waren, das beste Bleistiftholz. Zedern waren in Florida, Georgia, Alabama und Tennessee ursprünglich so reichlich vorhanden, daß die Farmer daraus Scheunen und Zäune bauten. Aber die expandierende Bleistiftindustrie verwendete Zeder in einem sich derart beschleunigenden Tempo, daß umgefallene Bäume nicht länger den ganzen Bedarf decken konnten. Keine andere Industrie hing so von einer einzigen Holzart ab wie die amerikanische von der Roten Zeder. Ein Zeitgenosse berichtet:

Der Bestand schwindet allmählich, und man muß jedes Jahr weiter und weiter in die unberührten Wälder hineingehen. Zedernfahrer kennen jede Region des Landes, woher sie irgendwelche Vorräte bekommen können. Alle alten Rodungen sind wieder und wieder durchforstet worden. Alte Stümpfe hat man ausgegraben. Selbst alte Holzhäuser hat man abgerissen. Es werden große Mengen von alten Zedernbrettern aus Scheunen gekauft, und Zäune sind untersucht worden. Es ist üblich, daß Bleistiftfabrikanten einen neuen schönen Maschendrahtzaun für den Farmer errichten, der einen Zaun mit viel lohnendem Zedernholz besitzt. Und der Farmer mit einem Palisadenzaun aus Zeder kann den besten Drahtzaun bekommen, der für Geld zu haben ist.

1910 war die Frage der Holzversorgung für die künftige Bleistiftproduktion so dringlich geworden, daß die oberste Forstbehörde der USA eine Untersuchung über die Möglichkeit anstellte, anderes Holz als das der Roten Zeder (den Botanikern als *Juniperus virginiana* bekannt) und der nahe verwandten Südlichen Roten Zeder (*Juniperus barbadensis*) zu verwenden. Unter Bleistiftherstellern galt letztere im wesentlichen als Rote Zeder und wurde auch so genannt; beide Hölzer hießen auch Bleistiftholz.

1912 schätzte man, daß über eine Milliarde Bleistifte, ungefähr die Hälfte der Weltproduktion, aus amerikanischem Zedernholz hergestellt wurden, wobei 750 Millionen Bleistifte allein aus den USA stammten. Dies ergab einen Pro-Kopf-Verbrauch von etwa acht Bleistiften. Der Bestand an Roten Zedern nahm weiter ab; in Tennessee, wo einst das beste Bleistiftholz wuchs, waren sie bereits 1920 praktisch ausgestorben. Ein Dutzend verschiedene amerikanische Hölzer wurden auf ihre Eignung, die Rote Zeder zu ersetzen, geprüft. Man fand keines, das ihr gleichwertig war, doch man hielt drei Bäume für «ausgezeichneten Ersatz»: die Wacholderarten Rocky Mountain Rotzeder, Alligator Juniper und Western Juniper. Der Bericht der Forstbehörde merkte an, daß alle drei «jedoch sehr verstreut wachsen, und ihre Nutzung würde teuer sein». Zwar nicht den besten, doch zumindest einen guten Ersatz für Bleistiftholz konnte man auch in einigen besser verfügbaren Bäumen finden, wie der Port Orford Zeder, dem Mammutbaum, dem amerikanischen Rotholz und der Kalifornischen Flußzeder (Inszentzeder). Letztere (*Libocedrus decurrens*), die vor allem im Süden Oregons und in Nordkalifornien wächst, sollte schließlich das bevorzugte Holz für die Bleistiftfabrikation werden, setzte sich aber nur langsam durch.

Obwohl sie so stabil wie die Rote Zeder war und sich auch so anfühlte, fehlten der Kalifornischen Flußzeder zwei Eigenschaften, die inzwischen mit guten Bleistiften verbunden wurden: Das Ersatzholz hatte weder die richtige Farbe noch den richtigen Geruch. Zwar beeinflußten Farbe und Geruch nicht die eigentliche Funktion des Bleistifts, doch beeinträchtigten diese Schönheitsfehler den Verkauf von Bleistiften aus dem neuen Holz. Bleistifte aus dem weißen und relativ geruchlosen Holz der Kalifornischen Flußzeder wurden erst akzeptiert, als man das Holz färbte und parfümierte, um die Rote Zeder zu imitieren. Bis heute wird die Kalifornische Flußzeder gefärbt, um dem Holz eine einheitliche Farbe zu geben; außerdem wird sie mit Wachs imprägniert, das als Schmiermittel während des Herstellungsprozesses dient. Das gewachste Holz ist auch leichter und besser zu spitzen.

Um die Mitte der zwanziger Jahre dieses Jahrhunderts wurden Bleistifte in Frankreich aus Schwarzlinden- und Erlenholz gemacht, das nach dem Trocknen speziell behandelt wurde. Zwar sind Bleistifte aus diesen Hölzern in der Qualität nicht mit denen aus Roter Zeder vergleichbar, doch ihr wirtschaftlicher Vorteil war beträchtlich: Zu jener Zeit konnte man die schon behandelten Ersatzhölzer für ungefähr 16 $ pro Tonne bekommen, während die amerikanische Zeder 115 $ oder mehr pro Tonne kostete. Aus ähnlichen Gründen forsteten englische Bleistiftfabrikanten Zedernwälder auf den Hängen des Kilimandscharo auf. Diese kenianische Zeder mit dem lokalen Namen *mutarawka* konnte man in Frankreich etwa zum halben Preis der amerikanischen Varietät bekommen. Als im frühen zwanzigsten Jahrhundert bekannt wurde, daß es einen unberührten Standort mit Roten Zedern auf Little St. Simons Island vor der Küste

Georgias gab, kaufte die Hudson Lumber Company, die mit der Eagle Pencil Company assoziiert war, die Insel. Little St. Simons war ein alter Zufluchtsort der Indianer gewesen, und die riesige, auf einen Haufen geworfene Menge Austernschalen versetzte den sandigen Boden mit Kalk, was einen ausgezeichneten Nährboden für Zedern ergab. Da die Bäume den kalten Meereswinden ausgesetzt waren, wuchsen sie jedoch schief und krumm, und es war teuer, das Holz aufs Festland zu transportieren. Weil sich diese Insel somit als ungeeignet erwies, wurde sie schließlich ein privater Aufenthaltsort des kalifornischen Zweigs der Familie Berolzheimer, deren Hudson Lumber Company heute das Holz für praktisch alle amerikanischen Bleistiftfirmen und mehr als hundert ausländische Unternehmen produziert.

Im frühen zwanzigsten Jahrhundert verwendeten einige europäische Hersteller für ihre Holzschäfte russische Erle, sibirisches Rotholz und englische Linde. Diese Hölzer waren jedoch etwas zu hart und hatten eine unregelmäßige Struktur. Deshalb mußten sie noch behandelt werden und ergaben dann einen guten, aber bei weitem nicht vollkommenen Bleistift.

In der Zwischenzeit suchten die Fabrikanten, die so große Schwierigkeiten hatten, ein leicht zugängliches und geeignetes Ersatzholz für die Rote Zeder zu finden, nach anderen Mitteln, die Bleistiftmine einzufassen. Forschungs- und Entwicklungsbemühungen des späten neunzehnten Jahrhunderts hatten zu einem Bleistift mit Papierhülle geführt, einer Pionierleistung der Blaisdell Pencil Company in Philadelphia. Das war gleichsam eine Rückkehr zum schnurumwickelten Graphitstück früherer Jahrhunderte, aber diese Wiedererfindung funktionierte technisch gut und war vielversprechend. Daher stürzten sich die Fabrikanten in erhebliche Unkosten, um in die Entwicklung und Installation von Maschinen für den holzfreien Bleistift zu investieren – aber das Produkt fiel aus unvorhergesehenen psychologischen Gründen durch: «Die Bleistifte benutzende Öffentlichkeit bevorzugte etwas zum Spitzen.» Der Papierbleistift erreichte nie eine weite Verbreitung. Akzeptiert wird er nur, wenn mit dem Papier dicke farbige Minen umhüllt werden, bei denen beim Schärfen mit dem Messer oder dem mechanischen Spitzer viel Bruch oder Abfall anfallen würde.

1942 wurden in den Vereinigten Staaten fast anderthalb Milliarden Bleistifte jährlich produziert, genug für mehr als zehn Bleistifte für jeden Mann, jede Frau und jedes Kind im Land. Fast alle waren in Holz gefaßt.

    Der Bleistift

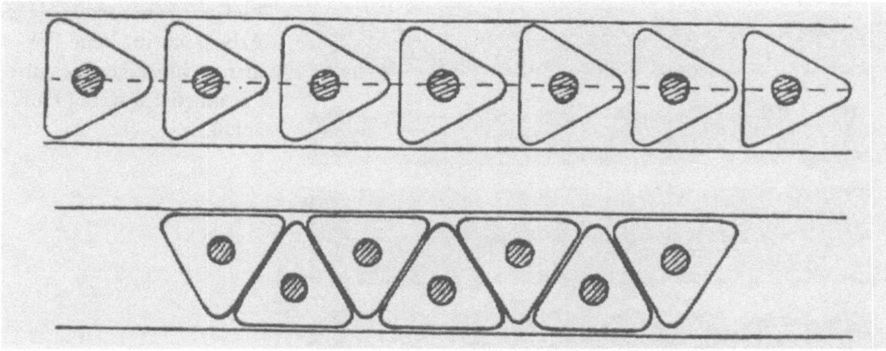

Zwei Methoden, dreieckige Bleistifte aus den mit Minen versehenen Doppelbrettchen zu schneiden. Man sieht, daß die einfachere Methode viel Holz verschwendet.

Das Herstellungsverfahren hatte einen hohen Stand erreicht, wobei die Maschinen zur Holzbearbeitung mit den vielleicht feinsten Toleranzen aller Holzbearbeitungsgeräte betrieben wurden. Immer ging es darum, jede Holzverschwendung zu vermeiden. Deshalb wurde auch der dreieckige Bleistift, so bequem und schön anzuschauen er auch sein mag, nie in großen Mengen hergestellt. Dreieckige Bleistifte aus einer Verbindung aus Mine und Holz herauszuschneiden verschwendet extrem viel Holz.

Als Dixon Anfang dieses Jahrhunderts sein Verfahren der Bleistiftherstellung verbessern wollte, konzentrierte sich das Unternehmen zur Erhöhung seiner Effizienz auf die Details der Holzverarbeitung. Zu dieser Zeit wurden die Maschinen im allgemeinen in Deutschland gebaut, aber ein Bostoner Hersteller von Holzbearbeitungsmaschinen, die S.A. Woods Machine Company, entwickelte eine Methode, mit der die Geschwindigkeit der Schneiden um den Faktor drei erhöht werden konnte. Deutsche Maschinen trennten außerdem die sechseckigen Bleistifte dadurch, daß sie sie an ihren Ecken auseinanderschnitten. Woods schlug dagegen vor, sie an ihren Seiten auseinanderzuschneiden, um somit das Sägemehl zu reduzieren und einen zusätzlichen Bleistift aus jedem Paar Brettchen zu erhalten. Insgesamt wurde die Produktion mit der neuen Maschine um das Fünffache gesteigert. Heute ziehen Hersteller sechseckige Bleistifte den runden im allgemeinen vor, da man neun sechseckige Bleistifte aus dem gleichen Holz bekommen kann, das man für acht runde braucht. Der Bleistiftbenutzer scheint ebenfalls sechseckige vorzuziehen: Im Verkauf kommen etwa elf davon auf einen runden Bleistift.

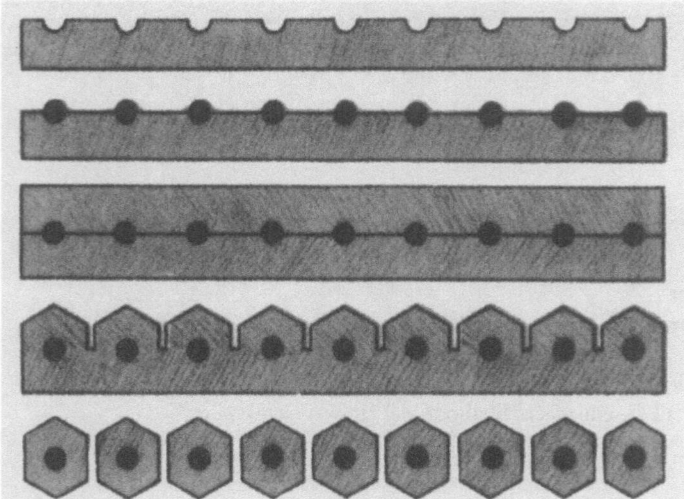

Endansichten verschiedener Arbeitsschritte beim Formen sechseckiger Bleistifte mit möglichst wenig Holzabfall.

Maschinen mögen zwar für die Herstellung von Bleistiften rationell sein, doch während des Zweiten Weltkriegs wurden rotierende Bleistiftspitzer in Großbritannien verboten, da sie soviel an knappen Minen und Holz verbrauchten. Bleistifte mußten auf konservative Art gespitzt werden – mit Messern. Aber das Holzsparen begann nicht erst mit dem Krieg oder etwa mit der Bleistiftindustrie, wie aus einer Biographie über Marc Isambard Brunel hervorgeht, den großen Ingenieur des ersten Themsetunnels und Vater von Isambard Kingdom Brunel. Der ältere Brunel wurde 1769 in Frankreich geboren, war in den neunziger Jahren als Architekt und Chefingenieur für New York City tätig und zog 1799 nach England. Dort war eine seiner ersten und innovativsten Leistungen die Konstruktion neuer Sägemühlen und die Einführung rationeller Sägetechniken in der Industrie. Er entwickelte ein halbautomatisches System, um jährlich mehr als 100 000 hölzerne Zugkloben für die britische Marine herzustellen. Dabei verwendete er von ihm entworfene und von Henry Maudslay produzierte Maschinen, aber sein System warf nur einen lächerlich geringen Gewinn ab, verglichen mit den 17 000 £, die die Regierung jedes Jahr einsparte.

Brunel entwickelte auch den Gebrauch der Kreissäge, mit der man Holz so zersägen konnte, daß noch brauchbare Stücke blieben statt des Spanabfalls, der bei den früheren Techniken des Nutens und Rinnenfräsens anfiel. Maschinen mit rotierenden Schneidemessern wurden auch

DER BLEISTIFT

eingesetzt, um das Holz in größeren Spänen statt in Splittern und Sägemehl wegzuschneiden. Man begann allmählich die Späne unter anderem für die Herstellung von Hutschachteln und Pillendosen zu verwenden, was Papier sparte und Großbritanniens Abhängigkeit von diesen Importwaren verminderte. So scheint es nur natürlich, daß Nachfahren der von Brunel entwickelten Maschinen schließlich auch in der holzintensiven Bleistiftindustrie eingesetzt wurden.

Da der Vorrat an Roter Zeder praktisch erschöpft war, bevor man sie wieder aufzuforsten begann, und da der Bestand der Kalifornischen Flußzeder nicht unbegrenzt war und sich zudem erst nach etwa zwei Jahrhunderten durch Wiederaufforstung ersetzen ließ, blieb das Finden von anderen Ersatzhölzern für die Bleistiftfabrikanten ein ständiges Problem. Nach dem Zweiten Weltkrieg machte das Gerede von «einer absolut neuen Art von Bleistiften» die Runde. Ein leitender Angestellter eines Unternehmens, der offensichtlich nicht genannt werden wollte, aber in einem Artikel zitiert wurde, der vor allem von der Eagle Pencil Company handelte, neckte den Reporter: «Warten Sie, bis Sie vom Bleistift von morgen hören und wie er wohl gemacht sein wird. Plastik vielleicht, ein Stück, und das Ganze wird aus einer Tube herausgepreßt!»

In den fünfziger Jahren, als Öl drei Dollar pro Barrel kostete und «Plastik» das Zauberwort war, ging wenigstens ein Bleistiftunternehmen übers bloße Reden hinaus. Sein Besitzer träumte davon, den Plastikbleistift herzustellen. Die Empire Pencil Company investierte angeblich fünfundzwanzig Jahre und eine nicht bezifferte Summe Geld in die Entwicklung eines Verfahrens, mit dem man einen Bleistift aus Kunststoff unter Verwendung von pulverisiertem Graphit extrudieren konnte, anstatt ihn wie bisher in bis zu 125 getrennten Verfahrensschritten herzustellen. In den frühen siebziger Jahren brachte das Unternehmen das Ergebnis seiner Bemühungen auf den Markt, eine neue Bleistift-Fertigungstechnik, das sogenannte Epcon-Verfahren. Da ein durchschnittlich zwei- bis vierhundert Jahre alter Baum kaum genügend Holz für 200000 Bleistifte ergibt, konnte der Entwickler des Verfahrens schätzen, daß «als direktes Ergebnis dieser Revolution in der Bleistiftherstellung vielen, vielen tausend Zedernbäumen jedes Jahr die Axt des Holzfällers erspart bleiben wird». Das Produkt wurde als der «erste *neue* Bleistift seit 200 Jahren» bezeichnet. Empire begann mit Farbstiften und brachte dann normale Schreibbleistifte auf den Markt. Bis Mitte 1976 hatte es eine halbe Milliarde

«Epcons» fabriziert, in einer streng bewachten Fabrik am Ende von Pencil Street in Shelbyville in Tennessee, von den städtischen Werbetrommlern «Pencil City» genannt.

In Connecticut begann die Berol Corporation, wie die Eagle Pencil Company inzwischen hieß, ebenfalls mit der Herstellung von Plastikbleistiften. Berol nannte sein Produkt den «ersten Bleistift *ganz* aus Plastik», weil Berols Bleistift im Unterschied zum Epcon, der auf herkömmliche Weise lackiert werden mußte, das Ergebnis eines «dreifachen Ko-Extrusionsvorgangs» war, der das Lackieren einschloß. Die Produktion des neuen Bleistifts beanspruchte nur 10 Prozent der Fertigungsfläche, die man für die Produktion von Holzbleistiften benötigte, und die Kosten der Plastikmaterialien beliefen sich nur auf vier Zehntel Cent pro Bleistift: Das war die Hälfte von dem, was man für die Kalifornische Flußzeder hätte ausgeben müssen. Berols Bleistifte, die ein japanischer Hersteller in Lizenz fertigte, wurden Mitte der siebziger Jahre mit einer Geschwindigkeit von 15 Metern bzw. fünfundachtzig Bleistiften pro Minute produziert.

Ob die Plastikbleistifte Bäume retten oder das Schicksal anderer unkonventioneller Bleistifte erleiden werden, wird der Markt entscheiden. Eines steht jedenfalls fest: Der Epcon ist, wie jedes Resultat eines jeden Versuches der Reproduktion in einem anderen Medium, nicht genau das, was sein Schöpfer kopieren wollte. Zwar hat der Epcon viele gute Eigenschaften, wie zum Beispiel eine gleichmäßig schreibende Mine, die genau in der Mitte sitzt, doch hat er auch andere Eigenschaften. Wie die Spitze alter deutscher Bleistifte wird die Epcon-Spitze in der Flamme weich, und der Epcon ist merklich biegsamer als ein Holzbleistift. Zwar weist der Hersteller darauf hin, daß diese Eigenschaft zu mehr Bequemlichkeit beim Schreiben führen kann, doch es dürfte ja wohl von der Erwartung des Schreibers – und nicht vom Produzenten – abhängen, wie sich ein Bleistift in der Hand anfühlen soll. Es kann nämlich durchaus sein, daß Bequemlichkeit eher eine Sache des Kopfes als der Hand des Benutzers ist.

Daß solche psychologischen Faktoren bei der Akzeptanz von Technologie-Produkten eine große Rolle spielen, wird oft von denjenigen, die sich mit den Auswirkungen der Technologie auf die Gesellschaft befassen, unterschätzt, wenn nicht gar völlig ignoriert. Wie eine Brücke ohne wirtschaftliche und politische Unterstützung nicht gebaut werden kann,

   DER BLEISTIFT

so kann ein Konsumgut nicht erfolgreich vermarktet werden, wenn es die ästhetischen und psychologischen Empfindlichkeiten der Zielgruppe verletzt. Dinge, die vom rein technischen Standpunkt aus wunderbar funktionieren mögen, können aus politischer oder wirtschaftlicher Perspektive totale Fehlschläge sein. Ingenieure wollen selbstverständlich keine Mißerfolge, doch sie oder ihre Marketing-Partner können ihre Erfindungen falsch einschätzen. So können sie sich beispielsweise an der Qualität der Mine in ihrem neuen Bleistift derart begeistern, daß sie die Bedeutung seiner hölzernen «Infrastruktur» ganz vergessen.

Etuis mit feinen Zeichenstiften, Taschenstiften und normal langen Bleistiften, 1884.

 DER BLEISTIFT

Kapitel 15
Technisches Zeichnen

Als Konrad Gesner 1565 jene Erfindung, die sich schließlich zum modernen Bleistift entwickelt hat, beschreiben wollte, bediente er sich einer Illustration und nur weniger Worte. Zwar ist es sprichwörtlich, daß ein Bild mehr als tausend Worte sagt, doch weder Gesners Illustration allein noch gar die Illustration mit seiner kurzen Erläuterung genügte, um unmißverständlich auszudrücken, wie man solch ein neumodisches Gerät denn *herstellte*. Man braucht sich nur vorzustellen, man hätte im Jahr 1565 einen Bleistift bloß nach den Informationen, die Gesners Worte enthielten, fertigen wollen: «Der ... Griffel ... besteht aus einer Art Blei (manche bezeichnen, wie ich gehört habe, den Stoff als englisches Antimon), das zugespitzt und in einen Holzgriff gesteckt wird.»

Welche Art Blei? Was genau ist «englisches Antimon»? Wie groß ist das Stück, das verwendet wird? Wie stark wird es zugespitzt? Wie wird der Griff gemacht? Aus welchem Holz wird der Griff gemacht? Wie dick ist das Holz? Wie weit wird das Blei in den Griff gesteckt? Wie wird das Blei im Griff gehalten?

Zwar dürfte das Wort «Griffel» selbst ohne Abbildung im großen und ganzen Form und Proportionen des Instruments ausdrücken, doch die verbale Beschreibung allein gibt kaum Hinweise auf die relative Größe und Stärke von Blei und Holz. Ohne Kenntnis dieser Proportionen kann man nicht sagen, was schließlich dabei herauskommen würde. Für Gesners Zeitgenossen dürfte das Wort «Griffel» die Vorstellung von damals gebräuchlichen Metallgriffeln evoziert haben, auch wenn diese im allgemeinen viel schlanker waren als das neue Gerät mit dem fremdartigen Material. Aber nehmen wir einmal an, daß es überhaupt kein Bild gab, weder ein richtiges Bild, das die Worte ergänzte, noch ein geistiges Bild,

Eine moderne Nachbildung von Konrad Gesners Bleistift.

das von den Worten hervorgerufen wurde. Was wäre gewesen, wenn der Bleistift, den Gesner beschreiben wollte, nicht auf einen bekannten griffelartigen Gegenstand zurückgegangen wäre?

Gesners Worte allein genügen also nicht, um ein eindeutiges Bild entstehen zu lassen. Sollte das Blei quer ins Holz gesteckt werden, so wie der Axtkopf in einen Holm? Oder sollte das Blei so an den Holzgriff gebunden werden, wie etwa eine Pfeil- oder Speerspitze mit Leder an ihrem Schaft befestigt werden konnte? Und wie sollte die Form des Bleis sein? Sollte es wie ein Axtkopf oder eine Pfeilspitze oder eher wie eine Nadel oder ein Stock aussehen? Sollte das zugespitzte Ende in den Holzgriff gesteckt werden? Wer kann sagen, was die sprachliche Beschreibung im Kopf eines Menschen hervorrufen könnte, der noch nie einen Bleistift gesehen hat? Man braucht sich nur vorzustellen, welches Bild die Beschreibung einer Hängebrücke in fünfundzwanzig Worten in der Vorstellung des Uneingeweihten entstehen lassen könnte.

Heute ist der Bleistift natürlich zu einem so vertrauten Objekt geworden, daß man sich kaum vorstellen kann, daß irgend jemand wirklich noch eine Definition bräuchte, sei sie nun sprachlich oder bildlich. Die Definition von «Bleistift» in einem gängigen Handwörterbuch würde genügen, selbst wenn seine Beschreibung nicht mehr Wörter als die von Gesner umfaßte, um bei jedem Fremdsprachler im Geist das Äquivalent in seiner Sprache zu evozieren und noch wichtiger: ein Bild; denn illustriert ist eine solche Wörterbuchdefinition nicht:

Bleistift, *der [älter nhd. Bley(weiß)stefft]: als Schreibgerät dienende, von Holz umschlossene Mine ... aus Graphit.*

Daß Gesner es für nötig hielt, einen Bleistift in seinem Buch abzubilden, während ein modernes Wörterbuch oder ein Lexikon keinen Bedarf sieht, seine Definition von «Bleistift» zu illustrieren, zeigt, wie vertraut uns der Gegenstand inzwischen ist. Aber die Erkenntnis, daß eine Illustration

DER BLEISTIFT

nicht länger nötig ist, heißt nicht, daß das Bild eines Bleistifts nicht mehr länger Teil seiner Definition ist. Der Bleistift ist derart weit verbreitet, daß ein paar suggestive Worte im *Duden* ausreichen, um das Bild eines Bleistifts vor dem inneren Auge eines jeden Lesers entstehen zu lassen. Das imaginierte Objekt mag rund oder sechseckig sein, einen Radiergummi haben oder nicht, gelb sein oder farblos. Es wird in jedem Fall das Wesentliche des Bleistifts enthalten.

Es gibt kaum ein Produkt der Ingenieurkunst oder der Technologie, das von seinem äußeren Erscheinungsbild getrennt werden kann, und daher ist es nur natürlich, daß Ingenieure und Technologen in Bildern denken und schaffen. Aus diesem Grund stimmt die naive Sicht des Ingenieurwesens als einer «angewandten Wissenschaft» einfach nicht. In Wirklichkeit sind es die Theorien und Gleichungen der Wissenschaft, die auf den Gegenstand der schöpferischen Phantasie des Ingenieurs angewendet werden – und zwar erst, wenn es ein Bild gibt, über das man theoretisieren und das man mit Gleichungen analysieren kann. Himmlische Erklärungen unserer Ursprünge mögen postulieren: «Am Anfang war das Wort.» Aber irdische Erklärungen der Ursprünge unserer menschlichen Artefakte müssen beginnen: «Am Anfang war das Bild.» Naturwissenschaft ist eigentlich «das zweite Nachdenken» und kommt «nach dem Artefakt» zum Zuge, wenn das Objekt in der Vorstellung des Ingenieurs bereits Gestalt angenommen hat.

Eugene Ferguson, ein Technologiehistoriker, der ausführlich über diesen Gedanken geschrieben hat, hat die Ansicht, daß sich die Erzeugnisse der Technik aus den Worten, Gleichungen oder Theorien der Naturwissenschaften herleiten müssen, «Teil einer modernen Überlieferung» genannt. Er erklärt dann, was manche als «Tätigkeit der rechten Gehirnhälfte» bezeichnen würden:

Viele Dinge des täglichen Gebrauchs sind klar von den Naturwissenschaften beeinflußt worden, aber ihre Form und Funktion, ihre Ausmaße und ihr Erscheinungsbild wurden von Technikern bestimmt – von Handwerkern, Designern, Erfindern und Ingenieuren, die nicht wissenschaftlich dachten. Tranchiermesser, bequeme Stühle, elektrische Anschlüsse und Motorräder sind so, wie sie sind, weil ihre Konstrukteure und Schöpfer ihnen im Laufe der Zeit ihre Form, ihren Stil und ihre Materialbeschaffenheit gegeben haben.

Fergusons überzeugende Argumente für die Bedeutung von Bildern bei
der Entwicklung technologischer Produkte werden selbst von Technologen nicht oft vorgebracht. Aber das ist nicht erstaunlich, wenn sie tatsächlich dazu neigen, nicht in Worten, sondern in Bildern zu denken und zu
schaffen. Trotzdem ist der Ansicht, daß Bilder zuerst da sind, schon
verschiedentlich überzeugend Ausdruck verliehen worden. David Pye,
der sich mit Theorien über das Wesen des Entwerfens beschäftigt, weist
die Meinung, daß die Form funktionsbedingt sei, als falsch nach. Er
widerlegt nicht nur die «Überlieferung», daß die Wissenschaft der Technologie vorausgehe, sondern schreibt auch: «Wenn es keine Erfindungen
gegeben hätte, gäbe es keine Theorie der Mechanik. Die Erfindung war
zuerst da.»

Dies trifft auf die Geschichte der Brücke nicht weniger als auf die des
Bleistifts zu. Auch wenn die Ingenieurwissenschaften inzwischen Theorien entwickelt haben, um das Funktionieren von Produkten der Technik
zu erklären, so beginnt doch die Schöpfung von neuen Dingen immer
noch eher mit Bildern als mit Worten oder Gleichungen, die nichts anderes
sind als die Sätze der Naturwissenschaften. Und um ein komplexes neues
Produkt der Technik herzustellen, braucht man technische Zeichnungen,
die dem Ingenieur als Mikroskop dienen und die Details für den Arbeiter
vergrößern.

Es ist ganz offensichtlich, daß man keinen Bleistift benutzen konnte,
um eine Entwurfsskizze für den ersten Bleistift anzufertigen. Aber der
erste Bleistift brauchte zu seiner Konzeption wahrscheinlich auch gar
keine richtige Skizze. Denn ein Stück Graphit in einen röhrenförmigen
Halter zu stecken war sehr wahrscheinlich nichts anderes als eine genaue
bzw. fast genaue Imitation der Art und Weise, wie man ein Stück metallisches Blei in ein Rohr oder einen Federkiel steckte oder ein Tierhaarbü-
schel in den hohlen Griff eines Pinsels. Es war tatsächlich der fabelhafte
neue Gegenstand selbst, der Konrad Gesners Illustration von 1565 als
Modell diente. Aber Gesner versuchte ja nicht, einem Ingenieur zu zeigen,
wie man einen Bleistift macht; sondern er zeigte Naturforschern einen

großartigen neuen und ganz anderen Gegenstand, der sich aus Instrumenten entwickelt hatte, die zum Schreiben und Zeichnen ohne Tinte weniger geeignet waren.

Man stelle sich jedoch vor, daß sich der moderne Bleistift nicht aus dem Pinsel entwickelt hätte, sondern der Geistesblitz eines Erfinders oder Ingenieurs des späten neunzehnten Jahrhunderts gewesen wäre. Wenn es damals nichts in der Art dieses Bleistifts gab, den sich der Konstrukteur vorstellte, wie konnte er dann seine Ideen anderen mitteilen? Leuten, von denen er ein Patent ausgestellt bekommen wollte oder von denen er sich Kapital für die Produktion seiner Erfindung erhoffte oder die seinen Graphitstift sogar tatsächlich herstellten? Zwar dürfte der Ingenieur wohl zuerst einige Skizzen machen, mit Feder und Tinte vielleicht und einem Prototyp des Bleistifts, doch zum Schluß würde er auch technische Zeichnungen des Objekts anfertigen, um eindeutig und genau dessen Form und Ausmaße zu definieren. Die Zeichnungen wären möglichst vollständig und eindeutig, um Größe, Form und Eigenschaften des noch herzustellenden Objekts anzugeben, das die Schreib- und Zeicheninstrumente revolutionieren würde.

Zwar ist dies nur ein hypothetisches Beispiel, doch es ist repräsentativ für die Probleme, denen sich Ingenieure des neunzehnten Jahrhunderts gegenübersahen, wenn sie revolutionäre und immer komplexere Konzepte anderen mitteilen wollten. Als mit dem Fortschreiten der Industriellen Revolution neue Maschinen und Konstruktionen immer größer und teurer wurden und sich immer schwieriger beschreiben ließen, wurden sorgfältige technische Konstruktionszeichnungen, die gleichermaßen auf zuvor aufgestellten Berechnungen und auf Erfahrung beruhten, für die Herstellung von Prototypen der neuen Geräte unerläßlich. Der Ingenieur, der seine Tätigkeit unabhängig von Handwerkern ausübte, besaß in aller Regel keine eigenen Maschinen und mußte daher den Leuten in irgendeiner Werkstatt mit zweidimensionalen Zeichnungen vermitteln, was genau er in drei Dimensionen ausgeführt haben wollte.

Vitruv betonte die Bedeutung des Zeichnens für römische Architekten und Ingenieure, und er erkannte auch, daß gerade die Fähigkeit, sich das noch nicht Realisierte bildlich vorzustellen, den Architekten-Ingenieur vom Laien unterschied. Aber zur Zeit der Römer bedeutete Konzipieren und Zeichnen oft bloß, den Entwurf und die Proportionen von Gebäuden, Befestigungen und ähnlichem zu skizzieren. Die Erfahrung der Handwerker bestimmte etwa die Stärke der Mauern und Säulen. Antike Zeichnungen von Maschinen und Kriegsgerät sehen für uns daher eher nach Versuchen von Kindern aus, dreidimensionale Objektansammlungen zu zeichnen. So waren die Zeichnungen vor allem Andeutungen. Was sie darstellten, ließ sich kaum bildlich vorstellen, geschweige denn konstruieren, wenn man keine direkte Erfahrung mit den Künsten hatte, die man zur Herstellung des Geräts brauchte.

Perspektivische Zeichnungen kamen im fünfzehnten Jahrhundert auf und waren so wirklichkeitsgetreu, daß sie gleichermaßen leicht vom Handwerker wie vom Gelehrten verstanden wurden. Daher erleichterten Zeichnungen wie die in Leonardos Notizbüchern und die Illustrationen in Agricolas Traktat über den Bergbau – mit Darstellungen in auseinandergezogener («explodierter») Anordnung, die verdeutlichten, wie die verschiedenen Maschinenteile zusammenpaßten – den Technologietransfer. Und die durch die Druckerpresse möglich gewordene Massenproduktion von Abbildungen beschleunigte zusätzlich die Verbreitung von Erfindungen.

Als im neunzehnten Jahrhundert die Ingenieurwissenschaft die Ingenieurpraxis einholte, mußte man nicht nur Bilder von Maschinen und Gebäuden zeichnen, sondern auch detaillierte Beschreibungen ihrer einzelnen Bestandteile geben. Dies wurde besonders wichtig, wenn man konzeptionell neue Teile zunächst in Massen herstellen wollte, die anschließend austauschbar zusammenpassen sollten, wie zum Beispiel bei Gebäuden wie dem Kristallpalast. Durch die Entwicklung analytischer Theorien über Balken und andere Bauelemente konnten Berechnungen das Experiment ersetzen, weshalb man nicht mehr die Größe der einzelnen Teile durch Ausprobieren zu bestimmen brauchte. Konstruktionsberechnungen legten die Größe und Form der einzelnen Teile fest. So bestimmten etwa Berechnungen, wie groß oder klein ein Träger sein mußte, wenn er leicht zwischen zwei Säulen passen sollte, ohne daß man diese so weit aus der Vertikalen ziehen oder drücken mußte, daß der nächste Träger vielleicht nicht mehr richtig paßte und der erwünschte optische Effekt eines langen Schiffs mit systematisch geordneten Trägern und Säulen zerstört würde.

Das von Ingenieuren angewendete Mittel, ein dreidimensionales Objekt zweidimensional auf Papier richtig abzubilden, ist die Orthogonalprojektion. Ihr Vorteil gegenüber einer perspektivischen Zeichnung läßt sich bei der Betrachtung eines gespitzten sechseckigen Bleistifts erkennen. Wenn der Bleistift zum Schreiben oder Zeichnen verwendet wird, sieht der Benutzer ihn von Natur aus perspektivisch. Und wie der Bleistift in dieser Perspektive erscheint, hängt natürlich davon ab, wie er gehalten wird. Wenn ich mit einem Bleistift schreibe, neige ich dazu, ihn gelegentlich zu drehen, damit seine Spitze fein genug bleibt, und wenn ich innehalte, um zu sehen, wie ich den Bleistift in der Hand habe, sehe ich manchmal nur zwei Seiten seines sechseckigen Schafts. Wieviele Seiten sehe ich nicht? Könnte mein Bleistift nicht auch viereckig statt sechseckig sein? Wenn ich den Bleistift ein wenig weiterdrehe, kann ich drei Seiten gleichzeitig sehen, aber das allein könnte auch heißen, daß der Bleistift achteckig statt sechseckig ist. Natürlich kann ich, unabhängig davon, wie ich den sechseckigen Bleistift in der Schreibposition halte, nie mehr als drei Seiten gleichzeitig sehen, und daher könnte ich nie mit absoluter Sicherheit aus einem einzigen Blick auf ihn schließen, daß die Form des Bleistifts tatsächlich ganz normal sechseckig ist. Da eine einzelne perspektivische Zeichnung notwendigerweise die eines Bleistifts aus einer einzigen Perspektive sein muß, würde eine solche Zeichnung nicht ausreichen, um die genaue Form des Bleistifts zu verdeutlichen. Wie kann ich das also eindeutig klarmachen?

Dieses Problem wird in der Illustration auf dem Einband von Douglas Hofstadters *Gödel, Escher, Bach* gleichzeitig gestellt und gelöst. Der Holzwürfel auf der Illustration ist so raffiniert geschnitzt, daß der Block die Form des Buchstabens *G, E* oder *B* annimmt – je nachdem, auf welche Seite man genau schaut. Wenn man nur eine einzige Seite betrachtet, könnte man also folgern, daß der ganze Block die Form des Buchstabens hat, den man sieht. Wenn man zwei Seiten gleichzeitig perspektivisch anschaut, könnte man denken, daß in den Block zwei Buchstaben geschnitten sind. Welche Buchstaben, das hinge von den beiden Seiten ab, die man sieht. Aber in einer perspektivischen Zeichnung, die alle drei Seiten gleichzeitig zeigt, sehen wir alle drei Buchstaben auf einmal. Das ist bei *Gödel, Escher, Bach* der Fall, und da der Block drei Schatten von drei verschiedenen Lichtquellen wirft, zeigen diese Schatten die Projektionen der drei senkrechten Seiten. Daher könnten wir von diesen drei Schatten den Block genauer und zuverlässiger rekonstruieren als von irgendeiner einzelnen perspektivischen Zeichnung. Diese Schattenrisse ergeben zusammen und richtig auf einer einzelnen ebenen Fläche angeordnet eine sogenannte orthogonale

Projektion des Blocks. Wenn sie in einer Standardanordnung von zwei, drei oder mehr gezeichnet sind, können sie dem geübten Auge alle notwendigen Informationen geben, damit es sich das Objekt bildlich vorstellen kann und damit man das Objekt in drei Dimensionen anzufertigen vermöchte. Eine perspektivische Zeichnung ist unnötig.

Wenn man noch einmal auf den sechseckigen Bleistift zurückgreift, hat man ein weiteres gutes Beispiel für den Vorzug der Orthogonalprojektion. Wenn man entlang dem Bleistiftschaft genau auf das hintere Ende mit dem Radiergummi blickt, ist alles, was man sieht, ein runder Radiergummi in einem kreisförmigen Messingring. Wenn man genau auf die Spitze blickt, ist alles, was man sieht, eine runde Mine mitten in einem Holzsechseck. Wenn man genau auf die Seite des Sechsecks blickt, in die der Markenname und die Härte des Bleistifts gestempelt sind, sieht man nur drei Seiten des sechseckigen Schafts, aber man sieht auch deutlich, daß der Bleistift eine konische Spitze hat und der Radiergummi etwa 0,6 cm und der Ring etwa 1,3 cm lang ist. Wenn man den Bleistift um neunzig Grad um die Achse seiner Mine dreht, so daß der Markenname gerade nicht mehr zu sehen ist, sieht man nur zwei Seiten des sechseckigen Schafts. In natürlicher Größe oder in einem bestimmten Maßstab gezeichnet, enthalten diese zweidimensionalen Ansichten alles in allem mehr als genug räumliche Informationen, um einen richtigen Bleistift konstruieren zu können, selbst wenn man nie einen wirklichen Bleistift gesehen oder in der Hand gehabt hat – vorausgesetzt, man hätte die richtigen Materialien und wüßte, wie man sie verarbeitet und zusammenfügt.

Obwohl Albrecht Dürer schon 1525 die Orthogonalprojektion in seinem Buch über die Geometrie des Zeichnens verwendete und Gaspard Monge 1795 in seinem Buch über darstellende Geometrie ihre theoretischen Grundlagen legte, hielt man sich beim technischen Zeichnen erst in der zweiten Hälfte des neunzehnten Jahrhunderts generell an die Techniken und Konventionen, die aus dem Werk dieser Pioniere abgeleitet wurden. Zur Informationsvermittlung an Maschinensäle und Eisengießereien wurde die Orthogonalprojektion damals praktisch unverzichtbar. Noch bis ungefähr zur Mitte des neunzehnten Jahrhunderts lernte man technisches Zeichnen in der langen Tradition der Architekturzeichnungen, und viele frühe Maschinen, zum Beispiel die großen Dampfmaschinen, wurden mit eisernen Bauelementen konstruiert, die in den Formen der klassischen Säulenordnung gegossen waren. Funktionale

Träger wurden mit klassischen Motiven geschmückt, die Studenten in ihrem Zeichenunterricht gelernt hatten, der hauptsächlich darin bestand, immer komplexere Architekturzeichnungen zu kopieren. Man kann nur spekulieren, wieviel von dem, was man als Viktorianische Architektur und Bauweise kennt, durch diese Praxis beeinflußt wurde.

Bis zur Mitte des neunzehnten Jahrhunderts lernten die meisten, wenn auch nicht alle Zeichner das Architekturzeichnen durch Abpausen. So wurde Technik auf Kosten der Theorie gelernt. Auf der anderen Seite mußte man für die Beherrschung speziell der Orthogonalprojektion nicht nur mit dem Bleistift umgehen können, sondern auch die Konventionen der Anordnung und die Beziehungen, in denen die orthogonalen Ansichten normalerweise standen, verstehen. Den Stand des technischen Zeichnens um die Mitte des neunzehnten Jahrhunderts hielt das Vorwort eines der ältesten Lehrbücher zum Thema in knappen Zügen fest: William Binns' Buch *An Elementary Treatise on Orthographic Projection, Being a New Method of Teaching the Science of Mechanical Engineering Drawing*. Binns zufolge wurde sein erfolgreicher Kursus, der «das ABC der Darstellung jeder Art von technischen Konstruktionen» vermittelte, 1846 für die Studenten im Ingenieurcollege von Putney konzipiert. Binns stellt seine neue Methode älteren Lehrbüchern gegenüber und stellt fest:

... die gewöhnliche Lehrmethode ist ... nach der Kopie, wobei es Praxis ist, jedem Studenten der Klasse eine Zeichnung von einem oder mehreren Teilen einer Konstruktion vorzulegen, die er kopieren soll. Danach wird ihm eine andere Zeichnung, in der Regel eine kompliziertere, vorgelegt. Das geht so weiter, bis er einigermaßen mit seinen Instrumenten und Pinseln vertraut und schließlich in der Lage ist, eine sehr lobenswerte oder sogar ausgesprochen vollendete Zeichnung als Kopie zu machen. Wenn der Kopist jedoch am Ende von ein oder zwei Jahren Praxis eine Frontalansicht, eine Seitenansicht und einen Längsschnitt seines Bleistifts anfertigen soll oder einen Querschnitt seiner Instrumentenschachtel, wird er wahrscheinlich weder das eine noch das andere können.

Binns' Terminologie (*end elevation, side elevation, longitudinal section, transverse section*) ist im Englischen bis heute die Norm. Die Ansichten,

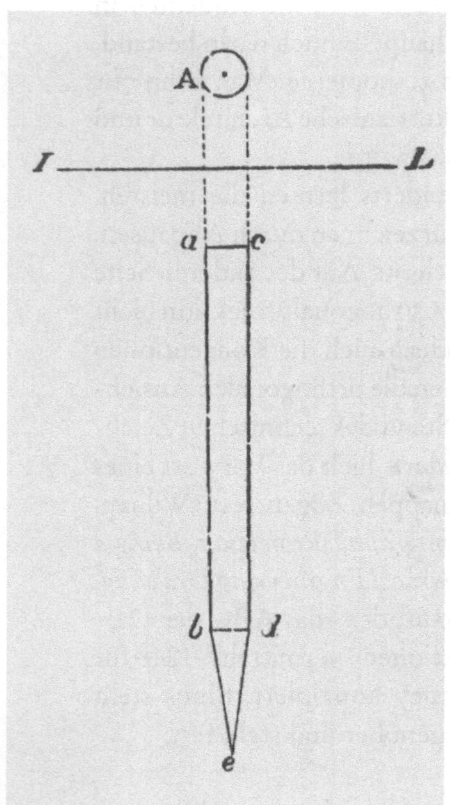 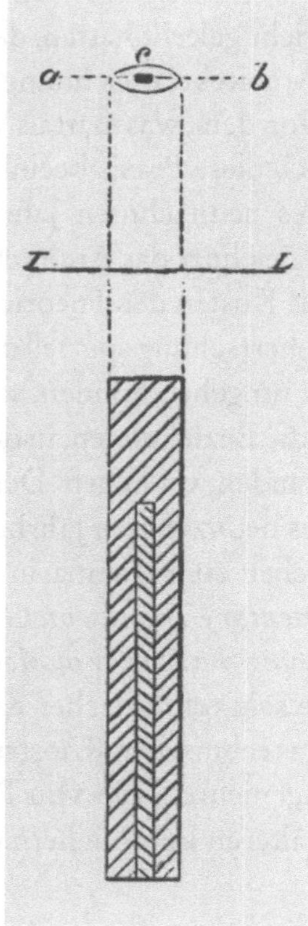

Links: William Binns' Ansicht und Aufsicht eines Bleistifts aus seinem Buch über die Orthogonalprojektion. *Rechts*: Binns' Endansicht und Längsschnitt eines Bleistifts, der so konstruiert ist, daß er nicht leicht vom Reißbrett rollt.

von denen er spricht, sind im wesentlichen die Ansichten des Radiergummis, der Spitze und des Schafts. Ein Längsschnitt des Bleistifts wäre eine Zeichnung seines Inneren, wie es sich nach einem geraden Schnitt mit der Säge, die Mine und Holz längs in zwei Hälften teilt, von der Spitze bis zum Radiergummi darbietet. Und ein Querschnitt zeigte das Innere, das nach einem Schnitt mit der Säge irgendwo parallel zum flachen Ende des Radiergummis offengelegt wird. Ein Querschnitt sehr nahe an der Spitze zeigte nur einen Kreis der Mine, ein Schnitt durch das konisch gespitzte Holz einen Holzkreis mit der Mine im Zentrum; ein Schnitt irgendwo im Hauptkörper des Bleistifts zeigte ein um die Mine zentriertes Sechseck, ein Schnitt durch den Ring einen dünnen Metallring, der entweder das Holz und die in ihm enthaltene Mine umgibt oder einen Radiergummi, je nachdem, wo der Schnitt angesetzt wird; und ein Schnitt durch den sichtbaren Teil des Radierers zeigte einen ausgefüllten Kreis Radiergummi.

Beim technischen Zeichnen entwickelte sich im Verlauf der Industriellen Revolution nicht nur die orthogonale Projektion zur üblichen Praxis, sondern es wurden bald auch die Herstellung und der Gebrauch von technischen Zeicheninstrumenten mehr oder weniger kodifiziert. Zeicheninstrumente haben ihren Ursprung in der Antike. Die Ägypter benutzten eine Schnur mit einer Schlaufe, um Kreise zu beschreiben, und die Römer verwendeten Zirkel aus Bronze und Lineale aus Holz und Elfenbein. Im zweiten Jahrhundert fertigte man dauerhafte Zeichnungen mit einer Rohrfeder, die mit Tinte die in Pergament oder Papyrus geritzten Linien nachzog.

Bis zum siebten Jahrhundert hatten Vogelfedern die Schreibrohre ersetzt, und während des Mittelalters wurde im Westen die Papierherstellung eingeführt. Der Gebrauch von Papier war in der Renaissance weit verbreitet, und man entwickelte das Verfahren, mit einem Silberstift Striche darauf zu produzieren. Bei diesem Verfahren wurde das Papier mit einer Grundierung versehen, die aus fein gemahlenem Bimsstein bestand, der in einer stark verdünnten Lösung von Leim und Mehlkleister suspendiert war. Wenn man mit einem Silberstift über dieses Papier fuhr, erhielt man eine Linie, die zwischen hellgrau und schwarz variierte, abhängig davon, wie man den Druck auf die Spitze veränderte. Leonardo verwendete diese Methode bei vielen seiner technischen Zeichnungen, über die er dann mit Tinte entweder mit dem Pinsel oder dem Federkiel ging.

Im sechzehnten Jahrhundert war die Herstellung von Zeicheninstrumenten in ganz Europa ein Gewerbe geworden, und im achtzehnten Jahrhundert war London bekannt für die Herstellung «mathematischer» Instrumente im allgemeinen. Aber ohne ein Zeichenmedium waren Instrumente nutzlos, und so gehörte nach Hubert Gautier de Nîmes, der 1716 die erste Abhandlung über den Brückenbau veröffentlichte, «der Graphitstab mit einer Feile zum Spitzen zur Ausrüstung des Militäringenieurs». George Washingtons Kasten mit Zeicheninstrumenten trägt das Datum 1749 und enthält einen Stechzirkel, zwei Einsatzzirkel mit auswechselbaren Schenkeln, einen Schenkel mit einem Bleistiftmineneinsatz, einen Schenkel mit einer Schreibfeder und einen Linierstift: Es ist im wesentlichen dieselbe Ausrüstung wie die, mit der Studenten zwei Jahrhunderte später noch zeichnen lernten. Washingtons Kasten enthielt mit ziemlicher Sicherheit auch noch Graphit oder Bleistiftminen extra. Zur Zeit Washingtons wurden Zeichnungen, ähnlich wie beim Gebrauch des

Silberstifts, zuerst mit Bleistift vorgezeichnet und später, wenn alle Linien vollständig waren, für die Reinzeichnung mit Feder und Tinte übermalt.

Beim technischen Zeichnen ist die Breite oder Stärke einer Linie von Bedeutung. Dicke, feste Linien werden für die sichtbaren Umrisse von Objekten verwendet, gestrichelte oder durchbrochene Linien deuten die verborgenen Teile von Objekten an, und dünne Linien werden für die Linien, die die Ausmaße angeben, gebraucht. Die Tintenfedern in Washingtons technischem Zeichenkasten konnte man für verschieden dicke Linien verstellen, weshalb sie gut dafür geeignet waren, in einer Reinzeichnung einer Linie die richtige Stärke zu geben. Der Zeichner brauchte sich nur darauf zu konzentrieren, seine Feder richtig zu führen und nicht in das Papier zu schneiden.

Der Gebrauch von Graphit war zu Washingtons Zeit sehr viel schwieriger. Um verschiedene Linienstärken zu erreichen, mußte man unterschiedlich spitze Bleistifte gebrauchen und unterschiedlich fest auf den Bleistift drücken. Deshalb stellten Bleistifte nach dem Conté-Verfahren einen großen Fortschritt dar. Da sie in unterschiedlichen Härtegraden herauskamen, konnte man Striche in unterschiedlichen Schwärzegraden dadurch bekommen, daß man die Bleistifte wechselte, statt den Druck auf ein einziges Stück Mine zu verändern. Sicherlich konnten gut ausgerüstete Zeichner überall bis Mitte des neunzehnten Jahrhunderts ihre Bleistifte genauso leicht austauschen, wie sie ihre Federn austauschten, um die Breite und Stärke ihrer Linien zu variieren.

Wo ständig Lehrbücher über technisches Zeichnen veröffentlicht wurden, äußerte man sich auch über den korrekten Gebrauch des Bleistifts, der sich unter den Zeichnern, Architekten und Ingenieuren herausgebildet hatte, damit die Studenten ihn (eher an der Hochschule als durch eine Lehre) erlernten. Zwar konzentrierten sich die meisten Lehrbücher, wie das von Binns, auf Themen wie die Prinzipien der Orthogonalprojektion, doch fast alle Bücher begannen bald eine Beschreibung der Zeichenutensilien des Ingenieurs einzuschließen. Besondere Aufmerksamkeit wurde oft der Auswahl und Vorbereitung und dem Gebrauch des Bleistifts geschenkt.

A.W. Faber hatte 1873 einen «nachfüllbaren» mechanischen Zeichenbleistift auf den Markt gebracht, der den Vorzug hatte, daß der Holzkörper nicht weggeschnitten werden mußte, sobald man mehr Mine brauchte, und daß er nicht selbst kürzer wurde, wenn die Mine kürzer wurde.

Trotzdem haben Architekten und Ingenieure dem klassischen Holzbleistift nie ganz den Rücken gekehrt. Bis heute ist der qualitätvolle Holzbleistift ohne Radiergummi, in der Regel Zeichenstift genannt, das am häufigsten in Lehrbüchern besprochene Instrument.

Viele Lehrbücher beschreiben ausführlich die Härtegrade und Bezeichnungen der Zeichenstifte. Obwohl die oberste Normbehörde der USA versuchte, die Bleistifthärten zu standardisieren, haben sie immer mitsamt ihren Bezeichnungen leicht variiert, je nach Fabrikant, Zeitpunkt der Herstellung und Quelle des Graphits und des Tons. Ein Chemiker fand zum Beispiel, daß der Kohlenstoffgehalt zwischen 30 und 60 Prozent schwankte bei einer Auswahl von verschiedenen Bleistiften, die alle dieselbe Härtegradbezeichnung trugen. Nichtsdestoweniger werden Bleistifte nach ihrem Härtegrad verkauft, gekauft und benutzt. Im allgemeinen wird der härteste erhältliche Bleistift mit 10H oder 9H bezeichnet und der weichste mit 7B und manchmal auch 8B oder 9B, je nach der Marke der Bleistifte. Daher läßt sich die ganze Liste der einundzwanzig Bleistifthärten vom härtesten zum weichsten so lesen: 10H, 9H, 8H, 7H, 6H, 5H, 4H, 3H, 2H, H, F, HB, B, 2B, 3B, 4B, 5B, 6B, 7B, 8B, 9B. (Die diesen Abstufungen entsprechenden Schreibbleistifte heißen heute ungefähr wie folgt: Nr. 1 = B, Nr. 2 = HB, Nr. 2½ = F, Nr. 3 = H und Nr. 4 = 2H.)

Ganz gleich, wie der Bleistift bezeichnet wird – die einzelnen Partikel der Mine, die er auf einer Schreiboberfläche hinterläßt, sind alle gleich schwarz. Aber ihre Größe und Zahl wird nach der Bleistifthärte und der Art der Schreiboberfläche variieren. Da Papier eine Masse von in Lagen angeordneten Fasern ist, wirkt es dadurch, daß es einen Teil der Bleistiftmine abreibt und in seinen kleinen Vertiefungen festhält, wie eine Feile. «Wie das Papier die Bleistiftzeile auffrißt», so sah es John Steinbeck. Die Schwärze des Strichs, die von einem bestimmten Bleistift auf einer bestimmten Art von Papier erzeugt wird, hängt von der Dichte des Abriebs ab, den die Mine hinterläßt. Da rauheres Papier stärker wie eine Feile auf die Bleistiftspitze wirkt als glattes Papier, braucht man einen relativ weichen Bleistift, um einen dunklen Strich auf einem relativ glatten Papier zu erhalten.

Ingenieure verwenden bei ihren technischen Zeichnungen im allgemeinen keine Bleistifte, die weicher als H sind, doch sie benutzen weichere Härtegrade zum Abpausen und Skizzieren. Architekten und Künstler bevorzugen gewöhnlich die weicheren Bleistifte, besonders in Kombina-

Härtegradtabelle

Abstrichproben der CASTELL-Minenhärten

Härtegradbezeichnungen	8B	7B	6B	5B	4B	3B	2B	B	HB	F	H	2H	3H	4H	5H	6H
Härtegradbezeichnungen bei Bestell-Nr.	08	07	06	05	04	03	02	01	00	10	11	12	13	14	15	16
zum Schreiben und Zeichnen						●	●	●	●	●						
zum Zeichnen, Skizzieren und Schraffieren	●	●	●	●	●	●	●	●	●	●	●					
lichtpausreif	●	●	●	●	●	●	●	●	●	●	●	●	●	●	●	
für technisches Zeichnen								●	●	●	●	●	●	●	●	
zum Zeichnen von Vermessungsplänen											●	●	●	●	●	●
zum Zeichnen auf harten Flächen																●
für Zeichenfolien mit leicht angerauhter Oberfläche									●	●	●	●	●	●	●	●

Härtegradtabelle der Firma A.W. Faber-Castell.

tion mit Strukturpapier. Die Bleistiftfabrikanten wissen das natürlich. Faber-Castell-Bleistifte sind zum Beispiel in Kästen gemäß ihrem Verwendungszweck abgepackt: Design-Set (5H bis 5B), Zeichner-Set (9H bis B) und Künstler-Set (2H bis 8B).

Für Metall und Stein verwendet man die härtesten Bleistifte, doch bei Papier wird die Wahl des Bleistifts gewöhnlich durch die Funktion der gewünschten Linien bestimmt. Wenn man damit graphische Berechnungen anstellen will, wo Genauigkeit von größter Bedeutung ist, dann bevorzugt man einen sehr harten Bleistift, da er extrem gespitzt werden kann und nicht so leicht abstumpft. Für dünne Linien auf technischen Zeichnungen kann man Bleistifte um 4H herum benutzen. Die meisten technischen Zeichnungen können mit Bleistiften näher an H ausgeführt werden, wobei Maschinenzeichnungen in der Regel mit 3H- und 2H-

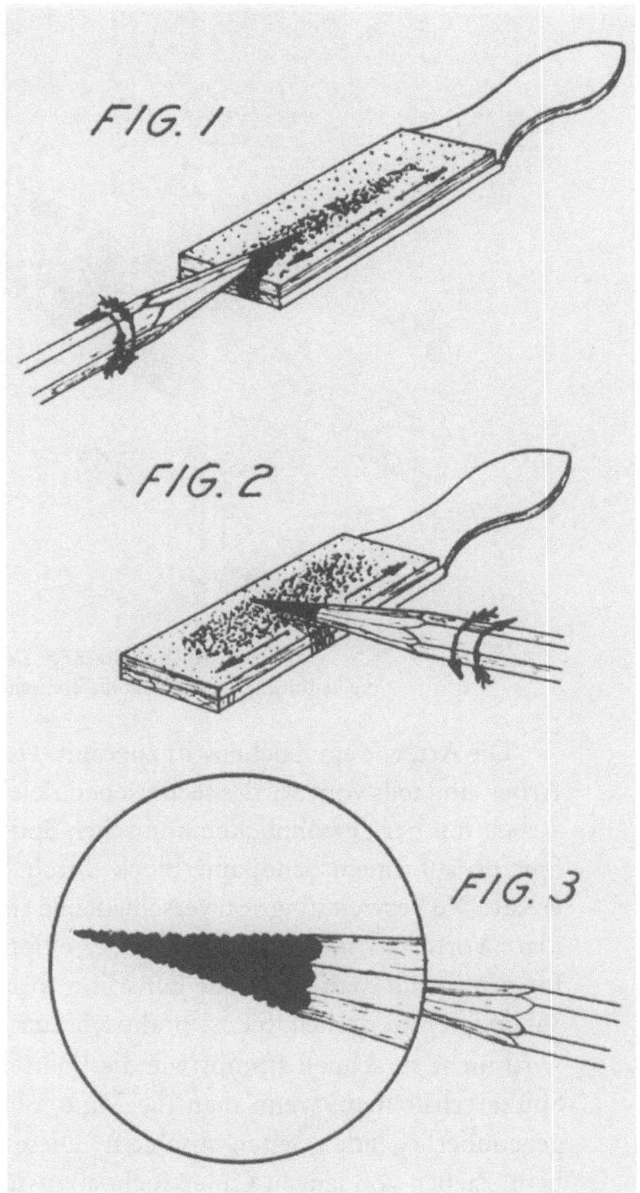

Bleistiften gemacht werden. Zeichnungen, von denen Blaupausen hergestellt werden sollen, können mit 2H- und H-Bleistiften angefertigt werden. Die Bleistifte mit der Bezeichnung 2B und weicher sind im allgemeinen für technische Zeichnungen nicht geeignet, da sie ständig gespitzt
werden müssen und zum Verschmieren neigen.

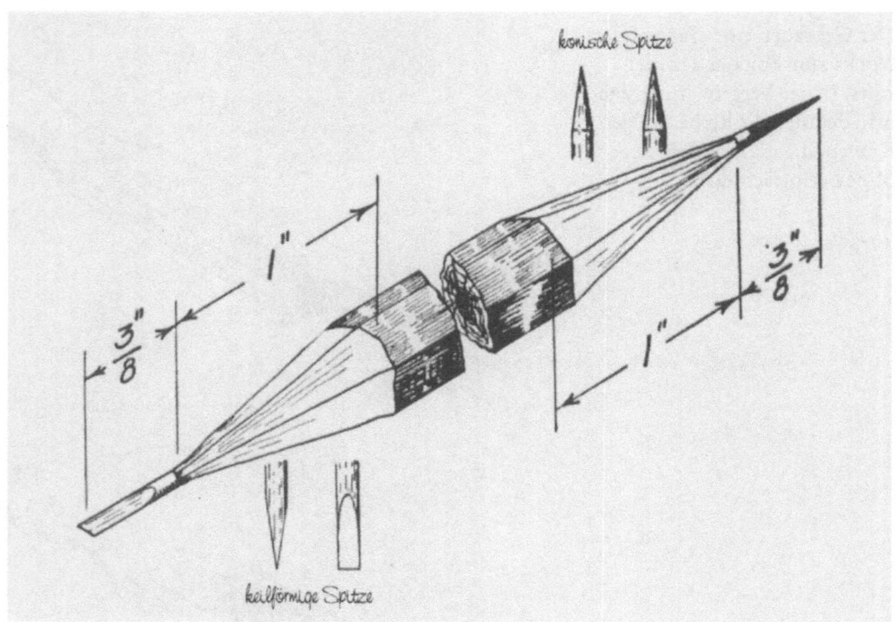

Zwei verschiedene Spitzen für Zeichenstifte:
die keilförmige (links) und die konische Spitze (rechts).

Die Art, wie ein Zeichenstift zugespitzt ist, hängt teils von der Art der Arbeit und teils vom Stil des technischen Zeichners ab. Zwar läßt sich jede Arbeit mit der gewöhnlichen konischen Spitze ausführen, die man beim Spitzen auf einem Sandpapierblock durch Drehen des Bleistifts leicht erhält. Die Verwendung von verschiedenen anderen Spitzen hat allerdings klare Vorteile. Eine abgeschrägte oder elliptische Spitze läßt sich leicht formen, wenn man eine Seite der Mine abschmirgelt, ohne sie auf dem Sandpapier zu drehen. Sie ist praktisch zum Zeichnen von Kreisen und wird nicht so schnell stumpf wie die konische Spitze. Eine keilförmige Spitze erhält man, wenn man die Mine, ohne sie zu drehen, auf zwei gegenüberliegenden Seiten abschleift. Diese Spitze besitzt den Vorzug, beim Ziehen von langen Linien nicht abzustumpfen. Außerdem sitzt die flache Seite der Spitze flach auf der Reißschiene und anderen Linealkanten und hält so die Linie gerade. Einige Lehrbücher schlagen sogar vor, beide Enden eines Zeichenbleistifts, der traditionell keinen Radiergummi besitzt, unterschiedlich zu spitzen. Es sind die Form der Spitze und die Härte des Bleistifts und nicht der auf ihn ausgeübte Druck, die die Stärke der Linie bestimmen sollen.

     DER BLEISTIFT

Dadurch, daß er einen Sandpapierblock zum Spitzen von Zeichenstiften verwendete, konnte der Ingenieur seiner Mine genau die Form geben, die er für seine Arbeit wollte. Doch diese Methode war auch sehr schmutzig und konnte verheerende Folgen haben. Denn sie erzeugte immer viel Staub, der jede Zeichnung ruinieren konnte, wenn er auf sie geriet. Deshalb rieten die Lehrbücher den Studenten auch, ihre Sandpapierblöcke in Umschlägen aufzubewahren und ihre Bleistifte nicht über ihrer Arbeit zu spitzen.

Trotz des Schmutzes, der beim Bleistiftspitzen entstand, war der richtig gespitzte Bleistift die Grundlage der technischen Zeichnungen von außergewöhnlicher Schönheit, die im achtzehnten Jahrhundert aufkamen. Man begann Bleistift- und Federzeichnungen zu kolorieren, wobei die verschiedenen Farben unterschiedliche Materialien und Funktionen der Bau- und Maschinenelemente anzeigten. Diese Praxis erreichte ihren Höhepunkt in den kolorierten technischen Zeichnungen des neunzehnten Jahrhunderts. Bevor eine solche Zeichnung mit Tinte ausgeführt oder koloriert werden konnte, wurde sie vollständig mit Bleistift vorgezeichnet. Wenn man den Bleistift richtig gebrauchen wollte, mußte man aber nicht nur die richtigen Linien an der richtigen Stelle zeichnen, sondern auch darauf achten, daß das Papier nicht von der Bleistiftspitze eingekerbt wurde.

Farbe verwendete man noch bis zum Anfang des zwanzigsten Jahrhunderts, jedoch zunehmend seltener, als sich Kopiermethoden verbreiteten, die keine Farben reproduzieren konnten. Seit den siebziger Jahren des vorigen Jahrhunderts gab es Blaupausen, und die Praxis, bei Zeichnungen verschiedene Farben zu verwenden, war 1914 praktisch verschwunden. 1925 wurden einige Zeichnungen nur noch mit Bleistift ausgeführt, was dann innerhalb von zehn Jahren allgemein üblich wurde. Für eine Reinzeichnung einen Bleistift zu verwenden bedeutete, daß man die Linien dick machen mußte; trotzdem mußte man harte Bleistifte nehmen, um scharfe Linien zu erhalten und um Verschmieren zu vermeiden, damit man Qualitätsreproduktionen und Blaupausen direkt von den Bleistiftzeichnungen anfertigen konnte. Doch Zeicheninstrumente waren lange Zeit nur in leichter Bauweise und aus weichen Materialien gemacht worden, da man nur wenig Druck auf sie ausüben mußte, um entweder Feder- oder Bleistiftlinien zu ziehen. Das Zerbrechen der alten und die erwartete Knappheit an neueren Instrumenten aus Deutschland schufen offenbar einen neuen Markt für strapazierfähige Zeichenutensilien. Ein amerikanischer Hersteller sprach sich für die neue Art zu zeichnen mit dem Argument aus, daß für den Bau eines erstklassigen Kriegsschiffes «drei große Lastwagenladungen (180000 Pfund) Zeichnungen» nötig waren, und daß Zeichnungen nach der alten Art unter dem Druck des Krieges schon «veraltet» gewesen wären, «bevor sie mit Tinte hätten nachgezeichnet werden können».

Eines der Hauptanliegen einer guten technischen Zeichnung war die Qualität der Kopien, die man von ihr anfertigen konnte. Tusche hatte den Vorteil der Schwärze, aber für den Bleistift sprach seine Schnelligkeit. Allerdings verschmierten sowohl Tusch- als auch Bleistiftzeichnungen leicht, besonders wenn sie Wasser oder Schweiß ausgesetzt waren, und bei jedem Gebrauch und jeder Überarbeitung wurden die Linien schwächer und die Zeichnungen schmutziger. Mit dem Aufkommen der wasserfesten Mylar-Polyesterfolie als Ersatz für Papier und mit der Entwicklung von für ihre Oberfläche geeigneten Bleistiften wurde es möglich, abwaschbare Zeichnungen anzufertigen. Neue Zeichenstifte wurden entwickelt, die Plastik enthielten und besser auf der Mylar-Zeichenfolie hafteten. Dieses neue Verfahren hatte zwar eindeutige Vorzüge bei der Anfertigung von haltbaren Originalzeichnungen und sauberen Kopien, doch bot es dem Zeichner keine unmittelbaren Vorteile. Die neuen Stifte hatten eine ungewohnte Härteskala, sie ergaben keine sehr dicht aussehenden Linien, ihre Striche konnte man nur schwer wieder ausradieren, sie fühlten sich «kreidig» an, und ihre Spitzen brachen leicht ab. Um der völligen Ablehnung des neuen Zeichenmediums vorzubeugen, lancierte die Keuffel & Esser Company, die die Herculene-Zeichenfolie auf den Markt gebracht hatte und mit Staedtler bei der Entwicklung des kompatiblen Duralar-Stifts zusammenarbeitete, um 1960 einige Anzeigen, die verschiedene Anwendungsmöglichkeiten empfahlen, um «den Weg zur Akzeptanz zu ebnen».

Das Ende der Bleistiftzeichnungen, ob auf Papier oder Folie, haben die Befürworter computergestützter Systeme prophezeit, aber es ist unwahrscheinlich, daß das Zeichnen von Hand jemals ganz verschwinden wird, auch wenn immer weniger Ingenieurstudenten richtige Zeichenkurse belegen. Bis vor kurzem war Zeichnen für alle angehenden Ingenieure Unterrichtsfach, und die Lehrbücher unterschieden sich kaum von denen der Jahrhundertwende. Für erfolgreiches Konstruieren genügen jedoch selbst die schönsten Zeichnungen noch nicht. Es gibt bei Ingenieuren den beliebten Spruch: «Jeder Narr kann eine Schraubenmutter mit dem Bleistift anziehen» – aber es bedarf der Umsicht des Ingenieurs, dafür zu sorgen, daß ein Maschinist auch den Platz finden kann, wo er die wirkliche Schraube mit seinem Schraubenschlüssel richtig festziehen kann.

Kapitel 16

Die Spitze des Bleistifts oder: Der Sinn der Sache

Das Bleistiftspitzen kann beim Arbeiten eine lästige Unterbrechung sein, deshalb ist es wichtig, daß eine frisch gespitzte Mine nicht so leicht abbricht und der Bleistift möglichst lang spitz bleibt. Der Bleistifthersteller muß also nicht nur Bleistifte mit Minen in verschiedenen Härtegraden produzieren, die ohne Verschmieren gleichmäßig schreiben und deren ausradierbarer Strich einheitlich schwarz ist. Sondern er muß auch Minen fabrizieren, die sich möglichst fein spitzen lassen, aber dennoch nicht so brüchig und schwach sind, daß sie unter dem Druck einer (möglicherweise schweren) Hand leicht abbrechen.

Es ist nicht leicht, die richtige Kombination von geeignetem Graphit und Ton zu finden, die richtige Methode, sie zu reinigen und zu vermischen, die richtige Temperatur und den richtigen Druck, um sie so zu verarbeiten, daß die Mine glatt, hart, widerstandsfähig und stabil wird, und das geeignete Mittel, die Mine mit ihrem richtig fabrizierten Holzgehäuse zu verbinden, so daß der Bleistift seine Spitze behält. Doch das ist genau die Art von Problem, mit dem sich Ingenieure ständig konfrontiert sehen, ob sie nun Bleistifte herstellen oder Brücken bauen – ein Problem, das die Suche nach konkurrierenden Eigenschaften zu konkurrierenden Preisen mit einschließt. Man bekommt eine erwünschte Eigenschaft oft nur auf Kosten einer anderen. Denn wie sich die Eigenschaften komplizierter Materialien mit veränderten Bestandteilen und Verarbeitungsmethoden ändern, läßt sich nicht immer leicht vorhersagen. Das gilt für Bleistiftminen ebenso wie für Beton. Materialien synthetisch herzustellen bedeutet immer auch, Kompromisse einzugehen.

Da Kompromisse notwendigerweise Einschätzungsfragen mit sich bringen und eine Einschätzung immer etwas Subjektives ist, wird die Suche nach der «besten» Kombination der Bestandteile und der «besten» Methode, sie zu einem Bleistift oder einer Brücke zu verarbeiten, notgedrungen eine ganze Auswahl von Bleistiften und Brücken erzeugen, die ihre jeweiligen Konstrukteure für die «besten» halten. Ein besserer Bleistift kann ein billigerer sein, der genausogut schreibt wie alles, was bisher auf dem Markt ist, oder ein teurerer, der besser zeichnet als jeder andere. Ein Echo der von J. Thoreau & Company im neunzehnten Jahrhundert erhobenen Ansprüche, daß ihre verbesserten Bleistifte allen anderen überlegen seien, findet sich auch in den Katalogen und Werbeschriften späterer Bleistiftfabrikanten. Ihre Worte zeigen, daß sie sich der Erwartungen kritischer Bleistiftbenutzer durchaus bewußt waren. Ein Bleistifthersteller hob etwa auf die Zusammensetzung der Mine ab und versicherte dem Käufer, daß sie «spitz wie eine Nadel auch unter starkem Druck nicht abbricht». Ein anderer betonte die Bedeutung einer «stabileren Mine-Holz-Verbindung für maximale Spitzenfestigkeit». Und der Katalog eines weiteren Herstellers bot 1940 den «am gleichmäßigsten schreibenden Bleistift mit der stabilsten Spitze!» an.

Daß die Bleistiftspitzen zu leicht abbrachen, war ein chronisches Problem der Bleistiftindustrie. Oft zerbrachen sie als erstes gleich im gespitzten Holzkegel und rissen ihn unter dem kleinsten Druck auf. Zu verstehen, warum und wie das passierte, ermöglichte es, den Fehler zu korrigieren, indem man das Herstellungsverfahren änderte. Nicht zufällig lieferte es dann die Grundlage für einen Werbespruch. Aber manchmal gingen die Bleistiftfirmen in ihren Behauptungen, die sie nicht beweisen konnten, zu weit und wurden gezwungen, sie zurückzunehmen. Obwohl das Bundesgewerbeamt der USA durchaus keine Absicht hatte entdecken können, die Käufer irrezuführen, brachte es 1950 die Eberhard Faber Company dazu, nicht länger zu behaupten, daß Laboruntersuchungen bewiesen hätten, daß Mongol-Stifte um 29 Prozent spitzer seien.

Im Gegensatz zu Untersuchungen, die Werbesprüche «beweisen» sollen, ist die echte technische Forschung und Entwicklung, die sich mit der Erforschung neuer Materialien und ihrer Kombinationsverfahren befaßt und die stattfinden muß, bevor es überhaupt zu Produkttests kommen kann, nur selten außerhalb des Labors Gegenstand mündlicher oder schriftlicher Erörterungen. Selbst die technischen Details des Herstellungsverfahrens sind bis heute nur vereinzelt im Druck erschienen. Dies liegt zum Teil am Interesse der Ingenieure, im Gegensatz zu den Wissenschaftlern lieber zu anderen Dingen überzugehen, als mit Worten auf Papier zu beschreiben, was sie schon mit richtigem Graphit und Holz ausgeführt haben. Außerdem fördert das Wesen der betrieblichen Forschung und Entwicklung auch die Geheimniskrämerei. Als 1960 zum Beispiel eine neue Bleistiftmine von einem der größeren Bleistifthersteller entwickelt worden war, wurde dies nicht etwa auf einem Technikerkongreß oder in einer Fachzeitschrift bekanntgegeben, sondern, zeitgleich mit dem Beginn einer Werbekampagne, auf den Werbeseiten der *New York Times*.

Die Einzelheiten der Tätigkeiten in den Forschungsabteilungen der Bleistiftunternehmen bleiben zum Teil deshalb fast undokumentiert, weil sich die Firmen einen Wettbewerbsvorsprung erhalten wollen. Aber es gibt auch noch einen anderen Grund dafür, daß es nur wenig «wissenschaftliche» oder «technische» Literatur über die Herstellung von Bleistiften und anderen scheinbar einfachen, doch in Wirklichkeit komplizierten Produkten der Technologie gibt, die sich über lange Zeit aus dem Handwerk heraus entwickelt haben. Die «Wissenschaft» eines Bestandteils oder eines Verfahrens zu kennen ist nicht das gleiche wie zu verstehen, wie dieser Bestandteil oder dieses Verfahren das fertige Produkt beeinflußt. Die Beherrschung der chemischen Formeln für Graphit und Ton und der Thermodynamik des Brennofens allein reicht nicht im entferntesten dazu aus, eine bessere Bleistiftmine herzustellen.

Sherwood Seeley, der in der Auflage der *Encyclopedia of Chemical Technology* von 1964 über die Verwendung natürlichen Graphits schrieb, erwähnt nebenbei, daß es keine Formel zur Bestimmung des besten Tons gibt, obwohl die Qualität der Bleistiftmine nicht nur von der Qualität des Graphits, sondern auch von der des verwendeten Tons abhängt. Geeignete Tone sind, wie er ausführt, kommerziell als «Bleistifttone» bekannt, und die besten kommen aus Bayern. Doch selbst mit «dem umfassenden Wissen des Keramikers ist das einzige hinreichende Kriterium für einen Ton für Bleistiftminen das Ergebnis von Tests, die mit aus diesem Ton gemachten Bleistiftminen durchgeführt wurden».

Wie der Keramiker, der recht viel über die chemischen, thermischen und mechanischen Eigenschaften von Tonen wissen dürfte, letztlich auf Tests mit realen Bleistiftminen zurückgreifen muß, um zu entscheiden, welche Tonmischung mit welcher Ofentemperatur am besten für Bleistiftminen geeignet ist, so muß auch der Ingenieur im allgemeinen jeden vorgeschlagenen Entwurf dem physikalischen Test unterziehen. Aber wenn das der Fall ist, welche Rolle spielt dann die theoretische Ingenieurwissenschaft bei der Entwicklung von Bleistiften und überhaupt bei Produkten der Technik?

Auch wenn der Keramiker nur durch ein Experiment eindeutig bestimmen kann, welche Bleistiftmine sich besser als eine andere verhält, wird er trotzdem aus seinen bisherigen Forschungen und aus seiner Erfahrung folgern können, daß bestimmte erwünschte Eigenschaften in der Regel mit bestimmten Bestandteilen und Herstellungsbedingungen korrelieren. Der Keramiker wird eine Bleistiftmine als «einen gebrannten Keramikstab aus einer Ton-Graphit-Mischung» ansehen. Er wird Gründe dafür angeben können, weshalb natürlicher Graphit besser ist als künstlicher, warum eine mit Wachs imprägnierte Mine beim Gebrauch nicht glasig wird, wieso die besten Ofentemperaturen zwischen 800 und 1000 Grad Celsius liegen und inwiefern der Härtegrad vom Tonanteil abhängt und die Erhöhung des Tonanteils die Mine stabilisiert.

Die Stabilität der Bleistiftminen ist eine besonders wichtige Eigenschaft, wie man den Werbesprüchen der Bleistiftfabrikanten entnehmen kann. Zwar dürfte der Keramiker oder Materialwissenschaftler verstehen, auf welche Weise Faktoren wie Qualität und Zusammensetzung des Tons die Stabilität eines «gebrannten Keramikstabs» beeinflussen können, doch es bleibt einem speziellen Typ von Ingenieurwissenschaftler, dem Mechaniker nämlich, vorbehalten, eine mechanische Erklärung für den Einfluß von Faktoren wie Schreibwinkel und -druck, Form, Länge und Gespitztheit der Bleistiftspitze auf ihre Stabilität zu liefern. Zwar ist die Fähigkeit, die Wirkungen dieser und anderer Faktoren *empirisch* vorherzusagen, durch jahrhundertelange Erfahrung erworben worden – so, wie die Fähigkeit, Himmelsphänomene vorauszusagen, durch die jahrtausendelange Beobachtung der Planetenbewegungen erworben worden war. Trotzdem ist eine *mechanische* Erklärung der Stabilität der Bleistiftspitze wünschenswert, genau wie eine Theorie der Planetenbewegung, wenn auch zu dem ausschließlichen Zweck wissenschaftlicher Erkenntnis. Nun hat die Vorhersage, wann und wo eine Bleistiftspitze bricht, nicht die kosmologische Bedeutung der Vorhersage, wann und wo ein Komet zurückkehrt, doch der Bleistift-Ingenieur kann, anders als der Naturphilosoph, sein

Verständnis mechanischer Phänomene dazu benutzen, den Lauf der Dinge konkret zu verändern.

Eine Bleistiftspitze folgt den Naturgesetzen, unabhängig davon, ob sie in den theoretischen Gleichungen der Elastizität und der Materialfestigkeit formuliert sind. Aber obwohl Gleichungen aus Bleistiftspitzen fließen können und stabilere Bleistiftspitzen ihrerseits auf Gleichungen folgen können, gibt es keine Hinweise darauf, daß irgendein theoretisches Werk die grundsätzliche Entwicklung des Bleistifts besonders beeinflußt hätte. Die ersten Bleistifte sind mit Sicherheit nicht das Resultat von Gleichungen. Doch bessere Bleistifte können das durchaus sein.

Zuweilen können sowohl Theorie als auch Praxis durch gegenseitiges Geben und Nehmen Fortschritte machen. Im Falle der Brücken, in dem eine lange Geschichte von wirklichen Bauwerken, die Maurer und Zimmerleute gebaut hatten, die Bautheorie über wissenschaftliche Kenntnislücken hinweg zu neuen Grenzen der Erfahrung trug, half wiederum auch die wachsende Menge an Theorien, innovative und gewagtere Brücken zu konstruieren. Aber ein Erzeugnis wie der Holzbleistift, der eher in großen Mengen fabriziert als in Unikaten gebaut wird und deshalb im Falle einer Fehlkonstruktion vielleicht eher ein Familienvermögen als die Gesundheit und Sicherheit einer Gemeinde aufs Spiel setzt, kann sich bis zum ausgereiften Produkt entwickeln, ohne daß dafür irgendwelche Gleichungen nötig sind, die *a priori* sein Verhalten erklären.

Doch die Tatsache, daß die Entwicklung eines bestimmten technologischen Produkts nicht auf einer theoretischen Grundlage beruht, heißt nicht, daß man eine theoretische Erklärung des Produkts und seines Verhaltens nicht entwickeln könnte oder sollte. Die Stärke der Ingenieurwissenschaft, die für moderne Forschung und Entwicklung unverzichtbar ist, liegt in ihrer Fähigkeit, zu verallgemeinern und zu erklären, warum bestehende Dinge funktionieren, ob es sich nun um Dampfkessel oder Bleistiftspitzen handelt, und dadurch vorherzusagen, wie neue und verbesserte Dinge wohl funktionieren werden. So wird sie unmittelbar zur Quelle von neuen und verbesserten Entwürfen. Aber theoretische Antworten und Vorhersagen gibt es erst, wenn interessante Fragen gestellt werden. Und diese Fragen werden gewöhnlich durch ein Versagen oder durch einen Mangel eines schon existierenden technologischen Produkts provoziert.

Im Jahr 1638 suchte Galilei, durch das unerklärliche Zerbersten großer Schiffe und andere Katastrophen motiviert, zu bestimmen, wie lang ein Holzbalken sein mußte, um ein bestimmtes Gewicht zu tragen. Er fragte sich, wie der ideale, sich verjüngende Balken aussehen müsse, damit er nicht dicker als unbedingt nötig sei. Galileis Balken war in eine Mauer eingelassen und das Gewicht am frei ausladenden Ende aufgehängt; heute nennt man das einen Freiträger. Selbst dieses für moderne Verhältnisse so elementare Problem erwies sich für Galilei als schwierig, so daß er dieser Frage zwei Tage seiner Schrift *Unterredungen und mathematische Demonstrationen über zwei neue Wissenszweige, die Mechanik und die Fallgesetze betreffend* widmete.

Das Problem der Stabilität der Bleistiftspitze ist im wesentlichen das von Galileis Freiträger, nur drückt der Schreibende die Spitze auf das Papier, statt daß ein Gewicht an ihrem Ende hängt. Und genau wie Galileis Balken fest in der Wand verankert werden mußte, damit er das Gewicht aushielt, so muß die Bleistiftmine fest im Holz verankert werden. Ganz egal, wie stark der Balken ist – wenn man nur genügend Gewicht an sein Ende hängt, läßt er sich aus der Wand reißen, wenn das Mauerwerk nicht stabil genug ist. Wie ein Holzbalken das bröckelnde Mauerwerk, so sprengt eine lose Bleistiftmine in einem schlechten Holzschaft das Holz auf und bricht am «Druckpunkt» ab, wie das ein Hersteller einmal nannte.

Bleistiftminen werden in geschmolzenes Wachs getaucht, um sie für gleichmäßigere Schreibeigenschaften zu imprägnieren. Jedes Graphit- und Tonpartikel wird mit einem Gleitfilm aus Wachs überzogen, aber dadurch bleibt der Leim, der die Mine mit dem Holz verbinden soll, nur schwer an ihr haften. Verschiedene Bleistiftfirmen haben dieses Problem auf verschiedene Weisen angepackt, aber alle hatten das gleiche Ziel: eine bessere Verbindung zwischen Holz und Mine zu schaffen, um an der Bleistiftspitze den Widerstand gegenüber der Schreibkraft zu verstärken.

1933 gelang es der Forschungsabteilung der Eagle Pencil Company, das Holz am Splittern zu hindern, indem sie sowohl die Verbindung verbesserte als auch das Holz selbst strapazierfähiger machte. Zuerst wurde der äußere Wachsfilm verkohlt, indem man die Mine in ein Bad mit Schwefelsäure eintauchte. Dann wurde die Mine in Kalziumchlorid getaucht, wodurch sich ein Schutzfilm aus Gips auf der Oberfläche ablagerte. Außerdem wurde das Holz mit einem harzigen Bindemittel imprägniert, das die Fasern mit einer widerstandsfähigen Hülle umgab, die unter dem Druck der Mine nicht so leicht zersplitterte. Der Standardleim der Bleistiftindustrie, Hautleim, konnte dann die Mine und das Holz besser

als je zuvor zusammenhalten. Diese Kombination aus Minen- und Holz-
behandlung nannte Eagle das «Chemi-Sealed»-Verfahren. Damit konnte
das Unternehmen bei seinen Mikado-Bleistiften die Stabilität der Spitze
angeblich um 34 Prozent erhöhen, was die Verkaufszahlen um 40 Prozent
steigerte. Andere Hersteller entwickelten ihre eigenen Methoden für eine
stabilere Bleistiftspitze. So ließ sich beispielsweise Faber-Castell ein Verfahren patentieren, durch das die Minen fest mit dem Holz «verschweißt»
wurden («Secural-Verfahren»). Die verschiedenen Verfahren verhinderten außerdem, daß die Mine im Holz zerbrach, wenn man den Bleistift
fallen ließ.

Bleistift-Ingenieure, die in der Zurückgezogenheit ihrer Unternehmen arbeiteten, dürften sich zwar die Frage gestellt und sicher auch zu
ihrer eigenen Zufriedenheit beantwortet haben, wie und warum genau
Bleistiftspitzen so brechen, wie sie brechen. Doch das aus der Handwerkstradition übernommene Erbe der Geheimniskrämerei scheint die
Forscher davon abgehalten zu haben, in der Fachliteratur der Ingenieurwissenschaft auch nur eine Randbemerkung zu diesem Thema zu machen. Das meiste, was überhaupt veröffentlicht wird, erscheint in Ver-
kaufs- und Werbeprospekten, wo erfolgreiche Kampagnen beschrieben
werden.

Mine und Holz miteinander zu verbinden bedeutete jedoch nicht, daß
Bleistiftspitzen von nun an nicht mehr abbrachen, wie jeder Benutzer
weiß. Wenn man die Bleistiftspitze da verstärkt, wo sie in den Holzschaft
eintritt, so heißt das, daß der Ort der geringsten Stabilität jetzt woanders
sein muß. Niemand scheint öffentlich die Frage gestellt zu haben, wo und
wie Bleistiftspitzen brechen, bis 1979 ein unabhängiger Ingenieur, Donald
Cronquist, einen Artikel im *American Journal of Physics* veröffentlichte.
Wie viele technisch-wissenschaftliche Artikel wird auch dieser mit einer
Beobachtung und der Einführung eines Akronyms eingeleitet:

*Vor einiger Zeit räumte ich meinen Schreibtisch auf, nachdem ich
einen ungewöhnlich langen, handgeschriebenen Rohentwurf fertiggestellt hatte. Ich stand vor einem Rätsel, als ich eine sehr große
Zahl von abgebrochenen Bleistiftspitzen (BOPPs [für englisch
broken-off pencil points]) zwischen und hinter den Büchern und
anderen Nachschlagewerken auf meinem Tisch entdeckte. Die
BOPPs waren dem Anschein nach zu diesen Verstecken geströmt,*

Da Cronquist im Spitzvorgang oder in der Beschaffenheit der Mine selbst
keine Erklärung für die Größe und Form eines BOPP finden konnte,
suchte er die Antwort in der physikalischen Form der Bleistiftspitze und
in den auf diese ausgeübten Kräften. Also betrachtete Cronquist – wie ein
typischer Ingenieurwissenschaftler – die gespitzte Bleistiftmine als nächstes wie einen stumpfen Kegel, der aus der Holzeinfassung ragt. Seine
Frage ist im wesentlichen die gleiche, die sich Galilei stellte, als er sich über
die Bruchfestigkeit eines aus der Wand ragenden Freiträgers Gedanken
machte.

Obwohl Galilei das Problem nicht vollständig löste, liefert die inge-
nieurwissenschaftliche Theorie der Materialfestigkeit, die sich aus seinen
ersten großen Versuchen entwickelte, die mathematische Grundlage zur
Beantwortung der Frage. Zwar verwendet Cronquists Analyse Gleichungen, die die Kräfte in der Bleistiftspitze realistischer darstellen, doch seine
Methode ist im wesentlichen noch die Galileis, wie bei jedem anderen
modernen Ingenieurwissenschaftler auch. Cronquist stellte Hypothesen
auf über die Art und Weise, wie Papier auf den Druck einer Bleistiftspitze
reagiert und dadurch Kraft auf sie ausübt. Er nahm dann an, daß diese
Kraft auf den stumpfen Kegel wie auf einen Freiträger wirkt, der nach
oben gebogen wird. Die kegelförmige Bleistiftspitze wird folglich auf der
Papierseite gedehnt. Cronquist berechnete dann die Intensität der Span-
nungskräfte innerhalb des Bleistiftspitzen-«Balkens» in einer bestimmten
Entfernung von der äußersten Spitze. Er wandte eine Mathematik an, die
nicht komplizierter ist als die Grundrechenarten, und bestimmte dann, an
welchem Punkt die Intensität der inneren Kräfte, die die Tendenz haben,
in der Spitze Risse zu erzeugen, größer ist als die Widerstandsfähigkeit
der Mine. Da genau an dieser Stelle die Spitze aller Wahrscheinlichkeit
nach bricht (unter der Voraussetzung, daß die Mine einheitlich stabil ist
und keine Kerben hat), enthielten Cronquists Gleichungen eine theoretische (und quantitative) Voraussage, welche Größe und Form eine abgebrochene Bleistiftspitze haben würde, und er konnte seine Vorhersage mit
den experimentellen Daten vergleichen, die auf seinem Schreibtisch her-
umlagen.

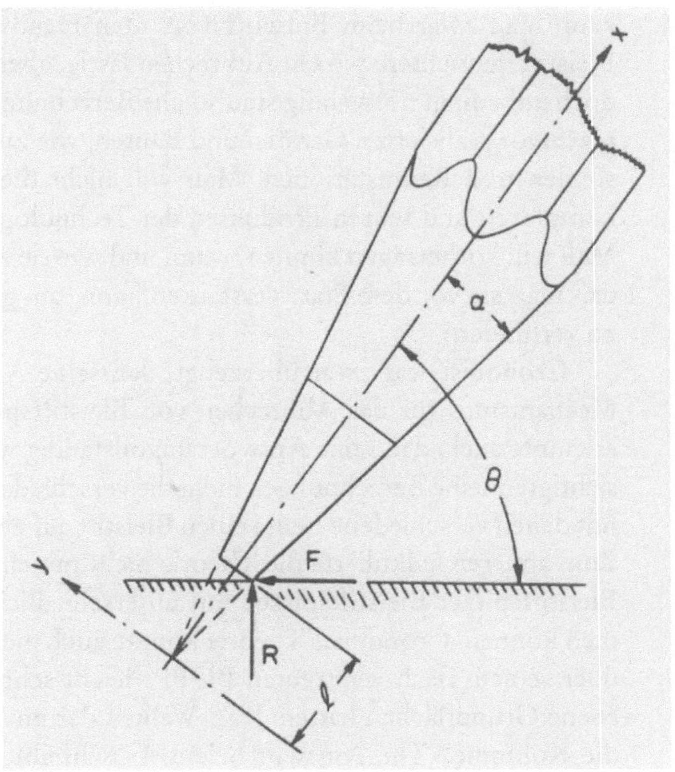

Nach Cronquists Gleichungen herrscht die größte Spannung in der Bleistiftmine an dem Punkt, wo der Durchmesser der Mine um fünfzig Prozent größer ist als der Durchmesser der Spitze. Da ein Bleistift in der Realität nicht perfekt auf die Stärke einer Nadelspitze gespitzt wird, sondern ein wenig stumpf ist, lautet die theoretische Vorhersage so: Wenn der Bleistift zu fest gegen das Papier gedrückt wird, bricht ein Stück ab, das die Form eines Kegelstumpfs hat, dessen Durchmesser von Grundfläche und Scheitel im Verhältnis drei zu zwei stehen. Nach Cronquists Ergebnis gilt für jeden beliebigen Bleistift: Je spitzer seine Spitze ist, desto leichter bricht sie und desto kleiner ist der BOPP. Cronquists Ergebnis sagt also auch, was Kinder aus der Erfahrung lernen: Die Frustration ist geringer, wenn man mit einer stumpferen Spitze schreibt. Aber unabhängig davon, wie spitz oder stumpf die Spitze ist: Wenn man zu stark darauf drückt, bricht sie ab, und alle BOPPs werden geometrisch ähnlich sein. Dies ist die Art von Verallgemeinerung, die man mit theoretischen Berechnungen erreichen kann. Auf sie kann man zwar beim Entwurf von alten Handwerksartikeln wie dem Bleistift verzichten, wo ein Abbrechen lästig, aber keine Katastrophe ist, doch unbedingt notwendig sind solche Berechnungen bei Entwürfen von nie zuvor realisierten Geräten und Bauten, wie zum Beispiel von Raumsonden und Raumstationen. Man will nicht die Bruchteile von solch komplexen und teuren Produkten der Technologie analysieren müssen. Man will vorhersagen können, wann und wie sie zerbrechen könnten, so daß man sie vor dem Start verstärken kann, um genau diese Fehlschläge zu verhindern.

Cronquist war zwar überzeugt, daß seine Analyse allgemein einen Mechanismus für das Abbrechen von Bleistiftspitzen erklärte, doch er erkannte auch, daß seine Antwort unvollständig war. Zum einen berücksichtigten seine Berechnungen nicht die verschiedenen Arten und Weisen, mit denen verschiedene Leute einen Bleistift auf ein Blatt Papier drücken. Zum anderen kalkulierte die Theorie nicht mit ein, daß unterschiedliche Bleistiftspitzer Bleistiftspitzen mit unterschiedlichen Kegelwinkeln formen können. Cronquists Theorie konnte auch nicht erklären, warum die über seinen Tisch verstreuten BOPPs leicht schräge Bruchebenen statt ebene Grundflächen hatten. Jearl Walker, der im *Scientific American* für die Kolumne «The Amateur Scientist» schreibt, berichtete von seinen eigenen Experimenten, die Cronquists Vorhersagen über BOPPs bestätigten, solange der Bleistift im gleichen Winkel gehalten wurde; aber auch Walker konnte nicht erklären, warum die Bleistiftpitze nicht genau senkrecht zur Mine abbrach.

Es gehört zum Wesen der Ingenieurwissenschaft, wie zu jeder Wissenschaft, daß Fragen, die nur unvollständig beantwortet werden, die Aufmerksamkeit anderer Wissenschaftler auf sich lenken. So weckte Cronquists Arbeit das Interesse des Ingenieurwissenschaftlers Stephen Cowin, der eine detailliertere Untersuchung anstellte, die eine allgemeinere Kraft zwischen Bleistift und Papier in Betracht zog sowie die Auswirkungen verschiedener Kegelwinkel, die von verschiedenen Spitzern erzeugt werden. In seiner Untersuchung, die 1983 im stärker mathematisch ausgerichteten *Journal of Applied Mechanics* erschien, bestätigte Cowin Cronquists Ergebnisse, aber er erklärte noch immer nicht, warum die Bruchfläche schräg statt genau senkrecht zur Mine verläuft. Ihre geometrische Unregelmäßigkeit erschwerte es nicht nur, den Durchmesser des abgebrochenen Endes eines BOPP zu messen: Der schräge Bruch

  DER BLEISTIFT

blieb ein ungelöstes Problem und deshalb eine Herausforderung für weitergehende Forschungen.

Der Grund, weshalb weder Cronquist noch Cowin erklären konnten, warum die Bruchebene einer abgebrochenen Bleistiftspitze schräg ist, liegt darin, daß sie zwar die Kegelgeometrie der Bleistiftspitze in ihre Untersuchungen mit einbezogen, dies aber nur zum Zwecke der Berechnung von Entfernungen und Flächen taten. Die Stärke der Kräfte innerhalb der Bleistiftspitze hängt nun, wie in allen Objekten, nicht nur davon ab, wo die Kräfte berechnet werden, sondern auch davon, entlang welcher gedachten Fläche sie berechnet werden. Wie sich herausstellt, tritt bei einem Kegelstumpf wie der Bleistiftspitze die maximale Krafteinwirkung nicht entlang einer Ebene auf, die senkrecht zur Länge des Bleistifts steht, sondern entlang einer Ebene, die senkrecht zum dem Papier am nächsten liegenden schrägen Rand der Bleistiftspitze steht. Wenn alles andere gleich ist, das heißt vor allem, wenn die Bleistiftmine aus einer einheitlich guten Graphit-Ton-Mischung gemacht ist und keine Kerben oder Schnitte aufweist, die die geometrische Einheitlichkeit beeinträchtigen, wird die Bleistiftmine zuerst entlang der Ebene der größten Krafteinwirkung aufbrechen. Daher kommt die charakteristische schiefe Oberfläche am Ende eines abgebrochenen Bleistifts.

Sobald Ingenieurwissenschaftler anfangen, zu erklären und zu verstehen, wie und warum ein Objekt wie eine kegelförmige Bleistiftspitze zerbricht, werden sie sich ihrer theoretischen Methoden sicherer. Sie merken, daß sie sie nicht nur zum Analysieren von dem verwenden können, was sie um sich herum in der Natur und in den Produkten der Technologie vorfinden, sondern auch zur Verbesserung dieser Produkte und zum Entwerfen von Neuem, das bisher noch nicht hergestellt oder gebaut worden ist. Im Fall der Bleistiftspitzen liegt es für den Ingenieurwissenschaftler, der das Rätsel der Größe und Form eines BOPP gelöst hat, nahe, weitere, verwandte Fragen zu stellen. Zum Beispiel: Welche Form von Bleistiftspitze zerbricht am wenigsten leicht, welche Form ist die stabilste?

Die Mine im Zimmermannsbleistift, den William Binns im neunzehnten Jahrhundert in seinem Buch über die Orthogonalprojektion abbildete, hat keine runde, sondern eine rechteckige Form, und alte (und sogar einige weniger alte) Bleistiftkataloge zeigen, daß Zeichen-, Skizzier- und «Landschafts»-Bleistifte ebenso mit dieser Art Mine fabriziert wurden. Die Bleistifthersteller waren sich ihrer Vorzüge durchaus bewußt:

Für technische Zeichnungen und für Maschinenzeichnungen bestehen die Vorzüge von Bleistiften mit breiter Mine in folgendem: Sie können leichter gespitzt werden; die Spitzen sind stabiler und feiner als bei runden, quadratischen oder sechseckigen Minen; und wegen der meißelartigen Form sind die Spitzen haltbarer und müssen weniger oft erneuert werden. Die Bleistifte besitzen den weiteren Vorzug, daß die Mine beim Linienziehen direkt am Lineal angelegt werden kann; die Handhabung ist dadurch ruhiger und präziser.

Es liegt für den Ingenieurwissenschaftler nahe zu fragen, ob die Theorien der Ingenieurwissenschaft vorhersagen können, ob die keil- bzw. schraubenzieherförmige Spitze, die sich bei einer solchen Mine leicht formen läßt, tatsächlich stabiler ist als eine kegelförmige Spitze mit der gleichen Dicke, und, wenn das der Fall ist, zu erklären *warum*. Die Analyse sagt voraus, daß es so ist und kann auch den Grund dafür angeben. Aber das heißt nicht, daß die Analyse mehr damit zu tun hat als Newton mit den Planetenbahnen. Die Vorteile einer flachen Mine beim Ziehen gerader Hilfslinien oder die Strapazierfähigkeit, die ein Zimmermannsbleistift besitzen mußte, könnten die Entwicklung zur rechteckigen Mine veranlaßt haben, welche ihrerseits die flache, rechteckige Form dieser Art von Bleistift bestimmt haben könnte. Oder umgekehrt könnte die flache Form des Bleistifts, die verhinderte, daß er von Giebeldächern herunterrollte, die Form der Mine nahegelegt haben. Die rechteckigen Minen von Zeichenstiften für Papier, die nicht so stabil sein mußten wie die zum Schreiben auf Holz, brauchten nicht so dick zu sein wie die Mine in einem Zimmermannsbleistift, weshalb sie auch in ein durch Form und Größe bequemeres sechseckiges oder rundes Gehäuse eingesetzt werden konnten. Das sechseckige Gehäuse reichte zudem aus, den Bleistift am Rollen auf dem leicht geneigten Reißbrett zu hindern.

Daß Binns bemerkte, seine Zeichnung des Zimmermannsbleistifts zeige die «Stabilität bzw. Dicke der Mine», macht deutlich, daß «dicker» für ihn zugleich «stabiler» hieß. Trotzdem hatte die größere Härteskala von Zeichenstiften zur Folge, daß es durchaus beträchtliche Stabilitätsunterschiede gab bei Minen, die zwar denselben Durchmesser bzw. dieselbe Dicke hatten, aber verschiedene Härtegrade, beispielsweise 6B und 6H. Da eine Mine umso stabiler ist, je härter sie ist (auf Grund des im Vergleich

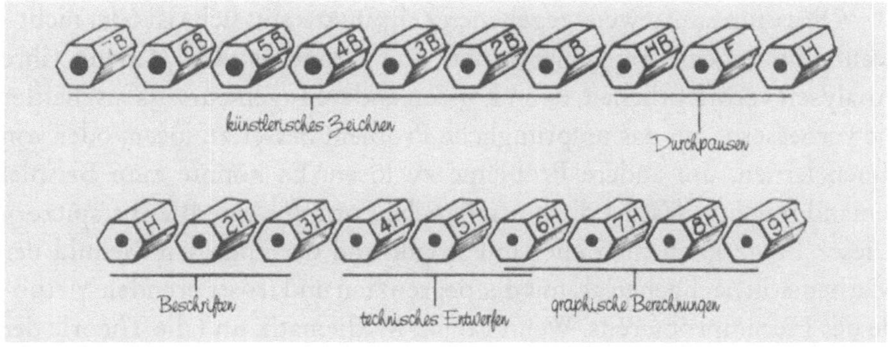

Ein ganzes Sortiment von Zeichenstiften. Man sieht, daß die Mine bei zunehmender Härte dünner wird.

zum Graphit höheren Tonanteils), und da extreme Dicke bei einem harten Zeichenstift stört, der für feines Arbeiten gedacht ist, kann der Minendurchmesser bei Zeichenstiften mit zunehmender Härte verringert werden, ohne an Stabilität zu verlieren. Es ist zwar bloß eine nachträgliche Übung, theoretisch zu bestätigen, daß sich das so verhält, doch der Umstand, daß die Theorie den Grund dafür angeben kann, stärkt das Vertrauen des Ingenieurs in die Theorie, auf die er auch zurückgreifen kann, wenn es darum geht, die Stabilität eines neuen Flugzeugflügels vorherzusagen.

Mit dem Conté-Verfahren konnten Bleistiftminen in allen möglichen Querschnitten hergestellt werden, da dies nämlich nur eine Frage der Düsenform ist, durch die man die Graphit-Ton-Mischung preßt. Man hat festgestellt, daß Conté selbst runde Bleistiftminen herstellte, und er hat vielleicht auch die verschiedenen Härten seiner Minen mit verschiedenen Durchmessern gefertigt. In der Tat werden wohl die beschränkten Möglichkeiten bei der Holzbearbeitung eher als Schwierigkeiten bei der Minenherstellung dafür gesorgt haben, daß quadratische Minen länger in Gebrauch waren und runde Minen erst in der zweiten Hälfte des neunzehnten Jahrhunderts allgemein üblich wurden. Selbst die damals vorhandenen Berechnungsmethoden, mit denen man die relative Stabilität von quadratischen und runden Minen miteinander vergleichen konnte, hätten nicht die Holzbearbeitungsmaschinen entworfen oder entwickelt, die man zum Formen der Zedernholzbrettchen brauchte, die die bevorzugte Minenform aufnehmen sollten.

Ob es nun zum jeweils gegebenen Zeitpunkt «nützlich» ist oder nicht –
wenn die Ingenieurwissenschaftler, wie Cronquist und Cowin, ihre
Analysen veröffentlichen, dann können andere Ingenieurwissenschaftler
sie verbessern, um das ursprüngliche Problem besser zu lösen, oder von
ihnen lernen, um andere Probleme zu lösen. Es könnte zum Beispiel
jemand fragen: «Was ist die bestmögliche Form für eine Bleistiftspitze?»
Dieser Frage kann man eher mit Logik und der endlosen Geduld der
Mathematik nachgehen als mit der begrenzten und frustrierenden Methode des Herumprobierens. Wenn Logik, Mathematik und die Theorie der
Bleistiftspitzen eine perfekte Form für eine Spitze vorhersagen, dann kann
man das versuchen. Wenn die neue Bleistiftspitze stabiler und weniger
zerbrechlich ist, dann kann das, was als Ausflug in die Theorie begann, zu
einer neuen Zeichenpraxis oder gar zu einer neuen Erfindung führen.

Technische Analysen kann es auch unabhängig von der Entwicklung
technologischer Produkte geben, und manchmal ist es übertrieben, wenn
man in allen Details ausarbeitet, was vielleicht einmal als einfaches und
wirklichkeitsnahes Problem begann. So kann eine Analyse der Bleistiftspitze zu Theorien über theoretische Bleistifte mit unendlich langen oder
unendlich spitzen Spitzen führen oder zu Bleistiften mit Spitzen in der
Form von Widerhaken oder Bananen. Zwar könnte die Theorie vorhersagen, daß sie die besten wären, aber wer würde versuchen wollen,
derartige Bleistifte zu spitzen?

Nun heißt das nicht, daß solch abstrakte Theorien und Analysen für
technische Entwürfe und technische Praxis nutzlos wären. Das sind sie
nicht. Selbst die scheinbar abstruse Übung, die Größe und Form von
BOPPs vorherzusagen, ist voller nützlicher Lektionen für den Ingenieurstudenten und den Praktiker. Und das Problem, wie eine Analyse quan-
titativ scheinbar so nah an die richtige Antwort herankommen kann und
doch so weit von der qualitativ korrekten Antwort entfernt ist, ist durchaus nicht die unwichtigste dieser Lektionen. Zwar dürfte die schräge
Oberfläche eines BOPP seine Ausmaße nicht erheblich beeinflussen und
wird wohl deshalb bei der Erklärung, wie eine Bleistiftspitze Risse bekommt und zerbricht, für unwichtig gehalten worden sein. Dennoch kann
es für Ingenieure, die dieselben analytischen Methoden bei anderen Pro-
blemen anwenden, viel wichtiger sein, die Art der schrägen Oberfläche zu
verstehen als die Größe des abgebrochenen Stücks. Deshalb kann die
Analyse selber ein legitimes Untersuchungsobjekt sein. Denn wenn man

   DER BLEISTIFT

sie nicht als ein analytisches Produkt der Technologie studiert, bliebe genau die Art und Weise, in der die Theorie selbst versagen kann, unbekannt. Und wenn die analytischen Werkzeuge der Ingenieure dem Irrtum unterworfen sind, welche Entwürfe sind dann von diesen Werkzeugen zu erwarten?

Abstrakt entwickelte Theorien können auch zu unerwarteter Anwendung gelangen. Die Zeitschriftenkolumne, in der Jearl Walker das Abbrechen von Bleistiftspitzen erörterte, trug die Überschrift: «So seltsam es klingen mag, Schornsteine und Bleistifte zerbrechen auf dieselbe Weise.» Darin beschrieb er das bekannte Phänomen, das auftritt, wenn ein hoher Ziegelschornstein abgerissen wird. Nachdem eine Ecke eingeschlagen oder gesprengt ist, beginnt der intakte Schornstein wie ein Baum umzustürzen, zuerst langsam, aber dann immer schneller, bis er plötzlich und scheinbar grundlos in der Mitte in zwei Teile bricht. Die Form des Kamins wird die Bruchstelle beeinflussen, aber die Vorhersage wird dadurch kompliziert, daß er sich beim Fallen beschleunigt. Das Problem ist jedoch im wesentlichen dasselbe wie das der Bleistiftspitze, da in beiden Fällen die Berechnung der Krafteinwirkungen innerhalb des Objekts das Ziel der Analyse ist. Wenn diese Kräfte einen Wert erreichen, der größer ist, als die keramische Bleistiftmine oder der Mörtel zwischen den Ziegelsteinen aushalten kann, bricht das Objekt. Ein anderes Beispiel für dasselbe Phänomen sind Knochenbrüche beim Opfer eines Autounfalls, die an einer anderen Stelle auftreten als dem Ort des Aufpralls.

Wir können zwar heute diese Phänomene erklären, aber erstaunlich sind sie immer noch. Doch wenn sich merkwürdige mechanische Phänomene mit noch merkwürdigeren elektrischen, thermischen, optischen oder nuklearen Phänomenen verbinden, wie das bei Produkten der Spitzentechnologie – Kernkraftwerken und Feststoffraketen etwa – der Fall ist, wird die Rolle der Theorie immer wichtiger. Denn wir wollen nicht von unseren eigenen Schöpfungen hereingelegt werden. Die Vorhersage sowohl erwünschter als auch unerwünschter Erscheinungen mit Hilfe der analytischen Theorie macht den Kern des modernen Ingenieurwesens aus. Aber auch die Theorie kann uns hereinlegen, und es ist soviel besser, diese Fallen zu entdecken, indem man versucht, einige Details harmloser Probleme mit BOPPs zu klären, als wenn man sich bei der Materialfestigkeit von riesigen technischen Konstruktionen verschätzt, von denen Menschenleben abhängen.

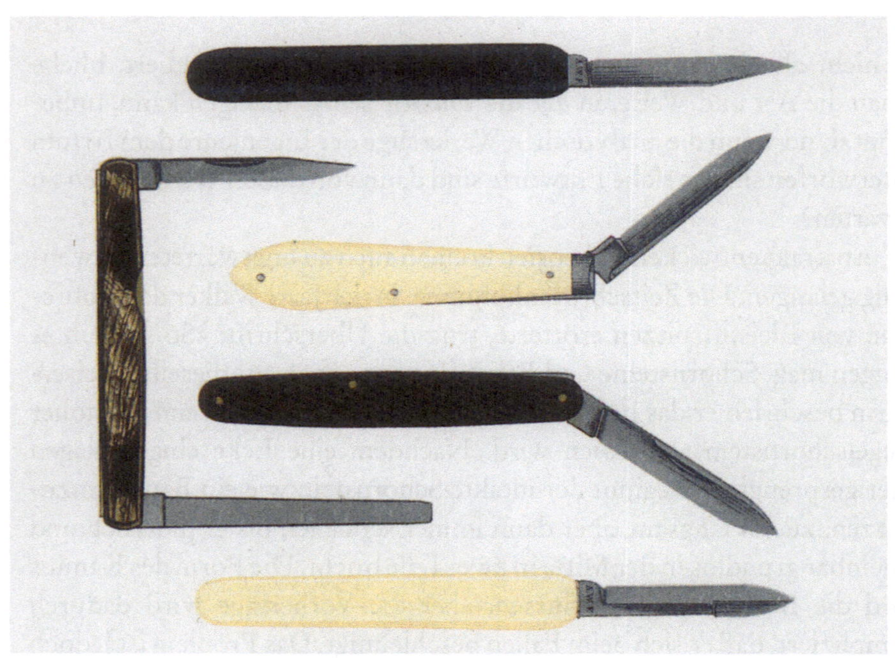

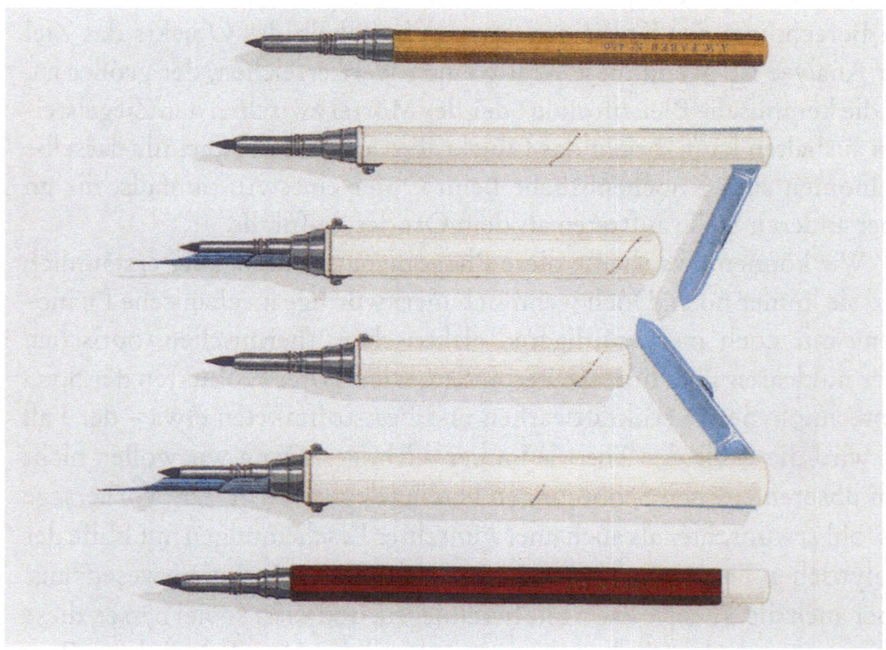

Messer zum Spitzen der Bleistifte und Patentstifte mit kleinen Federmessern,
Katalog A. W. Faber 1883.

 DER BLEISTIFT

Kapitel 17

Spitzen-Technologie

Der Wunsch nach einem Bleistift mit guter Spitze ist sicher so alt wie der Gegenstand selbst, aber erst mußten zwei unabhängige, komplementäre Technologien entwickelt werden, bevor dieses Ideal Wirklichkeit werden konnte. Zunächst einmal muß eine Mine stabil genug sein, damit ihr schmaler Kegel den vereinten Kräften beim gewöhnlichen Schreiben und Zeichnen standhalten kann. Obwohl die Bleistifte in den Katalogen des neunzehnten Jahrhunderts schön gespitzt abgebildet wurden, scheint das dennoch kein Gesichtspunkt gewesen zu sein, den man besonders erwähnenswert fand. Eher wurde als besonderes Qualitätsmerkmal hervorgehoben, wie einheitlich die Härteskala war oder wie gut man die Bleistiftstriche wieder ausradieren konnte. Daß man keine Aussagen über feine Spitzen machte, scheint daran gelegen zu haben, daß man sie nicht zustande brachte, so stabil die Mine auch gewesen sein mag. So brauchte man als zweite Technologie eine, durch die die Spitze auch spitz wurde.

Jahrhundertelang hieß Bleistiftspitzen, ein Messer zu gebrauchen, um das Holz wegzuschnitzen und die Mine zu formen. Federmesser waren schon lange in Gebrauch gewesen, um Federkiele anzuspitzen, und sie wurden naturgemäß fürs Bleistiftspitzen übernommen. Aber der Gebrauch des Federmessers zum Spitzen einer Feder oder eines Bleistifts war keine einfache Sache. Im siebzehnten Jahrhundert scheint die Hauptbeschäftigung eines Schulmeisters darin bestanden zu haben, Gänsekiele zu spitzen. Zwar erwartete man von zwölfjährigen Schülern, daß sie ihre Federn selbst spitzten, doch viele scheinen dazu nicht in der Lage gewesen zu sein, so daß der Lehrer oft an seinem Pult saß und die Federn bearbeitete, während die Schüler einzeln nach vorne traten und ihre Lektionen aufsagten. Der glücklichere Schulmeister hatte einen Assistenten zum

Schneiden der Federn. Am Ende beherrschten viele Schüler diese Technik und praktizierten sie später auch gerne. In einer Erinnerung heißt es: «Dadurch, daß man die eigene [Feder] immer wieder selbst zuschnitt, ging man zwangsläufig sorgfältig mit ihr um und empfand dabei Stolz und Vergnügen.»

Das Spitzen von Bleistiften scheint dagegen nicht dieselben angenehmen Erinnerungen geweckt zu haben. Alte Bleistifte aus Graphitstaub, der durch Leim und andere Bindemittel zusammengehalten wurde, waren gewöhnlich so brüchig, daß man besondere Maßnahmen ergreifen mußte, um sie zu spitzen. In einer Schilderung heißt es: «Wenn die Spitze abbrach, war es eine größere Sache, den Bleistift wieder zu spitzen. Zuerst mußte das Holz weggeschnitten und der Graphit über einer Kerze erhitzt werden, um ihn weicher zu machen. Dann wurde er mit den Fingern wieder zu einer Spitze gezogen.» Nachdem Ton als Bindemittel für Graphit aufgekommen war, konnte die keramische Mine nicht mehr durch Erhitzen formbar gemacht werden, weshalb das Spitzen auf andere Weise zu geschehen hatte.

Das Spitzen eines Ton-Graphit-Bleistifts scheint keineswegs leichter gewesen zu sein als das Anspitzen einer Feder. Obwohl die Rote Zeder sich gut schneiden ließ und kein besonderes Hindernis für das Federmesser darstellte, brauchte man doch Übung, um einen sauberen Holzkegel zu formen. Die Art und Weise, wie man das Holz schnitt, dürfte dabei eher eine Frage der Ästhetik als eine des Zwecks gewesen sein. Ein Messer dafür zu gebrauchen war allerdings recht schwierig, denn die Spitze brach oft ab, bevor sie vollendet war. So wurde nicht nur Mine verschwendet, sondern durch weiteres Wegschnitzen auch Holz. Solche Probleme führten zu der Empfehlung, daß sich «die Spitze besser wiederherstellen läßt, wenn man sie auf einem Blatt Papier abreibt und gleichzeitig dreht, als wenn man versucht, sie jedes Mal mit dem Messer zurechtzuschneiden». Die Diskussionen über akzeptable Methoden, einen Bleistift zu spitzen, hielten an, berücksichtigten aber nicht alle die alte Pfadfinderregel, immer vom Körper weg zu schneiden:

Man ist gewöhnlich der Ansicht, daß die richtige Art, einen Bleistift zu spitzen, die ist, die Spitze gegen den rechten Daumen zu halten und das überschüssige Holz und die Mine wegzuschneiden, indem man die Messerklinge gegen den Daumen zieht. Gegen diese Methode spricht, daß sie leicht den Daumen und die Finger schmutzig macht. Auf der anderen Seite ergibt die sauberere Methode, einen Bleistift nach außen zu spitzen, das heißt weg vom Körper, oft einen zu tiefen Schnitt, so daß die Bleistiftspitze abbricht.

Diese 1904 veröffentlichte ausführliche Beschreibung einer allgemein bekannten Erfahrung leitete die Ankündigung einer neuen Erfindung ein, die die Mängel der konventionellen Methode behob: einer Vorrichtung, die über den Bleistift paßte und das Messer führte, um es an einem zu tiefen Schnitt zu hindern. Noch viele andere Anspitzer wurden im späten neunzehnten und im frühen zwanzigsten Jahrhundert patentiert, wobei jeder einen Einwand gegen eine frühere Erfindung beseitigte. Zum Beispiel benötigte die erwähnte Vorrichtung zum Führen des Messers noch ein separates zweites Werkzeug. Ein Bleistiftspitzer, der um 1910 patentiert wurde, enthielt dagegen ein Messerchen, das sich selbst führte. Andere Erfindungen änderten einfach bekannte Werkzeuge ab, um tiefe Schnitte und schmutzige Finger zu vermeiden. Eine setzte etwa einen kleinen Zimmermannshobel verkehrt herum in ein Gehäuse, so daß sich der Bleistift über die offen daliegende Klinge ziehen ließ und die Späne, die übrigens «ausgezeichnet Motten vertrieben», im Gehäuse zur späteren Verwendung gesammelt werden konnten.

Aber diese Alternativen zum Federmesser waren die Ausnahme. In einem Abenteuer, das 1904 zum ersten Mal veröffentlicht wurde, bat man Sherlock Holmes herauszufinden, wer von drei Studenten sich in das Zimmer eines Dozenten geschlichen und eine Frage aus der am nächsten Tag stattfindenden Prüfung abgeschrieben hatte. Der Dozent Hilton Soames, der «etliche Schnitzel, die vom Spitzen eines Bleistifts herrührten», und auch eine abgebrochene Bleistiftspitze gefunden hatte, nahm an: «Der Schurke hatte offenbar den Text in großer Eile abgeschrieben, dabei seinen Bleistift abgebrochen und war so gezwungen, ihn neu anzuspitzen.» Als Holmes die abgebrochene Mine und die vom Messer hinterlassenen Holzschnitzel untersuchte, folgerte er: «Es war kein gewöhnlicher Bleistift. Er war größer als normal und ziemlich weich. Außen war er dunkelblau, der Name des Herstellers war mit silbernen Buchstaben aufgedruckt, und das verbleibende Stück hat eine Länge von höchstens anderthalb Zoll. Suchen Sie nach einem solchen Bleistift, Mr. Soames,

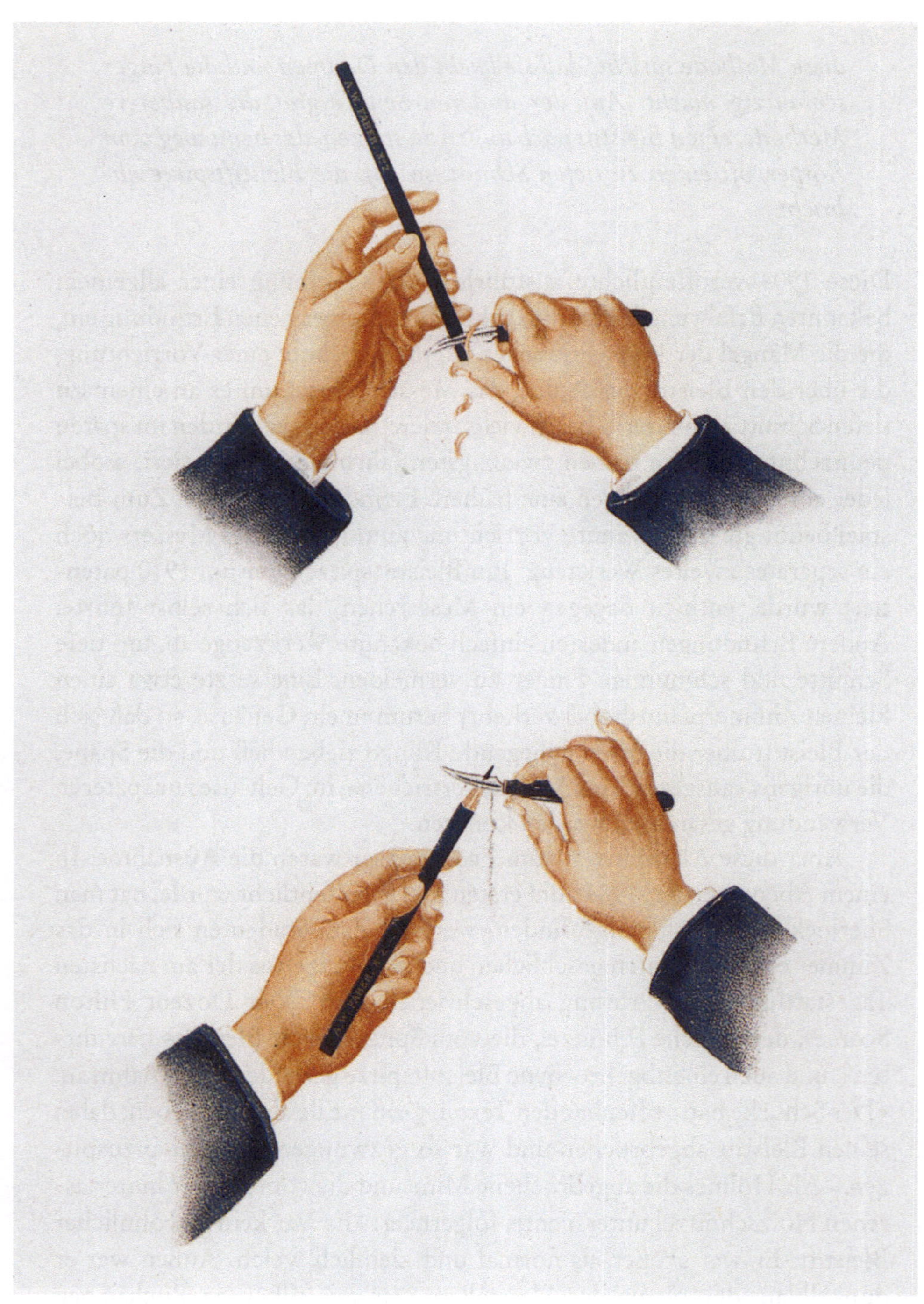

Zwei Arten, einen Faber-Bleistift zu spitzen.

 Der Bleistift

His First Pencil, Gemälde von Norman Rockwell, in Auftrag gegeben von
der Joseph Dixon Crucible Company. Es zeigt den Gebrauch des Federmessers beim
Anspitzen des Bleistifts.

dann haben Sie Ihren Mann. Und wenn ich hinzufüge, daß er ein großes
und sehr stumpfes Messer besitzt, haben Sie eine zusätzliche Hilfe.»
Weder Soames noch Watson konnten verstehen, wie sich die Länge des
Bleistifts aus den Schnitzeln ableiten ließ, selbst dann nicht, als Holmes
«ein Schnitzelchen in die Höhe» hielt, «auf dem die Buchstaben NN zu
sehen waren; dahinter war das Holz unbedruckt.» Schließlich erklärte er,
daß NN das Ende eines Wortes ist: «Ihnen ist bekannt, daß die meisten
Bleistifte von Johann Faber hergestellt werden. Ist es denn nicht klar, daß
von dem Bleistift noch gerade so viel übrig sein muß, wie gewöhnlich dem
Wort Johann folgt?»

Ein Messer zum Spitzen eines Bleistifts zu gebrauchen war schon mit
gewissen Schwierigkeiten verbunden, aber eines zum Spitzen eines Farb-
stifts zu verwenden war erst recht nicht einfach. Farbminen enthalten viel

Wachs und können daher nicht zu harten Keramikstäben gebrannt werden. Sie zu spitzen war früher ein ständiges Problem. Als die Blaisdell Pencil Company einen Bleistift entwickelte, der sich ohne ein Messer oder irgendeine andere Vorrichtung spitzen ließ, erwies sich diese Idee für Farbminen als besonders geeignet. Die Mine wurde spiralförmig mit Papier umwickelt, das man je nach Bedarf ablösen konnte, wenn man es mit dem Messer oder dem Fingernagel etwas einkerbte. Da man die Mine selbst nicht zuschneiden mußte, gab es auch keinen Abfall.

Sandpapier oder eine feine Feile eignen sich ebenfalls ausgezeichnet zum Spitzen von Bleistiften, wenn man Holz oder Papier entfernt hat, aber sie sind außer am Reißbrett oder am Schreibtisch unbequem und schmutzig in der Handhabung. Ab etwa 1890 entwickelten Erfinder zahlreiche Alternativen zum Taschenmesser, und diejenigen, die am besten funktionierten, sahen den Handspitzern ähnlich, die Kinder noch heute oft benutzen. Aber sie zerbrachen offenbar die Mine genauso häufig, wie sie sie spitzten. Im Katalog von 1891 bot Dixon einen kleinen Bleistiftspitzer an, der ein kegelförmiges Loch besaß, in das der Bleistift gesteckt wurde. Er konnte so gegen eine innen herausragende Klinge gedreht werden. Der neue Spitzer hatte eine patentierte Sperre, die ein Zerbrechen der Mine verhinderte. Nach der Beschreibung des Spitzers bemerkt Dixon fast entschuldigend: «Wir haben eine Menge Geld für den Versuch ausgegeben, einen Bleistiftspitzer zu erhalten, der sich zu einem recht niedrigen Preis verkaufen läßt und gleichzeitig einen einfachen Mechanismus besitzt sowie ordentlich, sauber und brauchbar ist. Außer dem oben beschriebenen kleinen Gerät wüßten wir nichts, was wir empfehlen könnten.»

In seinem Katalog von 1893 widmete Johann Faber seinem erst kürzlich patentierten Acme-Bleistiftspitzer eine ganze Seite. Er bestand aus einem Messinggehäuse, in das eine auswechselbare Klinge einmontiert war. Er war «nicht sperrig» und konnte «leicht in der Jackentasche getragen» werden. Johann Faber behauptete, daß der Spitzer so sorgfältig gemacht und so genau justiert war, daß man damit einen Stift so fein spitzen konnte wie «eine Nadelspitze». Der Kunde wurde beschworen: «Probieren Sie ihn bitte aus!» Erst 1897 bot A.W. Faber «Werkzeuge zum Spitzen von Minen» an, die aus einer feilenartigen, in ein Stück Holz eingebetteten Oberfläche bestanden, außerdem einer «Wischfläche», die vielleicht nichts anderes war als ein Stück Fell. Der von diesem Unterneh-

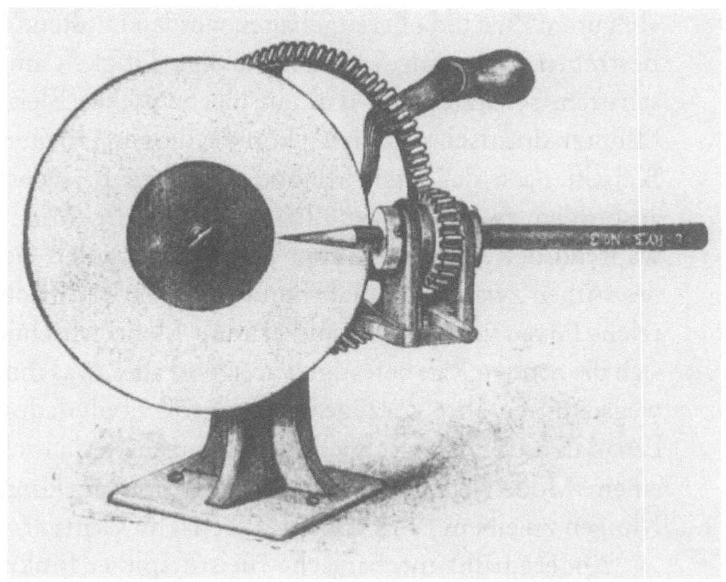

men hergestellte Spitzer für Künstlerminen funktionierte wie das Dixon-Modell. Ungefähr zu derselben Zeit, als brauchbare Taschenspitzer auf den Markt kamen, wurden auch größere Maschinen entwickelt, die man am Tisch oder am Schreibpult anschrauben konnte. Eine der ersten kam um 1889 auf. Der Gem-Bleistiftspitzer, der für eine Bostoner Firma produziert wurde, bestand aus einer kreisförmigen Scheibe aus Sandpapier, gegen die der Bleistift gedrückt und gedreht wurde, und zwar mittels einer Vorrichtung, die man mit derselben Handkurbel in Gang setzte, mit der man das Sandpapier drehte. Der Gem spitzte sogar «einen roten oder blauen Bleistift perfekt, was jeder zu schätzen wissen wird, der schon einmal versucht hat, diese Bleistifte zu spitzen». Der Gem war offenbar noch fast ein Vierteljahrhundert später in Gebrauch und wurde 1913 im *Scientific American* in einer Übersicht über mechanische Bleistiftspitzer mit aufgeführt. Aber auch das Federmesser war noch längst nicht außer Gebrauch, denn in der Einleitung zu dieser Übersicht wird bemerkt, daß «man ein scharfes Messer und eine gewisse Geschicklichkeit braucht, um einen Bleistift schnell und ohne Abfall zu spitzen, und doch will fast jeder ein gutes Ergebnis erzielen».

Man erkannte die Notwendigkeit, schnellere und effektivere Alternativen zur «primitiven Methode» des Schnitzens von Hand zu finden, besonders für Schulen, Büros oder Telefonzentralen, wo viele Bleistifte «in gutem Zustand» bereitgehalten werden mußten. Zu einer Zeit, als das Bestreben dahin ging, jede überflüssige Tätigkeit am Arbeitsplatz abzuschaffen, schätzte man, daß ein mechanischer Bleistiftspitzer die zehn Minuten drastisch reduzieren könnte, die ein Arbeiter brauchte, um einen Bleistift nach der alten Methode zu spitzen: «Messer vom Nachbarn ausborgen: zwei Minuten; Bleistiftspitzen: drei Minuten; Händewaschen während der Arbeitszeit: fünf Minuten.» Zu den Geräten, die ein Büro des frühen zwanzigsten Jahrhunderts effektiver machten, gehörten zahlreiche Arten von Bleistiftspitzern mit Mehrfachschneiden, die an einem sich drehenden Rad befestigt waren und alles, was ihnen in den Weg kam, wegschnitten. Ihre Vorzüge wurden großenteils dadurch wieder aufgehoben, daß die Klingen schnell stumpf wurden. Man schätzte, daß man mit einem Modell etwa tausend Bleistifte spitzen konnte, bevor man die Klingen zu einem Preis von etwa sechzehn Cents ersetzen mußte.

Andere frühe mechanische Bleistiftspitzer funktionierten nach dem Fräsenprinzip, wobei ein rotierendes Messer für eine saubere konische Spitze Holz und Mine in einem Winkel längs zum Bleistift abhob, während der Bleistift gegen das rotierende Messer gedreht wurde. Wenn man den Bleistift jedoch zu fest gegen das Messer drückte, zerbrach die Bleistiftmine, statt gespitzt zu werden. Der beste Spitzer schien der mit zwei schrägen Messern zu sein, die während des Spitzens nicht nur rotierten, sondern sich auch um den stehenden Bleistift herum drehten. Da die Messer auf den gegenüberliegenden Seiten der Bleistiftspitze ansetzten, neigten sie nicht dazu, sie zu verbiegen und zu zerbrechen.

Die Automatic Pencil Sharpener Company (Apsco) in Chicago stellte zunächst eine Art Bleistift«schnitzer» her, den sie um 1908 patentieren ließ. Doch das Modell mit doppeltem Messer wurde bald Apscos Standardprodukt, das in den zwanziger Jahren in vierzehn verschiedenen Ausführungen hergestellt wurde. Bleistiftspitzer schienen schließlich keiner weiteren Verbesserung mehr zu bedürfen, aber das hieß nicht, daß man nun alle Bleistifte leicht spitzen konnte. Minen, die nicht genau in der Mitte saßen, ließen sich praktisch gar nicht spitzen, denn die Mine wurde ständig verbogen – auch von gegenüberliegenden Messern. Farbminen, die oft im Holzschaft zerbrachen, ließen häufig lose Stückchen in der Maschine zurück, die sich mit den Messern drehten und das Spitzen eines anderen Bleistifts behinderten. Mechanische Spitzer ließen sich öffnen, so daß man das Hindernis beseitigen konnte, aber die Messer der

 Der Bleistift

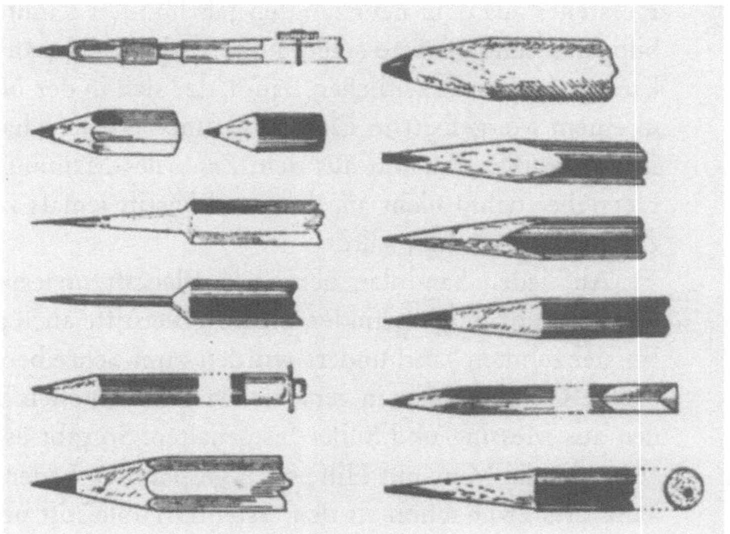

elektrisch betriebenen Bleistiftspitzer, die seit den vierziger Jahren auf dem Markt waren, konnten gewöhnlich nicht so einfach gereinigt werden.

Einer der vielleicht größten und präzisesten Bleistiftspitzer wurde in den fünfziger Jahren von Ingenieuren der Eagle Pencil Company entwickelt. Die Zwei-Tonnen-Maschine konnte viele Bleistifte mit zylindrischen Spitzen versehen, deren Durchmesser bis auf ein zehntausendstel Zoll identisch waren. Mit dieser Maschine konnte man sehr aussagekräftige Vergleichstests in bezug auf Gleichmäßigkeit, Widerstandsfähigkeit und Schwärze der Minen durchführen. Sie konnte auch nadelfeine Spitzen für Materialfestigkeitstests erzeugen. In der Werbung für ihre neue Maschine räumte die Firma Eagle 1956 ein, daß man Bleistifte auch noch mit Messern und Rasierklingen spitzte. Auch heute noch benutzen viele Ingenieure, Architekten und Zeichner ein Messer, um ihre Bleistifte bis auf den Stummel herunterzuspitzen. Aber sie verwenden das Messer nur zum Wegschneiden des Holzes und achten darauf, nicht in die Mine zu schneiden, die normalerweise auf Sandpapier gespitzt wird.

Die Bedeutung des Bleistiftspitzens für Ingenieure und Architekten wurde 1920 unterstrichen, als man eine neue Zeitschrift, die von der Architectural Review, Inc., herausgegeben wurde, *Pencil Points: A Journal for the Drafting Room* (Bleistiftspitzen: Zeitschrift für den Zeichensaal) taufte. Aber für einige Bleistiftsammler ist ein gespitzter Bleistift ein ruinierter Bleistift. Das war sicherlich beim wertvollsten Bleistift, den ein

Hersteller aus dem neunzehnten Jahrhundert kannte, der Fall. Er «sah billig aus» und gehörte einem New Yorker Rechtsanwalt, aber das Holz kam von einem urzeitlichen Baum, der sich in der Nähe eines Mammut in einem Mergelbett in Orange County erhalten hatte. Der Knauf am Ende des Bleistifts war aus dem Zahn des Mammut gemacht, und der Hersteller nahm nicht an, daß der Bleistift jemals zum Schreiben oder Zeichnen verwendet würde.

Auf jeden Sammler, der einen Bleistift ungespitzt aufheben will, kommen unzählige Erfinder, die ihre Bleistifte auch gebrauchen wollen. Im siebzehnten Jahrhundert wurden zum Schreiben und Zeichnen gedachte Graphitstücke in verschiedenen kunstvollen Barockkonstruktionen aus Messing und Silber festgehalten. So gibt es eine aus dem Jahr 1636, die die Mine mit Hilfe einer gespannten Feder herauspreßte. Man kann dies zwar schon als den ersten Drehbleistift bezeichnen, doch die ersten mechanischen Bleistifte werden im allgemeinen auf das frühe neunzehnte Jahrhundert datiert. Sampson Mordan, ein englischer Ingenieur, der Türschlösser und Schreibfedern konstruierte, ließ sich 1822 einen «immer spitzen Bleistift» patentieren. 1833 patentierte der Amerikaner James Bogardus, der Uhrmacher war und sich auf Werkzeugmacherei und Gravuren spezialisiert hatte, seinen «immerzu gespitzten» Bleistift. Wenn die Mine in diesen ersten mechanischen Bleistiften heruntergeschrieben war, konnte ein weiteres Stück aus der Röhre gedrückt werden. Diese Bleistifte besaßen den offensichtlichen Vorzug, daß man sie nie spitzen mußte, und boten so eine saubere und immer gleich lange Alternative zum immer kürzer werdenden Holzbleistift. Die Grundideen von Mordans und Bogardus' Erfindungen wurden während des ganzen neunzehnten Jahrhunderts in vielen Variationen, oft in Silber- und Goldgehäusen, auf den Markt gebracht, darunter auch Vorläufer vieler grundlegender Mechanismen, nach denen mechanische Bleistifte noch heute funktionieren. Aber obwohl viele Modelle zusammen mit Zahnstochern und Ohrenstäbchen erhältlich waren, stellte der mechanische Bleistift fast ein Jahrhundert lang keine ernsthafte Bedrohung für den Holzbleistift dar.

Die ersten mechanischen Bleistifte waren eher Nippes und Schmuckstücke als richtige Schreibinstrumente. Oft waren sie durch ihre Größe, ihre Unausgewogenheit, ihr Gewicht oder ihre Oberflächenlackierung für längeres Schreiben ungeeignet, und ihre relativ dicken Minen konnten

  DER BLEISTIFT

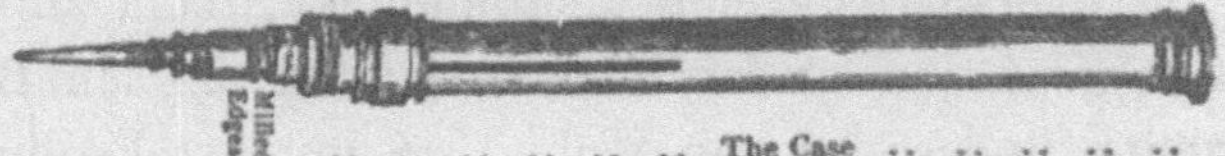

S. MORDAN & Co's
PATENT EVER-POINTED
PENCILS,

ARE upon a principle entirely new, and which combines utility with simplicity of construction. The Black Lead is not inclosed in wood, as usual, but in a SMALL Silver Tube, to which there is attached a mechanical contrivance for propelling the Lead as it is worn. The diameter of the Black Lead is so nicely proportioned as NOT TO REQUIRE EVER TO BE CUT OR POINTED, either for fine Writing, Outline, or Shading. The Cases for the Drawing Table or Writing Desk are of Ebony, Ivory, &c. ; and for the Pocket, there are Silver or Gold Sliding Cases, varying in taste and elegance. The Black Lead is of the finest quality, and prepared (by an entirely new chemical process) of five distinct degrees of hardness, and contained in boxes properly lettered for Artists, &c. and at the same time is perfectly suitable for all the purposes of business.

.. .. The Case .. ..

The Patentees desire to remark, that "*S. MORDAN & CO.'S PATENT*," is stamped on each of their Patent Pencils ; an attention to which, on the part of purchasers, will tend to check any attempt at imposition.

DIRECTIONS FOR USE.

Hold the two milled edges between the finger and thumb of the left hand. Turn the case with the other hand to the right, and the lead will be propelled as it is required for use ; but if, in exhibiting the case, or accidentally, the lead should be propelled too far out, turn the case the reverse way, and press in the point; which of course in practical use, will seldom or ever be required.

The Black Lead Points are of five distinct sizes, as well as of five degrees of hardness, and contained in boxes marked as follow :—

The	V H	(very hard)	is very small in size..	Seldom required
The	H	(hard)	is small............	Hard and black, for fine Drawing
The	M	(medium)	is of a medium size..	For general purposes
The	S	(soft)	is larger............	Black for Shading
The	V S	(very soft)	is largest	Very black, for deep Shading

The Cases are respectively marked with a corresponding Letter.

Attempts have lately been made to impose upon the Public an imitation of their Patent, in which the Lead being attached to the propelling wire, for the useless purpose of drawing back the Lead it is therefore in constant danger of breaking, while in those recommended to the Public by the Patentees, the Lead may be propelled as required for use, without incurring the slightest risk of breaking.—"*MORDAN & CO.'s PATENT*" is stamped on each case, and no other Patent has been granted for Pencils. They may be had of most of the respectable JEWELLERS, SILVERSMITHS, CUTLERS, AND STATIONERS IN THE UNITED KINGDOM.

MANUFACTORY,
No. 22,
Castle Street, near Finsbury Square,
LONDON.

Eine Anzeige von 1827 für einen der ersten mechanischen Bleistifte.

in keiner Weise mit den dünnen Spitzen eines Holzbleistifts konkurrieren. Außerdem gaben die Minen im Gehäuse gewöhnlich seitlich und längs etwas nach, und selbst ein Spiel von ein paar Tausendstel Zentimeter konnte den Schreiber stören.

Der Eversharp-Bleistift war etwas anderes. Er hatte die Länge und den Durchmesser eines normalen Bleistifts und fühlte sich auch so an, und seine «eingekerbte Spitze» ließ die Mine nicht hindurchrutschen. Am Anfang wurden die Eversharps jedoch Stück für Stück hergestellt. Das führte zu einem teuren und ungleichmäßigen Produkt, wodurch die potentiellen Wettbewerbsvorteile dieses Bleistifts zunichte gemacht wurden. Daher suchte die Eversharp Company 1915 einige gebrauchte Maschinen zu erwerben, um die Bleistifte selbst herzustellen. Sie wandte sich an die Wahl Company, eine Chicagoer Firma, die sich auf Präzisionszubehör für Schreibmaschinen spezialisiert hatte. Wahls Belegschaft war großenteils als Uhrmacher ausgebildet, und ihre Maschinen waren für die Herstellung von Eversharps geeignet, standen aber nicht zum Verkauf. Der Chefingenieur war jedoch damit einverstanden, daß sein Betrieb den Bleistift herstellte, und so begann Wahl 1916 mit der Produktion. Im folgenden Jahr wurde die in finanzielle Schwierigkeiten geratene Eversharp Company von der Wahl Company aufgekauft. Bald wurden jeden Tag 35000 Eversharps am Fließband hergestellt, so, wie etwa die T-Modelle von Ford produziert wurden. Obwohl das alles zu einer Zeit geschah, als Material- und Lohnkosten stiegen, konnte das Unternehmen durch die von Wahls Ingenieuren entworfenen Spezialmaschinen den Preis für den Bleistift konstant halten.

Das Wachstum von Wahl wurde unerwartet dadurch behindert, daß die Lieferungen von Minen für den Eversharp gekürzt wurden. Wahl hatte die Minen von einem konventionellen Bleistifthersteller bezogen, der seine Liefermenge anscheinend begrenzte, als die mechanischen Modelle allmählich eine Bedrohung für den Verkauf von Holzbleistiften darstellten. Daher entschloß sich Wahl, selbst Minen zu produzieren. Der Generaldirektor des Unternehmens schrieb jedoch 1921: «Die Minenherstellung ist, wie wir lernen mußten, ein Geheimverfahren. Wie vor dem Krieg die Produktion von deutschen Farbstoffen war sie schon immer von einer gewissen Geheimniskrämerei umgeben.»

Im wissenschaftlich-technologischen Klima des zwanzigsten Jahrhunderts ist es jedoch von großem Vorteil, eine ungefähre Vorstellung von

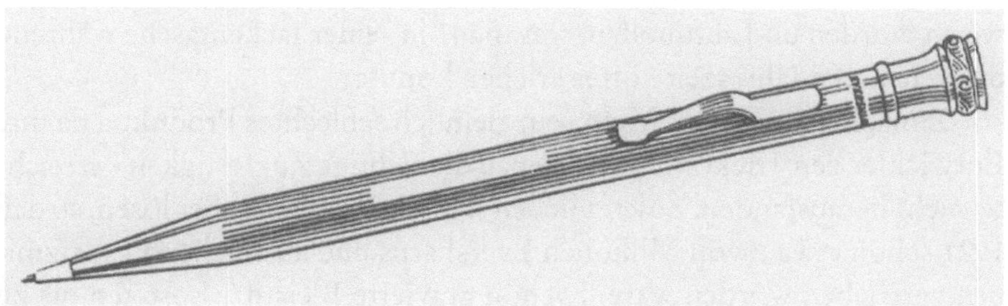

Ein Eversharp-Bleistift aus den frühen zwanziger Jahren.

einem Verfahren zu haben, wenn man ein Forschungs- und Entwicklungsprogramm aufstellen will, um Einzelheiten herauszufinden. Zwar wird man wohl nie genau hinter die Geheimnisse anderer Firmen kommen, doch der Chemiker von Wahl fand selbst einiges heraus und hütete nun seine Geheimnisse. Die Herstellung von Minen für mechanische Bleistifte verursachte spezielle Probleme, denn der Durchmesser der Mine ließ sich nicht wie bei Holzbleistiften zur Erhöhung der Stabilität vergrößern. Die Notwendigkeit, Minen mit kleinerem Durchmesser herzustellen – was um 1920 einen Durchmesser von 1,17 Millimeter bedeutete –, schränkte die Verwendung von Graphitspänen ein, da sie die Bindeeigenschaften des Tons verminderten. Deshalb mußte der Anteil an feinerem, strukturlosem Graphit erhöht werden, was aber eine weniger gleichmäßig schreibende Mine zur Folge hatte.

Die Fabrikation von Farbminen, die nicht durch Brennen im Ofen gehärtet wurden, stellte die Ingenieure vor noch schwierigere Probleme. Zusätzlich zur richtigen Mischung der Bestandteile mußte die Mine innerhalb einer Toleranz von 0,001 Zoll gefertigt werden, damit die Vorzüge der gekerbten Spitze des Eversharp nicht durch eine lose oder nicht passende Mine zunichte wurden. Die diamantenen Düsen, durch die die Minen gepreßt wurden, mußten regelmäßig auf Abnutzungserscheinungen, die den Minendurchmesser vergrößerten, überprüft werden. Eine andere Schwierigkeit bei Farbminen hing mit dem Wachs zusammen, mit dem sie imprägniert wurden, um ihre Schreibeigenschaften zu verbessern. Um die Minen am Zusammenkleben zu hindern, mußte das Wachs von ihrer Oberfläche absorbiert werden, indem man sie in Sägemehl wendete. Eine bestimmte Menge Wachs brauchten die Farbminen jedoch an ihrer Oberfläche, damit sie keine Feuchtigkeit anzogen, wodurch sie weich wurden und aufquollen, was man «in seiner Jackentasche während der wärmeren Jahreszeit» öfter erleben konnte.

Zunächst war Wahls Mine «ein ziemlich schlechtes Produkt», da ihre Entwickler den Trick, wie man «genau die richtige Zugfestigkeit» erreichte, nicht herausfanden. Zuletzt ließen sich die Probleme aber lösen, so daß 1921 schon etwa zwölf Millionen Eversharps und ausreichend Ersatzminen vertrieben worden waren. Schön gravierte Bleistifte kosteten bis zu fünfundsechzig Dollar, obwohl sie denselben Grundmechanismus aufwiesen wie das Modell zu einem Dollar.

Wahl erkannte, wie wichtig es ist, jede Chance zu nutzen, die sich demjenigen bietet, der ein neues Produkt als erster herausbringt, denn die Firma ging davon aus, daß der Eversharp imitiert werden würde. Innerhalb von etwa fünf Jahren hatte das Unternehmen fast hundert Konkurrenten, von denen sich viele sehr eng an den Eversharp anlehnten. Die Werbung für den Originalbleistift hob immer weniger die mechanischen Eigenschaften hervor, die nichts Besonderes mehr waren, und konzentrierte sich darauf, «in den Verbrauchern die Vorstellung zu erzeugen, daß *der* mechanische Bleistift der Eversharp war». Infolge der zunehmenden Konkurrenz im Inland sah sich das Unternehmen nach auswärtigen Märkten um. Als man zum Beispiel über Fragen nachdachte wie die, «ob sich Kanton in China und Canton in Ohio in ihren grundsätzlichen Reaktionen auf Verkaufsstrategien sehr unterscheiden», kam Wahl zu dem Schluß, daß sich die «Attraktivität» seines Bleistifts «auf Formschönheit, Wirtschaftlichkeit und Funktionalität und andere allgemein akzeptierte Verkaufsargumente» stützen müsse. Außerdem entschied man sich, den englischen Namen des Bleistifts nicht zu übersetzen.

In den frühen zwanziger Jahren betonte die amerikanische Werbung im allgemeinen die Funktionalität der mechanischen Bleistifte – ein Aspekt, der auch in den Anzeigen für Spitzer hervorgehoben wurde – und wies außerdem auf den Abfall hin, der bei den anderen Bleistiften anfiel. In Wirtschaftszeitschriften lancierte Anzeigen für den Eversharp berichteten von den Ergebnissen einer Untersuchung, die «ein rapide wachsendes Interesse an Bleistiftkosten» diagnostizierte, und fügten erläuternd hinzu: «Die jährlichen Durchschnittskosten von Holz- und Papierbleistiften ergaben 1,49 $ pro Angestellten – doch nur fünf Zentimeter dieser Bleistifte werden tatsächlich benutzt! Niemand würde es tolerieren, wenn mit allen Büroartikeln so verschwenderisch umgegangen würde.» Den

     DER BLEISTIFT

Arbeitgebern wurde gesagt, daß sie «zwei Drittel der Bleistiftkosten sparen und die Effektivität erhöhen» könnten, «wenn sie für die Minen der den Leuten individuell zugeteilten mechanischen Bleistifte» sorgten. Außerdem wurde betont, daß der «Benutzer eines Eversharp keine Zeit mit Spitzen verliert». Für die erfolgreichen Bemühungen des Unternehmens bei der Minenherstellung wurde aufdringlich mit dem Slogan geworben: «Eversharp-Minen sind glatt, stabil und passen in einen Eversharp wie Munition in ein Gewehr.»

Die Konkurrenz zwang die großen Holzbleistiftfirmen, selbst mechanische Bleistifte auf den Markt zu bringen sowie «feine Minen», die in andere Marken paßten. Die American Lead Pencil Company etwa suchte ihren mechanischen Bleistift Venus Everpointed zu verkaufen, indem sie eine Assoziation zwischen seinen Minen und dem erfolgreichen Venus-Zeichenstift schuf. Es wurden auch neue Unternehmen gegründet, um vor allem die billigen mechanischen Bleistifte zu vermarkten. 1919 sah zum Beispiel der Bleistiftvertreter Charles Wehn der Demonstration eines unzerbrechlichen Kamms aus Schildpattimitat zu und kam auf die Idee, daraus Federhalter und Bleistifte zu machen. Wie sich herausstellte, handelte es sich bei dem Imitat um Pyralin, ein neues, von Du Pont hergestelltes Material, das viel billiger war als das sonst verwendete Hartgummi oder Metall. Wehn entwarf den Bleistift «von morgen», etwas Leichtes, Formschönes, Farbenfrohes und Billiges. 1921 gründete er in Alameda in Kalifornien die Listo Pencil Company, die er nach dem spanischen Wort für «bereit» benannte; mechanische Bleistifte von Listo waren für nur fünfzig Cents erhältlich.

Die auswärtige und inländische Konkurrenz bei Minen verschärfte sich. 1923 begann die Scripto Manufacturing Company in Atlanta einen mechanischen Bleistift herzustellen, der nur zehn Cents kostete, um den Markt auf die Produkte seiner Mutterfirma festzulegen, des einzigen unabhängigen Minenherstellers, den es nach dem Ersten Weltkrieg in Amerika noch gab. Die Marketing-Strategie sah vor, einen «exzellenten» Stift zu produzieren, aber ohne Nebensächlichkeiten und unnötige Varianten. Allein die Rohstoffe kosteten fast zwei Cents pro Bleistift, und wenn das Unternehmen den Bleistift im Großhandel für etwa fünf Cents verkaufen wollte, blieben ihm also nur etwas mehr als drei Cents, um Herstellung, Werbung, Buchführung, allgemeine Betriebsunkosten und den Gewinn zu bestreiten. Da die Herstellung von mechanischen Bleistiften eine der

Uhrmacherei vergleichbare Präzision verlangte und es in Atlanta keine
Betriebe für Präzisionsinstrumente gab, mußte man Werkzeuge und Guß-
formmaschinen aus dem Norden importieren. Als die Maschinen gebaut
waren, mußte entschieden werden, welche Arbeitskräfte für Tätigkeiten
wie das Verpacken von Minen und Bleistiften eingestellt werden sollten.
Der Vizedirektor von Scripto schrieb 1928: «Wir entschieden uns für
Neger, denn ihre Löhne sind noch niedriger als die von weißen Arbeiterin-
nen. Dann kam jemand auf die Idee: Warum nicht gleich schwarze Arbei-
terinnen nehmen?» Von den zweihundert Beschäftigten waren fast 85
Prozent schwarze Frauen. Zunächst kostete die Herstellung der Stifte
über zwölf Cents, aber 1928 verdiente das Unternehmen bereits an dem
mechanischen Bleistift, den es für fünf Cents verkaufte. Im Jahr 1964, als
die Arbeiterschaft noch immer hauptsächlich aus schwarzen Frauen bestand, riefen Martin Luther King und andere führende Menschenrechtler
zum landesweiten Boykott von Scripto-Produkten auf, der erst mit der
Anerkennung einer Gewerkschaft sein Ende fand.

Bis zum Beginn des Zweiten Weltkriegs sahen sich die amerikanischen
Hersteller von mechanischen Bleistiften nicht nur im Inland, sondern
auch im Ausland harter Konkurrenz ausgesetzt. So zählten Deutschland,
Japan und Frankreich in den späten dreißiger Jahren zu den größten
Exporteuren nach Argentinien. In den Vereinigten Staaten produzierte
Modelle mußten für etwa sieben oder acht Cents pro Stück angeboten
werden, um gegenüber den japanischen konkurrenzfähig zu sein. 1946
warb Scripto für sich als den Hersteller der «meistverkauften mechani-
schen Bleistifte der Welt», doch sein billigstes Modell kostete zwanzig
Cents.

Eversharp, an den man sich als «den ersten mechanischen Bleistift, der
ein Schreibinstrument statt einer Spielerei war», erinnerte, hatte seine
Spitzenposition behalten, was den Umsatz anging, aber die Erweiterung
der Produktpalette seines Herstellers Wahl auf Füllfederhalter «zündete
nie richtig». In der Zwischenzeit war Wahls Anteil am gewinnträchtigen,
aber hart umkämpften Ersatzminengeschäft zurückgegangen. Das Unternehmen erhielt Ende 1939 eine neue Geschäftsleitung, die entschlossen
war, die Herausforderung der «cleveren Verkaufsstrategie» anzunehmen,
mit der Sheaffer und Parker die höchsten Verkaufszahlen für Kassetten
mit Füller und Bleistift hatten erzielen können. Der Eversharp sah sich
zudem vom Autopoint herausgefordert, der inzwischen einen großen

Marktanteil bei mechanischen Bleistiften für den Bürogebrauch erobert hatte.

1944 berichtete das amerikanische Verbrauchermagazin *Consumers' Research Bulletin*, daß alle mechanischen Bleistifte «von schlechter Qualität» waren, «außer denen, die zu unverhältnismäßig hohen Preisen verkauft werden». Der einzige mechanische Bleistift, der empfohlen wurde, war der Autopoint, von dem einige Modelle mit «feinlinigen» oder «extra-feinen» Minen mit einem Durchmesser von etwa 0,9 Millimeter gefüllt werden konnten. Er wurde als «bei weitem der beste dieser Art» beurteilt, obwohl sich der Mechanismus oft verklemmte, wenn man Farbminen verwendete. Ein bereits seit 1936 hergestellter Eversharp-Vorratsbleistift wurde damit angepriesen, daß er Minen für sechs Monate aufnehmen konnte, die durch einen Greifmechanismus geführt wurden, wenn man am Bleistiftende auf einen Knopf drückte. Aber dieses Modell wurde vom *Consumers' Research Bulletin* als mittelmäßig eingestuft, weil es nur für «viereckige» Minen erhältlich war, deren Stärke von etwa 1,15 Millimetern sie «zu dick» machte, «um im Vergleich mit einem gutgespitzten, altmodischen Holzbleistift beim Schreiben gut abzuschneiden». Der Eversharp funktionierte zwar wie die heute üblichen Stifte, doch er brauchte eine dickere Mine, weil eine feine nicht stabil genug war, um dem Greifmechanismus oder dem Druck beim Schreiben standzuhalten.

Als sich der Konkurrenzkampf unter mechanischen Bleistiften und zwischen ihnen und den Holzbleistiften in den fünfziger Jahren fortsetzte, sah sich die oberste Handelsbehörde der USA gezwungen, Regeln aufzustellen, «um faire Wettbewerbsbedingungen zu gewährleisten», während die Unternehmen ihre bekannten Werbesprüche wiederholten. Autopoint zum Beispiel behauptete, daß mechanische Bleistifte nicht teurer seien als Holzbleistifte – gemessen an der Menge Text, die man damit schreiben konnte. Außerdem müsse «ein Holzbleistift im Durchschnitt dreißig Mal gespitzt werden, was jedesmal mindestens eine Minute dauert. Das ist eine halbe Stunde, und bei einem Stundenlohn von einem Dollar macht das fünfzig Cents zusätzliche Kosten pro Bleistift aus, die Anschaffungskosten für den Spitzer nicht miteingerechnet.» Abgesehen davon, daß ein Holzbleistift nach Angaben der Hersteller nur siebzehn Mal gespitzt werden mußte, erwähnte Autopoint bei seinem seit Jahrzehnten wiederholten Argument nicht, wieviel Zeit man brauchte, um eine Mine auszuwechseln oder ein eingeklemmtes Stück aus einem seiner

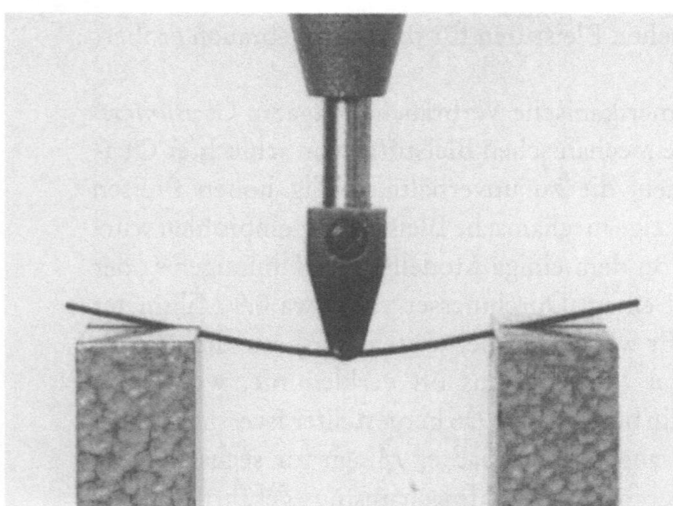

Ein Biegeversuch, der die Biegefestigkeit von Polymerminen ermittelt.

Bleistifte zu entfernen. Dabei lautete in den zwanziger Jahren ein Argument für den Kauf von mechanischen Bleistiften, zum Auswechseln der Mine brauche man nur zwanzig Sekunden.

In den siebziger Jahren verbrauchten über zweihundert Firmen in den Vereinigten Staaten jährlich ungefähr zwanzig Millionen Pfund Plastik, um etwa zwei Milliarden Schreibinstrumente zu produzieren. Auch die Plastiklieferanten machten einander Konkurrenz. Sie stellten sich Fragen wie: «Kann ein erstklassiges technisches Harz auf einem Markt bestehen, der schon ausreichend mit Zellulose und Polystyrol bedient ist?» Über sechzig Millionen mechanische Bleistifte wurden jedes Jahr abgesetzt, und der allerneueste Verkaufsschlager war der Bleistift mit einer noch feineren «feinlinigen» Mine mit einem Durchmesser von 0,5 Millimetern – eine Errungenschaft, die es bei Zeichenbleistiften schon seit 1961 gab.

Viele der superdünnen Bleistiftminen kamen bald aus Japan, wobei einige einen Durchmesser von nur 0,3 Millimetern hatten, aber inzwischen beherrschen die traditionellen deutschen Bleistifthersteller ebenfalls diese neue Technologie. Ende der siebziger Jahre war Faber-Castell in Stein bei Nürnberg das einzige Unternehmen außerhalb Japans, das die neuartigen Minen in Großserie und nach eigener Rezeptur herstellen konnte. Da keramische Minen nicht stabil genug sind, um so fein gemacht zu werden, waren die neuen Minen nur durch die Beimischung von Plastik in einem Polymerisationsverfahren möglich. Die Polymerminen sind zwar ausreichend stabil, um den Kräften im Bleistift und bei einem nicht

allzu festen Schreiben standzuhalten, aber sie haben ihre Grenzen und
Mängel, die *Consumer Bulletin* 1973 benannt hat und die ihre Benutzer
noch immer stören: Die sehr feinen Minen zerbrechen leicht, sind schnell
heruntergeschrieben und müssen ersetzt werden, bevor sie ganz aufgebraucht sind. Deshalb wurde in Amerika kein fein schreibender mechanischer Bleistift damals so sehr empfohlen wie der Cross mit seiner Mine
von 0,9 Millimetern: Er galt als «ein vernünftiger Kompromiß zwischen
Strapazierfähigkeit und einer ausreichend feinen Linie beim Schreiben».
Mitte der achtziger Jahre brachte Scripto seinen Yellow Pencil auf den
Markt, einen Einmal-Plastikbleistift mit einer Mine von 0,5 Millimetern,
von dem sich das Unternehmen einen jährlichen Verkauf von über zehn
Millionen Stück erhoffte. Faber-Castell hatte bereits 1979 als erstes Unternehmen auf dem Weltmarkt einen vollautomatischen Druckbleistift
entwickelt, bei dem die feine Mine beim Schreiben von selbst nachrückte.
Insgesamt wurden 1985 über hundert Millionen mechanische Bleistifte
verkauft.

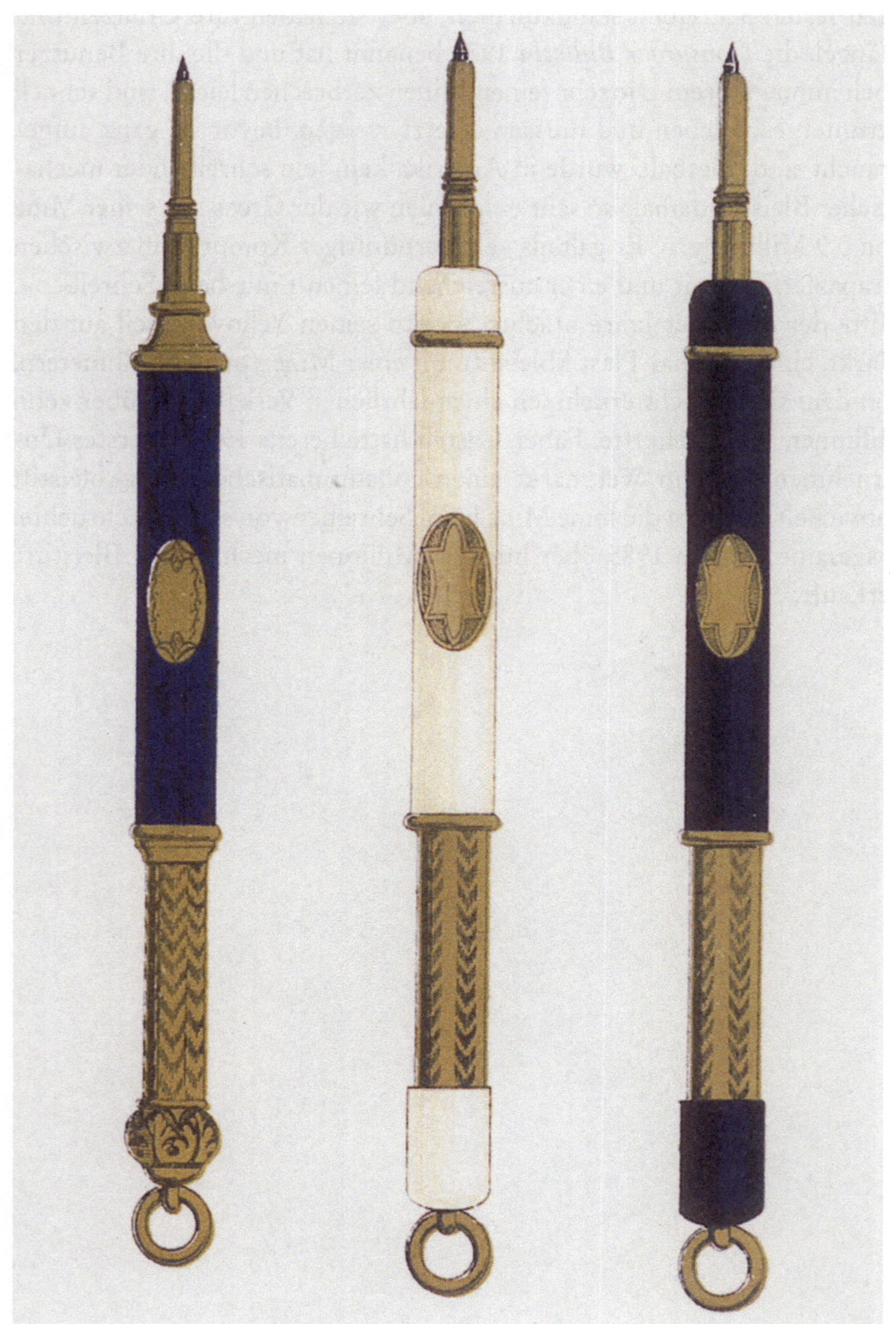

Goldplatierte A.W. Faber-Drehbleistifte aus eleganten Materialen und mit Ring:
Luxusschreibgeräte des neunzehnten Jahrhunderts.

 DER BLEISTIFT

Kapitel 18

Das Geschäft mit der Technik

Man sagt, derjenige sei ein Ingenieur, der für eine Mark vollbringt, was
jeder Narr für zwei kann. Wie alle Spruchweisheiten enthält auch diese
ein Körnchen Wahrheit, wenn man sie in übertragenem Sinne versteht.
Die Bleistiftherstellung, unsere Metapher für das Ingenieurwesen, ist ein
sehr gutes Beispiel dafür, was wirtschaftliche Erwägungen des Ingenieurs
für ein erfolgreiches Produzieren bedeuten. Solange in der ersten Hälfte
des neunzehnten Jahrhunderts in Neuengland ein guter englischer, fran-
zösischer oder deutscher Bleistift nicht ohne weiteres erhältlich war,
begnügte man sich mit jedem hausgemachten oder kratzigen Bleistift.
Aber die frühesten Bleistiftmacher erkannten auch, daß jeder, der einen
besseren Bleistift konstruieren konnte, ob er nun teurer war oder nicht,
klar im Vorteil war. Die Bleistiftbenutzer, besonders Künstler, Architekten und Ingenieure, die ihre Bleistifte zu mehr gebrauchten als zum
Kritzeln von Notizen und zum Markieren von Holzkanten, hätten einen
hohen Preis für ein qualitätvolles Stück Graphit in einem guten Holzschaft bezahlt. Das wußten John Thoreau und sein Sohn Henry David,
und sie wußten auch, welchen Erfolg es bedeutete, wenn sie einen Bleistift
herstellen konnten, der ebenso gut war wie ein importierter. Die Thoreaus
waren tatsächlich sehr erfolgreich, obwohl ihre Bleistifte teurer waren als
alle anderen einheimischen Marken. Ihr Bleistiftgeschäft konnte jedoch
nur so lange florieren, bis die deutsche Bleistiftindustrie um die Mitte des
neunzehnten Jahrhunderts auf den amerikanischen Markt drängte.

1849 konnten die Thoreaus keinen Bleistift mehr anbieten, der billiger
war als einer, den die Deutschen herstellen, verschiffen und mit Gewinn
verkaufen konnten. Die Thoreaus waren zwar keineswegs die sprichwörtlichen «Narren» und handelten durchaus als gute Ingenieure, wenn sie

einen möglichst guten Bleistift so billig wie möglich herstellten, doch die Deutschen waren eben die besseren Ingenieure. Spätestens in den vierziger Jahren des neunzehnten Jahrhunderts beherrschten sie das Conté-Verfahren und exportierten ihre Bleistifte in großen Mengen. Wegen des großen Geschäftsvolumens, der eingesetzten Maschinen und der aus der Massenproduktion resultierenden Einsparungen schaffte A.W. Faber für vier Cents, was Thoreau vielleicht noch nicht einmal für acht fertigbekam. Da die Thoreaus im Prinzip wußten, wie man einen hervorragenden Bleistift herstellte – einen Ersatzbleistift für den deutschen Stift, der inzwischen Weltstandard geworden war –, hätte es ihnen vielleicht gelingen können, ihn billiger als einen ausländischen Bleistift zu produzieren, wenn sie ihren Familienbetrieb zu einer größeren Fabrik ausgeweitet hätten und wie die Deutschen alle wirtschaftlichen Vorteile der Massenproduktion hätten nutzen können. Für eine solche Ausweitung hätte man jedoch das Kapital aufbringen, in neue Maschinen investieren und die Produktion stark erhöhen müssen.

Henry David Thoreau hatte jedenfalls keine Neigungen, sich auf solch ein größeres geschäftliches Unterfangen einzulassen, und sein Vater scheint keinen Ehrgeiz entwickelt zu haben, jemals etwas anderes zu sein als ein bescheidener Geschäftsmann. Wenn sie gewollt hätten, so hätten die Thoreaus wahrscheinlich das Geld auftreiben können, um Mitte der vierziger Jahre zu expandieren, denn sie hatten etwas, was zu jener Zeit in Amerika allenfalls wenige besaßen: die Geheimformel, wie man aus Graphitstaub eine feine Bleistiftmine herstellte.

Die Frage, ob man versuchen sollte, aus dem Geheimnis der Bleistiftherstellung Kapital zu schlagen, dürfte jedoch hinfällig geworden sein, als die technologische Entwicklung die Lieferung von reinem Graphit zu einem so lukrativen Geschäft machte, daß die Bleistiftproduktion nur noch pro forma weiterbetrieben wurde. Nach Edward Emerson war das erst kürzlich entdeckte Verfahren der Galvanoplastik, das in der Gegend von Boston angewendet wurde, in den späten vierziger Jahren noch Geheimsache, «und derjenige, der sich damit befaßte und wußte, daß die Minen von Thoreau die besten waren, bestellte sie in großen Mengen von Mr. John Thoreau; letzterer hütete sorgsam das Geheimnis seiner Methode, während ersterer verheimlichte, wozu er die Minen brauchte.» Zunächst erhielt Thoreau zehn Dollar je Pfund gemahlenen Graphit; später fiel der Preis auf zwei Dollar, doch er verkaufte immerhin fünfhundert

Pfund pro Jahr. Als die Thoreaus herausfanden, wozu man den Graphit brauchte, verkauften sie ihn «an verschiedene Firmen, bis nach dem Tod von Mr. John Thoreau und seinem Sohn Henry das Geschäft von Mrs. Thoreau verkauft wurde». Wegen des einträglichen Handels mit Graphit und der wachsenden Konkurrenz aus Deutschland «wurden nach 1852 nur noch wenige Bleistifte hergestellt und das nur, um das profitablere Geschäft zu kaschieren. Wenn das Geheimnis nämlich herausgekommen wäre, wäre es wohl wertlos geworden.» Nicht nur das Thoreausche Bleistiftgeschäft war von ausländischer Konkurrenz betroffen. Francis Munroe, der 1848 das prosperierende Bleistiftgeschäft seines Vaters übernommen hatte, geriet fünf Jahre später in wirtschaftliche Schwierigkeiten, als «sich Bleistiftmacher aus Deutschland in New York niedergelassen hatten und mit ihrem großen Geschick und ihrer Masse an billigen, importierten Arbeitskräften anfingen, den Produzenten aus Neuengland durch ihre Konkurrenz ziemlich hart zuzusetzen».

Unter diesen Umständen gab Munroe die Bleistiftherstellung in Massachusetts auf und stieg in Vermont ins Holzgeschäft ein. Die Geschichte der Munroes und der Thoreaus sowie ihrer Bleistifte veranschaulicht die sich oft widerstreitenden Zielsetzungen von Ingenieurkunst und Geschäft. Dazu zählen: die Produktion von möglichst feinen Bleistiften als Selbstzweck; die Produktion von Bleistiften, die besser oder preiswerter sind als alle anderen auf dem Markt; die Produktion von Bleistiften zur Sicherung des Lebensunterhalts der Bleistifthersteller; die Geheimproduktion von Bleistiften, um einen Wettbewerbsvorteil zu erhalten; die offen zur Schau gestellte Bleistiftproduktion, die ein profitableres Geschäft verbirgt; die Produktion von Bleistiften zum Nutzen von Künstlern, Ingenieuren und allen möglichen Schreibern. Es gibt weder eine reine Ingenieurkunst noch die Herstellung des vollkommenen Bleistifts, sei es als konkreter Gegenstand oder als abstrakte Idee, denn das wäre Spielerei oder bloßes Hobby. Weit davon entfernt, angewandte Wissenschaft zu sein, ist das Ingenieurwesen ein Geschäft mit der Wissenschaft. Edwin Layton hat dazu treffend bemerkt:

Der Ingenieur ist sowohl Wissenschaftler als auch Geschäftsmann. Das Ingenieurwesen ist ein wissenschaftlicher Beruf, doch die Arbeit des Ingenieurs muß sich nicht im Labor, sondern auf dem Markt bewähren. Die Ansprüche von Wissenschaft und Wirtschaft haben den Ingenieur mitunter in zwei verschiedene Richtungen gezogen. Thorstein Veblen nahm sogar an, daß ein unlösbarer Konflikt zwischen Wissenschaft und Wirtschaft den Ingenieur in die Rolle des Sozialrevolutionärs drängen würde.

Henry David Thoreau war anscheinend nie daran gelegen, irgendeinen Beruf sehr lange auszuüben, geschweige denn von Berufs wegen Ingenieur zu sein, doch er hatte ein soziales Bewußtsein, das die Rechte des einzelnen über alles andere stellte. Dieser Zug scheint sein Denken beherrscht zu haben. Die Klischeevorstellung vom Ingenieur als «Bleistiftkopf» oder «Bleikopf», der an nichts anderes als an Berechnungen denken kann, macht das andere Ende des Spektrums aus. Unnötig zu sagen, daß sich die überwältigende Mehrheit der Ingenieure irgendwo dazwischen befindet.

Ingenieur- und Wirtschaftswesen haben ständig miteinander zu tun und befruchten sich gegenseitig, und aus ihrer Verbindung geht die Industrie hervor. Die Entwürfe, die Ingenieure auf die Rückseiten von Briefumschlägen zeichnen, bleiben in der Regel dort, wenn kein wirtschaftliches Interesse besteht, die Umsetzung dieser Entwürfe zu finanzieren. Und Geschäftsleute finden sich plötzlich unterboten und ihre Produkte veraltet, wenn sie nicht in die Technik investieren. Das Körnchen Wahrheit in dem Spruch über den Ingenieur und den Narren stellt für die Industrie in Wirklichkeit eine viel geringere Bedrohung dar als die von Konkurrenzdenken geprägte Realität: Was der eine Ingenieur für eine Mark geschafft hat, wird der nächste bald für neunundneunzig Pfennige vollbringen. Und Vermögen bilden sich aus Schiffsladungen von Pfennigen.

Im Sommer 1921 reiste ein junger Arzt, Dr. Armand Hammer, geschäftlich von New York nach Moskau, um eine Arzneimittel- und Chemikaliensendung seines Familienunternehmens an die Sowjets zu regeln, die unter den Versorgungsengpässen der Nachkriegszeit schwer zu leiden hatten. Er plante auch, durch Mitarbeit in einem Krankenhaus den Flüchtlingen aus den von Dürrekatastrophen und Hunger heimgesuchten Wolgastädten zu helfen. Bei einer Reise in den Ural sah er nicht nur die Hungersnot aus nächster Nähe, sondern auch die darniederliegende Industrie und die wirtschaftliche Stagnation Rußlands. Wertvolle Vorräte an Mineralien, Edelsteinen, Pelzen und ähnlichem hatten sich während der europäischen Blockade angesammelt, aber die Russen schienen

keine Anstalten zu machen, sie gegen Getreide oder andere dringend
benötigte Waren einzutauschen. Hammer organisierte sofort amerikanische Getreidelieferungen an Rußland, und sobald die Schiffe in Petrograd
gelöscht waren, sollten sie für den Rückweg mit sowjetischen Gütern
beladen werden. Damit begann eine lange und einträgliche Geschäftsver-
bindung.

Solch entschlossenes Handeln erregte die Aufmerksamkeit Lenins,
der Hammer in den Kreml bestellte. Hammer berichtet darüber:

> *Die beiden Länder, die Vereinigten Staaten und Rußland, seien,
> so Lenin, komplementär. Rußland sei ein zurückgebliebenes Land
> mit riesigen Schätzen in Form von unerschlossenen Vorkommen.
> Die Vereinigten Staaten könnten hier Rohstoffe und einen Markt
> für Maschinen finden und später für Fertigwaren. In erster Linie
> benötige Rußland amerikanische Techniken und Verfahren, ame-
> rikanische Ingenieure und Lehrer. Lenin nahm ein Exemplar des*
> Scientific American *in die Hand.*
> *«Schauen Sie her», sagte er und blätterte rasch durch die Seiten,
> «das hat Ihr Volk geleistet. Das nenne ich Fortschritt: Bauten,
> Erfindungen, Maschinen, die Entwicklung technischer Hilfsmittel
> für die Arbeiter. Rußland heute ist wie Ihr Land zur Pionierzeit.
> Wir brauchen das Wissen und den Geist, die Amerika zu dem
> gemacht haben, was es heute ist. ...»*
> *«Was wir wirklich brauchen», seine Simme klang fester ..., «ist
> amerikanisches Kapital und technische Hilfe, damit sich unsere
> Räder wieder drehen. Nicht wahr?»*

Armand Hammer stimmte dem natürlich zu, und Lenin erklärte, daß
Rußland hoffte, die wirtschaftliche Erholung dadurch zu beschleunigen,
daß man Ausländern Wirtschafts- und Handelskonzessionen erteilte, und
er fragte Hammer, ob er daran interessiert wäre. Hammer erinnerte sich,
daß ein Bergbauingenieur auf der Zugfahrt über Asbest gesprochen hatte.
Da fragte Lenin: «Warum wollen Sie nicht selbst eine Konzession für
Asbest?» Als Hammer seine Besorgnis ausdrückte über die, wie er an-
nahm, langwierigen Verhandlungen vor Abschluß eines solchen Geschäfts, versicherte ihm Lenin, daß es keinen Papierkrieg geben werde.
Und tatsächlich wurde Hammer in «unglaublich kurzer Zeit» der erste

Konzessionär in Rußland. Daraufhin genoß er plötzlich nicht nur den guten Wein, den es zuvor nirgends zu kaufen gab, sondern auch einen bisher nicht gekannten Luxus im Gästehaus der Regierung, das dem Kreml gegenüber auf der anderen Seite des Flusses gelegen war. Etwa drei Monate nachdem Hammer russischen Boden betreten hatte, hatten Lenin und andere Repräsentanten der Sowjetmacht die Bedingungen des Konzessionsvertrags unterschrieben, der Hammer Gebäude, den Schutz seines Eigentums, freie Ein- und Ausreise, Privilegien für Eiltransporte innerhalb Rußlands und den Zutritt zu Radio- und Telegraphenstationen für die Übermittlung von Telegrammen zusicherte sowie die Gefahr von Arbeitsunterbrechungen praktisch ausschloß.

Es war für Hammer offensichtlich, daß Rußland große Mengen an Traktoren brauchte, um seine Landwirtschaft zu mechanisieren, und er sprach darüber mit einem seiner Onkel, der vor dem Krieg in Südrußland eine Ford-Vertretung gehabt hatte. Hammers Onkel glaubte zwar nicht, daß Henry Ford viel von den Bolschewiken hielt, dennoch wurde ein Treffen zwischen Hammer und Ford in Detroit vereinbart. Obwohl sich Ford über das Potential des russischen Markts im klaren war, hatte er abwarten wollen, bis ein neues Regime an die Macht kam. Als Hammer ihn jedoch davon überzeugt hatte, daß dies in absehbarer Zukunft nicht der Fall sein würde, gab Henry Ford dem jungen Armand Hammer die Vertretung für alle Ford-Produkte in Sowjetrußland. Hammer nahm einen Ford-Wagen, einen Fordson-Traktor und einen Film über die Ford-werke nach Moskau mit. Er erhielt auch Henry Fords Zusicherung, Russen einzuladen, damit sie etwas über die Auto- und Traktorherstellung in amerikanischen Fabriken lernten. Nach etwa zwei Jahren Export- und Importgeschäft wurde Hammer von Leonid Krassin, dem Leiter der Abteilung für ausländische Handelsmonopole, davon in Kenntnis gesetzt, daß die Russen nun ihren Außenhandel selbst betreiben wollten, aber andere Unternehmungen waren immer noch möglich. Hammer schlug den Verkauf englischer Schiffe an Rußland vor, doch Krassin riet davon ab, weil Rußland seine Werften neu organisierte, um seinen Bedarf «billiger als die Engländer» selbst zu produzieren. Was Rußland brauchte, war nach Krassins Aussage die industrielle Produktion: «Warum interessieren Sie sich nicht für die Industrie? Es gibt viele Artikel, die wir von auswärts importieren müssen und die eigentlich hier produziert werden sollten.»

Hammer sagte, er werde darüber nachdenken, und «erwog den Vorschlag Krassins gründlich». Aber es war für ihn schwierig zu entscheiden, auf welche Art von Industrie er sich genau verlegen sollte – bis ihm schließlich ein Zufall zu Hilfe kam und die Entscheidung herbeiführte:

Ich ging in einen Schreibwarenladen, um einen Bleistift zu kaufen. Der Verkäufer zeigte mir einen ganz normalen Bleistift, der in Amerika zwei oder drei Cents kosten würde, und verlangte zu meinem Erstaunen dafür fünfzig Kopeken (26 Cents).
«Oh! Aber ich möchte einen Kopierstift», sagte ich.
Zuerst schüttelte der Verkäufer den Kopf, gab dann aber nach. «Da Sie Ausländer sind, können Sie einen haben, aber unser Vorrat ist so beschränkt, daß wir sie in der Regel nur an Stammkunden abgeben, die auch Papier und Hefte kaufen.»
Er ging ins Lager und kam mit der einfachsten Sorte Kopierstift zurück. Er kostete einen Rubel (52 Cents).
Ich stellte weitere Nachforschungen an und fand heraus, daß Bleistifte in Rußland ungeheuer knapp waren, da alles aus Deutschland importiert werden mußte. Vor dem Krieg hatte es in Moskau eine kleine Bleistiftfabrik gegeben, die von Deutschen betrieben wurde, aber sie hatte ihre Produktion eingestellt. Wie sich herausstellte, gab es Pläne, sie als Staatsbetrieb des Sowjets zu reorganisieren und zu vergrößern, aber zu jener Zeit, im Sommer '25, waren sie über das Projektstadium nicht hinausgelangt. Also entschied ich, daß hierin meine Chance lag.

Hammers Vorschlag, eine Bleistiftfabrik zu errichten, wurde akzeptiert, allerdings mit einer gewissen Skepsis, da allgemein bekannt war, daß das Bleistiftmachen «ein deutsches Monopol» war. Der Staatsbetrieb, der «nichts produziert hatte, was so schreiben konnte wie die Bleistifte, die die Russen seit Generationen von der großen deutschen Firma Faber importiert hatten», sah sich mit großen Startschwierigkeiten konfrontiert, und seine Lobby war gegen die Gründung eines von einem Amerikaner geleiteten Konkurrenzunternehmens. Durch die Hinterlegung von 50 000$ garantierte Hammer jedoch, daß er mit der Bleistiftproduktion innerhalb von zwölf Monaten beginnen werde, und er verpflichtete sich, «im ersten Betriebsjahr Bleistifte im Wert von einer Million Dollar» zu produzieren.

Da sich die russische Regierung zum Ziel gesetzt hatte, jeden Sowjetbürger lesen und schreiben zu lehren, konnte sie dieses verlockende Angebot nicht ablehnen. Die Zustimmung kam innerhalb von dreieinhalb Monaten – «für Rußland Rekordzeit» –, und der Handel wurde im Oktober 1925 besiegelt. Hammer «wußte überhaupt nichts über die Herstellung von Bleistiften» und ging daher nach Nürnberg, um sie zu erlernen.

Wie für Hammer in Rußland das Geschäft Vorrang hatte vor dem Vergnügen, so kam für ihn das Geschäft auch vor dem Ingenieurwesen – in einem solchen Ausmaß, daß er dadurch das Geschäft selbst fast aufs Spiel setzte. Bleistifte herzustellen ließ sich – trotz der russischen Bürokratie – leichter beschließen als in die Tat umsetzen. Und lernen zu wollen, wie man einen guten Bleistift macht, war ganz bestimmt leichter gesagt als getan. Zwar setzten die Nürnberger in den zwanziger Jahren bei ihrer Bleistiftproduktion die modernsten Maschinen ein, doch sie hüteten ihre Betriebsgeheimnisse, und hinter diese zu kommen war nicht einfacher als ein Jahrhundert zuvor. Nachdem Hammer eine Woche in Nürnberg verbracht hatte, wußte er nicht mehr über das Bleistiftgeschäft als bei seiner Ankunft, und wenn er seinen Vertrag mit den Sowjets hätte kündigen können, dann hätte er es vielleicht getan.

Gerade als seine Sache völlig aussichtslos schien, wurde er durch einen örtlichen Bankier mit «einem Ingenieur, der eine wichtige Stelle in einer der großen Bleistiftfirmen bekleidete», bekannt gemacht. Der Ingenieur, ein Bleistiftmachermeister von Faber-Castell namens Georg Baier, hatte sogar schon einmal ein Angebot zum Bau einer Fabrik in Rußland angenommen, aber die Kriegshandlungen hatten seine Pläne durchkreuzt, und ihm wurde erst nach Kriegsende gestattet, Rußland zu verlassen und nach Deutschland zurückzukehren. Er kam schließlich mit seiner russischen Frau zurück nach Nürnberg, wo er aber nicht gerade herzlich empfangen wurde und erst nach einigen Jahren wieder in der heimischen Industrie Fuß fassen konnte. Aufgrund dieser Behandlung war er den deutschen Bleistiftbaronen gegenüber nicht besonders loyal eingestellt. So akzeptierte Baier, der bei Faber umgerechnet 200$ im Monat verdiente, Hammers Angebot von 10000$ im Jahr plus einem Bonus von ein paar Cents für jedes Gros fertiger Bleistifte.

Baier nannte Hammer noch weitere unzufriedene Angestellte, unter anderem einen Vorarbeiter, der nach fünfundzwanzig Jahren Tätigkeit in Deutschland eine Stelle in einer neuen Bleistiftfabrik in Südamerika angenommen hatte. Die Nürnberger Polizei erlaubte ihm jedoch anscheinend nicht auszureisen. Er durfte die Stadt zehn Jahre lang nicht verlassen, ohne aber in der örtlichen Industrie arbeiten zu können. Wenn so jemandem schließlich die Ausreise gestattet wurde, konnte er nur wenige Geheimnisse mitnehmen, denn seine Erfahrungen betrafen zehn Jahre alte Maschinen, Verfahren und Bleistifte, und er würde daher für die südamerikanische Fabrik nicht mehr so wertvoll sein. Menschliche Tragödien wie diese sind nicht das Produkt der Technologie an sich, sondern des Technologie-Managements, was der Geschäftsmann Armand Hammer und der Ingenieur Georg Baier wohl wußten. Daher konnten sie ähnlich desillusionierte deutsche Arbeiter nicht nur durch höhere Löhne und Gratifikationen anwerben, sondern auch dadurch, daß sie ihnen alle Annehmlichkeiten ihres gewohnten Familienlebens für Moskau versprachen, einschließlich deutscher Schulen und deutschen Biers – obwohl sich auch das russische Bier als recht genießbar herausstellen sollte. Nach zwei Monaten war die für die Gründung der Fabrik notwendige Belegschaft schließlich ausgewählt. Ihre Pässe wurden in Berlin ausgestellt, wo die Bleistiftindustrie beträchtlich weniger Einfluß besaß. In einem Bericht heißt es:

Die Bleistiftmachermeister und ihre Familien entkamen ihrem Klosterleben in Nürnberg und Fürth unter dem Vorwand, daß sie in Finnland Urlaub machten. In Helsinki warteten auf sie schon die russischen Visa, die Hammer organisiert hatte. Die Maschinen verließen Deutschland fast genauso verstohlen. Auf den Vorschlag von Baier und das Drängen von Hammer wurden sie von ihrer Produktionsstätte nach Berlin geschickt, wobei die Hersteller annahmen, daß dort eine neue Bleistiftfabrik gebaut würde. Über den endgültigen Bestimmungsort der Maschinen kam kein Verdacht auf, obwohl Hammer darum gebeten hatte, daß sie in ihren Einzelteilen nach Berlin geliefert würden und die Herstellerfirmen einen Experten für die Aufgabe bestimmten, die vielen tausend Teile wieder zusammenzusetzen. Als sie in Berlin ankamen, wurden alle Einzelteile numeriert und dann nach Moskau verschifft.

Da die Russen darauf bestanden, daß seine Bleistiftfabrik auch Stahlfedern produzierte, ging Hammer als nächstes nach Birmingham, um erneut Leute anzuwerben. Er fand jedoch dieselbe Situation vor wie in Nürnberg, «eine geschlossene Industrie, in der die meisten Arbeiter seit ihrer Kindheit unter halbfeudalen Bedingungen ausgebildet werden». Diesmal suchte Hammer sofort über eine Anzeige in der Lokalzeitung einen Ingenieur, der es wiederum ermöglichen sollte, Facharbeiter anzuwerben.

Bei seiner Rückkehr nach Moskau sah sich Hammer nach einem geeigneten Platz für seine Fabrik und für die dazugehörige Arbeitersiedlung um. Er fand die gewünschte Stelle am Stadtrand nahe der Moskwa in einer verlassenen Seifenfabrik auf einem Grundstück von über einer Quadratmeile. Mit der Renovierung der vorhandenen Gebäude und dem Bau der Häuschen wurde sofort begonnen, und bald darauf wurden die von den Ingenieuren genau beschriebenen und bestellten Maschinen den Plänen entsprechend aufgestellt. Bevor er mit der Produktion begann, hatte Hammer Bleistifte im Wert von zwei Millionen Dollar pro Jahr importiert, aber nur ein knappes halbes Jahr nach seinem ersten Besuch in Nürnberg produzierte seine Moskauer Fabrik bereits Bleistifte – dem Zeitplan etwa sechs Monate voraus. Zunächst verwendete man amerikanisches Zedernholz, als aber sibirisches Rotholz verfügbar wurde, zog Hammer dies vor.

Die Nachfrage war so groß, daß es kein Problem war, die Vorgaben des Vertrags zu erfüllen. Im ersten Jahr produzierte die Fabrik Waren, die den zugesagten Wert von einer Million Dollar um das Zweieinhalbfache übertrafen. Im zweiten Jahr wurde der Preis für einen Bleistift von fünfundzwanzig Cents auf fünf gesenkt. Als man keine Bleistifte mehr nach Rußland importieren konnte, hielt Hammer praktisch das Monopol, und als sich die Produktion innerhalb eines Jahres von einundfünfzig auf zweiundsiebzig Millionen Bleistifte erhöhte, konnte seine Fabrik etwa zwanzig Prozent ihrer Produktion nach England, Persien, in die Türkei und in den Fernen Osten exportieren. Der Produktionserfolg zahlte sich natürlich in Gewinn aus, und der Moskauer Betrieb, dessen Briefkopf eine Art Freiheitsstatue zierte, verdiente im ersten Jahr über 100 Prozent bei einer Kapitalinvestition von einer Million Dollar. Obwohl das Kapital Hammer gehörte, wurden die Gewinne zu gleichen Teilen mit den Sowjets geteilt.

Die populärste Marke im Bleistiftsortiment hieß «Diamant» und wurde in grüne Schachteln abgepackt, die beschriftet waren: A. HAMMER – AMERICAN INDUSTRIAL CONCESSION, U.S.S.R. Die Bleistifte trugen als Warenzeichen einen mit einem Anker gekreuzten Hammer, was an die gekreuzten Hämmer erinnern sollte, mit denen bestimmte Faber-Bleistifte gekennzeichnet waren. Nikita Chruschtschow erzählte Hammer einmal, daß er mit diesen Bleistiften schreiben gelernt habe – wie auch eine Reihe anderer Sowjetführer, unter ihnen Leonid Breschnew und Konstantin Tschernenko.

Aber weder Loyalität noch Ertrag und Gewinn waren ohne Belohnungen oder Anreize für die Arbeiter zu haben. Zunächst «trieb die Langsamkeit und Nachlässigkeit» der russischen Arbeiter die «deutschen Vorarbeiter fast zur Verzweiflung», bis Hammer ein neues Mittel einführte, die Arbeiter zu motivieren:

Die Akkordarbeit bot den Männern einen Anreiz, oft eine halbe Stunde vor dem morgendlichen Arbeitsanpfiff in ihre Werkhallen zu kommen, um die Maschinen anzustellen, so daß sie «beim ersten Gewehrschuß» sofort mit vollem Tempo loslegen konnten. Jetzt konnten unsere deutschen Vorarbeiter berichten, daß die meisten unserer russischen Arbeiter nicht mehr den Produktionsraten hinterherhinkten, die sie selbst von zu Hause kannten, sondern die deutschen Rekorde schlugen. Die Löhne stiegen natürlich dementsprechend, aber unsere Gewinne auch, und wir hatten nie einen Anlaß, das Arbeiten auf Akkordbasis zu bedauern.

Die Stellenbewerbungen schnellten in die Höhe, und das Geschäft lief so glänzend, daß Ende 1929 aus der einen Bleistiftfabrik eine Gruppe von fünf Fabriken geworden war, die nicht nur Bleistifte, sondern auch verwandte Produkte herstellten. Ein zeitgenössischer britischer Beobachter stellte fest, daß die Arbeit in den Fabriken für viele Russen ein Mittel war, ihren nicht-bolschewistischen Hintergrund zu verbergen. Aber für Anonymität gab es keinerlei Garantie:

Professoren, Schriftsteller, Generäle, ehemalige Industriekapitäne, Ex-Regierungsbeamte und vornehme Damen sitzen Seite an Seite mit einfachen Industriearbeitern an den Schneide- und Mineneinlegemaschinen, an den Hobel- und Lackieranlagen und in der Packerei. Ihr einziges Bestreben ist es, ihre Identität zu verbergen und alle Zeugnisse ihrer Vergangenheit zu beseitigen,

Als die Einführung des Kapitalismus durch Gewinnbeteiligung und Akkordarbeit in der russischen Presse allmählich unter Beschuß geriet, gab es auch noch andere Indikatoren dafür, daß das wirtschaftliche Klima im Wandel begriffen war. Die Schwierigkeit, in einer sich verschlechternden Weltwirtschaftslage Finanzmittel zu erhalten, sowie die neue Haltung der Sowjets gegenüber ausländischen Interessen ließen es geraten scheinen, mit den Russen über den Verkauf der Fabriken an die Regierung zu verhandeln. Außerdem hatten die Klagen der Presse über die großen Firmengewinne Hammer gezwungen, den Preis seiner Bleistifte noch weiter zu senken. 1930 wurde der Kaufvertrag abgeschlossen, und unter sowjetischer Regie wurden die Moskauer Produktionsanlagen in Bleistiftfabrik «Sacco und Vanzetti» umbenannt, nach den italienischen, nach Amerika ausgewanderten Arbeitern Nicola Sacco und Bartolomeo Vanzetti, die man 1927 hingerichtet hatte wegen Morden, die 1920 bei einem Einbruch in eine Schuhfabrik in Massachusetts begangen worden waren. Ihre Hinrichtung war Anlaß für weltweite sozialistische Proteste.

Obwohl Hammer auf die Bedeutung von Wartung und Pflege der so hart erkämpften Bleistiftmaschinen hingewiesen hatte, scheinen die Russen die Wartung nach der Übernahme vernachlässigt zu haben, so daß sich einige Jahre später in der Fabrik ein tödlicher Unfall ereignete. Und 1938 standen sechs leitende Angestellte der Firma vor Gericht. Sie wurden beschuldigt, die Bücher mit den Produktionszahlen gefälscht zu haben, um die Produktionspläne nach außen zu erfüllen. Später ließ man den Vorwurf, daß Millionen von «Phantasiebleistiften» in die Produktionsberichte eingegangen seien, jedoch fallen, als sich herausstellte, daß die Angestellten nur den Anordnungen ihrer Vorgesetzten gefolgt waren, die beschlossen hatten, daß die Bleistiftproduktion eines jeden Monats diejenigen Bleistifte einschließen sollte, die am ersten Arbeitstag des folgenden Monats fabriziert wurden.

Während in der Bleistiftfabrik «Sacco und Vanzetti» Phantasiebleistifte in den Produktionsberichten aufzutauchen schienen, verschwanden manchmal auch wirkliche Bleistifte in russischen Taschen. Es gibt eine

Geschichte, wonach vor einigen Jahren bei Vertragsverhandlungen zwischen den Vereinigten Staaten und der Sowjetunion Bleistifte mit dem Aufdruck «U.S. Government», die zu Beginn jeder Sitzung in großen Mengen am Tisch ausgeteilt wurden, am Ende der Sitzungen auf rätselhafte Weise verschwunden waren. Wie sich herausstellte, steckten die sowjetischen Unterhändler die amerikanischen Bleistifte ein, da man in Rußland an so gute Schreibgeräte nicht leicht herankommen konnte. So waren die Bleistifte sowohl handfester Beweis als auch eindrucksvolles Symbol für die technologische Überlegenheit des Westens.

Natürlich verschwinden bei jedem Treffen Bleistifte, selbst wenn es keine ideologischen Untertöne gibt, und deshalb dürfte es sich dabei um eine dubiose Propagandastory handeln. Trotzdem lenkt diese Geschichte unsere Aufmerksamkeit auf ein Stück Wirklichkeit. Zwar werden Bleistifte von Unterhändlern verwendet, während sie einen Vertrag entwerfen, und sind wohl auch begehrt, doch sie sind nirgends zu sehen, wenn für die Regierungschefs die Zeit gekommen ist, in formellem Rahmen die endgültige, offizielle Version zu unterzeichnen. Das ist dann die Stunde der Politiker und der Federhalter, denn wer hat schon jemals gehört, daß ein Präsident nach der Unterzeichnung einer Gesetzesvorlage oder eines Vertrags Souvenirbleistifte verteilt hätte? Und dasselbe gilt für die Beziehung der Ingenieure zur Wirtschaft. Sie benutzen zwar Bleistifte zum Entwerfen von Maschinen und Fabrikationsverfahren, doch die Verträge für ihre Produkte unterzeichnen sie grundsätzlich in Tinte.

Kapitel 19
Zwischen Weltwirtschaftskrise und Nachkriegszeit

Ihre wachsende Bedeutung hatte die amerikanische Holzbleistiftproduktion inzwischen zu einem genauen Indikator für die wirtschaftliche Lage des Landes gemacht. Als aber die europäischen Hersteller nach dem Ersten Weltkrieg wieder auf den Weltmarkt zu drängen begannen, gab es keine zuverlässige Prognose mehr. Obwohl 90 Prozent des amerikanischen Absatzes in den Händen der «Big Four» lagen, wie man die Bleistiftfirmen Eberhard Faber, Dixon, American und Eagle mittlerweile nannte, verlangten sie 1921 höhere Einfuhrzölle auf Bleistifte, um sich vor den niedrigen Produktionskosten in Deutschland und Japan zu schützen. Zur Mehrwertsteuer von damals 25 Prozent schlug man einen zusätzlichen Zoll von fünfzig Cents pro Gros vor. Ein stellvertretender Direktor der New Yorker Importfirma von A.W. Faber-Castell sprach sich gegen die Erhöhung aus mit dem Argument, daß sich die «Big Four» ihre marktbeherrschende Stellung trotz niedriger Einfuhrzölle aufgebaut hätten. Ein Vertreter der amerikanischen Firmen konterte mit der Beschuldigung, A.W. Faber-Castell werde von deutschem Geld kontrolliert, was aber bestritten wurde. Tatsächlich erschwerten es auch die hohen Anschaffungskosten für Maschinen, die die Pioniere unter den amerikanischen Bleistiftfirmen zu ihrer damaligen Größe hatten anwachsen lassen, neuen Unternehmen, Fuß zu fassen und wettbewerbsfähig zu werden.

Der weltweite Konkurrenzkampf hatte sich verschärft. In Argentinien zum Beispiel, wo praktisch jede Sorte der bekannteren europäischen und amerikanischen Bleistifte verkauft wurde, mußten die Preise für amerikanische Produkte niedrig gehalten werden, um mit den deutschen konkurrieren zu können, so daß sie für die Händler niedrigere Gewinne abwarfen. Außerdem hatten zu große Lagerbestände die Preise fallen lassen, so daß normale amerikanische Bleistifte Nr. 2 im Einzelhandel nur noch sechzehn Cents das Dutzend kosteten. Das amerikanische Exportvolumen nach Argentinien war bestenfalls unbeständig zu nennen. 1920 erreichten die Exporte ein Rekordhoch von über 250 000 $, das Fünfundzwanzigfache des Vorkriegsvolumens, fielen dann aber 1921 auf 75 000 $ und 1922 auf weniger als die Hälfte.

In England war der Wert der Bleistiftproduktion 1924 ungefähr neunmal so hoch wie 1907, inflationsbereinigt bedeutete das aber nur einen kleinen Anstieg der Produktionsmenge. Die Briten begannen eine Diskussion darüber, ob importierte Bleistifte ohne Hinweis auf ihre Herkunft verkauft werden dürften. Ein Herr namens Kirkwood behauptete bei seiner Aussage vor einem Ausschuß des Handelsministeriums, daß «die Angestellten in der japanischen Maschinenindustrie sechzig Stunden pro Woche» bei niedrigen Löhnen arbeiten müßten. Der Ausschußvorsitzende antwortete, daß er keine offiziellen Informationen über japanischen Löhne besäße, zitierte jedoch aus dem Monatsbericht der Tokioter Handelskammer, um Kirkwoods Behauptung zu widerlegen. Kirkwood bot dann einen «Beweis» an, der, wie er hoffte, die Regierung zum Handeln veranlassen werde: «In meiner Hand habe ich ein Dutzend Bleistifte, die mir gestern in London für einen Penny verkauft wurden.» Der «Ständige Ausschuß für Bleistifte und Bleistiftminen» im Handelsministerium sprach schließlich die Empfehlung aus, daß Bleistifte legal nur verkauft werden sollten, wenn sie «in einer Kontrastfarbe mit einem Abstand von mindestens zweieinhalb Zentimetern zu beiden Bleistiftenden dauerhaft gestempelt, bedruckt oder geprägt» waren. Durch die Auflage des Mindestabstands sollte verhindert werden, daß man zum Beispiel ganz am Ende des Bleistifts «Japan» aufdruckte, was der Händler durch Anspitzen leicht entfernen konnte.

Auf dem zunehmend härter werdenden Bleistiftmarkt suchten die Hersteller nicht nur gesetzgeberische, sondern auch technische Hilfe. Als die Standard Pencil Company in der Nähe von St. Louis eine neue Fabrik eröffnete, installierte sie den ersten elektrisch beheizten Ofen, der 1350 Pfund Minen auf einmal brennen sollte. Die Kosten betrugen bei der anfangs zugrunde gelegten Produktionsrate weniger als sechs Cents pro Pfund. Dies sparte ein Drittel der Kosten eines Gasofens, und als die

Bleistiftproduktion von Standard den elektrischen Ofen zunehmend besser auslastete, erwartete man noch weitere Kosteneinsparungen.

Mit anderen Methoden reduzierten auch andere Bleistiftfirmen allmählich ihre Produktionskosten. Die General Pencil Company in Jersey City stellte Dieselmotoren auf, um selbst Strom für weniger als die Hälfte des Preises zu erzeugen, den sie bisher an das örtliche Kraftwerk gezahlt hatte. Als Eberhard Faber feststellte, daß man das Lackieren der Bleistifte an den Tagen, wo die Luftfeuchtigkeit in Brooklyn zu hoch war, einstellen mußte, da das Wasser auf den frisch lackierten Bleistiften kondensierte und die Oberfläche ruinierte, wurde ein Luftfeuchtigkeitsregler konstruiert und installiert. So erhöhte man nicht nur die Bleistiftproduktion, sondern konnte unter den kontrollierten Bedingungen auch weniger teure Lackfarben verwenden.

Durch den technischen Fortschritt ließen sich die Produktionsmengen steigern und die Kosten senken, doch den Herstellern war auch bewußt, daß durch die rationelle Fertigung einer großen Menge eines bestimmten Produkts nicht zwangsläufig auch nur ein einziges Stück davon verkauft werden würde. Die Bleistifthersteller boten daher – wie viele andere Produzenten von Massenartikeln – spezielle Sortimente mit gutverkäuflichen Bleistiften in attraktiven Displays für den Ladentisch an, um sowohl den Herstellernamen als auch das Produkt dem Kunden vor Augen zu halten. Eine Alternative dazu bestand darin, die Nachfrage für einen bestimmten Bleistift zu schaffen, so daß der Kunde genau danach verlangte. Alle großen Bleistiftunternehmen hatten schon seit langem für ihre Spitzenprodukte geworben, aber in den späten zwanziger Jahren versuchte es die Eberhard Faber Company in Amerika mit einer neuen Werbestrategie.

Eines der Probleme, mit denen sich Bleistifthersteller und Händler konfrontiert sahen, war die Handhabung der vielen unterschiedlichen Bleistiftsorten, die man brauchte, um mit der Konkurrenz mithalten zu können. Kein Händler konnte sie alle ausstellen, und kein Hersteller konnte für alle Werbung betreiben. Eberhard Fabers Strategie bestand nun darin, die Nachfrage nach Bleistiften so zu vereinheitlichen, daß die Händler 90 Prozent davon durch das Bleistiftsortiment befriedigen konnten, das eine speziell entworfene Vitrine für den Ladentisch enthielt. Wie Eberhard Faber II 1929 erklärte, hatte seine Firma bei einer Stichprobe unter ihren 25000 Händlern herausgefunden, daß «acht Artikel neun

Display mit Ticonderoga-
Bleistiften von Dixon,
auf *Back to School*,
einem weiteren Gemälde
von Norman Rockwell
für das Unternehmen.

Zehntel des Umsatzes ausmachen und viele Händler Bleistifte führen, die sie höchstens einmal im Jahr verkaufen».

Fabers Idee war zwar gut, doch der Zeitpunkt war schlecht gewählt. Die Weltwirtschaftskrise veränderte die Kaufgewohnheiten und folglich auch die Produktions- und Werbepraktiken. In der Schreibgeräteindustrie, in der Bleistifte etwa ein Viertel des gesamten Umsatzes ausmachten, ging die Beschäftigtenzahl zwischen 1929 und 1931 um fast 30 Prozent und der Umsatz um mehr als ein Drittel zurück. 1932 erläuterte der Verkaufsdirektor der Eberhard Faber Pencil Company seinem Ansprechpartner bei der Werbeagentur J. Walter Thompson brieflich den «Abbruch unserer Geschäftsbeziehung»: Das war weder die Schuld der Agentur noch die ihres Bevollmächtigten, sondern lag vielmehr daran, daß Eberhard Faber «nicht in der Lage» war, «genügend Werbung zu betreiben, um Ihr weiteres Arbeiten für uns zu rechtfertigen».

1931 waren die europäischen Betriebsstätten von Johann Faber, A.W. Faber-Castell und L. & C. Hardtmuth nur zu 60 Prozent ausgelastet. Um zu verhindern, daß sie einander Konkurrenz machten, und um die Kosten zu senken, schlossen sich die von den amerikanischen Zeitungen «Big Three» Genannten Anfang 1932 zu einer einzigen Interessengemeinschaft zusammen, bei der die rechtliche Selbständigkeit der beteiligten Firmen jedoch aufrechterhalten blieb. Der Erfolg, den Johann Faber und Hardt-

     Der Bleistift

Der Mongol von Eberhard Faber, wie er 1932 im Briefkopf der Firma erschien.

muth mit einer gemeinsam betriebenen Fabrik in Rumänien erzielten, hatte den Zusammenschluß nahegelegt. Zum neuen Trust gehörten eine Koh-I-Noor-Tochtergesellschaft im polnischen Krakau, Fabriken von Johann Faber in Brasilien, die vor 1930 die größten brasilianischen Produzenten gewesen waren, und Johann Fabers amerikanische Tochtergesellschaft in Wilmington in Delaware. Obwohl letztere die Produktion noch nicht aufgenommen hatte, stellte sie den Teil der Fusion dar, der die amerikanischen Bleistifthersteller am meisten betraf. Denn sobald Johann Faber in Brasilien Fuß gefaßt hatte, nahm die Firma eine beherrschende Stellung auf dem dortigen Bleistiftmarkt ein. Dazu kamen die deutschen Bleistifte, die über 90 Prozent der brasilianischen Importe stellten. Zur Jahreswende 1931/32 ging Johann Faber durch die Konstruktion einer Betriebsgemeinschaft endgültig in Faber-Castell auf. Damit fiel auch die Mehrheitsbeteiligung von Johann Faber an der brasilianischen Firma Lapis Johann Faber an Faber-Castell. (Die im Zweiten Weltkrieg – 1941 – enteigneten Anteile an der Lapis konnte Faber-Castell einige Jahre nach dem Krieg zurückkaufen, und zwar zunächst minderheitlich, bis 1967 die Mehrheit wieder erworben wurde. Diese brasilianische Fabrik ist heute mit 2600 Mitarbeitern und jährlich fast 900 Millionen Stiften die größte Holzstiftfabrik der Welt.)

In den dreißiger Jahren machten die in die USA importierten Bleistifte weniger als 5 Prozent der amerikanischen Produktion aus, und die Produktion allein der amerikanischen «Big Four» übertraf die Gesamtkapazität der europäischen «Big Three». Aber auch die amerikanischen Fabriken waren nur zu zwei Dritteln ausgelastet, und alle Unternehmen suchten nach einer Gelegenheit, auf den Auslandsmärkten zu expandieren, während sie gleichzeitig ihre einheimischen Märkte schützten. Die amerikanischen Unternehmen exportierten ihre Bleistifte in über sechzig Länder, wobei die Exporte die Importe bei weitem übertrafen. Aber die Exporte hatten in den zwanziger Jahren ihren Höhepunkt erreicht. Sie gingen 1932 stark zurück, als drei der «Big Four» neue Fabriken in Kanada eröffneten, das bisher der größte Importeur von amerikanischen Bleistiften gewesen war. Wie prekär die Lage der Hersteller damals war, läßt sich daran ablesen, daß die Expansion nach Kanada durch eine Erhöhung der Einfuhrzölle von 25 auf 35 Prozent bedingt war.

Die teuren Qualitätsbleistifte aus Deutschland und der Tschechoslowakei machten weiterhin den größten Teil der amerikanischen Bleistiftimporte aus diesen Ländern aus, aber da die Weltwirtschaftskrise anhielt, nahmen die Zahlen insgesamt ab. Der Trend der Verbraucher von den teuren zu preiswerteren Produkten hatte auch dazu geführt, daß gute Bleistiftsorten für fünf Cents – zum Beispiel der Mongol – einen Teil ihres Umsatzes an «Imitationen von Bleistiften zu fünf Cents» abgeben mußten, die oft zu drei Stück für zehn Cents verkauft wurden, und ebenso an Bleistifte, die nur die Hälfte kosteten. Was die amerikanischen Bleistiftproduzenten jedoch am meisten beunruhigte, war die Tatsache, daß die japanischen Importe in diesen Preiskategorien 1933 von nur ein paar Tausend auf etwa zwanzig Millionen schnellten und damit in den USA einen Marktanteil von 16 Prozent erringen konnten. Die Bleistiftherstellung war in Japan nichts Neues, denn schon 1913 hatte es mindestens vierzig Produzenten gegeben. Zunächst verwendeten die Japaner kleine Maschinen und produzierten viel in Handarbeit, aber um 1918 hatten sie alle modernen deutschen Maschinen nachgebaut. Daher hatten sie bis zum Zeitpunkt der Weltwirtschaftskrise ein «gut organisiertes Handels- und Exportnetz» etabliert, das ihnen erlaubte, Bleistifte mit einem Wert von nur dreiundzwanzig Cents pro Gros nach Amerika zu exportieren.

Die japanischen Bleistifte, die wie mittelteure amerikanische Bleistifte mit Metallende aussahen, waren oft mit Namen oder Warenzeichen versehen, die ihnen gestatteten, zu niedrigeren Zöllen in die Vereinigten Staaten eingeführt zu werden, als wenn sie ihre wahre Herkunft ausgewiesen hätten. Die einheimischen Hersteller, deren Bleistifte damals im Großhandel für etwa ein oder zwei Dollar pro Gros verkauft wurden, drohten zwar mit Prozessen wegen Patent- und Urheberrechtsverletzungen, doch in Wirklichkeit ging es den Amerikanern um Schutzzölle. Immerhin arbeiteten sie unter den Beschränkungen einer Vereinbarung mit dem Präsidenten zur Behebung der Arbeitslosigkeit, nach der sie auch den Stundenlohn der Arbeiter erhöht hatten. Es gab Klagen, daß die japanischen Bleistifte von minderwertiger Qualität seien, und es scheint auch guten Grund zu der Beschwerde gegeben zu haben, daß die Bleistifte nicht hielten, was sie versprachen. In Argentinien zum Beispiel weigerte sich ein Importeur von japanischen Bleistiften, eine große Lieferung zu bezahlen, als sich herausstellte, daß die Minen in den Bleistiften nur etwa einen Zentimeter lang waren und der Rest aus Holz bestand. Der Importeur machte geltend, daß die Bleistifte nicht dem Muster entsprachen, das man ihm gezeigt hatte, aber der japanische Hersteller schnitt zu seiner Verteidigung einige Muster auf, um zu zeigen, daß sie tatsächlich vor allem aus Holz bestanden. Das Gericht wies den Importeur an zu zahlen.

In Übereinstimmung mit dem Gesetz zur Erholung der einheimischen Wirtschaft sprach die amerikanische Zollkommission 1934 in einem Bericht an den Präsidenten die Empfehlung aus, auf Bleistifte, die von den Importeuren mit weniger als 1,50 $ pro Gros veranschlagt würden, einen Steuersatz zu erheben, der sich nach dem amerikanischen Verkaufspreis von entsprechenden einheimischen Bleistiften richten sollte. Unmittelbare Handlungen unterblieben jedoch, da man wenige Monate später ein inoffizielles Abkommen zwischen dem Außenministerium und Vertretern der japanischen Interessen traf, wonach die Japaner ihre Exporte in die Vereinigten Staaten auf achtzehn Millionen pro Jahr begrenzten. Die amerikanischen Hersteller anderer Waren – zum Beispiel von Baumwollteppichen und Streichhölzern –, die sich durch die japanischen Importe bedroht sahen, schlossen sich den Bleistiftproduzenten und ihrer scharfen Kritik an dieser Übereinkunft an. Sie vertraten den Standpunkt, daß die Zahlen in keinem Verhältnis zu normalen Einfuhrmengen stünden, und befürchteten einen Präzedenzfall.

1934 bestritten die «Big Four» nur noch 75 Prozent der einheimischen Bleistiftproduktion. Die gesamte Industrie bekam die Auswirkungen von ausländischer Konkurrenz, höheren Löhnen und anderen Produktionskosten sowie einer gesunkenen Nachfrage zu spüren. Diese war nicht nur auf die Weltwirtschaftskrise, sondern auch auf die zunehmende Verwendung von Aufnahmegeräten, mechanischen Bleistiften und Füllfederhaltern im Wirtschaftsleben zurückzuführen. Zwar waren die «Big Four»

durch die japanischen Bleistifte nicht im gleichen Maße gefährdet wie die
kleineren einheimischen Produzenten, deren Geschäft ungefähr zur Hälfte aus Bleistiften bestand, die im Einzelhandel für weniger als fünf Cents
pro Stück verkauft wurden. Betroffen waren allerdings alle.

Die eine Methode, einen Teil des Drucks wegzunehmen, der auf der
gesamten Industrie lastete, bestand darin, die schier unbegrenzte Menge
an verschiedenen Bleistiftsorten und Lackierungsarten zu reduzieren. Die
Vielfalt der Produkte verursachte zusätzliche Kosten, da sie entsprechende Änderungen an den Maschinen verlangte sowie höhere Rohstofflieferun-
rungen und größere Vorräte an fertigen Erzeugnissen. Das Handelsministerium hatte formale Kriterien erarbeitet, aus denen sich in Zusammenarbeit mit Produzenten, Händlern und Verbraucherverbänden für eine
bestimmte Produktsorte «Vereinfachte Empfehlungen für die Praxis»
ableiten ließen. Angestrebt wurden allgemein akzeptierte Qualitätsnor-
men, in deren Grenzen man in fairen Wettbewerb treten konnte. Aber in
bezug auf Bleistifte scheinen die «Vereinfachten Empfehlungen für die
Praxis» nie über ihre vervielfältigten Entwurfspapiere hinausgegangen zu
sein.

Die Weltwirtschaftskrise brachte für die schon angeschlagene Bleistiftindustrie weitere Komplikationen mit sich. Die Kürzung der Löhne
und der Arbeitszeit führte zu Streiks, wobei die Eagle Pencil Company
1930, 1934 und 1938 bestreikt wurde. Der letzte Streik brach aus, weil eine
geringere Nachfrage und die stärkere Konkurrenz Eagle veranlaßt hatten,
die Arbeitszeit zu verkürzen und schließlich eine Senkung des Stunden-
lohns vorzuschlagen. Während des Streiks war die Fabrik nur vierundzwanzig Stunden in der Woche in Betrieb. Der Streik war besonders gut
sichtbar, da sich die Produktionsstätten von Eagle in dem Block zwischen
der Thirteenth und der Fourteenth Street und zwischen den Avenues C
und D befanden, einem Gebiet in Manhattan, das «vor allem von Anhän-
gern der Arbeiterschaft bewohnt» war. Obwohl das Bleistiftunternehmen
und seine Tochtergesellschaft, die Niagara Box Factory, zusammen nur
neunhundert Arbeiter beschäftigten, zogen die Streikpostenketten Scha-
ren von Sympathisanten an, die in die Tausende gingen. Es kam zu
Zusammenstößen mit der Polizei, Streikbrecher wurden von ihren Maschinen gezerrt, Eier und Backsteine flogen durch die Luft. Nach sieben
Wochen endete der Streik im August 1938 mit einer Vereinbarung, wonach die Streikenden wieder an ihre Arbeitsplätze zurückkehren durften

und die Arbeiter, die man während des Streiks eingestellt hatte, entlassen wurden. Ein Jahr zuvor war die American Lead Pencil Company in einem Übereinkommen zum ersten Unternehmen mit Gewerkschaftszwang geworden, mit einer Vereinbarung, die Lohnerhöhungen und die Garantie einer Fünf-Tage-Woche mit vierzig Stunden vorsah. 1942 war etwa die Hälfte der Arbeiter in der gesamten Schreibgeräteindustrie gewerkschaftlich organisiert.

Während die amerikanische Bleistiftindustrie noch dem wirtschaftlichen Auf und Ab der dreißiger Jahre ausgesetzt war, kam ein neuer Faktor ins Spiel. Der Zweite Weltkrieg hatte die Versorgung mit dem besten Graphit, dem aus Madagaskar und Ceylon, unmöglich gemacht, so daß man sich mit den schlechteren Sorten aus Mexiko, Kanada und dem Staat New York behelfen mußte. Der beste Ton, der aus Deutschland und England kam, mußte nun durch Lieferungen aus Südamerika ersetzt werden. Auch Wachs aus Japan mußte man durch einheimische Produkte ersetzen. Pearl Harbor zeitigte eine der unmittelbarsten Auswirkungen des Krieges auf die Bleistiftindustrie, denn am 8. Dezember 1944 wurde der Mikado-Bleistift in «Mirado» umbenannt, damit er nicht länger mit Asien assoziiert wurde.

In der Erwartung von Versorgungsengpässen horteten einige Bleistiftfirmen ihr Material. Die amerikanische Schwestergesellschaft von L. & C. Hardtmuth wurde 1942 beschuldigt, vor Schließung der Schiffahrtswege große Mengen Bleistiftminen aus Deutschland und der Tschechoslowakei importiert und dann ihre Bleistifte fälschlicherweise als rein amerikanische Produkte ausgegeben zu haben. Andere Unternehmen – wie die amerikanische A.W. Faber-Castell, Inc. – wollten wohl Schuldzuweisungen aufgrund ihrer Verbindung mit Deutschland zuvorkommen, als sie in ganzseitigen Zeitungsanzeigen hervorhoben, welche Bedeutung ihren Bleistiften im Krieg zukam: «Viele Schiffe, Flugzeuge, Panzer und Gewehre beginnen mit einem WINNER Techno-TONE Zeichenbleistift von A.W. Faber.»

Die Werbung nahm während des Krieges auch wegen des Rekordgeschäfts zu. 1942 wurden in den USA über einevierte1 Milliarden Bleistifte produziert. Jedoch führten Versorgungsengpässe bei kriegswichtigem Material bald dazu, daß die Verwendung von Gummi oder jeder Art von Metall bei Bleistiften verboten wurde. Die Hersteller hatten diese Einschränkungen im allgemeinen kommen sehen, und die American Lead

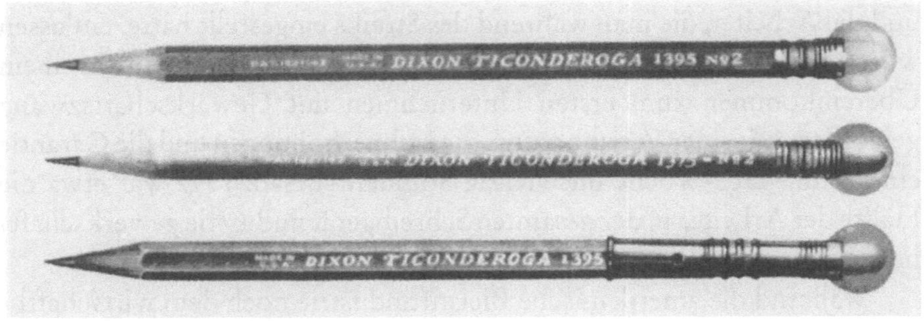

Ticonderoga-Bleistifte von Dixon aus den frühen vierziger Jahren mit
Schreibmaschinen-Radiergummis und Schutzkappe, gekennzeichnet durch zwei gelbe
Bänder um einen goldfarbenen Ring.

Pencil Company hatte 1940 Experimente mit Plastikringen begonnen.
1944 versah das Unternehmen damit seine Venus- und Velvet-Bleistifte
und wollte sie auch den Kunden der Nachkriegszeit empfehlen. Plastik-
ringe zum Befestigen der Radierer aus Gummiersatz waren schon seit
1942 auf dem Markt, daneben gab es auch Papier- oder Pappringe. Dixons
Gebrauch von grünen Plastikringen mit gelben Streifen für seine Ticonderogas begründete während des Krieges die heute übliche Farbkombi-
nation für diese Bleistifte.

Zu Beginn des Jahres 1943 beschränkte der Kriegsproduktionsausschuß die Produktion von Holzbleistiften auf 88 Prozent des Standes von
1941. Er schätzte, daß nur zwei Drittel des Jahresverbrauchs von 1939
nötig seien, um den zivilen Grundbedarf an Holzbleistiften im Falle des
totalen Kriegs zu decken. Da weder das einheimische Holz noch der für
die Bleistifte verwendete minderwertige Graphit damals als knapp galten,
nahm man an, daß die Beschränkungen der Schonung von Transportmit-
teln und Arbeitskräften in der Rohstoffindustrie dienen sollten. Die
mechanisierten Bleistiftfabriken beschäftigten nur etwa dreitausend un-
gelernte Arbeiter, von denen drei Viertel Frauen waren, so daß die Bleistiftherstellung selbst keine großen Auswirkungen auf die Arbeiterschaft
der Kriegszeit haben konnte.

In England wurden Herstellung, Auslieferung und Preise der Bleistifte während des Krieges streng kontrolliert. Das Handelsministerium
ordnete zum 1. Juni 1942 an, daß Bleistifte nur noch in einer beschränkten
Anzahl von Härtegraden fabriziert werden und keinen Glanzlackanstrich
mehr besitzen durften. Das sei insgesamt keine schlechte Entwicklung,

     DER BLEISTIFT

meinte der *Economist*, der offensichtlich das Gefühl hatte, daß die Bleistifte sowieso der Kontrolle entglitten waren:

Nur wenige werden das Verschwinden des komischen Bleistifts in «neuer» Form und Farbe bedauern. Der Werbegeschenk-Bleistift mit schlechter Mine, aber sehr guter Farbe und Lackierung wird selbst für eine vom Krieg verdüsterte Welt ein leicht zu verschmerzender Verlust sein. ... Die jüngsten Entwicklungen des Bleistifts kann man nicht als Fortschritt bezeichnen, weder im utilitaristischen noch im ästhetischen Sinne. Der Bleistift mit dem Gummiende, das immer abfällt und verlorengeht, der ineffiziente Druckbleistift, für den man meist keine Ersatzminen bekommt und dessen leere Gehäuse überall über unsere Schreibtische verstreut sind, der Bridge-Bleistift, dessen Spitze nur selten den Radiergummi überlebt: Sie werden alle dahingehen, ohne daß man ihnen eine Träne nachweint. Wenn die Rohstoffe für Bleistifte beschränkt werden sollen, dann muß aber für die Bedürfnisse der offiziell anerkannten Bleistiftbenutzer Sorge getragen werden. Der Zeichner muß seinen harten Bleistift haben, um haarfeine Linien ziehen zu können. Der Stabsoffizier muß seine Farbstifte bekommen, um seine Karte so markieren zu können, daß er mit einem Blick den Verlauf der Schlacht erkennt. Der Rotstift des Zensors oder Herausgebers darf nicht durch den kostenlosen Werbebleistift für Buggin's Bier vom Markt verdrängt werden. Wenn die Interessen von legitimen Bleistiftbenutzern voll gewahrt bleiben, dann kommt die Kontrolle von Bleistiften zur rechten Zeit und ist zu begrüßen.

Als der Krieg zu Ende war und die Bleistifte nicht mehr bestimmten Regelungen unterworfen waren, hielten jene Leichtfertigkeiten, die der *Economist* beklagt hatte, erneut auf dem freien Markt Einzug. Nach dem Zweiten Weltkrieg wurde bei der Bleistiftherstellung wie überall mehr Plastik verwendet, und Naturwissenschaft, Technologie und Ingenieurwesen sollten eine immer wichtigere Rolle spielen.

Man erwartete nicht, daß die Bleistiftknappheit, die durch den Zweiten Weltkrieg verursacht worden war, sofort nach Kriegsende behoben sein würde. Denn um die größere Nachfrage von Regierung, Streitkräften und Rüstungsindustrie im Gefolge von Pearl Harbor zu befriedigen, hatten die amerikanischen und britischen Hersteller ihre Lieferungen für zivile Zwecke einschränken und die Produktion von ausgefalleneren Bleistiftsorten drosseln müssen. Bestehende Lager mußten einigermaßen gerecht verteilt werden, damit die Hersteller nicht die Loyalität der Einzelhändler und Grossisten aufs Spiel setzten, auf die sie sich, sobald der Friede eingekehrt war, wieder verlassen mußten.

Da man davon ausging, daß es Jahre dauern würde, bis Deutschland und Japan wieder ihren Vorkriegsstand in der Bleistiftproduktion erreichten, mußten sich Länder, die von importierten Bleistiften abhängig gewesen waren, nach anderen Quellen umsehen. Die Niederlande zum Beispiel, wo in den dreißiger Jahren etwa fünfunddreißig Millionen Bleistifte pro Jahr verbraucht worden waren, hatten nie eine eigene Bleistiftindustrie besessen und über 70 Prozent ihrer Bleistifte von den Achsenmächten importiert. Nach dem Krieg wurde in Holland eine Bleistiftindustrie aufgebaut, die nicht nur den heimischen Bedarf decken, sondern auch Bleistifte für den Export herstellen sollte. Die Rohstoffe kamen zum größten Teil aus Holland, Graphit aus Ceylon bezog man jedoch von Großbritannien, das damals über große Vorräte verfügte. Die neuesten Holzbearbeitungsmaschinen kaufte man in Amerika.

Anderswo wurden weniger legale Methoden des Handels mit Bleistiften praktiziert. Noch 1949 wurde ein Stabsunteroffizier aus Thief River Falls in Minnesota zu sechs Monaten Zwangsarbeit verurteilt, weil er versucht hatte, in einem Armeelastwagen deutsche Bleistifte im Wert von über dreißigtausend Dollar nach Frankreich zu schmuggeln. 1951 untersagte die amerikanische Handelskommission der japanischen Firma Atomic Products in New York den Verkauf von mechanischen Bleistiften, sofern sie nicht deren japanische Herkunft kenntlich machte. Erst viele Jahre nach dem Krieg konnten die Briten wieder all die Bleistifte kaufen, die sie einst geschätzt hatten – unabhängig davon, wo sie hergestellt wurden. War der *Economist* 1942 glücklich über das Verschwinden der neumodischen Bleistifte gewesen, so war die *Times* im September 1949 glücklich über die wiedergewonnene Produktvielfalt: «Diese Woche werden Bleistifte jeder Art, Farbe, Form und Größe wieder in die Läden kommen, und eine der kleineren Freuden des Lebens wird uns wiedergegeben sein.»

Kapitel 20

Die gewandelte Rolle der Technologie

Die Rückkehr der Bleistifte auf den freien Markt wurde nach dem Zweiten Weltkrieg von den Herstellern nicht als Selbstverständlichkeit empfunden, jedenfalls nicht in Amerika. Obwohl die Kriegsjahre mehr Aufträge eingebracht hatten, als man erfüllen konnte, lancierten die Bleistiftunternehmen «im Hinblick auf die Konkurrenz von morgen» weiterhin Anzeigen in Zeitschriften und intensivierten sogar in einigen Fällen ihre Werbekampagnen noch. 1945 führte die Eagle Pencil Company die Komikfigur Ernest Eagle ein, die den Namen der Firma mit ihren Produkten verknüpfen sollte. Die Vermarktung von Bleistiften galt seit jeher als besonders schwierig, weil «Bleistifte immer irgendwie unromantische, leblose Dinge gewesen sind, für die man nur schwer jemanden wirklich interessieren konnte».

Dies hatte sich schon 1927 bestätigt, nachdem Eagle die Verkaufsmuster in einigen Großstädten untersucht hatte. Die Ergebnisse zeigten, daß die meisten Leute im Schreibwarengeschäft nach einem harten, weichen oder mittleren Bleistift fragten und mit irgendeinem aus einer Auswahl von verschiedenen Marken zufrieden waren, sofern er zu einem vernünftigen Preis angeboten wurde. Eagle wollte, daß die Kunden speziell nach einem Eagle-Bleistift verlangten, und machte sich daran, eine entsprechende Kampagne zu entwickeln. Man konzentrierte sich dabei auf die weitverbreitete Angewohnheit, herumzukritzeln und Männchen zu malen, weil das mit Bleistiften assoziiert wurde. Handschriftenanalysen waren damals groß in Mode, und so stellte Eagle einen Graphologen für die Analyse von Bleistiftkritzeleien ein. Für zehn Cents und den Kopf des Mikado, der jede Schachtel mit einem Dutzend Bleistifte zierte, konnte jedermann eine Probe seines Gekritzels einschicken und dafür die persönliche Handschriftenanalyse des Graphologen erhalten. Dem Antwortschreiben waren auch Werbeprospekte mit dem ganzen Sortiment von Eagles Schreibwarenprodukten beigelegt.

Während der Weltwirtschaftskrise genügten solche Spielereien nicht, wenn man Bleistifte absetzen wollte. Der neue Werbeleiter von Eagle, Abraham Berwald, hatte bei Übernahme seiner Tätigkeit zugegeben, daß er den Bleistift hauptsächlich als ein Werkzeug kannte, mit dem er sein «O.K.» unter Dinge setzte, die über seinen Schreibtisch gingen. Alle Bleistifte und jegliche Bleistiftwerbung sahen für ihn ziemlich gleich aus, und er war sich keineswegs sicher, ob es irgend etwas gab, womit er erfolgreiche Werbung für Bleistifte betreiben konnte. Der Direktor von Eagle, Edwin Berolzheimer, stellte Berwald dennoch ein und forderte ihn auf, sich beim Aushecken einer neuen Idee Zeit zu lassen: «Streunen Sie durch die Fabrik, schnuppern Sie hier und dort und schauen Sie, was Sie finden können – denken Sie immer darüber nach, was ein Bleistift aufweisen muß, um eine landesweite Werbekampagne zu rechtfertigen.»

Bei seinem Umherstreunen machte sich Berwald mit der technischen Abteilung der Eagle Pencil Company vertraut. Ihr Chef, Isador Chesler, war Mitarbeiter von Thomas Edison gewesen, und seine Aufgabe bestand darin, «mit Materialien und Methoden herumzuexperimentieren, neue Verfahren zu entwickeln und Dinge zu verbessern». Mit anderen Worten: Chesler war Ingenieur. Da Berwald festgestellt hatte, daß die Bleistiftwerbung nur qualitative Aussagen machte und dabei die in der Branche übliche Praxis widerspiegelte, Tests mit Methoden durchzuführen, die sich auf grobe Schätzungen und Erfahrungswerte stützten, fragte er Chesler, ob es nicht möglich sei, quantitative Testverfahren zu entwickeln, die diese Qualitätsansprüche mit Zahlen belegen könnten.

Chesler und andere Bleistift-Ingenieure hätten vielleicht nichts weiter als ihre schnell hingeworfenen Kritzeleien auf der Rückseite von Briefumschlägen gebraucht, um sagen zu können, ob ein Bündel Bleistiftminen dem Qualitätsdurchschnitt entsprach. Doch es war eine willkommene Herausforderung, diese Qualität in Zahlen genau auszudrücken. Man baute eine Testmaschine, die an Edisons ersten Phonographen erinnerte. Sie trug eine große Papiertrommel, auf die die Mikado-Mine gedrückt wurde. Wenn sich die Trommel drehte, wurde eine Linie gezogen, deren Länge sich leicht errechnen ließ, wenn man den Umfang der Trommel mit der Zahl der Umdrehungen multiplizierte, die nötig waren, um die Bleistiftmine herunterzuschreiben. Von da an konnte man den Verbrauchern nicht nur sagen, daß ein Eagle-Bleistift lange hielt, sondern auch, daß man beim Kauf eines Mikado «fünfunddreißig Meilen für fünf Cents» bekam.

Nachdem Chesler in Zahlen ausgedrückt hatte, wieviel man mit einem Bleistift schreiben konnte, lautete die nächste Frage: «Wie können wir mit einem Test nachweisen, daß Mikado-Bleistifte stabilere Spitzen besitzen als andere Bleistifte – daß sie mehr Druck beim Schreiben aushalten?» Der Ingenieur entwickelte eine Art Waage, auf die der Bleistift in einem gleichbleibenden Schreibwinkel gedrückt wurde, bis die Spitze abbrach, wobei sich die Stabilität von der Skala der Waage ablesen ließ. Zwar schnitt der Mikado bei den ersten quantitativen Versuchen gegenüber der Konkurrenz gut ab, doch seine Überlegenheit reichte nicht aus, um damit überzeugend Werbung zu betreiben. Dieses enttäuschende Ergebnis warf natürlich die Frage auf, ob man die Mikado-Minen nicht stabiler machen könne. Da bekannt war, daß die Bleistiftspitzen durch eine schwache Verbindung der Minen mit dem Holz und durch den geringen Halt, den zersplittertes Holz bot, an Stabilität verloren, machte sich Chesler daran, diese Verbindung zu verbessern und das Splittern zu verringern. Dies führte zur Entwicklung von chemischen Verfahren, bei denen man die gewachste Mine beschichtet, damit der Leim besser haftet, und das Holz versiegelt, damit seine Fasern widerstandsfähiger sind. Die so entwickelten «Chemi-sealed» Mikado-Bleistifte wurden von einem unabhängigen Testlabor mit verschiedenen anderen Bleistiften zu fünf Cents verglichen und erwiesen sich als besonders stabil.

Mitte der dreißiger Jahre warb Eagle ganzseitig in Zeitschriften mit dem Slogan: «Kaufen Sie Bleistifte aufgrund von Fakten». Zwanzig Jahre später war Abraham Berwald immer noch bei Eagle. Einem Reporter des *New Yorker* demonstrierte er, daß er weder sein Interesse noch seine Vorliebe für Tests von Eagle-Produkten verloren hatte. Er bemerkte zunächst, daß die alten Farbminen so brüchig gewesen seien, daß sie kaum hätten gespitzt werden können, ohne abzubrechen. Dann hielt er eine Handvoll karmesinrote Minen hoch und erklärte, daß jede von ihnen früher «in sechs oder sieben Stücke zerbrochen» wäre, wenn sie zu Boden gefallen wäre. Berwald warf dann eine der neuen Minen auf den Boden, um zu zeigen, daß sie nicht zerbrach. Als Berwald schließlich anfing, in seinem Büro mit Minen um sich zu werfen, und ausrief: «Wir haben die

Farbminen elastisch gemacht», bewegte sich der Besucher in Richtung Tür.

Aber Berwald wollte noch ein Letztes vorführen. Da Eagle damit warb, daß seine Türkis-Zeichenstifte sich fein wie eine Nadelspitze spitzen ließen, wollte der alte Skeptiker deutlich machen, was das genau hieß. Er rief einen jungen Kollegen herein, der dann ein Grammophon aufzog und eine fein gespitzte Türkis-Bleistiftspitze in den Tonabnehmer einsetzte. Bald brachte eine «kratzige, aber bewegende» Version der amerikanischen Nationalhymne Berwald auf die Beine, und als die Musik geendet hatte, erklärte er nach einem respektvollen Schweigen, daß der Besucher soeben als erster Zeuge einer Demonstration geworden sei, die zeige, was es bedeute, einen Bleistift so fein wie eine Nadelspitze spitzen zu können.

Die Firma Eberhard Faber, die ihre Produkte nicht direkt an die Verbraucher verkaufte, sondern 1932 beschlossen hatte, ihre Ware ausschließlich über den Großhandel abzusetzen, hatte dennoch den Eindruck, auf eine direkte Kommunikation mit dem einzelnen Bleistiftkäufer nicht verzichten zu dürfen. 1956 startete Faber eine größere Werbekampagne, bei der zwei Mongol-Stifte zu fünfzehn Cents angeboten wurden, ein Zwischenschritt zu den zehn Cents pro Stück, die als unausweichlich galten. In – für die Branche ganz ungewöhnlichen – zweiseitigen Anzeigen in Vierfarbdruck wurde erklärt, daß der Mongol mit «2162 Wörtern für einen Cent» für den Verbraucher besonders preisgünstig sei. Eine Fußnote erläuterte die in einem Testlabor durchgeführten Schreibtests näher, und eine Kostenrechnung erlaubte den Schluß, daß man bei großen Mengen «sogar noch *mehr* sparen» konnte. Die Doppelpacks trugen Aufkleber mit der Aufschrift «Aus der Zeitschriftenwerbung», und «die Leute kauften zwei Bleistifte statt einen, weil sie so abgepackt waren». Die Werbetexter scheinen den Wert von quantitativen Aussagen erkannt zu haben, wie sie Berwald schon so erfolgreich für Eagle eingesetzt hatte, doch ihre bezogen sich nur auf den Preis. Nach Vergleichen in der alten, nicht-quantifizierenden Art – «schreibt schwärzer und verbraucht sich nicht so schnell», «muß weniger gespitzt werden» – spielten sie höchstwahrscheinlich auf Eagles Ansprüche an, wenn sie doppeldeutig erklärten: «Der Bleistift mit Spitzenqualität heißt Mongol!»

Eberhard Faber hielt damals einen Anteil von 15 bis 20 Prozent des amerikanischen Bleistiftgeschäfts und war im Begriff, von Brooklyn nach

Wilkes-Barre in Pennsylvania umzuziehen, wo das Unternehmen «die modernste Bleistiftfabrik der Welt» betreiben sollte mit einer Produktion von 750 000 Bleistiften am Tag. Wenn die gesamte Produktion von Faber abgesetzt werden konnte, waren für 1957 Bruttoeinnahmen von sieben Millionen Dollar zu erwarten. Der Verkaufsdirektor für den Osten der USA war optimistisch, und Louis M. Brown, der erste Firmendirektor, der nicht der Familie Faber angehörte, sah im wirtschaftlichen Aufschwung des Landes ein gutes Zeichen für das Bleistiftgeschäft. Er sagte – und vielleicht dachte er dabei an den neuesten Erfolg von Faber –, daß «morgen nicht einfach geschieht, es wird heute geplant. Und geplant wird zunächst mit Bleistiften.»

Inmitten des härter werdenden Wettbewerbs konzentrierten andere Bleistiftunternehmen ihre Anstrengungen auf die Umgestaltung ihrer Verpackungen, wie es zum Beispiel Dixon tat, «um seine Marken von den anderen abzusetzen und seine Erfolgsgeschichte eindrucksvoll darzustellen». 1957 hatte sich zu den «Big Four» ein weiterer großer Bleistiftproduzent, die Firma Empire, gesellt, und wieder einmal bedrohten importierte Bleistifte die amerikanische Industrie. Japan galt als Hauptgefahr: Seine Wirtschaft hatte wieder das Vorkriegsniveau erreicht, zum Teil mit Hilfe einer 1945 in Kraft getretenen Senkung der Zölle um 50 Prozent. Aus einer Heimindustrie zu Beginn des zwanzigsten Jahrhunderts war die japanische Bleistiftindustrie zu einem Konkurrenten auf dem Weltmarkt geworden.

Auch in Indien gab es zu Beginn des Jahrhunderts kleine Bleistiftfabriken, und die Regierung hoffte, daß diese Industrie eine Zunahme des Wohlstandes bewirken werde. Allerdings war es, wie ein indischer Zeitgenosse bemerkte, nicht so einfach, bescheidene Handwerksbetriebe zu einer größeren Industrie auszuweiten, um Bleistifte in großer Zahl herzustellen:

Holz, Graphit und Ton sind seine Hauptbestandteile, und bei oberflächlicher Betrachtung könnte es so scheinen, als ob wir davon in Indien eine Menge hätten. In einer Hinsicht stimmt das, aber in anderer nicht. Schlechtes Holz haben wir im Überfluß; für eine bessere Qualität müssen wir auf Plantagen oder Importe zurückgreifen. Was den Graphit betrifft, so haben wir eine Reihe von Gruben in Madras, Travancore und Ceylon; aber die Aufbe-

Dieses Forschungsprogramm begann in den vierziger Jahren, wurde jedoch durch den Krieg unterbrochen, weshalb Indien weiterhin von Bleistiftimporten abhängig blieb. 1946 exportierten die Vereinigten Staaten Bleistifte im Wert von vier Millionen Dollar, und das Jahr 1947 versprach Steigerungen um mindestens 50 Prozent. Zu dieser Zeit waren die Philippinen, Hongkong und Indien die Hauptabnehmer für die amerikanischen Erzeugnisse, wobei Indien der weitaus wichtigste Markt für jede Art von Schreibinstrument war.

Die indischen Forscher wußten zwar um die vielen verschiedenen Rohstoffe, Spezialtechniken und Geheimverfahren, die in der Bleistiftherstellung eingesetzt wurden, doch sie waren der Auffassung, daß sich der Käufer in Wirklichkeit nur dafür interessiere, wie gut der fertige Bleistift funktioniere. Zu den Eigenschaften, die als wichtig erachtet wurden, gehörten die Schreibqualität, eine verläßliche Härteskala, eine sich nur langsam abnutzende Mine, die Widerstandsfähigkeit des Bleistiftstrichs gegenüber den mit der Zeit unvermeidlichen chemischen Reaktionen sowie die Ebenmäßigkeit und die Anspitzeigenschaften des Holzes.

Die Suche nach einheimischen Hölzern für die Bleistiftherstellung hatte in Indien schon geraume Zeit vor 1920 eingesetzt; bis 1945 hatte man achtzig Holzarten gefunden, die als vielversprechend galten und von den verschiedenen Bleistiftfirmen getestet wurden. Erstklassige indische Bleistifte waren – wie die entsprechenden deutschen oder englischen – von fremden Hölzern abhängig, zum Beispiel von der amerikanischen und der ostafrikanischen Zeder. Als Mitte der vierziger Jahre hatte das Forstforschungsinstitut in Dehra Dun nur ein einziges indisches Holz als wirklich

        DER BLEISTIFT

brauchbar erklärt, eine Wacholderart, die in Belutschistan vorkam. Aber ihr weit entferntes Verbreitungsgebiet und das knotige, mit Schwamm überwucherte und unregelmäßig gemaserte Holz ließen eine wirtschaftliche Nutzung wenig aussichtsreich erscheinen. Außerdem wuchsen die Bäume nur sehr langsam und krumm.

Unter den achtzehn anderen Holzarten, die bis 1945 als für zweitklassige Bleistifte verwendbar identifiziert worden waren, galt die Deodarazeder als «einigermaßen geeignet, aber teuer». In den frühen fünfziger Jahren, als Indien fast eine dreiviertel Milliarde Bleistifte jährlich verbrauchte, wurde die Verwendung von Deodarazeder jedoch noch einmal neu überdacht, so daß sie schließlich zur bevorzugten Alternative zu fremden Hölzern wurde. Weitere Forschungen über das Ablagern der Zeder hatten ergeben, daß ihre hellgelbe Farbe, «an die die Öffentlichkeit bei Bleistiften nicht gewöhnt ist», ohne große Kosten in «eine hübsche violette Farbe» verändert werden konnte, wenn man die Bleistiftbrettchen in verdünnte Salpetersäure tauchte, eine Behandlung, die zufällig auch die Schnitteigenschaften des Holzes verbesserte. Daher erklärte schließlich das Forstforschungsinstitut 1953, daß «die Deodarazeder nicht nur für die Herstellung von erstklassigen Bleistiften gut zu gebrauchen ist, sondern auch der Ostafrikanischen Zeder überlegen ist, einem Holz, von dem die indische Bleistiftindustrie in hohem Maße abhängt». Dieses Holz verzog sich bei dem feuchten indischen Klima besonders leicht, und weil sie sich unterschiedlich stark verzogen, fielen die beiden Bleistifthälften oft auseinander.

Während sich das Forstforschungsinstitut so gründlich mit dem Holzproblem befaßte, konzentrierten sich die Forscher im Nationalen Physikalischen Laboratorium auf das, was in dem Holz war. Obwohl es unter den Kriegsbedingungen schwierig war, von jedem einzelnen Bleistifthersteller alle Bleistifthärten zu erhalten, begann man Mitte der vierziger Jahre mit einigen Minentests. Zu den ersten Dingen, die gemessen wurden, gehörte der elektrische Widerstand von Bleistiftminen. Diese Messungen konnte man am ungespitzten Bleistift vornehmen, ohne den Bleistift selbst zu beschädigen. Da Graphit gut leitet, ließ sich der Widerstand einer Bleistiftmine messen, indem man sie in einen Stromkreis mit einem Ohmmeter einsetzte. Im Holz gebrochene Minen konnten durch einen unterbrochenen Stromkreislauf bestimmt werden, und auch teilweise zerbrochene Minen konnte man durch den extremen

Widerstand entdecken. Qualitätskontrollen und eine einheitliche Härteskala ließen sich so mit dem Widerstand unzerbrochener Minen in Beziehung setzen.

Um die Stabilität zu testen, wurde die Mine in ein Gestell gesteckt, auf dem sie an zwei Punkten mit einem Abstand von ein bis anderthalb Zentimetern auflag. Mit einem Hebelarm wurde auf die Mitte der Mine Druck ausgeübt (der technische Ausdruck dafür heißt Dreipunktbiegung). Wenn man weiter außen am Hebelarm Gewichte hinzufügte, wurde die Bleistiftmine etwa genauso gebogen wie beim Schreiben. Wie erwartet, nahm die Stabilität der Bleistiftminen mit zunehmender Härte zu. Dies ist auch notwendig, da härtere Minen beim Schreiben oder Zeichnen gewöhnlich stärker belastet werden.

Andere Eigenschaften, die die Inder für wichtig hielten, waren die Schwärze, die Abnutzung und die beim Schreiben entstehende Reibung der Bleistiftminen. Um die Schwärze in Zahlen ausdrücken zu können, wurde der Mechanismus eines Taschenmikroskops leicht verändert, damit man unter konstantem Druck eng beieinanderliegende parallele Linien ziehen konnte. Das mit einer bestimmten Anzahl von Linien geschwärzte Papier wurde dann in einen Kasten gesteckt, der so ausgerüstet war, daß er die Lichtmenge messen konnte, die von den Bleistiftstrichen in eine Photozelle reflektiert wurde. Die Ablesung eines Galvanometers ließ sich mit dem Härtegrad des Bleistifts korrelieren. Unregelmäßig schwarze Linien desselben Bleistifts konnten auf eine schlechte Graphit-Ton-Mischung hindeuten.

Der Verschleiß der Mine wurde durch das Ziehen von Linien in demselben mikroskopartigen Apparat gemessen, wobei man das Zeichenpapier durch Sandpapier ersetzte. Dadurch beschleunigte sich die Abnutzung, und man konnte messen, wieviel Millimeter Mine man für eine auf Sandpapier gezogene Linie von einer bestimmten Länge brauchte. Diese Art Messung gab Aufschluß darüber, wie lange der Bleistift halten würde. Das erwartete Ergebnis, daß weichere Bleistifte schneller heruntergeschrieben sind, konnte nun in Zahlen ausgedrückt werden. Die zwischen einer Bleistiftmine und einem Blatt Papier entstehende Reibung ließ sich mit einem Apparat messen, der aus einem mit Papier bedeckten Wagen bestand, der mit gleichmäßiger Geschwindigkeit unter einer belasteten Bleistiftmine hergezogen wurde. Dabei wurde die zum Ziehen des Wagens benötigte Kraft gemessen. Die Inder wiesen nach, daß «die Anstren-

DER BLEISTIFT

gung beim Schreiben von mehreren Seiten mit Bleistift umso größer ist»,
je größer die Reibung ist.

Die indische Normbehörde gab 1959 «Bestimmungen für Bleistifte»
heraus, die vor allem dazu dienten, die Entwicklung einer relativ jungen
einheimischen Industrie zu befördern. Der für die Richtlinien verant-
wortliche Ausschuß bestand unter anderem aus Ingenieuren und Wissenschaftlern des Nationalen Physikalischen Laboratoriums und des Forst-
forschungsinstituts sowie aus Bleistiftfabrikanten und Verbrauchern. Es
wurde versucht, die Anzahl der Bleistifthärten zu verringern, indem man
die Härten 5B, 3B, B, H, 3H und 5H von Zeichenstiften mit dem Argument abschaffte, daß einige Bleistifthärtegrade – wie zum Beispiel 5H und
6H – sehr nahe beieinander liegen, sich also in ihrer Härte oft überschnei-
den. Die Abstufungen bei normalen Schreibbleistiften sollten nach der
Empfehlung einfach «hart, weich und mittel» sein. Tests zu Einheitlichkeit, Stabilität, Abnutzung, Reibung und Schwärzegrad wurden in die
Richtlinien als Empfehlungen für die Hersteller ebenfalls aufgenommen.
Die Normbehörde hoffte, daß sie sich «in nicht allzu ferner Zeit mit
Testgeräten ausstatten würden», und drohte damit, daß diese Empfehlungen sonst zu amtlichen Vorschriften werden könnten. Bleistifthölzer sind
in diesen Richtlinien zwar nicht genau festgelegt, aber es werden vier
Hölzer aufgelistet, die mit der amerikanischen Zeder vergleichbar sind:
Deodarazeder, Zypresse, Wacholder und eine nepalesische Erlenart. Zu-
sätzlich werden auch vier der afrikanischen Zeder ebenbürtige Hölzer
aufgeführt.

Der für den Entwurf der indischen Richtlinien zuständige Ausschuß
gab an, die Bleistiftnormen von Rußland, Japan und den USA konsultiert
zu haben – möglicherweise, um in diese Länder Bleistifte zu exportieren.
Auch wenn sich die indischen Richtlinien von ausländischen Normen
leiten ließen, sind sie dennoch viel ausführlicher und detaillierter als die
meisten anderen, vor allem in bezug auf quantitative Testverfahren. Es
dürfte nicht überraschen, daß ein jüngerer Bleistiftproduzent wie Indien
ausführlichere technische Normen besitzt als die älteren bleistiftproduzierenden Länder wie England, Deutschland und die Vereinigten Staaten.
In diesen entwickelten nämlich die größeren Unternehmen einer von
Konkurrenz geprägten Branche selbst wissenschaftlich-technische Methoden, um die Qualität ihrer Produkte zu testen und zu kontrollieren,
da eine solche Praxis gut, ja sogar notwendig für das Geschäft war. Was

die indischen Regierungslaboratorien in den vierziger Jahren begannen,
war beim größten amerikanischen Bleistiftunternehmen Eagle bereits fest
etabliert.

Wir wissen, daß Eagle Prüfverfahren entwickelte, um den Verschleiß
und die Stabilität seiner Bleistifte in Zahlen auszudrücken, weil die Wer-
beabteilung beschlossen hatte, mit diesen Tests an die Öffentlichkeit zu
gehen. Die groben Schätzungen und Erfahrungswerte, die Abraham Berwald für seine Werbezwecke nicht genau genug waren, dienten Eagles
Fabriken durchaus als geeignete Mittel der Qualitätskontrolle. Erst als
Berwald zum Beispiel einen Mikado mit einem Mongol vergleichen wollte, brauchte er eher genormte quantitative Meßmethoden als die innerhalb
der einzelnen Firmen konsistenten, jedoch untereinander nicht vergleich-
baren groben Schätzungen. Aus dem Bericht, den ein Reporter 1949 über
die Aktivitäten der Eagle Pencil Company verfaßte, geht hervor, welche
Bedeutung dem Test zukam:

*Wenn man in Eagles zwanzig Mann starkes Forschungslabor
hineinschaut, sieht man einen Apparat, der einem Gerät für
Ölbohrungen nicht unähnlich ist. Daneben stehen ein Druckmeßgerät, ein Kilometerzähler, ein Reflektoskop und eine Biegeprüfmaschine. Einige der «alten Arbeitskräfte» wollen mit solchen
«Spielereien» nichts zu tun haben, aber die teuren (jedoch geheim-
gehaltenen) Investitionen der Geschäftsführung haben sich inzwischen durch die Wettbewerbsvorteile ausgezahlt, die sich aus
diesen Maschinen ergeben. Das vermeintliche «Bohrloch»-Gerät
beispielsweise ist eine etwa fünf Meter hohe Konstruktion, die ein
Riesenpendel mit einem Gegengewicht von 540 Pfund beherbergt.
Während er die 49920 Schwingungen von einem einzigen Impuls
betrachtete, erklärte ein Techniker, daß der Reibungswiderstand
der Bleistiftmine die Bewegung verlangsamt und schließlich zum
Stillstand bringt, wenn man einen Bleistift mit der Spitze gegen
ein Blatt Papier auf einer am Pendelschaft angebrachten Platte
drückt. Zweck: die Gleichmäßigkeit der Mine zu messen; je gleichmäßiger die Mine, desto länger schwingt das Pendel. Man ist nicht
länger auf Vermutungen angewiesen, wenn man die relative
Gleichmäßigkeit von verschiedenen Minenmischungen bestimmen will. Auf das Druckmeßgerät, wo der Druck manchmal bis*

auf fünf Pfund gesteigert wird, wird der Bleistift gedrückt, um zu bestimmen, an welchem Punkt er bricht. Die Biegeprüfmaschine biegt die Mine, bis sie bricht. Heute hat man den einst brüchigen Bestandteil so elastisch gemacht, daß er nicht mehr in tausend Stücke zerspringt, wenn er zu Boden fällt, und mit jedem Anspitzer gespitzt werden kann, ohne abzubrechen.

Vor zwanzig Jahren wies die Firma nach, daß der Mirado-Bleistift eine Linie von fünfunddreißig Meilen ziehen konnte, und warb mit dem Slogan «dreißig Meilen für fünf Cents» [sic]. Obwohl der Slogan unverändert geblieben ist, zeigen Labortests, daß der Bleistift inzwischen eine Linie mit einer Länge von siebzig Meilen ziehen kann.

Dieser seltene Blick hinter die Kulissen einer modernen Bleistiftfabrik wurde zwar als ein Blick auf die «Forschungsaktivitäten» bezeichnet, ist aber eigentlich ein Bericht über die Testverfahren, die man anwendete, um die Behauptungen dieses einen Unternehmens zu belegen. Kleineren Bleistiftunternehmen, die sich bis heute mit der Herstellung von billigen Bleistiften halten konnten und gar nicht den Anspruch haben, daß ihre Produkte mit einem Qualitätsbleistift konkurrieren sollen, wird wohl nicht so viel an den Abnutzungserscheinungen und Reibungseigenschaften ihrer Minen liegen. Es ist aber unwahrscheinlich, daß es in den ausländischen Normen oder den ihnen vorausgegangenen Forschungen irgend etwas gibt, was die größeren Firmen in den älteren bleistiftproduzierenden Ländern nicht schon lange wüßten. Das Beispiel von Indiens intensivem Forschungsprogramm zur Normung von Bleistiften ist das technische Äquivalent zu der biologischen Regel, daß sich in der Entwicklung des einzelnen die Entwicklung der Art wiederholt.

Einer der großen Vorzüge der wissenschaftlich-technischen Methode besteht darin, daß sie eine rationale Herangehensweise an Probleme sowie Lösungsstrategien bietet. Was die Inder gemeinsam und in offener Diskussion in weniger als zehn Jahren schafften, hatten die westlichen Bleistifthersteller früher in viel größeren Zeiträumen voller Geheimniskrämerei zuwege gebracht. Während Armand Hammer noch in den zwanziger Jahren bei seinem Versuch, die Bleistifttechnologie aus Deutschland zu importieren, auf Schwierigkeiten gestoßen war, war es in Amerika zur gleichen Zeit bereits möglich, die Minenherstellung aufgrund weniger

Angaben zu meistern. Nach dem Zweiten Weltkrieg ließen sich dann die Geheimnisse der Bleistiftherstellung genausowenig von einem einzelnen hüten wie die der Atombombe. Möglicherweise hat sogar das «Manhattan Project», das amerikanische Programm zum Bau von Atombomben im Zweiten Weltkrieg, für all die Länder bei ihrer Forschung und Entwicklung als Vorbild gedient, die fähig und entschlossen waren, eine Technologie zu meistern – ob es sich nun um die Herstellung von Bomben oder von Bleistiften handelte. Aber Contés anderthalb Jahrhunderte früher durch den Krieg forciertes Vorhaben, eine neue Bleistiftmine zu entwikkeln, hätte hierfür ebenso Modell stehen können.

Bei einem hohen Stand der Technologie braucht man für die Entscheidung, eine Bleistiftfabrik zu gründen, keine Familien- oder Betriebsgeheimnisse mehr. Denn diese Kenntnisse kann man sich kaufen oder aus Analysen gewinnen. Für diejenigen, die weder über die Mittel noch über die Technologie verfügen, um gleich von Anfang an in der Bleistiftbranche konkurrenzfähig zu sein, können sich immer noch Chancen ergeben. In den späten sechziger Jahren, als die Arbeitslosigkeit im Reservat der Schwarzfußindianer zwischen 40 und 70 Prozent betrug, beantragten Chief Earl Old Person und die Häuptlinge anderer Stämme in Montana beim Kleinbetriebe-Verband Hilfe für die Gründung von eigenen Unternehmen. So wurde 1971 die Blackfeet Indian Writing Company gegründet, mit dem Ziel, Holzbleistifte hauptsächlich von Hand zusammenzusetzen. 1976 machte das Unternehmen bereits Gewinn, und 1980 beschäftigte es hundert Schwarzfußindianer, die Bleistifte und Federhalter zusammensetzten. Mitte der achtziger Jahre überstieg der Jahresabsatz des Unternehmens fünf Millionen Dollar, und seine gleichmäßig schreibenden und formschönen Bleistifte aus Naturholz hatten bereits viele treue Benutzer gewonnen. Aber die starke Konkurrenz, etwa von japanischen und deutschen Importen, war für die Schwarzfußindianer eine ständige Mahnung, daß eine jedermann zugängliche Technologie nicht nur Chancen bietet, sondern stets zugleich auch eine Herausforderung ist.

 DER BLEISTIFT

Kapitel 21

Das Streben nach Vollkommenheit

Im Firmenkatalog von 1892 stellte sich Eberhard Faber II mit folgender Aussage hinter seine Produkte:

Ich garantiere, daß alle meine Produkte aus dem allerbesten Material, von gleichbleibender Qualität und sorgfältigster Verarbeitung sowie immer vollzählig sind. Es ist mein Ziel, nur vollkommene Ware zu produzieren.

Obwohl es Fabers erklärte Absicht war, vollkommene Bleistifte herzustellen, hat er dieses Ziel nicht erreicht. Das heißt nicht, daß er bei seiner Garantieerklärung unehrlich gewesen wäre, denn er hat bestimmt angenommen, daß der beste Bleistift seines Unternehmens aus dem besten Graphit, dem besten Ton und dem besten Holz fabriziert wurde, die es gab – zu einem vernünftigen Preis. Er hat wirklich geglaubt, daß alle Bleistifte von gleicher Qualität waren – soweit das die Prüfer beurteilen konnten. Er ist auch der Meinung gewesen, daß die Oberflächenlackierung eines jeden Spitzenprodukts ausgezeichnet war – innerhalb bestimmter Grenzen. Schließlich war er wohl auch fest davon überzeugt, daß eine Dutzendpackung Bleistifte tatsächlich immer zwölf enthielt – wahrscheinlich zu Recht.

Aber der wichtigste Aspekt seiner Garantie war das, was er nicht sagte. Denn gerade durch das Unausgesprochene läßt sich ein Produkt eigentlich verkaufen. Und was den Erfolg von Bleistiften wie denen von Faber ausmachte, war der Glaube, daß sie zum Besten gehörten, was zu diesem Preis auf dem Markt war. Diejenigen, die das Spitzenmodell haben wollten, zahlten viel Geld für ihren Bleistift. Diejenigen, die einen weniger teuren Bleistift wollten, konnten ein weniger gutes Modell auswählen – von dem Faber immer noch behaupten konnte, daß es das beste in dieser Preisklasse sei. Der Anspruch auf absolute Perfektion bei all seinen Firmenprodukten, den schlechteren wie den besseren Bleistiften, war einfach relativ.

Heute ist ein Qualitätsbleistift wirklich gut verarbeitet. Er enthält ein stabiles Stück Mine, die sich fein spitzen läßt und gleichmäßig schreibt. Das Holz hat eine gerade Maserung und läßt sich leicht anspitzen. Der Bleistift hat einen schönen Anstrich in hellen Farben und gefällige Buchstaben. Der Ring ist hübsch verziert und hält den sauberen Radiergummi fest und gerade. Kurz, der Bleistift erscheint vollkommen, und wir können ihn bewundern, so wie wir vielleicht einen neuen Wagen oder eine neue Brücke bewundern. Aber wenn der Bleistift tatsächlich so perfekt zu sein scheint wie das diesjährige Auto und die neueste große Brücke, warum verändern sich dann diese Dinge? Warum sollten sie jemals als neues Modell oder in einem neuen Design erscheinen?

Die Erschöpfung bestimmter Rohstoffvorräte und die Entdeckung anderer Vorkommen können nicht nur Angebot und Preis, sondern auch Qualität und Funktionsweise von Rohstoffen beeinflussen. Andererseits macht auch das unablässige – dem Menschen scheinbar angeborene – Streben nach technischen Neuerungen Vollkommenheit zu einem relativen Begriff. Denn das Ziel wird immer weiter gesteckt. Was Erfinder und Ingenieure in «vollkommenen» Gegenständen eigentlich sehen, ist ihre Unvollkommenheit. Man nehme zum Beispiel irgendeinen der «besten» heute erhältlichen Bleistifte Nr. 2. Er scheint zwar die Art von Vollkommenheit zu besitzen, die Eberhard Faber II vor einem Jahrhundert garantierte, doch bei näherer Betrachtung läßt auch er noch zu wünschen übrig.

Der Schreibbleistift in meiner Hand ist das Spitzenmodell eines der großen amerikanischen Bleistifthersteller. Wenn ich den Bleistift ganz nahe vor meine Augen halte, ihn drehe und wende, erkenne ich allmählich, daß selbst die gewissenhafteste Qualitätskontrolle bestimmte Qualitätsschwankungen akzeptieren muß. Wie die Spuren einer Autobahn breiter sein müssen als unsere Autos, um uns ab und zu einen kleinen Spielraum zu Ausweichmanövern zu lassen und um Fahrfehler bei hundert Stundenkilometern zu erlauben, so muß die Qualitätskontrolle gewisse Abweichungen in einem gefertigten Produkt akzeptieren und kleinere Schwankungen – möglicherweise nur von einem tausendstel Zentimeter – bei den

Hochgeschwindigkeitsmaschinen berücksichtigen, die die Bleistifte fabrizieren.

Der Bleistift in meiner Hand verrät seine Schwächen, wenn ich nur lange genug danach suche. Das Holz auf der einen Seite der Spitze ist rauher als das auf der anderen Seite, und wenn ich den Bleistift drehe, kann ich allmählich die ganz feine Linie zwischen den beiden Hälften des Holzgehäuses entdecken; außerdem gibt es Schwankungen in der Farbe, der Oberflächenbeschaffenheit und der Maserung. Bei diesem Bleistift sind etwas mehr Holz und gelbe Farbe von der einen Seite entfernt worden als von der anderen, was darauf schließen läßt, daß die Mine möglicherweise nicht genau in der Mitte liegt oder daß der Bleistift beim Anspitzen in der Fabrik nicht ganz gerade gehalten wurde oder nicht gleichmäßig rotierte. Am anderen Ende des Bleistifts ist das Farbband um den Ring eigentlich etwas schlampig gemacht und verkratzt, und der Radiergummi neigt sich ein klein wenig zur Seite. Auf der Seite mit dem Markennamen ist die Härtebezeichnung 2½ etwas zu groß für die Breite der Fläche und ragt deshalb auf die benachbarte Seite hinüber. Doch zugegeben: Solche Beobachtungen sind pingelig – und keine von ihnen sollte einen Qualitätsprüfer dazu veranlassen, diesen Bleistift auszusondern. Wenn das jemand ernsthaft vertreten wollte, würden unsere ganz normalen Bleistifte zur kostbaren Seltenheit werden oder zuviel Geld kosten.

Das Bestreben von Erfindern und Ingenieuren geht nicht nur dahin, das Aussehen eines Produkts und die Maschineneinstellungen zu perfektionieren. Bei der Herstellung eines neuen Bleistifts oder etwa einer neuen Maschine für die schnellere Produktion von alten Bleistiften müssen auch Kompromisse zwischen Aussehen und Wirtschaftlichkeit gemacht werden. Oft richtet sich das Streben vor allem auf eine perfekte Funktionsweise: Wenn die Mine im Bleistift so weit außerhalb der Mitte liegt, daß sie abbricht, wenn sie von dem auf die Mitte ausgerichteten Anspitzer verbogen wird, dann handelt es sich nicht um einen Qualitätsbleistift. Aber wenn sich die Mine nur so minimal außerhalb der Mitte befindet, daß dies nur von einem überkritischen Ingenieur mit einer Lupe bemerkt werden kann oder von einem pedantischen Schreiber, der im Bleistift nach Zen sucht, dann ist das keine große Unvollkommenheit. Wenn jedoch die Bleistiftmine, in der Mitte oder nicht, das Papier einreißt oder keine einheitlich schwarze Linie zieht, dann ist das etwas anderes.

Bleistifte sollen wie Autos oder Brücken mehr sein als Dinge, die man bloß bewundert, wenn sie neu sind. Der Bleistift ist zum Aufbrauchen gedacht, sein Holz zum Wegschneiden, seine Mine zum – langsamen – Herunterschreiben. Und weniger beim Betrachten als beim Benutzen des Bleistifts werden seine wirklichen Mängel und Unvollkommenheiten deutlich. Der Holzbleistift hat zwar gegenüber der Schreibfeder den Vorzug, daß man kein Tintenfaß mit sich zu führen braucht, in das ständig die Spitze eingetaucht werden muß, doch muß man ihn gelegentlich spitzen. Während der Bleistift durchs Spitzen immer kleiner wird, muß die Hand sich ständig an das abnehmende Gewicht gewöhnen. Es wäre zwar auch schön, wenn der Bleistift beim Kürzerwerden sein Aussehen behielte, doch es sind vor allem seine funktionalen Mängel, die eine Menge technischen Erfindergeist freigesetzt haben.

Neuerungen haben ihren Ursprung in einem offensichtlichen Mangel. Wenn der Holzbleistift nicht spitz blieb und wenn er sich angespitzt nicht mehr wie vorher anfühlte, welchen besseren Ersatz konnte es dann geben als einen «immer gespitzten» Bleistift in einem Gehäuse, das seine Größe nicht veränderte, während die Mine weniger wurde? Eine Werbeanzeige von 1827 erläuterte, warum der «immer gespitzte» Bleistift eine Verbesserung gegenüber dem alten Holzbleistift darstellte:

Die Graphitmine ist nicht wie sonst von Holz umschlossen, sondern steckt in einer KLEINEN Silberröhre, die mit Hilfe einer Mechanik die Mine herausdrückt, sobald sie aufgebraucht ist. Der Durchmesser der Mine hat so günstige Proportionen, daß sie NIEMALS ZUGESCHNITTEN ODER GESPITZT WERDEN MUSS, auch nicht zum feinen Schreiben, Skizzieren oder Schattieren. Die Kästen für den Zeichentisch oder das Schreibpult sind aus Ebenholz, Elfenbein etc.; und für die Tasche gibt es je nach Geschmack elegante silberne oder goldene Schiebekästen. Die Mine ist von feinster Qualität.

Die Großbuchstaben in dieser Anzeige unterstreichen die Mängel des Holzbleistifts, wie es auch sonst bei der Beschreibung von Neuerungen üblich ist. Zwar wußte jeder Bleistiftbenutzer des frühen neunzehnten Jahrhunderts, daß man einen Holzbleistift ständig schneiden und spitzen mußte, jedoch war das kaum ein Grund, ihn nicht zu gebrauchen, solange

　　　　　　　　DER BLEISTIFT

es keine bessere Alternative gab. Aber wenn Erfinder erklären wollten, warum ihre Erfindung patentiert werden sollte, war es das Vernünftigste, wie in dieser Anzeige darauf hinzuweisen, welchen Mangel an bestehenden Dingen die neue Konstruktion behob.

Dieses «neu, noch besser»-Syndrom, das bei der Entwicklung aller möglichen Produkte, vom Müsli bis zur Hängebrücke, oft unausgesprochen, bei ihrer Vermarktung jedoch meist explizit auftritt, macht das Wesen jeder Innovation und jedes technischen Designs aus. Ob der neue Bleistift billiger («nicht teuer») ist oder eine Mine hat, die gleichmäßiger («nicht kratzig») schreibt, stabiler («weniger leicht zerbrechlich») oder immer spitz ist («kein Anspitzen»): Seine Vorzüge kommen indirekt zum Ausdruck, indem man die Nachteile des alten Produkts für das neue verneint. Die Mängel des alten Bleistifts müssen deshalb besonders hervorgehoben werden, weil sich inzwischen wohl jeder an ihn gewöhnt hat und kaum mehr irgendwelche Unbequemlichkeiten beim Gebrauch bemerkt oder auf Unvollkommenheiten in der Verarbeitung achtet.

Dieses Phänomen tritt ständig bei so banalen Produkten des Alltagslebens auf wie Zahnpasta und Seife, wo eine «neue, noch bessere» Version einer bekannten Marke oft ohne großes Aufheben im Regal steht. Da ein Hersteller selten sein eigenes früheres Produkt schlechtmachen will, wird die neue, weiterentwickelte Version die überholte nicht direkt kritisieren. Eher wird die «neue, noch bessere» Version Ansprüche erheben wie: «macht die Zähne noch weißer» oder: «reinigt noch besser», aber das heißt natürlich, daß die alte Zahnpasta die Zähne eben nicht so weiß machte wie die neue oder daß die alte Seife nicht so gut reinigte wie die neue.

Die Entwicklung «neuer, noch besserer» Produkte bringt zwar allen Vorteile – dem Hersteller, dem Verkäufer und dem Kunden –, trotzdem können die Phasen des Übergangs schwierig sein. Als Mitte der zwanziger Jahre ein neues Modell des Eversharp auf den Markt kam, hatten die Händler noch über eine Million alte Modelle in ihren Regalen. Nur eine clevere, ausdrücklich auf die Händler zielende Werbekampagne brachte sie dazu, auch das neue Modell zu führen, ohne vom Hersteller zu verlangen, daß er das alte in Zahlung nehme. Auf der Rückseite des Katalogs von 1940 äußerte sich beispielsweise die Firma Dixon zu ihrer Innovationspolitik. Sie erklärte, daß sie sich «das Recht vorbehält, ihre Produkte zu verbessern, ohne Verpflichtungen bezüglich früher verkaufter Waren einzugehen».

Ein anderes typisches Merkmal bei neuen Produkten und Designs bzw. bei ihrer Vermarktung und Werbung ist das Bedürfnis, den potentiellen Kunden anzuleiten, wie das oft kompliziertere Nachfolgeprodukt zu gebrauchen ist. Heute kann sich niemand mehr vorstellen, daß er eine Gebrauchsanweisung für den Holzbleistift benötigen könnte oder eine Anleitung, wie man ihn spitzt, denn wir lernen diese Dinge anscheinend wie Kinder das Sprechen. Aber war das auch so, als die Schreiner den Graphit das erste Mal in Zedernholz einfaßten? Waren da Zweck oder Gebrauch offensichtlich? Die Hersteller der ersten mechanischen Bleistifte scheinen nur wenig als selbstverständlich vorausgesetzt zu haben und veröffentlichten «Gebrauchsanweisungen» direkt in ihren Anzeigen: «Halten Sie die beiden geriffelten Ränder zwischen Finger und Daumen der linken Hand. Drehen Sie das Gehäuse mit der anderen Hand nach rechts, und die Mine wird nach Bedarf herausgedrückt. Falls aber beim Vorzeigen des Stifts oder unabsichtlich die Mine zu weit herauskommen sollte, drehen Sie das Gehäuse anders herum und drücken Sie so die Spitze hinein. Das wird natürlich in der Praxis nur ausnahmsweise nötig sein.»

Diese Anweisungen mögen zwar im zwanzigsten Jahrhundert für den erfahrenen Benutzer von mechanischen Bleistiften klar verständlich sein, doch im frühen neunzehnten Jahrhundert waren sie wohl ungefähr so verständlich, wie es die meisten Computerhandbücher heute sind. Wenn man sie sorgfältig liest und genau auf jedes Detail und auch auf die Grammatik achtet, verraten die Anweisungen ihre eigenen Unvollkommenheiten. Welcher der «Finger»? Wie weit soll man das Gehäuse drehen? Und so weiter. Nichtsdestoweniger wird die Neuartigkeit des mechanischen Bleistifts in diesen Anleitungen an der Erwartung deutlich, daß sein stolzer Besitzer den Stift «vorzeigen» werde. Aber welche Absichten dieser Besitzer auch verfolgt haben mag: Den Gebrauch des mechanischen Bleistifts wird er wohl eher durch Herumspielen als durch genaues Lesen der Gebrauchsanweisung erlernt haben, so wie wir den Gebrauch von PCs eher durch Herumprobieren als durch Lesen von Handbüchern lernen.

Die Bedienung von mechanischen Bleistiften war in Wirklichkeit natürlich viel einfacher, als diese Anweisungen vermuten lassen, und die Bleistifte besaßen echte Vorzüge, egal, ob sie von Angebern oder mißmutigen Schreibern benutzt wurden. Die recht kostbare, aber leicht zerbrechliche Mine, die Kleider und Hände beschmutzte, ließ sich jetzt in

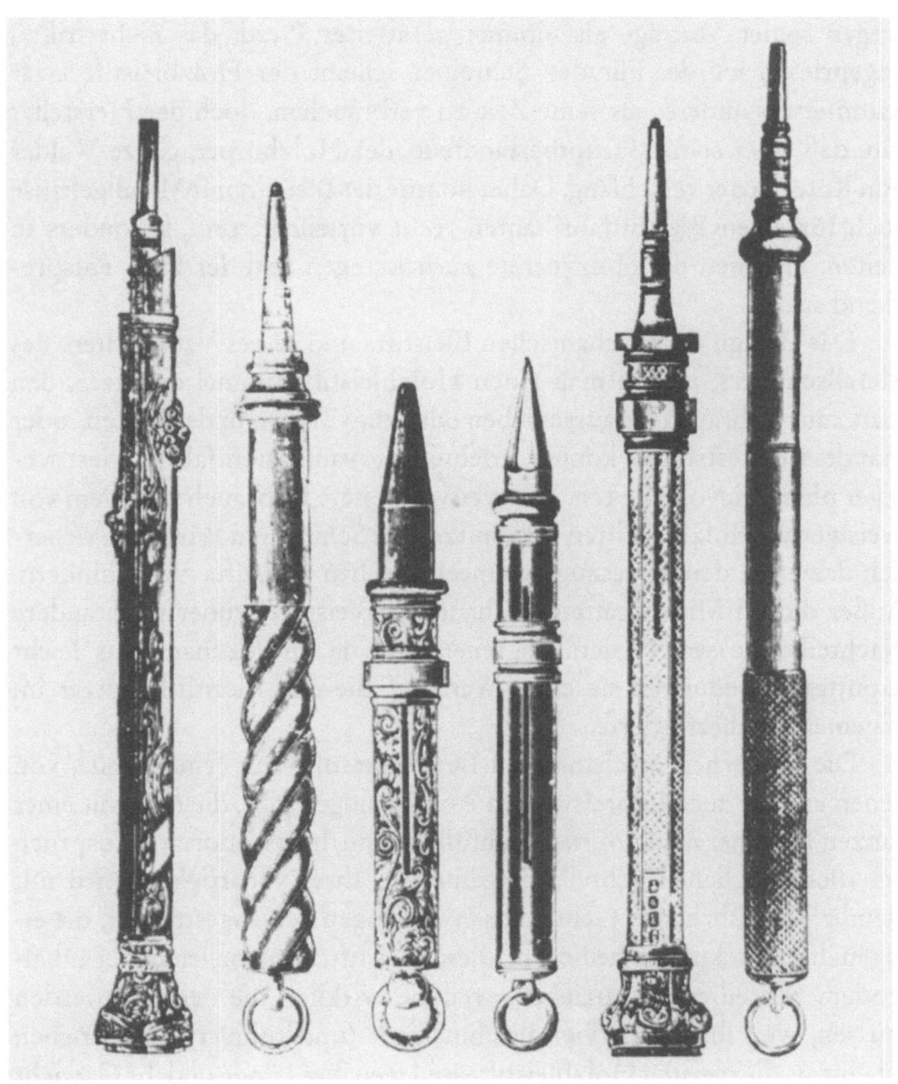

Metallschoner aus Gold und Silber und mechanische Bleistifte
um die Jahrhundertwende.

ein Gehäuse zurückziehen, wenn man sie nicht brauchte oder in der
Tasche trug. Daher kam im neunzehnten Jahrhundert eine große Zahl von
mechanischen Bleistiften auf, die gegen Ende des Jahrhunderts vielleicht
einen Höhe- bzw. Tiefpunkt erlebten, als Bleistifte als Goldanhänger
verkauft wurden. Der immer spitze Bleistift erlebte seine Blüte zu einer
Zeit, als das Fahrrad, eine andere und damals relativ neue Erfindung,

wegen seiner Vorzüge als «immer gesatteltes Pferd, das nicht frißt», angepriesen wurde. Für den Schreiber scheint der Holzbleistift zwar kaum etwas anderes als seine Zeit zu verbrauchen, doch der Hersteller sah, daß einer seiner Hauptbestandteile, der Holzkörper, ganze Wälder von Roter Zeder verschlang. Daher konnte der Bleistift mit Metallgehäuse auch für einen Bleistiftfabrikanten recht vorteilhaft sein, besonders in Zeiten, in denen die Holzvorräte zurückgingen und der Preis entsprechend stieg.

Das Design des mechanischen Bleistifts und seines Verwandten, des Metallschoners, in den man einen Holzbleistiftstummel einsetzte, den man zum Gebrauch herausschieben oder zum Tragen in der Jacken- oder Handtasche feststellen konnte, erlebte im zwanzigsten Jahrhundert weniger phantasievolle Zeiten. Der weitverbreitete Gebrauch vor allem von preiswerten Holzbleistiften und Spitzern in Schule und Büro trug sicherlich dazu bei, den Siegeszug des mechanischen Bleistifts zu verhindern. Außer dicken Minen hatten mechanische Bleistifte früher noch andere Nachteile: Sie waren ziemlich teuer, und da ihr Mechanismus leicht kaputtging, bedurften sie einer Wartung, die den Bleistiftbenutzer im allgemeinen überforderte.

Die modernen mechanischen Druckbleistifte mit feiner Mine, von denen es viele auch in preiswerten Ausführungen gibt, die man mit einer ganzen Kammer neuer Minen nachfüllen kann, haben enormen Zuspruch bei allen möglichen Schreibern gefunden. Ihre Neuartigkeit wird mit ziemlich ausführlichen Gebrauchsanweisungen herausgestrichen, die einigen ihrer Packungen beiliegen. Diese Bleistifte sind vielleicht bei anhaltendem Schreiben vorzuziehen, weil sie wirklich nie gespitzt werden müssen, weil ihre Mine viel gleichmäßiger (und ruhiger) zu schreiben scheint als die meisten Holzbleistifte und weil ihre Länge und ihr Gewicht konstant bleiben. Aber die neuen mechanischen Bleistifte sind auch recht empfindlich, so daß ein Schreiber mit einer schweren Hand mehrere davon im Jahr verschleißen kann.

Der mechanische Bleistift war nicht die einzige Herausforderung für den «vervollkommneten» Holzbleistift. Die Entwicklung des Füllfederhalters machte während des gesamten neunzehnten Jahrhunderts Fortschritte. Alonzo Cross, der sein Unternehmen 1846 gegründet hatte, entwickelte in den späten sechziger Jahren einen «stylographischen Stift». Diese Erfindung mit einer nadelfeinen Spitze mit Tintenvorrat wurde

 DER BLEISTIFT

gegen Ende des Jahrhunderts weithin kopiert und in der Werbung angepriesen. Ein Kugelschreiber wurde schon 1888 patentiert, war aber bis in
die dreißiger Jahre des zwanzigsten Jahrhunderts keine besonders praktische Erfindung: Die ersten in Amerika verkauften Kugelschreiber kosteten 1945 pro Stück 12,50 $, aber sie neigten dazu, unregelmäßig zu
schreiben, auszulaufen und zu klecksen, so daß erst nach der Entwicklung
einer neuen Farbpaste im Jahr 1950 die Kugelschreiber weitere Verbreitung fanden. Aber selbst als ihr Preis so stark fiel wie der von Taschen-
rechnern in jüngerer Zeit, wurde der Bleistift nicht verdrängt. Einer seiner
Bewunderer schrieb, als der Kugelschreiber neu auf den Markt kam:

*Der Holzbleistift scheint ein Schreibwerkzeug zu sein, das sich
nicht aus dem Geschäft drängen läßt. Er ist durch die Entwicklung
von Füllfederhaltern, mechanischen Bleistiften, Kugelschreibern
oder Schreibmaschinen noch nie ernsthaft gefährdet worden. Der
leitende Angestellte von heute ... hat noch immer seine Reihe,
seinen Haufen oder sein Glas Bleistifte in Reichweite. Ein Firmendirektor zum Beispiel hat jeden Morgen drei oder vier Dutzend
frisch gespitzte Bleistifte in einem Glas auf seinem Schreibtisch
stehen. Wenn er einen benutzt hat, legt er ihn beiseite – egal, ob
er eine lange Notiz oder nur irgendeinen Namen geschrieben hat.
Aber er wird diesen Bleistift nicht mehr anrühren, bis er am
nächsten Morgen wieder frisch gespitzt vor ihm steht.*
*Ein anderes hohes Tier läßt sich jeden Morgen ein gleiches Dut-
zend frisch gespitzter Bleistifte auf seinen Schreibtisch stellen. Sie
sind alle neu. Er weigert sich, einen nachgespitzten Bleistift zu
benutzen und muß die ganzen siebeneinhalb Zoll eines neuen
haben. Sein täglicher Ausschuß geht an Vize-Direktoren und
andere kleinere Lichter im Büro. Im Gegensatz dazu gibt es den
geschäftsführenden Direktor einer altehrwürdigen Firma, der auf
kurzen Bleistiften besteht. Er mag sie etwa fünf Zoll lang, und
seine Sekretärin muß herumhetzen, um neue Bleistifte gegen alte
zu tauschen, die ein paar Zoll beim Anspitzen verloren haben.
Thomas Edison verlangte sie sogar noch kürzer: dreieinhalb Zoll
lang, so daß sie liegend in seine rechte Jackentasche paßten. Er
überredete eine Bleistiftfirma, kurze Bleistifte nur für ihn zu
produzieren.*

Die Eagle Pencil Company stellte tatsächlich einen Spezialbleistift für Edison her, aber er war – einer anderen Quelle zufolge – viereinhalb Zoll lang, «jackentaschenhoch». Doch neben solchen Anekdoten gibt es auch recht objektive Anhaltspunkte für das Beharrungsvermögen des Bleistifts. Obwohl sich die Bleistifthersteller wegen des Kugelschreibers Sorgen machten und Mitte der fünfziger Jahre konkurrierende «Flüssiggraphit»-Produkte auf den Markt brachten, erlebte der Absatz von Holzbleistiften in den sechziger Jahren ein nie dagewesenes Rekordhoch, wobei sich allein die amerikanische Produktion auf fast zwei Milliarden Bleistifte belief. Auch heute können die Bleistifthersteller kein Ende absehen bei der Nachfrage nach dem klassischen Bleistift. Zumindest die temperament-vollen Geschäftsleiter und Schriftsteller werden niemals ihre Marotten und ihr Arbeitspensum aufgeben – ebensowenig wie etwa Ernest Hemingway, der sich angeblich dadurch in Schreibstimmung versetzte, daß er Dutzende von Bleistiften anspitzte und dann, wie auch Virginia Woolf und Lewis Carroll, im Stehen schrieb. Laut Hemingway ist «der Verschleiß von sieben Bleistiften Nr. 2 eine gute Tagesleistung», und John Steinbeck erklärte, daß er einen elektrischen Anspitzer benötigte, um keine Zeit damit zu verlieren, all die Bleistifte zu spitzen, die er für seinen Arbeitstag brauchte.

Vielleicht hat kein anderer Schriftsteller mehr über seine Schreibinstrumente nachgedacht als Steinbeck, dessen Tagebucheintragungen belegen, daß er offensichtlich von Bleistiften besessen war – von ihren Spitzen, Formen und Größen. In einem seiner Briefe an seinen Freund und Lektor Pascal Covici, die er verfaßte, während er an *Jenseits von Eden* schrieb, sagt Steinbeck über seine Figuren: «Sie können sich erst bewegen, wenn ich einen Bleistift in die Hand nehme.» Aber zu welchem Bleistift er griff, das hing von seiner Stimmung und vom Wetter ab, denn er entdeckte, daß ein feuchter Tag die Minen beeinflußte. Einmal bekannte er, sechzig Bleistifte am Tag stumpf geschrieben zu haben, und er bat seinen Lektor regelmäßig, ihm Nachschub zu schicken. Am liebsten mochte der Nobelpreisträger anscheinend den Blackwing und den Mongol «480 # 2⅜ rund» von Eberhard Faber, aber keiner war für seine Schreibstimmung immer genau richtig. Bei einer Gelegenheit gab er zu:

Seit Jahren suche ich nach dem idealen Bleistift. Ich habe sehr gute gefunden, aber nie einen idealen. Und die ganze Zeit über lag das nicht an den Bleistiften, sondern an mir. Ein Bleistift, der an einigen Tagen gut ist, ist an einem anderen Tag schlecht. Gestern zum Beispiel benutzte ich einen weichen und feinen [Blackwing], und er schwebte wunderbar über das Papier. So probiere ich heute morgen dieselbe Sorte. Und sie machen mich verrückt. Die Spitzen brechen ab, und die Hölle ist los. An so einem Tag steche ich auf das Papier ein. Daher brauche ich heute, zumindest für eine Weile, einen härteren Bleistift. Ich benutze einige Mongols mit der Bezeichnung 2⅜. Ich habe mein Plastiktablett, das Du kennst, und darauf drei Sorten Bleistifte für Tage, an denen ich hart schreibe, und für Tage, an denen ich weich schreibe. Nur manchmal ändert sich das mitten am Tag, aber ich bin wenigstens dafür gerüstet. Ich habe auch einige ganz weiche Bleistifte, die ich nicht oft gebrauche, weil ich mich so zart wie ein Rosenblatt fühlen muß, um sie zu benutzen.

Andererseits ist die Feder das bekanntere Symbol für den Schriftsteller, ja der Schriftsteller ist die personifizierte Feder. Auch der englische Belletrist John Middleton Murry, der immerhin einen Essayband mit dem Titel *Pencillings* veröffentlichte, schrieb nichts über den Bleistift. Und nicht genug damit, daß in seinen *Pencillings* kein einziger Bleistift vorkommt: Murry erinnert uns in einem Essay zur Verherrlichung der Feder auch noch daran, daß die Feder mehr gepriesen wird als der Bleistift. In «The Golden Pen» schreibt er geradezu poetisch über das Werkzeug des Schriftstellers:

Die Feder meiner Träume ist eine goldene Feder; sie gleitet über ein großes Blatt weißes Papier, das wie glattes Pergament ist; sie wird in ein kristallenes Faß mit Tinte getaucht, die schwärzer ist als eine Rabenbrust; und die Linien, die sie zieht, sind so fein wie die, die indische Künstler mit einem Elefantenhaar ziehen. Und mir scheint, daß – wären all diese Dinge mein – die Gedanken meines Gehirns so sauber und fein und bestimmt wären wie sie. Eine Idee würde vor meinem geistigen Auge aufsteigen wie eine Wasserblase. Ich hätte nur die Umrisse nachzuziehen. Die Blase würde platzen, der Staub ihrer Regenbogenfarben würde hinunterschweben, sich auf meiner Tinte niederlassen, bevor sie trocken ist, und in ihr für immer gefangen sein.

Über den Bleistift ist kaum etwas veröffentlicht worden, was sich mit Murrys Eloge vergleichen ließe. Die goldene Feder, das glatte Pergament, das kristallene Faß, die schwarze Tinte – die schmückenden Beiwörter erhöhen die Substantive – verstärken das Gefühl, etwas besonders Schönes und Wertvolles zu benutzen. Aber trotz seiner geschliffenen Prosa, die Murry vielleicht nur nach vielem Herumradiereren in einem Bleistiftentwurf zustande gebracht hat, enthält sein Lobpreis der Feder keinen Hinweis darauf, daß er sich der technologischen Leistung bewußt war, die in diesem von Menschenhand geschaffenen Gegenstand verkörpert ist – so, wie eine offenkundigere kulturelle Leistung in den literarischen Produkten verkörpert ist, die sonst den Gegenstand von Murrys Interesse bildeten.

Die Jahrtausende technologischer Neuerungen, die durch Handwerk und Technik zu Murrys Traumfeder führten, sind nicht weniger Teil unseres kulturellen Erbes als die literarischen Neuerungen, die seinem Prosagedicht vorausgingen. Doch das Zusammentreffen solch verschiedener Aspekte der Kultur ist selten. Selbst Thoreau, der mit eigener Hand einige der besten Bleistifte seiner Zeit herstellte, sang ihnen kein Loblied. Dieses Schweigen dürfte er sich jedoch selbst auferlegt haben, denn er war weniger zurückhaltend, als er sich mit seiner Handwerksarbeit für die einfache Hütte beim Walden Pond brüstete.

Einer der Gründe, warum Ingenieurwesen und Technologie nicht so deutlich als aktiver Teil unserer ererbten Kultur gesehen werden, liegt vielleicht im Wesen der Neuerung selbst. Federn und Bleistifte können sich zwar parallel entwickeln, und Holzbleistifte und mechanische Bleistifte können nebeneinander bestehen, weil die Schreiber genau wie ihre Instrumente individuell sehr verschieden sind. Trotzdem werden sich nur die besten und am weitesten entwickelten Produktversionen einige Zeit halten können. Wir wollten ja auch keinen Holzbleistift aus dem frühen neunzehnten Jahrhundert mehr verwenden, selbst wenn er aus dem feinsten englischen Graphit wäre – vorausgesetzt, wir würden so etwas überhaupt finden. Unsere Modelle aus dem späten zwanzigsten Jahrhundert mit ihren gleichmäßig nach Härte und Schwärze abgestuften Minen, die nicht im Anspitzer abbrechen, ziehen wir wohl oder übel vor. Und unsere neuesten mechanischen Bleistifte sind zweifellos besser als die alten schweren Modelle mit ihren dicken, brüchigen Minen. Nein, im allgemeinen wollen wir keine alten Instrumente benutzen, wenn es neue

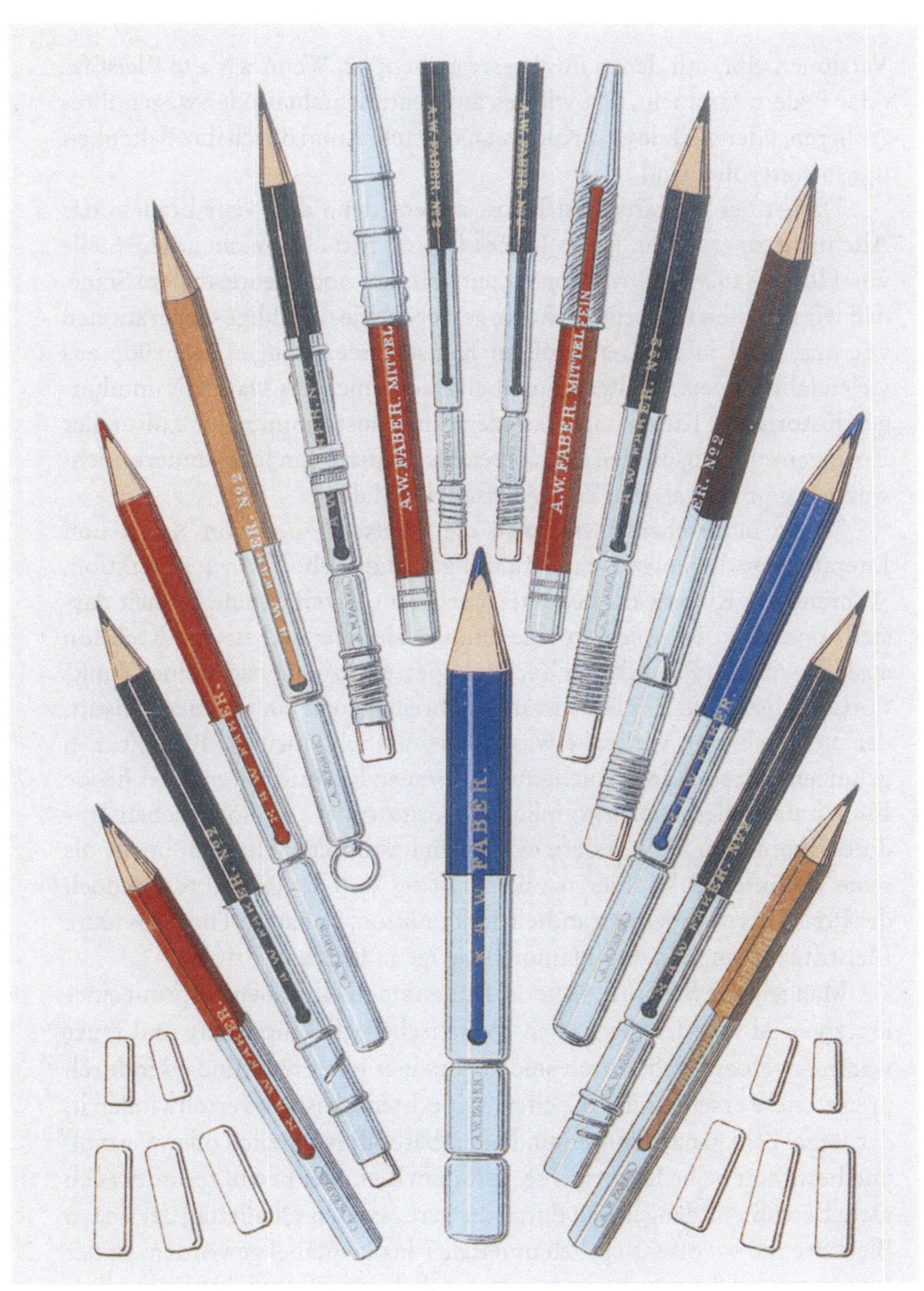

Bleistifte genossen im vorigen Jahrhundert zum Teil eine beachtliche Wertschätzung:
Taschenstifte von A. W. Faber mit eleganten Metallverlängerern und Spitzenschonern.

Versionen gibt, mit denen uns besser gedient ist. Wenn wir alte Bleistifte oder Federn sammeln, tun wir das aus Sentimentalität oder wegen ihres Äußeren, oder weil sie eine Kuriosität darstellen und durch ihre Seltenheit um so wertvoller sind.

Das ist bei Literatur und Kunst anders, denn das Neue braucht das Alte nicht zu ersetzen. James Joyces *Ulysses* tritt eben nicht an die Stelle von Homers *Odyssee*. Wir «benutzen» Homer noch heute, in dem Sinne, daß wir ihn lesen und seine Lektüre genießen wie unzählige Generationen vor uns. Und in unseren größten Kunstmuseen hängen Gemälde aus vielen Jahrhunderten unter demselben Dach – nicht als Materialsammlungen historischer Kuriositäten, sondern als Kunstsammlungen kultureller Errungenschaften, die den Betrachter des zwanzigsten Jahrhunderts nicht weniger ergreifen als den Zeitgenossen der Maler.

Worin unterscheidet sich also die Wertschätzung von Kunst und Literatur von derjenigen von Erfindungen und Technik? In der Funktion. Während ein Kunstwerk bedeutend sein kann, weil es eine Einheit darstellt und beim Rezipienten eine emotionale oder ästhetische Reaktion auslöst, wird ein Produkt der Technologie meist zuerst nach seiner Funktionalität beurteilt. Ein Bleistift muß schreiben, und ein schöner Bleistift, der nicht schreibt, verliert etwas von seiner Schönheit als Bleistift. Ein gelungenes Produkt muß nicht nur eine seinen Funktionen entsprechende Einheit darstellen, die gewöhnlich im Kontext der technologischen Tradition ihren Sinn hat, sondern es wird in bestimmter Hinsicht besser als seine Vorläufer funktionieren müssen. In der Welt der Produkte ist jedoch der Preis ein seltsamer Bestandteil der Funktion. So hatten Thoreaus teure Bleistifte in Amerika und Hammers billige in Rußland Erfolg.

Mangelhafte Bleistifte – wie die frühen amerikanischen Stifte mit einer kratzigen Mine oder die frühen sowjetischen, die importiert und teuer waren – werden leicht durch solche mit einer glatteren Mine oder durch preiswertere ersetzt. Und die alten, schlechten Bleistifte verschwinden in der Regel bald ganz, denn sie sind nicht besonders nützlich oder wertvoll und bestimmt keine Kunstwerke. Ihre dem Benutzer bewußten oder auch nicht bewußten Mängel sind durch die verbesserten Qualitäten der neuen Bleistifte nur zu offensichtlich und daher inakzeptabel geworden. In der Literatur wird dagegen nicht erwartet, daß das veröffentlichte Buch überarbeitet oder verbessert wird, wenn die Benutzer eines Werks – seine Leser und Kritiker – zahlreiche «Fehler» entdecken. Kein Autor würde daran denken, den Roman eines anderen neu zu schreiben, indem er die unbeanstandeten Partien so läßt, wie sie sind, und alle von den Kritikern beanstandeten Teile verbessert.

Die poetische Freiheit genießt seit langem einen wohlverdienten Respekt, und kein Ingenieur würde nach gleichen Rechten für technische Produkte verlangen. Wenn ein Bleistift oder eine Brücke einen ernsthaften Mangel aufweist und der Ingenieur ihn entdeckt, dann wird er entweder behoben, oder das Produkt wird abgelehnt. Wenn der Mangel geringfügig ist, mag er bei diesem Produkt bestehen bleiben. Doch sobald eine neue Serie Bleistifte fabriziert oder eine ähnliche Brücke für eine andere Stelle entworfen wird, sollte der Fehler korrigiert werden. Sonst wird ein Konkurrenzunternehmen einen besseren Bleistift herstellen oder ein anderer Brückenkonstrukteur eine bessere Brücke entwerfen, so daß schließlich das neue, bessere Produkt das alte verdrängt. Das heißt aber nicht, daß ein technisches Produkt nicht wie ein Kunstwerk ein Ganzes darstellt, denn die Änderung eines Details in einem technischen Entwurf kann auch die Einheit einer ganzen Maschine oder Konstruktion gefährden. Wie uns Fernsehen und Zeitungen vor nicht allzu langer Zeit wieder einmal bewußt gemacht haben, können scheinbar unwichtige Details, denen nicht gebührend Beachtung geschenkt wird, schwere Unfälle verursachen – zum Beispiel die Explosion einer Raumfähre.

Die Erkenntnis, daß wirklich bessere Produkte ihre Vorläufer ersetzen, ist zugleich die Erkenntnis, daß ein technisches Produkt nach seiner Leistung insgesamt beurteilt wird, und zwar nicht nur ästhetisch und intellektuell, sondern auch unter funktionalen und wirtschaftlichen Gesichtspunkten. Daher konnte Eberhard Faber aufrichtig behaupten: «Es ist mein Ziel, nur vollkommene Ware zu produzieren.»

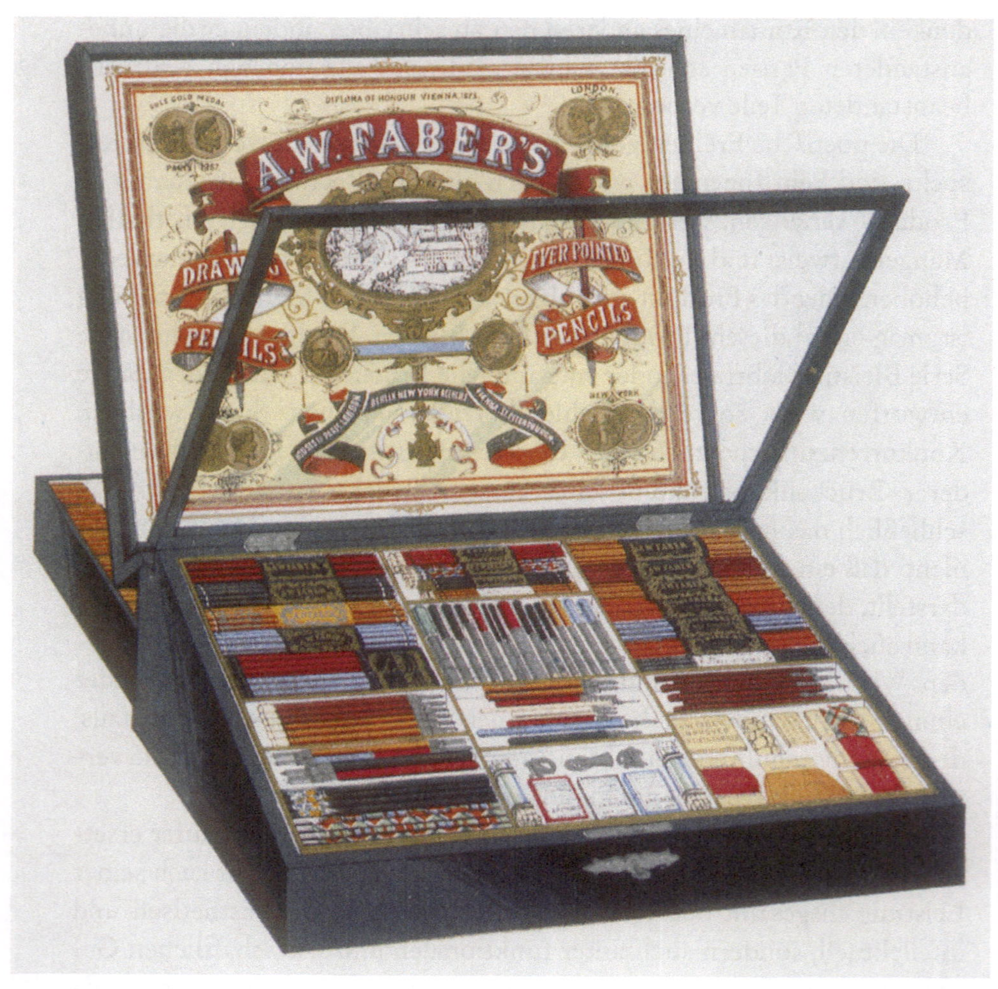

Das neue Sortiment im Schaukasten, 1884.

Kapitel 22

Rückblick und Ausblick

Als im Jahr 1938 Konrad Gesners Buch in eine Ausstellung über die Geschichte des geschriebenen Wortes aufgenommen wurde, kommentierte die *New York Times* in einem Leitartikel die Entwicklung des Bleistifts seit seiner ersten Erwähnung durch Gesner. Der Leitartikler befürchtete, die Schreibmaschine werde «das Schreiben von Hand» mit Feder und Bleistift verdrängen, denen er eindeutig den Vorzug gab. Er schloß mit der Sorge, daß «Bibliotheken in ein, zwei Jahrhunderten vielleicht nach den letzten Erwähnungen des Bleistifts forschen werden». Fast ein halbes Jahrhundert später hieß es, daß der Computer dem Bleistift ein Ende bereiten werde, aber auch das ist recht unwahrscheinlich. Weltweit werden jährlich etwa vierzehn Milliarden Bleistifte hergestellt, und Berichte über seinen bevorstehenden Untergang waren so übertrieben, daß man über sein Beharrungsvermögen inzwischen Witze reißt.

Zu Beginn eines ingenieurwissenschaftlichen Seminars über die Bedeutung, die Berechnungen auf Briefumschlägen auch im Computerzeitalter noch haben, zeigte einmal ein Gastprofessor eine Karikatur aus einer australischen Zeitschrift. Im Hintergrund sitzen ein paar junge Studenten niedergeschlagen vor ihren Computerbildschirmen, und der einzige Student, der etwas anderes macht, ist offensichtlich mit Hingabe damit beschäftigt, an einem Schreibtisch ohne Bildschirm zu zeichnen. Im Vordergrund schaut ein sehr trauriger Student zu seinem Lehrer auf, der ihn tröstet: «Es tut mir leid, aber Sie kommen auch noch an die Reihe und dürfen mit dem Bleistift spielen ...»

Philip Schrodt beschreibt den Bleistift als eine Art Textverarbeitungssystem, wobei er die Bleistiftspitze das Zeicheneingabeelement und den Radierer das Zeichenlöschelement nennt. Seine intelligente Parodie erschien zuerst 1982 in der Zeitschrift *Byte*, die vorgab, die «Beschreibung»

eines neuen Produkts abzudrucken, das «alles Wesentliche eines Textver-
arbeitungssystems in verblüffend einfacher Form» enthielt. Nachdem er
den Käufer beglückwünscht hat, preist der imaginäre Hersteller sein
Produkt, während er indirekt auf die Mängel von Konkurrenzprodukten
hinweist: «Wir sind davon überzeugt, Sie werden feststellen, daß dieses
Textverarbeitungssystem eines der flexibelsten und praktischsten auf dem
Markt ist, denn es verbindet eine hohe Zuverlässigkeit der einzelnen
Elemente mit niedrigen Betriebskosten und einfacher Wartung.» Die
Beschreibung ist natürlich alles andere als «verblüffend einfach». Und so
spitzt man einen brandneuen Bleistift:

*Um das Textverarbeitungselement zu initialisieren, stecken Sie
das Zeicheneingabeelement vorsichtig in die linke Seite des Initia-
lisierungselements und drehen das Textverarbeitungselement ungefähr 2000 Grad im Uhrzeigersinn, während Sie mäßigen Druck
auf das Textverarbeitungselement in Richtung Initialisierer ausüben. Überprüfen Sie die erfolgreiche Initialisierung durch eine
Zeicheneingabe. Falls keine Zeicheneingabe möglich ist, wiederholen Sie das Initialisierungsverfahren. Das Textverarbeitungselement muß periodisch initialisiert werden; tun Sie das je nach
Bedarf. (Warnung: Versuchen Sie nicht, das Textverarbeitungselement über sein Zeichenlöschelement zu initialisieren. Dadurch
können sowohl das Textverarbeitungssystem als auch der Initialisierer beschädigt werden.)*

Auf diese Parodie folgten weitere, unter anderem eine ausführliche Per-
siflage in Buchstärke, *The McWilliams II Word Processor Instruction
Manual*, geschrieben von einem sehr produktiven Verfasser ernsthafter
Computer- und EDV-Handbücher. Eine kürzere, aber nicht weniger
intelligente Parodie von Terry Porter stellt die Dinge auf den Kopf. Sie
beschreibt «Die Bleistiftrevolution»:

*Haben Sie schon einmal darüber nachgedacht, daß die wichtigste
Entwicklung unserer Zeit die Einführung des «Personal-» oder
«Heim»-Bleistifts gewesen ist, der eine Reihe von Veränderungen
bewirkt hat, die man als «Bleistiftrevolution» bezeichnen könnte?
…*

*Als der Bleistift in den Schulen weit verbreitet war, entschlossen
sich viele gewissenhafte Eltern, Heimbleistifte anzuschaffen, damit ihre Kinder mit der Zeit Schritt halten konnten. Es gab einiges
Befremden und heftige Kontroversen, als sich herausstellte, daß
der aus didaktischen Gründen gekaufte Bleistift am Ende für
Spiele benutzt wurde. Schließlich erfand man interaktive Bleistift-
spiele, zum Beispiel Schiffeversenken.*

Parodien und Karikaturen können sehr komisch sein, aber in ihnen steckt
oft ein wahrer Kern. Die moderne Technik, im Computer auf den Punkt
gebracht, hat uns Wunder beschert, an die unsere Eltern in ihren kühnsten
Träumen nicht gedacht hätten. Für den Laien scheint das Ingenieurwesen
allerdings meist voller Fachausdrücke zu sein und ohne jeden Humor.
Viele der neuesten Produkte der Technik sind scheinbar äußerst kompliziert, schwer in Gang zu bringen, gefährlich und langweilig. Und wenn
dies das Image des Personal Computers ist, wie wird der Laie dann über
weniger «persönliche» Technologien wie die Stromerzeugung, die Ab-
wasserreinigung oder die Stahlherstellung denken?

Die Technik kann selbst die schlechteste Werbung für sich machen,
da sie um so unauffälliger und scheinbar um so stumpfsinniger wird, je
besser es ihr gelingt, ein Produkt oder eine Dienstleistung zuverlässig und
effizient zu gestalten. Hätten Ärzte ebensoviel Erfolg damit, die Leute
gesund zu erhalten, und gelänge es Rechtsanwälten, für einen fairen
Umgang der Menschen zu sorgen, so würden diese Berufssparten vielleicht bald ihren Status verlieren. Weil wir einen Arzt brauchen, wenn wir
krank sind, und einen Rechtsanwalt, wenn uns Unrecht geschieht, haben
sie Macht über uns. Wenn der Arzt uns heilt, ist er ein Gott; wenn nicht,
hat Gott uns zu sich genommen. Wenn der Rechtsanwalt unseren Fall
gewinnt, ist er ein Held. Wenn er verliert, war unsere Sache einfach nicht
gut genug. Der Ingenieur dagegen tritt mit uns immer durch technische
Produkte und Systeme in Kontakt. Wenn sie funktionieren, ist das selbstverständlich, beinahe naturgegeben; wenn sie versagen, dann hat uns nicht
die Natur, sondern der Ingenieur im Stich gelassen.

Zum Ingenieurwesen gehören auch Spezialkenntnisse – wie zu jedem
Beruf. Teilweise definieren diese sogar einen Beruf. Aber die Ziele, Ideale
und manche Grundzüge, die einen Beruf ausmachen, sind dem Laien nicht
immer völlig unzugänglich. Der Hippokratische Eid ist nicht die geheime

Losung des Arztes, und das Drama im Gerichtssaal ist keine Geheimze-
remonie. Da diese Spezialisten mit Menschen zu tun haben, kennt jeder
ihre öffentliche, für ihren Beruf charakteristische Seite. Der Ingenieur
dagegen befaßt sich mit Dingen und ihrer Verarbeitung. Vermittler zwischen dem Ingenieur und dem Laien ist fast immer das geschaffene
Produkt. Wenn ein Ingenieur es direkt mit Menschen zu tun hat, dann
eher als Geschäftsmann. Wenn man also den Ingenieur als ein Mitglied
der Gesellschaft und ihrer Kultur begreifen will, so muß man wenigstens
im Prinzip verstehen, wie ein Ingenieur arbeitet, auch wenn er das meiste
abseits von der Öffentlichkeit mit dem Bleistift am Reißbrett schafft.

Eine der Möglichkeiten, dieses Verständnis zu vermitteln, ist die
Untersuchung von Herstellung und Gebrauch von einem scheinbar so
einfachen Gebrauchsgegenstand wie dem Bleistift. Die Welt der Bleistiftherstellung ist ein Mikrokosmos. Wie sich der Bleistift parodistisch mit
der neuesten Hochtechnologie gleichsetzen läßt, so kann seine Geschichte uns durch Analogien und skizzenhaft Angedeutetes auch ernsthaft
etwas über die Methoden des Ingenieurwesens beibringen. Gerade die
weite Verbreitung des Bleistifts, seine charakteristischen Eigenschaften,
die ihn fast unsichtbar und scheinbar wertlos machen, sind in Wirklichkeit das beste Zeichen für den Erfolg der Technik. Gute Technik ver-
schmilzt mit der Umgebung, wird zu einem so natürlichen Teil von
Gesellschaft und Kultur, daß man sich anstrengen muß, um sie überhaupt
wahrzunehmen. Indem wir uns jedoch intensiv mit dem Ursprung und
der Entwicklung von etwas so Gewöhnlichem wie dem Bleistift befassen,
können wir uns besser bewußt machen, welche Errungenschaft eine
große Brücke oder ein leistungsstarkes Auto darstellen. Hierfür benötigen wir weder das detaillierte Spezialwissen eines Bau- noch das eines
Autoingenieurs. Wir erkennen, daß die Brücke oder das Auto zuerst von
einem menschlichen Gehirn erdacht wurde und im Kopf oder in einer
von Hand gezeichneten Skizze die erste Konkretisierung als Bild – nicht
als Zahlenreihe aus Computergleichungen – erfahren hat. Wir erkennen,
daß ein System von Gasleitungen oder eine Limonadendose nach Bedarf
Energie oder Erfrischung spenden, ohne vor unserer Nase zu explodie-
ren, weil sich einige Ingenieure darüber Gedanken gemacht haben, unter
welchen Bedingungen ihre Konstruktionen versagen könnten. Aber wir
wissen auch, daß diese Dinge nicht vollkommen sind, weil kein Produkt
vollkommen ist.

 Der Bleistift

Das Verständnis davon, wie sich der Bleistift im Laufe der Jahrhunderte entwickelt hat, hilft uns sicherlich dabei, die Entwicklung eines so komplizierten Produkts der modernen Hochtechnologie wie beispielsweise des Computers prinzipiell zu verstehen. Wir müssen erst begreifen, welche Hindernisse bei der Suche nach einem geeigneten Material, bei seiner Beschaffung und Weiterverarbeitung zu überwinden waren, damit uns bewußt wird, welchen Triumph der Technik der Silikonchip bedeutet. Wenn wir erkennen, wie komplex die Entwicklung eines so einfachen und weitverbreiteten Gegenstandes wie des Bleistifts sein kann, dann können wir über die Computer auf unserem Schreibtisch nur noch staunen. Aber gleichzeitig wird auch klar, daß die Synthese all dieser Dinge in der Bleistiftspitze bereits angedeutet ist.

Natürlich waren nicht alle Bleistifthersteller professionelle Ingenieure, aber alle Probleme, die sie lösten, während sie die Kunst der Bleistiftherstellung weiterbrachten, gehörten in den Bereich des Ingenieurwesens. Wenn Handwerker ihre Bleistifte herstellen, wie sie es gelernt haben, gehen sie wie Handwerker vor. Wenn sie – wie der junge William Munroe – die Tradition über Bord werfen und neue und bessere Produkte entwikkeln, handeln sie als Ingenieure. Ändern sich Rohstoffe und Vorkommen, wirtschaftliche und politische Situationen, sind moderne Ingenieure, die statt der Werkzeuge der Schreiner und Zimmerleute mathematisches und naturwissenschaftliches Handwerkszeug besitzen, schneller, als man sich früher hätte träumen lassen, in der Lage, die Bleistiftherstellung den veränderten Umständen anzupassen. So war der bedeutendste Einzelfortschritt bei der Bleistiftherstellung in den letzten vierhundert Jahren Contés Entwicklung der Graphit-Ton-Mine. Seine Erfindung führte eigentlich nur folgerichtig seine Experimente mit Graphit und Ton weiter, die er in einer Zeit anstellte, die die Forschung und Entwicklung eines Tiegels zum Gießen von Kanonenkugeln förderte. Wie Conté sind alle Ingenieure potentielle Revolutionäre, aber Revolutionäre mit einer technologischen Tradition.

Die Bleistiftherstellung begann als Heimindustrie und nicht als gezielte Weiterentwicklung des Schreinerhandwerks. Ganz ähnlich haben auch einige der kreativsten Entwicklungen in der Computer-Hardware in Garagen begonnen, und die Entwicklung von Software hängt bis heute vor allem von Computerhackern ab. Wenn wir den Geschichten Glauben schenken dürfen, leben einige von ihnen buchstäblich in Bretterbuden und Schuppen, die Thoreaus Hütte am Walden Pond nicht unähnlich sind. Auch sollen die Arbeitsgewohnheiten einiger Hacker mit Thoreaus unregelmäßigem Engagement im Bleistiftgeschäft durchaus vergleichbar sein. Aber auch wenn Thoreau nichts von einem konventionellen Arbeitsplatz hielt, fühlte er sich doch dem Produkt seines Arbeitsplatzes verpflichtet. Ingenieure sollte man also genausowenig nach ihrer konventionell-unkonventionellen Kleidung und nach ihrem Lebensstil beurteilen wie den Bleistift aufgrund der Farbe, die sein Holzkörper hat. Was letztlich zählt, ist das fertige Produkt und die Art, wie es sich in der Gesellschaft und auf dem Markt bewährt, also das, was Ingenieure nicht als Selbstzweck, sondern auf eine konkrete Anwendung hin schaffen. Wenn der Bleistift nicht schreibt, läßt er sich nicht verkaufen; wenn er besser als jeder andere schreibt, läßt er sich nicht nur verkaufen, sondern kann auch zu einem höheren Preis angeboten werden.

Thoreau verstand etwas von Bleistiften und vom Markt, und in den späten vierziger Jahren des neunzehnten Jahrhunderts sah er, daß das Angebot nicht nur der amerikanischen, sondern auch der ausländischen Hersteller recht groß war. Sein Vater und er wußten, daß das Geheimnis der Bleistiftminen, das man zwar nicht aus einem Lexikon abschreiben, aber doch ableiten konnte, sich nicht für lange Zeit bewahren ließ. Tatsächlich sollte es Millionen von Besuchern der Weltausstellung von 1851 und jedem Leser von Büchern über den Kristallpalast und seine Exponate bekannt werden. Obwohl Thoreau seine Bleistifte zweifellos noch weiter hätte verbessern können, um seine Überlegenheit gegenüber der Konkurrenz zu sichern, war er seinem Temperament nach kein geborener Bleistiftmacher. Deshalb stiegen er und seine Familie aus dem Bleistiftgeschäft aus, um statt dessen reinen Graphit an die Druckindustrie zu verkaufen, die ihrerseits ihre Geheimnisse hütete.

Das Ingenieurwesen handelt natürlich nicht nur mit Geheimnissen, aber diese gehören doch zu den Realitäten der Privatwirtschaft. Die Unternehmen müssen sich zwangsläufig einen gewissen Vorsprung verschaffen, wenn sie das Geld wieder erwirtschaften wollen, das sie in Berater und Ingenieure investieren, die die nötige Forschung und Entwicklung für ein neues Produkt betreiben. Das gleiche gilt für ein altes Produkt, das auch dann weiter hergestellt werden soll, wenn die traditionellen Rohstoffvorräte nicht mehr zur Verfügung stehen. Sobald aber ein neu entwickeltes Produkt auf dem Markt ist, ist es auch der Konkurrenz zugänglich.

Ein Familienunternehmen wie das, in dem John Thoreau und sein Sohn einen neuen Bleistift für den amerikanischen Markt entwarfen, unterhielt weder ein richtiges Labor, noch verfügte es über chemische Kenntnisse, mit denen man französische Bleistifte hätte auseinandernehmen und auf ihre Bestandteile und ihre Machart hin hätte analysieren können. Eher steckte der an geistigen Dingen interessierte Thoreau seine Nase in Bücher, um auch den kleinsten Hinweisen nachzuspüren. Andere seiner Zeitgenossen, die weniger belesen waren als er und ebenfalls weder ein Labor noch Chemiekenntnisse oder Chemiker unter ihren Angestellten hatten, lernten vielleicht durch mündliche Überlieferung, daß die besten Bleistiftminen aus mit Ton gebranntem Graphit gemacht wurden. Jemand, der – wie Joseph Dixon – schon mit diesen Stoffen umging und Tiegel und andere Graphitprodukte herstellte, hatte eher eine Chance, auf praktischem Wege eine Methode zu entwickeln und so zu seinen Betriebsgeheimnissen zu gelangen.

Die Verlegung der Bleistiftindustrie aus den neuenglischen Familienbetrieben in die New Yorker Fabriken war der Beginn eines neuen Zeitalters. Als die Fabriken wuchsen, war die relativ kleine Investition in eine Forschungs- und Entwicklungsabteilung kein Luxus, sondern eine Notwendigkeit, um viel größere Investitionen zu sichern. Eine Forschungsabteilung wird naturgemäß mit Ingenieuren und Wissenschaftlern besetzt. Sie sollen den Bleistift und seine Industrie als Mikrokosmos auffassen und die Methoden verstehen, mit denen man Bleistifte herstellt und verbessert. Ein Teil ihrer Aufgabe besteht darin, alle Fragen beantworten und alle Probleme lösen zu können, die sich in der Fabrik oder draußen auf dem Markt ergeben. Warum splittert dieses Holz beim Anspitzen? Warum brechen die Spitzen dieser Bleistifte beim Anspitzen so leicht ab? Warum schreiben diese Bleistifte nicht so gleichmäßig wie die der Konkurrenz?

Eine weitere Aufgabe der Abteilung für Forschung und Entwicklung ist es, neue Produkte zu erfinden oder zu «vervollkommnen», um einen größeren Marktanteil mit einem «neuen, noch besseren» Bleistift zu erobern. Die Ideen zu diesen neuen Bleistiften können aus den Skizzen- oder Notizbüchern der Ingenieure stammen, Visionen des Firmendirektors sein oder aus den Kummerkästen in der Kantine kommen. Aber woher sie auch immer stammen, sie werden nur durch die sorgfältige Auswahl des Materials möglich gemacht und durch die gezielte Entwicklung eines Verfahrens, das sich für die Massenproduktion eignet. Wenn das Unternehmen nicht bereit oder nicht in der Lage ist, in neue Maschinen zu investieren, kann dies die Güte oder Machart des neuen Bleistifts stark beeinträchtigen. Die Herstellung eines Bleistifts, der nicht der beste ist, der sich zur Zeit realisieren läßt, kann sich als Fehlschlag erweisen. Aus der Geschichte der Bleistifte läßt sich manch Lehre für die Gegenwart ziehen.

Bei manchen Betrieben der verarbeitenden Industrie scheint seit einigen Jahren ein Verfahren in Mode zu kommen, bei dem «Forschung und Entwicklung» darin bestehen, das neue Produkt eines Konkurrenten auseinanderzunehmen und es, wenn möglich, zu kopieren. Auch diese Idee ist schon mindestens so alt wie der Bleistift und mag einer Firma in der Praxis kurzfristig sogar Vorteile verschaffen. Wenn ein Unternehmen allerdings ausschließlich davon abhängt, führt das langfristig zum Niedergang und am Ende zur Aufgabe der Firma. Zwar kann dieses «umgekehrte Vorgehen» ebenfalls zu weiteren Erfindungen beitragen, doch seine allzu strikte Anwendung bedeutet Selbstbeschränkung. Täten die Angestellten einer Forschungs- und Entwicklungsabteilung nichts anderes, als Bleistifte auseinanderzunehmen, so wüßten sie schließlich nur noch, wie man Bleistifte früher gemacht hat. Ein Konkurrent könnte völlig neue Herstellungsverfahren entwickeln und dabei zum Beispiel die Erschöpfung bestimmter Rohstoffvorräte vorwegnehmen und so mit einem revolutionären Bleistift herauskommen, der auch neue Materialien enthielte. Für seine Plagiatoren wäre dieser Bleistift ein Rätsel und nicht einfach nur eine Sache des Auseinandernehmens und der chemischen Analyse. Das Rätselraten über den neuen Bleistift könnte die Nachahmerfirma dann immer weiter hinter die Konkurrenz zurückfallen lassen, die vielleicht schon den neuesten Einfall ihres Direktors auf dem Reißbrett hat, der bewußte Fallen für die Imitatoren enthält.

Die meisten Kinder benutzen heutzutage ihre Bleistifte und Heimcomputer gleichermaßen geschickt, und ähnlich ungezwungen sollten wir alle mit neuen Produkten umgehen. Denn falls es sich nicht um eine Weiterentwicklung von etwas schon Bekanntem handelt, gibt es ein uns bekanntes älteres Produkt, durch das wir uns dem neuen ohne Scheu nähern können. So sind wir wenigstens in der Lage, die Leistungen, Versprechen und Möglichkeiten einer Innovation und ihrer Branche zu begreifen, wenn wir schon nicht hinter ihre letzten Geheimnisse kommen können. Auch wenn die Heimcomputerindustrie rasende Fortschritte macht, um es vorsichtig auszudrücken, unterscheidet sich ihre Dynamik im Prinzip doch kaum von der scheinbar so bescheidenen Bleistiftindustrie. Daher klingen Parodien und Satiren so wahr. Die vermeintliche Einfachheit, ja Banalität eines Produkts kann zwar verbergen, welche Leistungen und welche Komplexität tatsächlich dahinterstecken, doch die Geschichte seines Ursprungs und seiner weiteren Entwicklung deckt dies auf. Die ausführlich erzählte Geschichte eines Gegenstands kann deshalb mehr über die ganze Technologie aussagen als ein weitausholender Überblick über alle Triumphe der Technik. Denn ein Gesamtüberblick läßt wenig Raum für die vielen Details.

Die Bleistiftherstellung ist zwar eine beinahe ideale Metapher für das Ingenieurwesen und stellt für sich genommen ein exzellentes Beispiel technologischer Entwicklung dar. Es gibt darüber hinaus aber noch zahllose andere gewöhnliche Gegenstände, deren genauere Betrachtung ebenfalls zu einem Verständnis der Welt beitragen kann. Der Biologe Thomas Huxley verwendete zum Beispiel ein Stück Zimmermannskreide, um die Alltagswelt der Brunnen und Schiefertafeln mit der Gelehrtenwelt der Mikroorganismen und der Geologie und deren Bedeutung für den Darwinismus zu verbinden. Der Chemiker Michael Faraday benutzte eine einfache Kerze, um in einer Vorlesungsreihe vor jugendlichem Publikum die Welt der Chemie zu erläutern. Er sagte seinen jungen Zuhörern, daß «das Kind, das diese Lektionen beherrscht, mehr über das Feuer weiß als Aristoteles». Die Fliegerin und Schriftstellerin Anne Morrow Lindbergh, die «einen neuen Rhythmus» des Lebens suchte, nahm frisch gespitzte Bleistifte mit zum Strand und fühlte nach einer Weile ihren Geist erwachen: Sie fand Gedankenschätze in den Muscheln, die das Meer für sie an den Strand gespült hatte. Andere, die vielleicht nicht so literarisch veranlagt waren, wurden von etwas anderem, das sie sich ausgesucht hatten, ebenso inspiriert. Wie ein Sandkorn eine Welt für sich ist, so können Gegenstände, die scheinbar so schlicht und einfach sind wie Nähnadeln, vieles enthalten, was den Geist zum Nachdenken anregt.

Adam Smith begann seine *Untersuchung über das Wesen und die Ursachen des Reichtums der Nationen* mit der klassischen Beschreibung der Herstellung von Nähnadeln, um die Auswirkungen der Arbeitsteilung zu erklären:

Ein Arbeiter zieht den Draht, ein anderer richtet ihn, ein dritter zerschneidet ihn, ein vierter spitzt ihn zu, ein fünfter schleift das obere Ende, damit der Kopf angebracht werden kann. Dessen Herstellung erfordert auch zwei oder drei bestimmte Operationen. Seine Befestigung ist ein besonderer Arbeitsgang, das Reinigen der Nadeln ein anderer. Sogar das Verpacken der Nadeln ist ein eigener Tätigkeitsbereich. ... Jeder kann ... als Produzent von 4800 Nadeln pro Tag ... betrachtet werden. Hätten sie aber alle einzeln und unabhängig voneinander gearbeitet, ohne die Nadelherstellung erlernt zu haben, würde sicherlich niemand von ihnen zwanzig oder vielleicht auch nur eine Nadel am Tag zustande gebracht haben.

Charles Babbage, der wegen seiner Pionierleistungen auf dem Gebiet der Rechenmaschinen als Vater des modernen Computers gilt, griff ebenfalls auf die Nadelherstellung zurück, um die Vorteile der Arbeitsteilung zu erläutern, dieses «vielleicht wichtigsten Prinzips der Wirtschaftlichkeit von Produktion». «Nadel» können wir natürlich durch «Bleistift» ersetzen. Milton Friedman, Träger des Nobelpreises für Wirtschaftswissenschaften, bemerkte, daß der Bleistift ein recht aufschlußreiches Beispiel liefert für die freie Marktwirtschaft der achtziger Jahre: Die «Magie des Preissystems» bringt Tausende von Leuten zur Zusammenarbeit, so daß wir einen Bleistift «für eine unbedeutende Summe» kaufen können. Vielleicht neigen wir dazu, eine solche Leistung zu übersehen, weil sie so selbstverständlich ist. Das ging ja schon Henry David Thoreau so, als er genau den Gegenstand zu erwähnen vergaß, den er selbst hergestellt hatte und den er dazu benutzte, seine Liste mit allem Nötigen für einen Ausflug in eine doch recht zivilisierte Wildnis aufzustellen. Aber: Wenn wir die Komplexität des einfachen Bleistifts im Hinterkopf behalten, kann das eine Annäherung an die komplizierteren Aspekte von Technologie und Gesellschaft grundsätzlich erleichtern.

Die Geschichte des Bleistifts und der Industrie, die diesen kleinen, preiswerten, doch wichtigen, ja unverzichtbaren Gegenstand herstellt, ist die Geschichte eines Mikrokosmos. Es ist die Geschichte des bekannten Gebrauchsgegenstands, den wir bewundernd in der Hand halten und auf Papier drücken können, um seinen Strich zu testen, den wir drehen und wenden können, um seine Nähte und Fehler zu betrachten, und den wir

  Der Bleistift

vielleicht auseinanderbrechen, um ihn uns gleichzeitig in seiner Einfachheit und in seiner Komplexität anzuschauen. Statt des Bleistifts in unserer Hand hätten wir auch das Auto in unserer Garage, den Fernseher in unserem Wohnzimmer oder die Kleider auf unserem Leib als Beispiel wählen können. Kennen wir die Geschichte des Bleistifts, so wissen wir um die märchenhaften Dimensionen der Technologie: Die Entdeckung des Graphits und sein Abbau führten zur Metamorphose eines chemischen Verwandten der Kohle in schwarzes Gold. Die Geschichte der Graphitgruben in Cumberland lehrt uns die Endlichkeit von Ressourcen: Die unangefochtene Überlegenheit des englischen Bleistifts gehört inzwischen der Vergangenheit an. Die Geschichte des französischen Bleistifts demonstriert den Wert von Forschung und Entwicklung: Contés Versuche vor zweihundert Jahren sind bis heute die Voraussetzung für den modernen Bleistifts geblieben. Wenn wir die Geschichte des Bleistifts im neunzehnten Jahrhundert kennen, begreifen wir die Allgegenwart wirtschaftlicher Aspekte in der Technologie: Die Deutschen hätten um die Mitte des letzten Jahrhunderts den Weltmarkt beinahe beherrscht, und dann triumphierte doch der amerikanische Bleistift. Vielleicht ein Anstoß für die Zukunft?

Anhang

Jürgen Franzke
Peter Schafhauser

Faber-Castell – die Bleistiftdynastie

Deutschland im 18. Jahrhundert, im Zeitalter des ausgehenden Absolutismus und der Aufklärung. Die europäische Großmacht Österreich führte gerade den «Siebenjährigen Krieg» mit Preußen, in Bayern regierte Kurfürst Maximilian III. Joseph. In Frankreich und England hatte sich als neue Wirschaftsform der Merkantilismus entwickelt, in Deutschland behinderten Kleinstaaterei und ein Unmaß von Zollschranken die wirtschaftliche Entwicklung. Das seit dem Mittelalter bestehende Zunftsystem regelte dort noch weitgehend das Gewerbeleben – es gab keinen freien Handel und keine offenen Märkte. Die Französische Revolution sollte erst 28 Jahre später ausbrechen, die Vereinigten Staaten von Amerika existierten noch nicht. Lebensstil und Mode waren bestimmt vom ausgehenden Rokoko: Die vornehmen Damen trugen Reifröcke und farbige Mieder, die Herren Gehrock, Spitzenkragen und Manschetten, das weißgepuderte Haar mit dem Zopf im Nacken. Kunst und Wissenschaft standen in voller Blüte, im Treppenhaus der Würzburger Residenz hatte gerade ein italienischer Maler mit dem Namen Tiepolo die Deckengemälde vollendet – sie sind heute weltberühmt.

Die Geschichte der Bleistiftdynastie Faber-Castell beginnt um die Mitte jenes Jahrhunderts, im kleinen Dorf Stein im Süden der alten Reichsstadt Nürnberg, die damals freilich viel von ihrem früheren Glanz verloren hatte. Im Jahr 1761 begann der Schreiner Kaspar Faber, der sich einige Jahre zuvor in Stein niedergelassen hatte, mit der Fertigung von «Bleyweißstefften» in handwerklich einfacher Manier – eine industrielle Fertigung lag noch in weiter Ferne. Damals machten Schreiner die Bleistifte, genauer gesagt, sie machten die hölzernen Schäfte, in die die Graphitminen gelegt wurden. In ein Vierkanthölzchen wurde eine Nut eingestoßen, dann die viereckige Mine eingelegt und verleimt; mit einem schmalen Holzstäbchen wurde die Nut wieder geschlossen, der «Stift» mit einem kleinen Hobel abgehobelt und schließlich in eine Rechteckoder eine Ovalform gebracht.

Die dazu nötigen Graphitstangen – gegenüber heutigen Minen noch ohne Tonanteil – wurden in dieser Zeit von den sogenannten «Kreiden-, Rötel- und Bleiweißschneidern» hergestellt. Diese fertigten aus dem «schlechten», weil unreinen, böhmischen Graphit sogenannte «Graphitkuchen»: eine durch Zermahlung und Aussieben gereinigte Graphitmasse, und zerschnitten sie mit Handsägen zu kleinen Graphitstangen. Die Schreiner kauften dann die Stangen, «ummantelten» sie mit besagten Holzstäbchen – und der «Bleistift» war fertiggestellt. Den Berufsstand des «Bleistiftmachers» gab es noch nicht, obgleich vielfach versucht wurde, das «Bleistiftmachen» zum «zünftigen Handwerk» zu erheben. Zunächst vergebliche Versuche, die an der fehlenden Genehmigung des Nürnberger «Rugsamtes» scheiterten – der damaligen «Gewerbeaufsicht» des Rates der Stadt. Der Verkauf von Bleistiften erfolgte in noch vormerkantiler Art. Es ist überliefert, daß Kaspar Fabers Frau mit dem Weidenkorb auf den Markt ging, um dort die Bleistifte anzubieten. Handelsgeschäfte oder einen geregelten Markt gab es in dieser – in jeder Hinsicht vorindustriellen – Zeit nicht.

An diesen Methoden änderte sich zunächst auch wenig, als Kaspars Sohn Anton Wilhelm 1784 den kleinen Handwerksbetrieb übernahm. Allerdings scheint Kaspar Faber gut verdient zu haben, denn Anton Wilhelm konnte 1783 mit der ererbten Barschaft immerhin den sogenannten «Unteren Spitzgarten» für die Vergrößerung des Handwerksbetriebes in Stein erwerben. Damit waren die Wurzeln des späteren Unternehmens «Faber-Castell» fest verankert. Noch heute befindet sich das Stammhaus auf diesem Gelände, das im Laufe des nächsten Jahrhunderts mehrfach erweitert wurde. Wo damals die Gebäude des Unteren Spitzgartens standen, befindet sich heute das historische Verwaltungsgebäude mit dem Sitz der Unternehmensleitung.

1783 war auch das Jahr der Hochzeit Anton Wilhelms, und eine Anekdote belegt, welche Blüten die Kleinstaaterei trieb, wie sie das Denken und Handeln der Menschen bestimmte. Da die Hochzeit im angrenzenden Dorf Eibach stattfinden sollte – in Stein gab es in dieser

Die ersten Gebäude der A. W. Faber Bleistiftfabrik im Unteren Spitzgarten am rechten
Ufer der Rednitz in Stein, um 1800.

Zeit noch keine Kirche –, bestellte Anton Wilhelm die für Eibach zuständigen Nürnberger Landspielleute zum Musizieren. Doch dem Steiner Lehnsherren von Geuder gefiel dieses «Engagement» nicht, und er ordnete an, daß Fürther Musikanten genommen werden müßten – Stein lag nämlich auf Fürther Gebiet. Faber fügte sich und bestellte die Nürnberger Musikanten wieder ab. Nun erhoben diese Einspruch und bestanden darauf, in Eibach spielen zu dürfen – denn das war ja Nürnberger Gebiet. Schließlich kam es so, daß die Fürther Musikanten den Hochzeitszug von Stein bis zur Dorfgrenze Eibachs begleiteten, dann übernahmen die Nürnberger Musikanten den Zug, der unter ihren Klängen in die Eibacher Kirche einzog.

Die Engstirnigkeit, die in dieser Anekdote zum Ausdruck kommt, prägte auch das Gewerbeleben. Die Bleistiftmacher waren ja ein «unzünftiges», das heißt ein eigentlich freies Gewerbe. Kaspar Faber konnte deshalb dem Steiner Bleistiftmacher Guttknecht, der versuchte, ihm gerichtlich das Bleistiftmachen zu verbieten, noch antworten: «Das Bleymachen sei nicht zünftig und könne dergleichen fertigen, wer nur wolle, wenn einer nur die nötige Wissenschaft davon habe.» Mit der Aufnahme der Bleistiftmacher als Handwerkszunft und einer neuen Bleistiftmacherordnung im Jahr 1795 war es aber mit dieser Freiheit vorbei. Zum Ende des 18. Jahrhunderts hatten die alten, engen Zunftschranken auch Einzug in das Bleistiftmachergewerbe gehalten.

Dennoch wirtschaftete Anton Wilhelm Faber, dessen Namensinitialen die Firma A.W. Faber-Castell noch heute trägt, offenbar sehr erfolgreich, und so konnte er 1810 seinem Sohn Georg Leonhard 24000 Gulden vererben, ein nicht geringes Vermögen. Dieser erweiterte zwar das Anwesen «Unterer Spitzgarten», er konnte wirtschaftlich aber keinen großen Erfolg erzielen. Die Zeiten waren allerdings auch immer schwieriger geworden: Durch den Einfluß der Französischen Revolution 1789 und dann im Zeitalter Napoleons hatte sich das Gesicht Europas gewaltig verändert. Es war jedoch weniger die Kontinentalsperre Napoleons als die fortschreitende Erschöpfung der englischen Graphitgrube, die zu einer erheblichen Verteuerung und Verknappung des Rohstoffs Graphit geführt hatte. Keine gute Zeit also für deutsche Bleistifthandwerker, die in ihrer wirtschaftlichen Not oft nur Holzstifte mit kurzen und minderwertigen Graphitstückchen herstellten und somit selbst zum Niedergang und zum schlechten Ruf ihres Gewerbes beitrugen. Auch Georg Leonhard Faber – dritter der Faber-Dynastie – bekam diese Auswirkungen schmerzlich zu spüren.

Mit der Gründung des Königreichs Bayern 1806 – zu dem nun auch Nürnberg und Stein gehörten – entfielen endlich einige Handelshemmnisse. Nun durften aber auch die außerhalb Nürnbergs ansässigen Bleistiftmacher ihre Stifte in der Stadt verkaufen. 1808 wurde das «Rugsamt» aufgelöst und damit die zünftische Gewerbeordnung endgültig verabschiedet. Die wegweisenden Montgelasschen Reformen in Bayern ermöglichten eine erste Form der freien Gewerbeordnung – sehr zum Leidwesen vieler alter Handwerksmeister, die ihre Sicherheit und Privilegien nun durch Konkurrenz bedroht sahen. Doch auch technische oder wirtschaftliche Fortschritte gab es nur allmählich. 1835 gab sich die ehemalige Reichsstadt selbst einen Stoß: Die erste deutsche Eisenbahn dampfte von Nürnberg nach Fürth. Eine neue Generation von Techni-

Freiherr Lothar von Faber (1817–1896), Erblicher Reichsrat der Krone Bayerns, war ab 1839 wegweisend für die gesamte Bleistiftbranche. Seine sozialen und wirtschaftlichen Verdienste brachten ihm zahlreiche Ehrungen ein.

kern, Kaufleuten und Bankiers hatte die Initiative ergriffen: Scharrer, Cramer-Klett, Kuppler und andere. Vier Jahre später kam ein neuer Name hinzu: Lothar Faber.

Als Lothar Faber nach dem plötzlichen Tod seines Vaters Georg Leonhard 1839 die Leitung der kleinen Fabrik übernahm, war er gerade

22 Jahre alt. Nach einer kaufmännischen Ausbildung in Nürnberg hatte er zu dieser Zeit allerdings bereits drei Jahre in der Weltstadt Paris gearbeitet, wo er die Vorzüge des freien Handels, einer prosperierenden Industrie und einer entwickelten Bleistiftproduktion kennengelernt hatte. Von dort aus kehrte er nun in ein Nürnberg zurück, das gerade erst seinen Aufbruch ins Industriezeitalter erlebte: Fabriken gab es noch wenige, die Nürnberger Bleistifterzeugnisse waren nach wie vor wenig qualitätvoll und meist für den regionalen Markt bestimmt. Die Preise standen unter dem Diktat der Händler; erst allmählich versuchten einige Produzenten in Eigenregie ihre Stifte auch überregional zu vertreiben.

Lothar Faber übernahm die kleine Fabrik seines Vaters in einem wenig gutem Zustand. Als ältester von drei Brüdern leitete er zunächst allein das Bleistiftunternehmen, später holte er auch seine Brüder Johann und Eberhard in die aufblühende Fabrik. Innerhalb von zehn Jahren verbesserte und realisierte er vieles von dem, was er in Paris gelernt hatte: Er führte das von dem Franzosen Conté erfundene Graphit-Ton-Verfahren zur Herstellung von Minen ein, verbesserte mit neuartigen Minenpressen die Methode zur Herstellung von Minen mit hoher, gleichbleibender Qualität und legte als erster Fabrikant eine Skala von Härtegraden fest, die im wesentlichen heute noch gültig ist. Er schuf den sechseckigen Bleistift, wie er heute weltweit üblich ist, legte Standardgrößen fest, die bald auch von anderen Herstellern übernommen wurden, und gilt damit als Schöpfer des modernen Qualitätsbleistifts. Die Produkte erhielten den damals berühmten Namen «Polygrades» und kurz danach erstmals auch die Firmenkennzeichnung «A.W. Faber». Damit machte Lothar Faber die bis dahin anonymen Stifte zu Markenartikeln – was vorher noch keinem Bleistiftfabrikanten eingefallen war. «A.W. Faber-Stifte» gelten somit als die ersten Markenschreibgeräte weltweit. Um den Absatz seiner Stifte zu fördern, reiste Lothar Faber – ebenfalls als erster deutscher Bleistiftfabrikant – als Vertreter seiner eigenen Produkte mit einer Kollektion von Musterstiften durch Deutschland und Europa.

Stifte aus Deutschland hatten bis dahin keinen guten Ruf. Vernünftige Preise konnten nur sogenannte «englische Sorten» mit englischem Graphit erzielen. Auch Lothar Faber beanspruchte für seine neuen deutschen Qualitätsstifte vergleichbare Preise, was einen Nürnberger Kaufmann zu der Äußerung veranlaßte, «ob Faber denn wohl Silber in seine Stifte mache». Tatsächlich ließ der weitsichtige Unternehmer seine

    DER BLEISTIFT

Stifte und Etiketten ab 1840 mit Gold- und Silberstempelung versehen. Lothar Faber hielt jedoch hartnäckig an seinem Qualitätsgrundsatz und an seinen Preisvorstellungen fest. Er reiste deshalb von Deutschland über Österreich nach Belgien, Holland, Frankreich, England, Italien bis nach Rußland und kehrte jedesmal mit vollen Auftragsbüchern zurück. So schuf er sich nicht zuletzt auch ein Netz direkter Handelsbeziehungen und legte den Grundstein für den internationalen Erfolg der «Faber-Stifte» aus Stein. 1843 beauftragte er die Firma Lilliendahl mit dem Verkauf von A.W. Faber-Produkten in den USA. 1849 wagte er selbst den Sprung nach Übersee und gründete eine eigene Handelsniederlassung in New York, deren Leitung sein jüngster Bruder Eberhard übernahm – der Schritt auf den Weltmarkt war getan. Durch Häuser in London, Paris, Wien und St. Petersburg eröffneten sich schließlich noch bessere Handelsbeziehungen für den englischen, indischen, afrikanischen, russischen und australischen Markt. 1860 stellte eine Radiergummifabrik in New York neuartige Radierer und Gummibänder für die Marke «A.W. Faber» her, und nur ein Jahr später wurde in den USA eine Fabrik zur Herstellung preisgünstiger «A.W. Faber»-Stifte für den US-Markt gegründet.

In Stein entstanden in dieser Zeit zu beiden Seiten des Flusses, der Rednitz, neue Fabrikationsgebäude für das Bleistiftunternehmen, die den dörflichen Charakter des Ortes zunehmend veränderten, aber auch eine Arbeitersiedlung, einer der ersten Kindergärten Deutschlands, ein Schulhaus und schließlich 1861 sogar eine Kirche – alles maßgeblich gegründet, gefördert und finanziert durch den Fabrikanten Lothar Faber, der aufgrund seiner sozialen und wirtschaftlichen Leistungen 1862 vom bayerischen König Maximilian II. geadelt und 1881 in den erblichen Freiherrnstand erhoben wurde. Zu den Wohlfahrtseinrichtungen für seine Arbeiter zählte ab 1844 eine Krankenkasse – ebenfalls eine der ersten in Deutschland überhaupt –, eine Pensionskasse sowie eine Arbeiter-Sparkasse, deren Einlagen Faber doppelt so hoch verzinste wie öffentliche Institute. Napoleon III. sandte eine Kommission nach Stein, um das «Fabersche Sozialmodell» zu studieren. Ihr Bericht brachte Lothar von Faber 1876 den Ritterorden der Ehrenlegion ein. 1861 schon verlieh ihm die Stadt Nürnberg die Ehrenbürgerwürde. Als Reichsrat und späterer Erblicher Reichsrat der Krone Bayerns wirkte Lothar von Faber auch jahrelang in der Kammer der Reichsräte mit.

Stammhaus A. W. Faber-Castell in Stein bei Nürnberg 1870.

Ein ganz wesentliches Problem jedes Bleistiftfabrikanten im 19. Jahrhundert war der Bezug des Rohstoffes «Graphit». Mit dem allmählichen Versiegen der «Cumberland-Grube» – der ergiebigsten und qualitätsreichsten Graphitmine der Welt – verlor England seine beherrschende Stellung auf dem Weltmarkt. In vielen Teilen der Erde suchten Geologen nun nach dem kostbaren «schwarzen Gold». Erfolgreich hierin war schließlich der Kaufmann Jean-Pierre Alibert, der 1847 westlich von Irkutsk Graphitvorkommen entdeckte, die sich nach vielen Grabungen und Untersuchungen als von bester Qualität und außerordentlich ergiebig erwiesen. 1856 kam ein Vertrag zwischen Alibert und Lothar Faber zustande, der letzterem das Recht auf alleinige Nutzung des hervorragenden sibirischen Rohstoffes sicherte. Nun mußten zwar weite und komplizierte Wege von Sibirien nach Stein zurückgelegt werden, doch die Vorteile, ein eigenes Rohstofflager zu besitzen, überwogen. Der sibirische Graphit war außerdem noch reiner als der englische, was der Qualität und dem Ansehen der A.W. Faber-Stifte schließlich weiter zugute kam. Die reichhaltige sibirische Graphitquelle sicherte dem Faberschen Unternehmen damit für lange Zeit einen großen wirtschaftlichen Vorteil gegenüber

          DER BLEISTIFT

Ab Mitte des vergangenen Jahrhunderts war «A.W. Faber» ein Synonym für beste Schreibgeräte-Qualität. Lothar von Fabers Sortiment beschränkte sich bald nicht mehr allein auf den Holzstift. Mit Federhalter kombinierte Stifte und Metallverlängerer sowie Patentstifte bereicherten das Angebot.

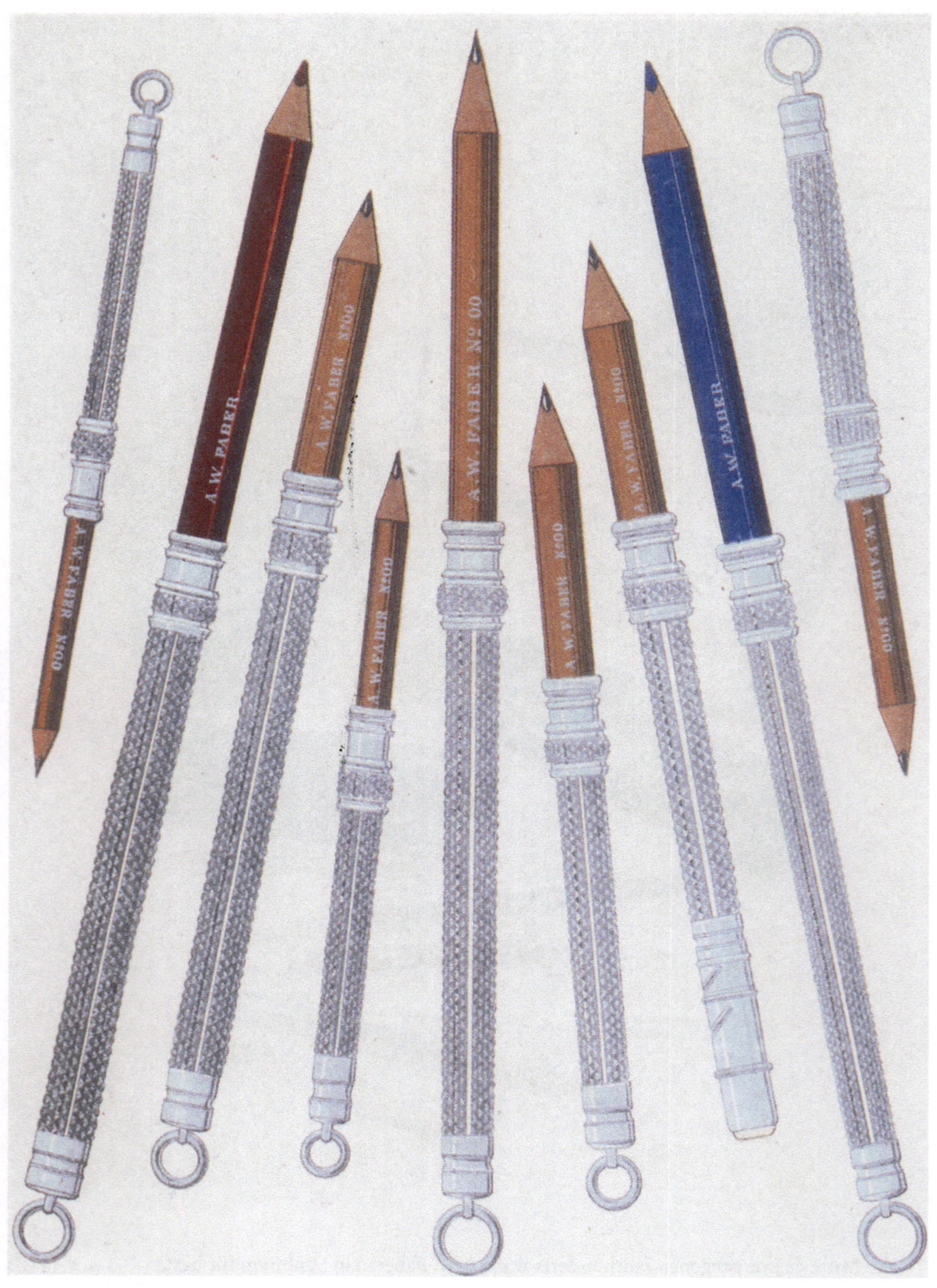

Bleistifte genossen im vorigen Jahrhundert z.T. beachtliche Wertschätzung: Taschenstifte
A.W. Faber mit eleganten Metall-Verlängerern und Spitzenschonern.

DER BLEISTIFT

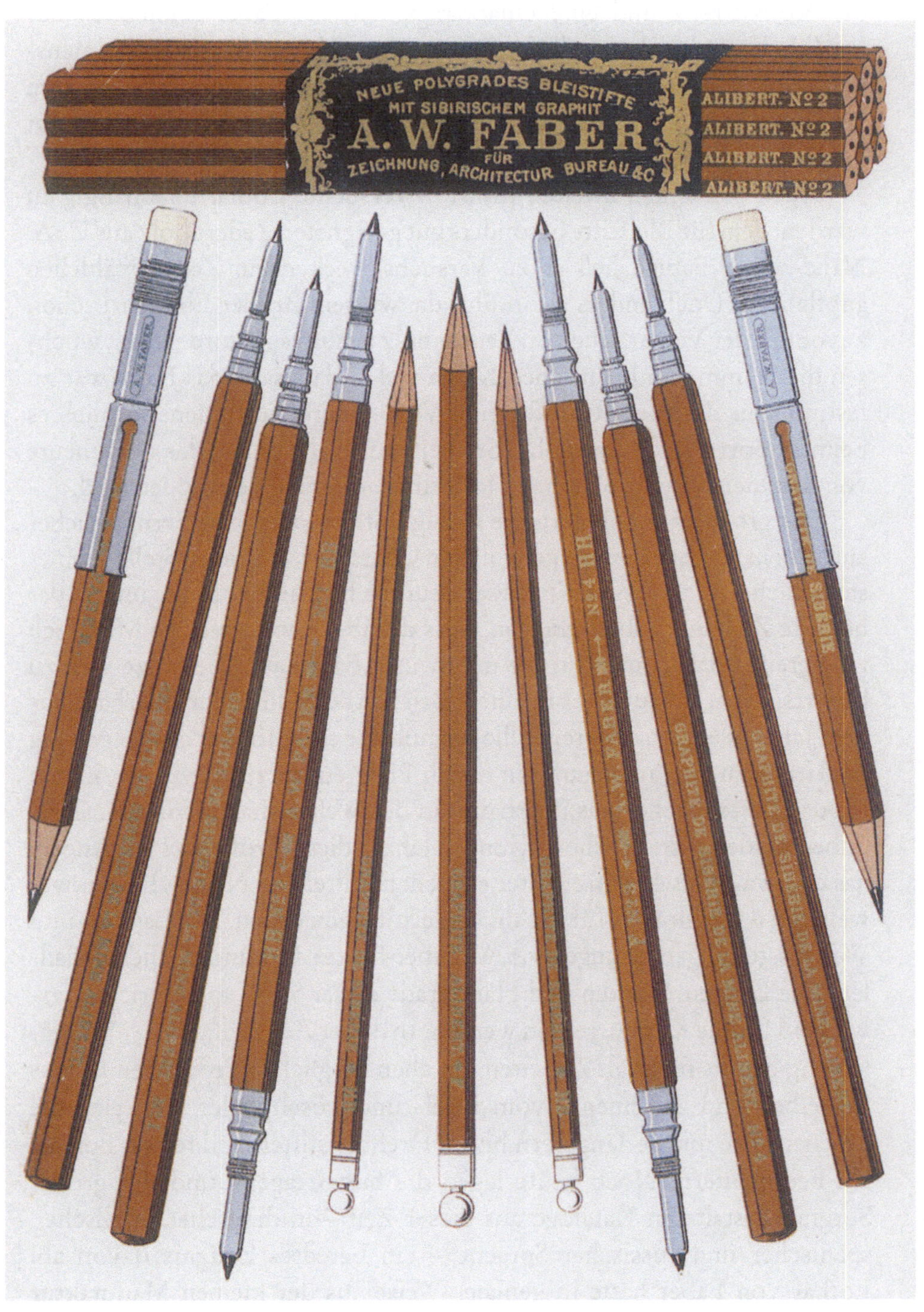

Bleistift- und Drehbleistiftsortiment mit sibirischem Graphit.

der Konkurrenz und eine Unabhängigkeit, die Faber schließlich zur
marktbeherrschenden Stellung führte. Um sich vor häufigem Namensdiebstahl zu schützen, reichte Lothar von Faber 1874 eine «Petition zum
Schutze des Markenartikels» beim Deutschen Reichstag ein. 1875 trat
dieses Gesetz in Kraft.

Auch von einem zweiten Rohstoff versuchte Lothar unabhängig zu
werden, dem für Bleistifte besonders gut geeigneten Zedernholz aus USA:
Nahe seiner Fabrik ließ er zu Versuchszwecken ein Zedernwäldchen
anpflanzen. Doch anders als in Florida, wo sein Bruder Eberhard schon
zuvor mit der Versorgung von Zedernholz beauftragt worden war, wuchsen die Stämme im heimischen Klima viel zu langsam; das Holz war zu
fest, um für die Bleistiftproduktion Verwendung zu finden. So blieb es
beim Import von Zedernholz vor allem aus Kalifornien, das noch heute
von den meisten europäischen Holzstiftfabrikanten verwendet wird.

Der große unternehmerische Erfolg Lothar von Fabers beruhte sicher
auf seinem ausgeprägten, eigenwilligen Charakter. An vielen Stellen seines
schriftlichen Nachlasses tritt dieser deutlich hervor. Er strebte immer das
höchste Ziel an, dachte schon in Paris darüber nach, «welche Mittel ich
zu ergreifen habe, um einstmals mit meinen Fabrikaten die ganze Welt zu
beherrschen», so lautete es in einem Brief an seinen Bruder Eberhard aus
dem Jahre 1869. An anderer Stelle formulierte er: «Mir war es von Anfang
an darum zu tun, mich auf den ersten Platz emporzuschwingen, indem
ich das Beste mache, was überhaupt in der Welt gemacht wird...». Ganz
unbescheiden hatte er schon in jungen Jahren dieses große Ziel vor Augen,
das er etwa 30 bis 40 Jahre später erreichen sollte: Der Name «Faber» war
weltweit das Synonym für Qualitätsbleistifte geworden. Auf Landes- und
Weltausstellungen errangen «A.W. Faber-Stifte» Urkunden und Medaillen. Die Längen, Stärken und Härtegrade dieser Stifte sollten richtungsweisend für die Konkurrenten werden. In dieser Zeit umfaßte der Warenkatalog bereits mehr als 70 Seiten mit allen möglichen Produkten für das
Schreiben und Zeichnen – vom Brief- und Löschpapier über elegante
Taschenstifte mit Verlängerern bis zu Drehbleistiften und feinen Porzellan-Federhaltern. Noch heute legen die hervorragend und mit großer
Sorgfalt gestalteten Kataloge aus dieser Zeit – in deutscher, englischer,
spanischer und russischer Sprache – ein beredtes Zeugnis davon ab.
Lothar von Faber hatte in genialer Weise aus der kleinen Manufaktur
seiner Vorfahren ein internationales Unternehmen geformt, das schon

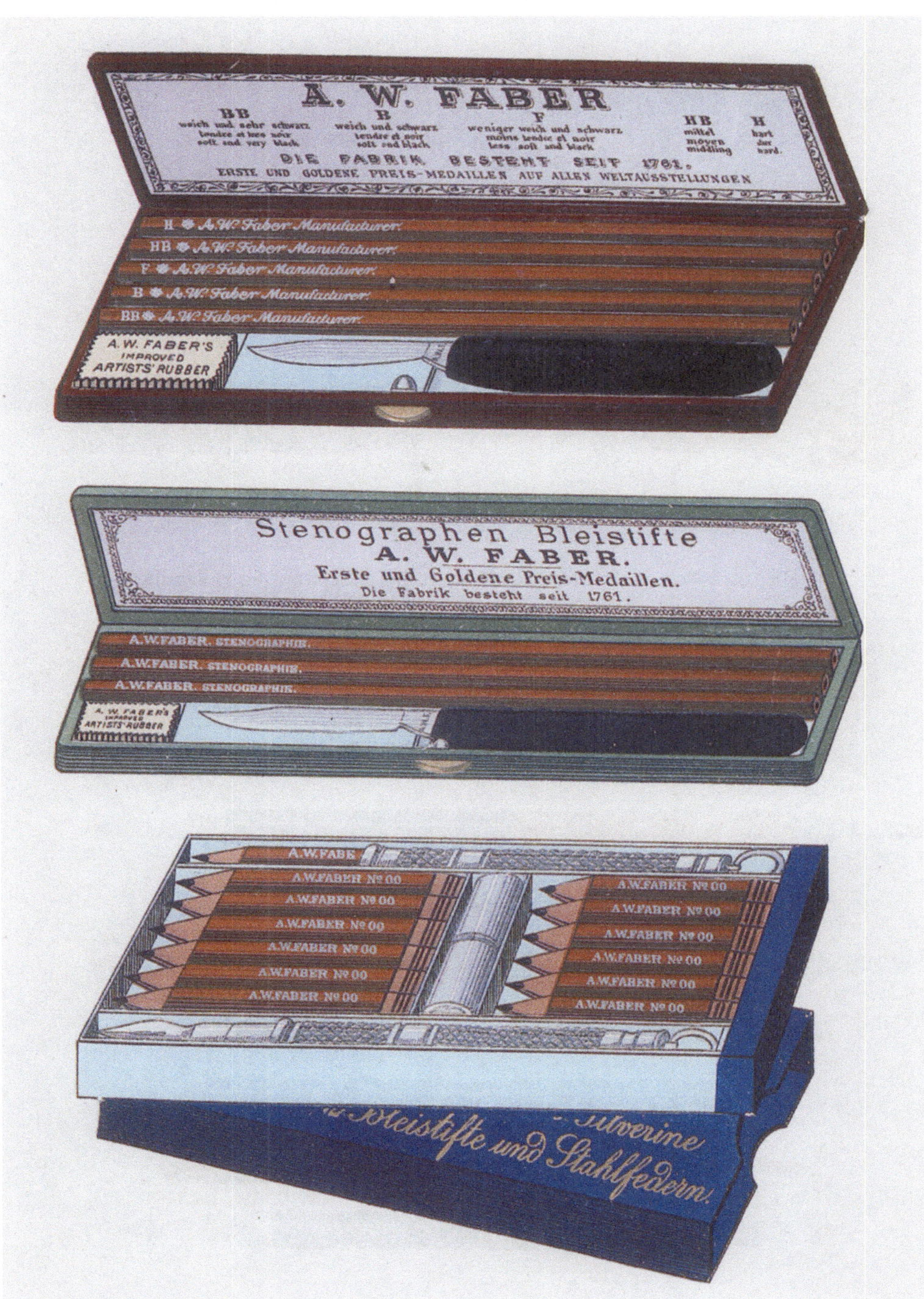

Verschiedene Bleistiftkästchen mit Spitzmesser, Radierer und Federhalter um 1883.

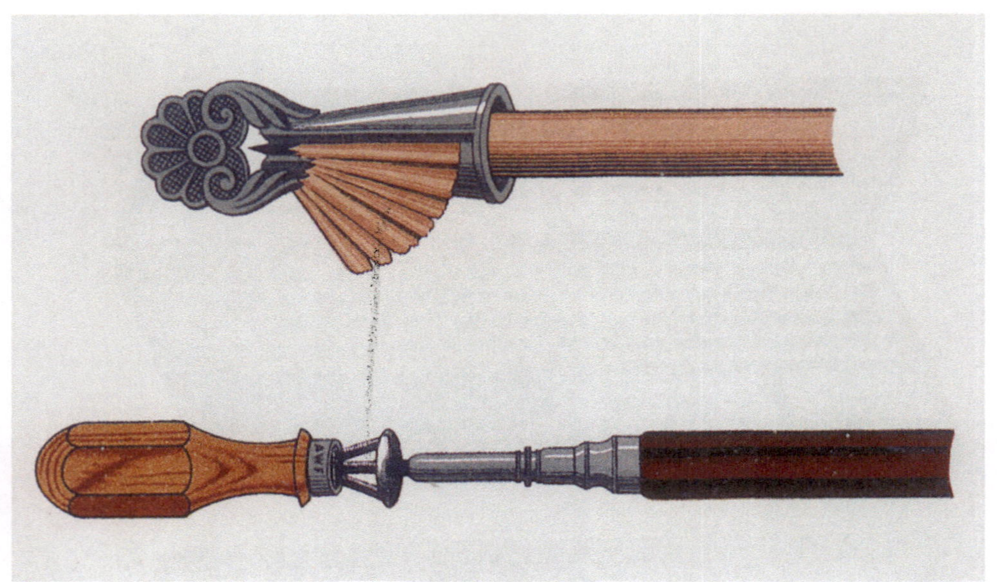

Bleistiftspitzer mit feststehendem Messer und Bleispitzer mit Holzgriff,
A.W. Faber-Katalog 1883.

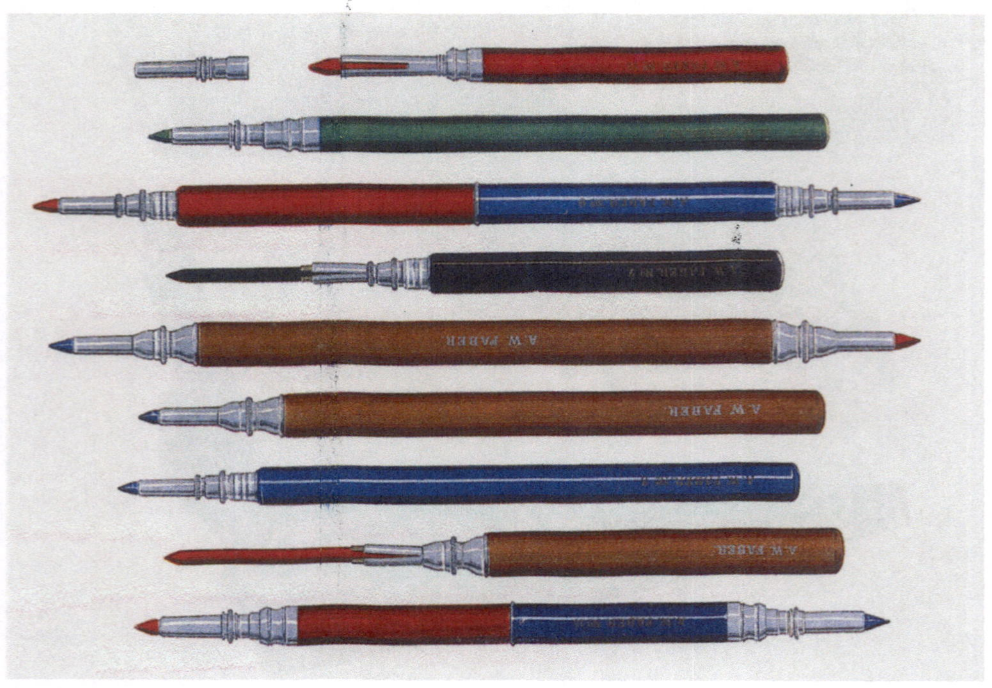

Drehstifte um die Jahrhundertwende, zum Teil doppelseitig, A.W. Faber-Katalog 1902.

     DER BLEISTIFT

Ottilie und Alexander Graf und Gräfin von Faber-Castell.

1890 mehr als 1000 Beschäftigte aufwies. Berühmte Zeitgenossen – Maler, Schriftsteller, Politiker – rühmten die «Faber-Stifte»: Vincent van Gogh, Max Liebermann, Wilhelm Busch, Gustav Doré, Horace Vernet, Wilhelm von Kaulbach und Peter von Cornelius. Dieses Lob reicht bis in unsere Zeit, von «Faber-Castell» schwärmen und schwärmten: Walter Kempowski, Heinrich Böll, Joseph Beuys, Enrico Fellini, Alexander Solschenizyn, Ephraim Kishon und selbst Prinz Charles von England. Das einfache, kleine Ding, der Bleistift, wurde für viele schöpferische Menschen fast zu einem Kultobjekt.

Lothar von Faber, der als Reichsrat der Krone Bayerns auch politisch viele Jahre wirkte und dem in dieser Eigenschaft schon damals die Gründung eines Europäischen Parlamentes vor Augen stand («bestehend aus 108 der besten und edelsten Männer Europas...»), hatte in seinem arbeitsreichen Leben beinahe alles erreicht, was sich ein Unternehmer seiner Prägung zum Ziel setzen konnte. Selbst als Mitbegründer des bayerischen Gewerbemuseums in Nürnberg, der Vereinsbank Nürnberg und der Nürnberger Lebensversicherung ging Lothar von Faber in die Geschichte ein. Eines jedoch blieb ihm versagt: Die männliche Nachfolge für sein Unternehmen. Sein einziger Sohn Wilhelm starb bereits vor ihm, mit gerade 43 Jahren. Als er selbst 1896 für immer die Augen schloß, ging die Leitung der Firma zunächst an seine Witwe, später an seine Enkelin Ottilie von Faber über. Diese heiratete 1898 den Grafen Alexander zu Castell-Rüdenhausen, der gleichzeitig als Teilhaber in die Firma aufgenommen wurde. Auf diese Weise entstand der neue Firmen- und Familienname: Faber-Castell.

Mit Graf Alexander übernahm eine völlig andere Persönlichkeit, als es Lothar gewesen war, die verantwortungsvolle Unternehmensleitung. Er war kein Fabrikant, der dieses Metier von Jugend an gelernt hatte, sondern entstammte als Berufsoffizier dem hochadligen Geschlecht derer von «Castell», die als ältestes Grafengeschlecht in Bayern eine jahrhundertelange Tradition aufwiesen. Sein Führungsstil war anders: Er traf zwar ebenfalls große strategische Entscheidungen – für deren Umsetzung waren jedoch die Direktoren in den einzelnen Unternehmensbereichen verantwortlich. Obwohl er im eigentlichen Sinn kein Bleistiftproduzent war, gelang ihm im Jahre 1905 mit der Einführung des grünen «Castell 9000» unter Verwendung seines Namens ein ganz großer Erfolg. Dieser Stift von neuer Qualität und Wertigkeit entwickelte sich zum absatzstärksten Produkt des gesamten Sortiments und ist noch heute das Flaggschiff im allgemeinen Bleistiftangebot. Die Bleistifte aus Stein waren damit gräflich geworden, und der neue Name «Faber-Castell» wurde so weltweit bekanntgemacht.

Auffälliges Symbol des neuen gräflich Faber-Castellschen Lebensstils war die Errichtung eines neuen herrschaftlichen Wohnsitzes. Angrenzend an das alte Schloß – hier wohnte Lothars Familie – entstand 1903 bis 1906 ein weitaus größeres, neues Schloß, das rasch zum Wahrzeichen von Stein wurde. Mit dem mächtigen Glockenturm machte es weithin auf die Bedeutung der gräflichen Industriellenfamilie aufmerksam. Besonders geschmackvoll waren die Innenräume gestaltet. Ganz im Stilempfinden der Zeit, dem ausgehenden Historismus, finden sich die verschiedensten Stilrichtungen: Neo-Renaissance, Gotik, ein wenig Barock und «Louis-

Mit dem hochadligen Namen Castell begann eine neue Ära der Bleistiftgeschichte: Der grüne «Castell»-Stift war ab 1905 das neue Spitzenprodukt auf dem Bleistiftmarkt, die Farbe Grün wurde zur Hausfarbe von Faber-Castell. Oben ein frühes silbernes «Castell»-Metalletui mit farbigem Ritter-Turnier.

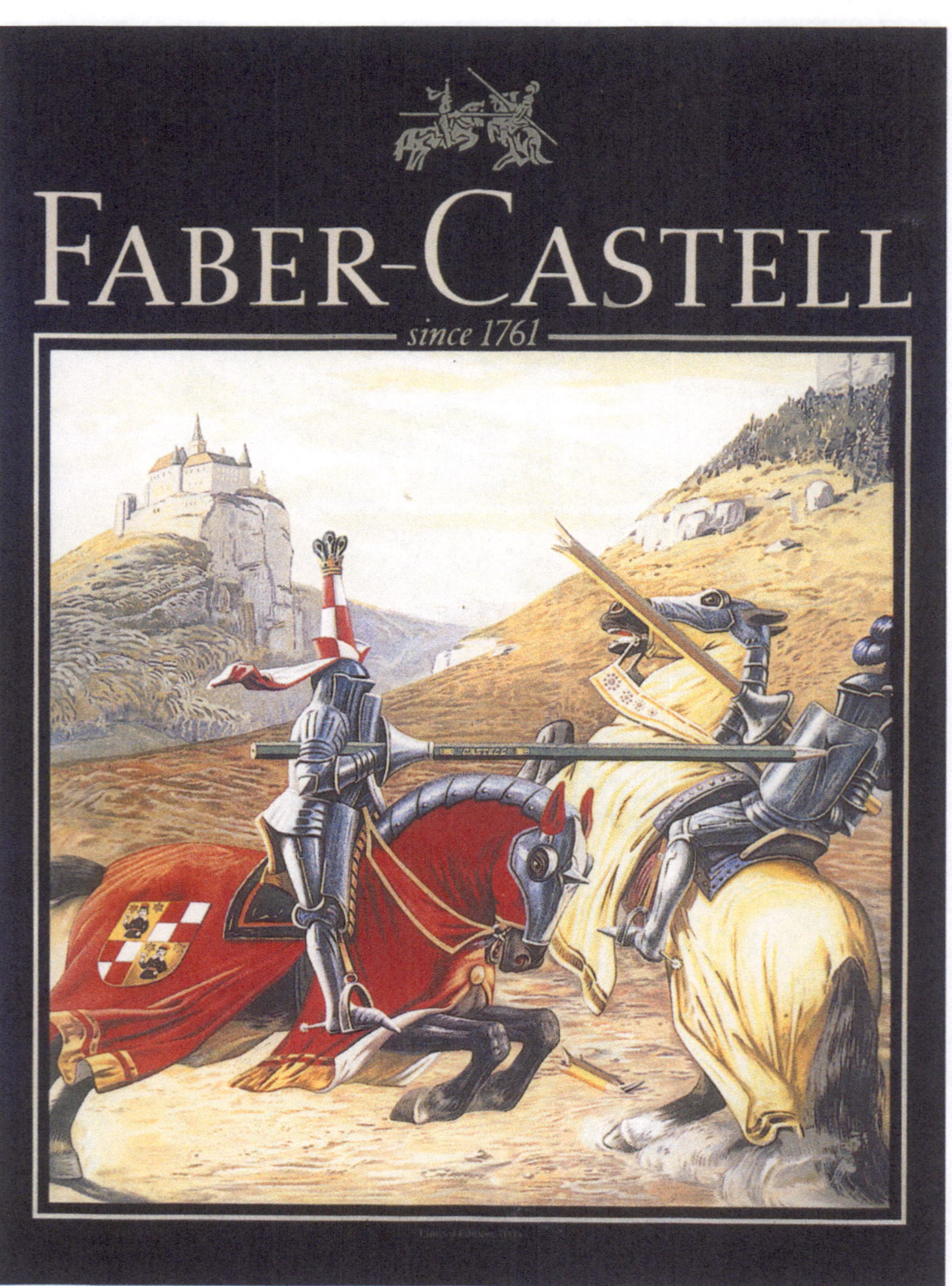

Für den 1905 entwickelten Bleistift «Castell 9000» erschien auf frühen Werbeplakaten das einst sehr bekannte Rittermotiv, das jahrzehntelang auch die Bleistiftschachteln zierte. Heute ist es in stilisierter Form Bestandteil des neuen Firmenlogos.

DER BLEISTIFT

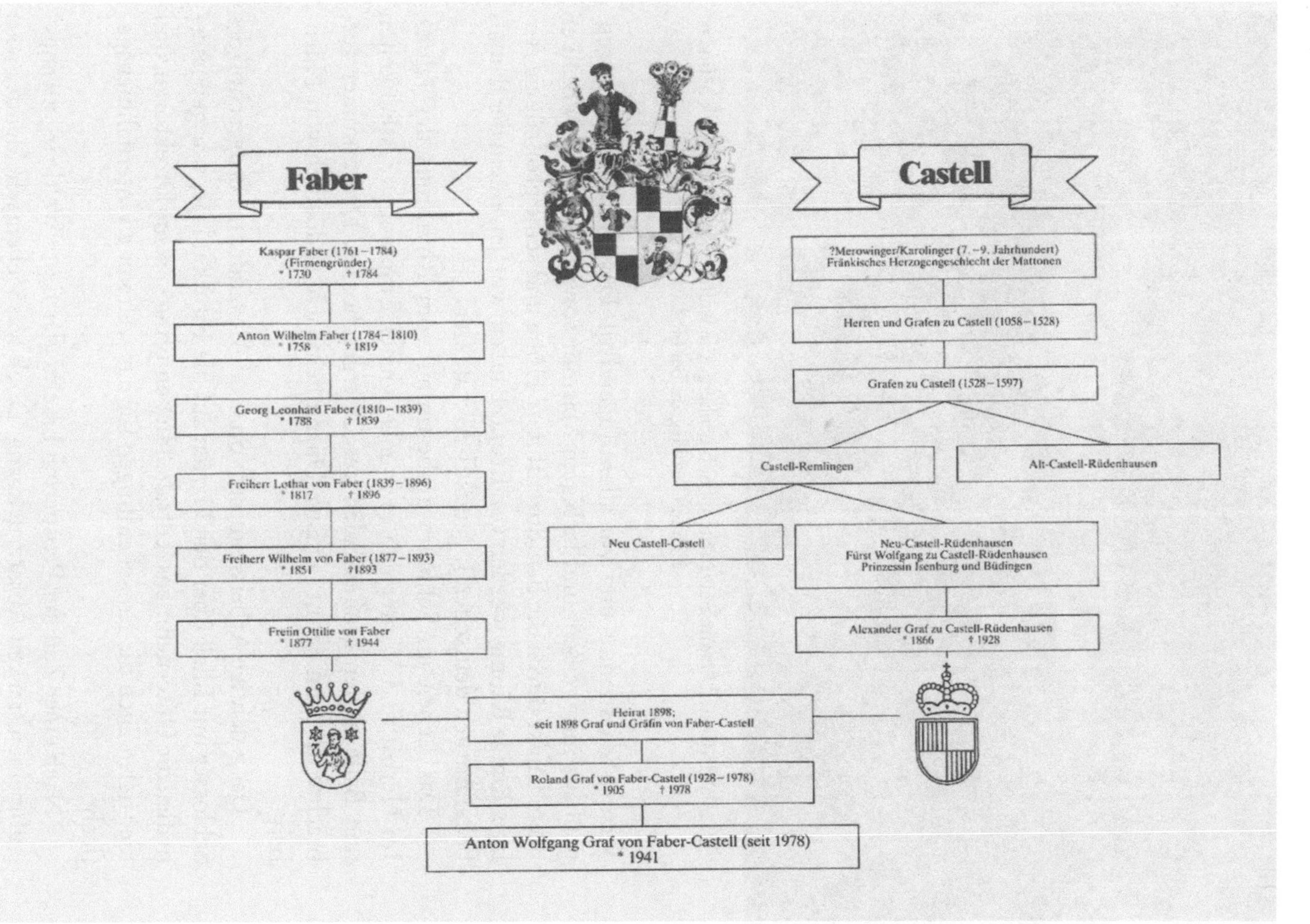

Stammbaum der Faber-Castell-Dynastie.

Das Faber-Castell Stammhaus in Stein bei Nürnberg. Ein weiteres deutsches Werk befindet sich in Geroldsgrün bei Hof.

Seize», Klassizimus und vor allem Jugendstil. Das elegante Haupttreppenhaus mit weißem und farbigem Marmor sowie Jugendstil-Mosaiken beeindruckt durch die lichtdurchflutete Höhe und seine großzügige Anlage. Einige Räume wurden von Bruno Paul entworfen, einem der damals bekanntesten deutschen Jugendstil-Architekten.

Das Leben im Schloß war bestimmt vom Rhythmus des Jahres. Im Herbst und Winter gab es immer wieder Empfänge, Festlichkeiten und Bälle in den großen Sälen des Obergeschosses. Den Sommer verbrachte die Familie im Jagdsitz Dürrenhembach, südöstlich von Nürnberg.

Das wuchtige Arbeitszimmer von Graf Alexander im Erdgeschoß des Schlosses mit Blick über den Garten auf die Fabrikanlage, war gewissermaßen die Unternehmenszentrale. Hier empfing er seine Direktoren, und hier fielen auch die Entscheidungen für das weltweite Unternehmensgeflecht.

Nach einer Zeit der Prosperität brachte der Erste Weltkrieg zwangsläufig einen starken Absatzrückgang. Doch was viel entscheidender war: Er führte zum Verlust der Produktions- und Vertriebsstandorte in den Vereinigten Staaten. Erst nach dem Zweiten Weltkrieg konnte ein Teil

350   Der Bleistift

wieder zurückgewonnen werden. Im wirtschaftlichen Aufschwung der zweiten Hälfte der zwanziger Jahre wurde dann im Stammhaus eine Erweiterung der Fabrikanlage beschlossen. Ab 1925 entstand ein neuer, U-förmiger Fabriktrakt, der so großzügig gebaut war, daß er Erweiterungsmöglichkeiten bot. Dies machte sich vor allem zu Beginn der dreißiger Jahre bezahlt, als die Johann Fabersche Bleistiftfabrik mit A.W. Faber-Castell vereint wurde. Johann Faber, der Bruder Lothars, hatte seit 1876 in Nürnberg sein eigenes Unternehmen aufgebaut, das sich zeitweise zu einer mächtigen Konkurrenz entwickelte. Nun gab es auf dem Weltmarkt aber wieder einen gemeinsamen Namen: A.W. Faber-Castell.

Ähnlich wie sein Urgroßvater Lothar mußte Graf Roland Faber-Castell schon in jungen Jahren die Firmenleitung übernehmen. Als sein Vater Alexander 1928 starb, war Roland gerade 23 Jahre alt. Er konnte sich jedoch auf einen Stab fähiger Führungskräfte verlassen, die schon lange der Firma angehörten. Ein erster wesentlicher Schritt zur Stärkung der Position auf dem Schreibgerätemarkt war 1931 der Kooperationsvertrag mit der Johann Faber AG in Nürnberg, deren Produktionsbereiche in den folgenden Jahren nach Stein verlegt wurden. Da die Johann Faber AG ebenfalls ein stark exportorientiertes Unternehmen war, wurde so die internationale Marktorientierung weiter gesteigert. Ein Schritt von strategischer Bedeutung war 1937 die Beteiligung an der Lapis Johann Faber-Fabrik in Sao Carlos (Brasilien), der damals größten Bleistiftfabrik Südamerikas. 1967 übernahm Faber-Castell wieder die Mehrheit an diesem Unternehmen, das im Zweiten Weltkrieg enteignet wurde und heute mit rund 2400 Mitarbeitern die größte Blei- und Buntstiftfabrik der Welt ist. Diese Weichenstellung in den dreißiger Jahren, aber noch mehr der Wiedererwerb der Majorität durch Graf Roland schafft besonders heute dem Unternehmen ein unschätzbares Plus auf dem Weltmarkt.

Mit dem Nationalsozialismus begann für Roland Graf von Faber-Castell eine schwierige Zeit. Da er nicht Parteimitglied war, wurde die als Aktiengesellschaft geführte Firma unter die Leitung eines Geschäftsführers gestellt, den die NSDAP bestimmte. Roland wurde während des Krieges als Offizier zur Wehrmacht eingezogen und hatte keinen direkten Einfluß mehr auf die Geschäftsführung. Dank seiner Frau, Nina Gräfin von Faber-Castell, gelang jedoch noch während des Krieges die Umwandlung in eine Einzelfirma.

Roland Graf von Faber-Castell (1905–1978).

Die Bombenangriffe auf Nürnberg hatten glücklicherweise Schloß und Fabrik weitgehend verschont, so daß bereits 1945 eine Produktion begonnen werden konnte, allerdings zunächst ganz branchenfremde Produkte: medizinische Geräte. Doch schon Ende 1946 konnte die Schreibgerätefertigung wieder in vollem Umfang betrieben werden, und es begann eine Periode des Wachstums, das sogenannte deutsche «Wirtschaftswunder» beflügelte den Aufschwung. Die Expansionsraten waren beachtlich, wenngleich periodisch auftretende Konjunkturkrisen das Wachstum gelegentlich trübten. 1952 begann Faber-Castell als erstes Unternehmen in der deutschen Bleistiftindustrie mit der Kugelschreiber-

DER BLEISTIFT

Anton Wolfgang Graf von Faber-Castell, seit 1978 alleingeschäftsführender Gesellschafter der FABER-CASTELL-Unternehmensgruppe.

fertigung. Sortiment und Mitarbeiterzahl wuchsen ständig. Weltweit entstanden neue Fabriken und Vertriebsgesellschaften.

Die in den siebziger Jahren einsetzenden technischen Innovationen erforderten allerdings ein Umdenken in der Unternehmensstrategie. Einige traditionelle Produkte veralteten oder wurden vom Markt verdrängt. Die hochwertige Rechenstabfertigung – hier war Faber-Castell einer der weltweit führenden Hersteller – mußte mit dem dramatisch schnellen Siegeszug des Taschenrechners völlig aufgegeben werden.

Als Roland Graf von Faber-Castell 1978 nach 50jähriger Firmenleitung starb, hatte er bereits zwei Jahre zuvor mit der Berufung seines Sohnes Anton Wolfgang die Nachfolge geregelt. Der 35jährige Anton Wolfgang hatte nach Jura-Studium und Praktikum im väterlichen Unternehmen zunächst die Chance, selber internationale Erfahrungen auf seinem eigenen Berufsweg zu sammeln (Investment-Banking). Zu den ersten unternehmerischen Maßnahmen gehörte eine Überprüfung der

Unternehmensaktivitäten von Faber-Castell: Das Sortiment wurde ge-
strafft, neue Produkte aufgenommen und mit dem Beginn einer Kos-
metikstiftproduktion der Ausgleich zur verlorengegangenen Rechenstabfertigung eingeleitet. Neben der Aufnahme moderner Tintenschreib-
und Markiergeräte sollte es für den größten Bleistifthersteller der Welt
nun verstärkt eine Rückbesinnung auf das wegweisend sein, was Lothar
von Faber einst propagiert und womit er dem Unternehmen zu inter-
nationaler Größe verholfen hatte: «die besten Stifte der Welt zu machen». Graf Anton Wolfgang hat diese Leitgedanken 1986 einmal so
formuliert: «Ein großer Teil der neuen Unternehmensphilosophie liegt
schlicht in einer Rückbesinnung. Das, was Lothar von Faber vor fast
150 Jahren getan hat, ist auch heute noch vorbildlich. Qualitätsprodukte
in entsprechend hochwertiger Aufmachung gezielt in den wichtigsten
Weltmärkten abzusetzen ... Das Bestechende an seiner Unternehmensstrategie lag in der schlichten Aussage, für seine Produkte der Beste der
Welt sein zu wollen und dies auch durchzusetzen ... Obwohl die Zeiten
heutzutage schwieriger voraussehbar sind, sind sie gleichzeitig unter-
nehmerischer geworden. Kreativität und Intuition sind Worte, die heute
mehr gebraucht werden als in den sechziger oder siebziger Jahren, in
denen die ‹Technokraten› dominierten. Diese werden heute unsicher,
weil sie plötzlich feststellen, daß man nicht einfach Wachstum hoch-
rechnen kann. Der Mut, anders zu denken, ist heute ebenso wichtig wie
zu Lothars Zeiten: Er hat ja nicht Nürnberger Tand gemacht, sondern
den Mut gehabt, völlig Neues, Hochwertiges und Beständiges zu beginnen.»

Mit dem Aufbau neuer Produktlinien – wie der von Kosmetikstiften
für international renommierte Marken – sowie der Kreation neuer Generationen von designorientierten Stiften und hochwertiger Qualität setzte
bei Faber-Castell zu Beginn der achziger Jahre eine Epoche ein, die
verstärkt auf qualitatives Wachstum und den Ausbau der internationalen
Märkte abzielte. Den Erfordernissen der Zeit entsprechend wurde auch
die ökologische Dimension der Schreibgeräteherstellung bedacht. Ist der
Bleistift an sich schon ein umweltfreundliches Produkt – da überwiegend
aus regenerierbaren Naturstoffen bestehend –, so war Faber-Castell 1992
das erste Unternehmen auf dem Weltmarkt, das ein Verfahren entwickelte
zur Herstellung von Stiften mit neuem, lösungsmittelfreiem Wasserlack
bzw. später auch mit einer Wasserlasur.

Auf 8000 Hektar ehemaligem Steppenland zieht Faber-Castell schnellwüchsige Pinien für die Holzversorgung auf. Die unternehmenseigene Baumschule sorgt mit 2 Millionen Setzlingen pro Jahr für die permanente Wiederaufforstung.

Teilansicht der brasilianischen Tochtergesellschaft von Faber-Castell in Sao Carlos (Lapis Johann Faber). Dieses Unternehmen gilt als die größte Blei- und Buntstiftfabrik der Welt.

Ein herausragendes Umweltprojekt betreibt Faber-Castell darüber hinaus seit vielen Jahren in Brasilien. Im Südosten des Landes – nahe Sao Paulo – besitzt die Unternehmensgruppe auf 8000 Hektar ehemaligem Steppenland schnellwüchsige Nadelholzwälder für die Holzstiftversorgung. Die unternehmenseigene Baumschule sorgt mit der Aufzucht von zwei Millionen Jungpflanzen pro Jahr für die ständige Wiederaufforstung des genutzten Holzes. Dadurch wird permanent ein Gleichgewicht zwischen Holzverbrauch und nachwachsender Ressource hergestellt – ein weltweit einzigartiges Projekt.

Wie Lothar von Faber bereits im 19. Jahrhundert durch eine geschickte Standortstrategie den Weltmarkt für seine Produkte öffnete, so setzte Graf Anton Wolfgang von Faber-Castell von 1979 an ebenfalls auf weitere Produktions- und Vertriebsstätten im Ausland. Und zwar sowohl für die internationale Vermarktung der Faber-Castell-Produkte wie auch für die Rohstoffbeschaffung. Heute wirkt sich die rechtzeitige Weichenstellung vor allem auf den zukunftsorientierten Märkten in Südamerika und Fernost als vorteilhaft aus. Neben dem Ausbau von Produktion und Rohstoffversorgung in Brasilien ging die Beteiligung einer Gesellschaft für Produktion und Vertrieb in Argentinien vollständig an Faber-Castell über. Die Produktionsstätte in Peru wurde weiter erfolgreich ausgebaut, in Kolumbien eine Fertigungsbeteiligung erworben. In Südafrika entstand 1980 eine Vertriebsgesellschaft. In Fernost wurde zunächst in Japan, danach in Hongkong eine Vertriebsgesellschaft gegründet. In Malaysia entstand eine Radiergummifertigung, für die 1992 eine neue Fabrik eingeweiht wurde. In Neuseeland wurde 1991 eine Vertriebsgesellschaft gegründet, in Australien ein neues, modernes Werk eröffnet. Zu einem besonders wichtigen Standort entwickelt sich zunehmend die ebenfalls 1991 gegründete Produktion für holzgefaßte Stifte in Indonesien. Mit Erzeugnissen aus diesem Werk will Faber-Castell vor allem die hart umkämpften Märkte in Fernost bedienen. Aufgrund des weltweit spürbaren Kostendrucks konzentriert sich dagegen das Stammhaus in Stein mit seiner modernen Technologie immer mehr auf Produkte der hochwertigen Qualität und entsprechender Preise. Eigene Stützpunkte in Fernost, Südamerika und Europa bilden damit heute das Rückgrat für die international operierende Firmengruppe. Lediglich auf dem nordamerikanischen Markt war Faber-Castell wegen der Minderheits-Beteiligung an der amerikanischen Faber-Castell-Corporation nicht direkt präsent.

 DER BLEISTIFT

Mit der «Neuausrichtung» legte sich Faber-Castell 1993 ein neues und hochwertiges Erscheinungsbild zu, das den bekannten Markennamen besser als vorher profiliert.

1994 hat Faber-Castell sich von dieser Beteiligung getrennt und gleichzeitig 75 Jahre nach der Enteignung seine Markenrechte für USA und Kanada
zurückerworben.

1993 wurde schließlich ein neues, für die Zukunft des Unternehmens
bedeutsames Kapitel aufgeschlagen. Nach dreijähriger Vorbereitung fand
– nicht zuletzt zur Bewältigung der anspruchsvoller werdenden neunziger
Jahre – die sogenannte «Neuausrichtung» in der Sortimentsstrategie und

Vom einfachen Bleistift bis zum hochwertigen «trockenen» Künstlerbedarf reicht
heute die Palette von Faber-Castell-Artikeln. Der Name steht mehr denn je für Qualität und
anspruchsvolles Produktdesign.

DER BLEISTIFT

im Markenbild statt. Hintergrund dieser Maßnahme war die Erkenntnis, daß der Name Faber-Castell in Deutschland zwar einen außerordentlich hohen Bekanntheitsgrad, die Marke und das Sortiment jedoch ein zu wenig profiliertes Bild besaßen. Des weiteren sollte mit einer Konzentration auf ausgewählte Produktfelder die Kompetenz als erfahrener und traditionsreicher Hersteller stärker als bisher genutzt werden.

Entsprechend der unternehmerischen Zielsetzung sieht sich Faber-Castell – nicht erst seit heute – nicht nur als Hersteller, sondern auch als Vermarkter qualitativ hochwertiger Produkte in ausgewählten Segmenten des Schreibens, Zeichnens, Malens und Markierens. Um also der bekannten Marke und dem Markenbild ein höherwertiges und damit adäquates Image zu verleihen, wurde für das gesamte Erscheinungsbild des Unternehmens ein neues Corporate Design entwickelt. Darin sollten insbesondere die Kriterien Markenartikel, Familientradition, Qualität und Umweltverträglichkeit klar und wirkungsvoll zur Geltung kommen. Es entstand so ein neues hochwertiges Marken- und Erscheinungsbild, das den ungeteilten Beifall von Handel und Verbrauchern fand.

Zeitgleich mit diesem Branchen-Neuauftritt präsentierte Faber-Castell unter dem Namen «Graf von Faber-Castell» eine neue Linie ungewöhnlich exklusiver Bleistifte und Accessoires rund um den Bleistift. Nie zuvor gab es in diesem Sortimentsbereich derart hochwertige Stifte, Spitzer und Radierer. Das eher unscheinbare Alltagsprodukt Bleistift wurde mit dieser außergewöhnlichen Produktlinie auf ein neues und unverwechselbares Niveau erhoben. Die gräfliche Collection, vor allem bestehend aus kannelierten Bleistiften mit versilberten Verlängerern und Clip und inzwischen erweitert durch den «perfekten» Bleistift mit eingebautem Spitzer und anspruchsvolle Drehstifte, ist nicht zuletzt eine Rückbesinnung auf hochwertige historische Stifte des vorigen Jahrhunderts. Schon damals gab es für anspruchsvolle Kunden spezielle Taschenstifte mit eleganten Verlängerern und Spitzenschonern.

Das Gesamtsortiment von Faber-Castell umfaßt heute etwa 1800 Artikelvarianten – von umweltfreundlichen Stiften für den Vorschulbereich bis zum hochwertigen Schreibgerät, von trockenen und flüssigen Schreib- und Markiergeräten für das Büro bis zum anspruchsvollen Künstler- und Graphikerbedarf. So wollen die vielfältigen Produkte von Faber-Castell den Menschen ein Lebensbegleiter sein.

Bleistifte auf allerhöchstem Niveau: Mit der exklusiven Linie
«Graf von Faber-Castell» reihen sich Bleistifte und Accessoires erstmals in die Kategorie
luxuriöser Schreibgeräte ein.

DER BLEISTIFT

ANMERKUNGEN

Die vollständigen Quellenangaben sind in der Bibliographie aufgeführt.

Kapitel 1   Was man vergißt
11 seine Liste aufstellte: Thoreau, *Maine Woods*, S. 839f.
12 «in seiner Tasche»: Ralph Waldo Emerson, S. 244.
14 Metallstifte mit scharfer Spitze: Bealer, S. 103f.
«ein Dutzend beste Bleistifte»: Oliver Hubbard, S. 153.
englische Bleistifte: Oliver Hubbard, S. 156.
15 Florett des Fechters: «Andrew Wyeth: The Helga Pictures», Broschüre der amerikanischen National Gallery of Art zur Ausstellung von 1987.
«Ich bin ein Bleistift»: siehe *New York Review of Books* vom 16. Januar 1986, S. 26.
Emmanuel Poiré: Caran d'Ache, S. 1f.
«alles fängt mit dem Bleistift an»: Remington, S. 24.
fühlten sich die Ingenieure: Ullman u.a., S. 70.
16 Er skizzierte sogar seine eigene Hand: siehe z.B. Hart, Tafel 40. Vgl. Carpener, S. 814.
eigentlich Rechtshänder: Carpener, S. 814.
17 «Damit dieser Nutzen»: siehe Turner und Goulden, S. 170.
18 «Wenn Historiker versuchen»: Lynn White, *Medieval Technology*, S. V.
19 mit dem Zeichenstift umzugehen: Vitruvius, Buch 1, I, 3.
«Er schreibt schreckliches Latein»: Drachmann, S. 12.
«Er schreibt wie jemand»: Morris Hicky Morgan, zitiert in Vitruvius, S. IV.
20 «beeinflußte der soziale Gegensatz»: Zilsel, S. 550.
«wahrscheinlich oft Analphabeten»: Zilsel, S. 551.
21 «Dank sei Gott»: zitiert in *Encyclopaedia Edinensis*, Artikel «pencil».
«Der Verfasser mußte sich»: zitiert in Norton, S. 13.
22 «Do-it-yourself»-Fan: Remington, S. 26.
«sich alle Prinzipien»: David Shayt, Smithsonian Institution, persönliche Mitteilung vom 26. September 1988.
«Einführung in das gesamte Nationalmuseum»: in Friedel, S. 3.

Kapitel 2   Über Bezeichnungen, Materialien und Gegenstände
29 «Machten Hanffasern»: zitiert in Friedel und Israel, S. 134.

Kapitel 3   Bevor es den Bleistift gab
31 «Was geschehen ist»: Der Prediger Salomo 1,9, zitiert nach dem Revidierten Text (1975) der Lutherübersetzung.
32 Brief an seinen Freund: Cicero, *Atticusbriefe* 2, 3, 2.
34 Metallgriffel und Wachstafel: siehe z.B. Voice, S. 131.

35 «An einem Stab»: Chaucer, S. 383f.; Dank für den Hinweis an James Wimsatt.
frühe Briefe: Astle, S. 201.
«diplomatische Wissenschaft»: Astle, S. II.

36 «bei Plautus»: Astle, S. 201.
«eiserne Schreibgriffel»: Astle, S. 207.
pugillares: Astle, S. 207.
«Cassianus von seinen Schülern»: Astle, S. 207.

38 Griffel: siehe z.B. Voice, S. 131.
mit Brotkrümeln ausradieren: Meder, S. 58.
Theophilus über eine Blei-Zinn-Legierung: Dickinson, S. 74; Lynn White, *Medieval Religion*, S. 322.
«der erste Mensch»: C.S. Smith, S. 106.

39 «krumm und schief»: Beckmann, 3. Aufl., Bd. IV, S. 348f.
Edward Cocker: *Chamber's Encyclopaedia*, neue, überarb. Aufl. 1987.
«Wenn man ein Buch»: Cocker, Reproduktion des Originals in Whalley, *English Handwriting*, Abb. 82b.

40 «die parallelen Linien»: Palatino, S. 16.
«Gänsekiele fürs Schönschreiben»: Oliver Hubbard, S. 157f.
productal... paragraphos: Alibert, S. 4.

41 «das Blatt mit den schwarzen Linien»: Palatino, S. 17.

42 «Ein weiterer, noch bedeutenderer Grund»: Plinius, Buch 33, XIX, 60.
Mit Papier umhüllte Bleistifte: Mitchell, «Black-Lead Pencils», S. 383T.
fünf kleine Graphitstücke: Mitchell, «Graphites», S. 380.
Weniger alte – schriftliche – Zeugnisse: *Compton's Encyclopedia*, Ausg. v. 1986, Artikel «pencil».

Kapitel 4   Das Aufkommen einer neuen Technologie

43 Konrad Gesner: Bay, S. 53–86. Vgl. den biographischen Eintrag in der *Encyclopaedia Britannica*, 15. Aufl. Einige Quellen schreiben Gesners Vornamen mit C.

45 «Vater der Bibliographie»: Bay, S. 53.
«Deutscher Plinius»: Ley, S. 125.
«Vater der Zoologie»: Ley, S. 130.
«mit einer Schreibfeder in der Hand geboren»: Bay, S. 64.
«nichts anderes als ein tintiger Bleistift»: Fairbank, S. 85.

46 «Der unten gezeigte Griffel»: Gesner, zitiert nach der englischen Übersetzung in Meder, S. 121, Anm. 2.

48 «Ich weiß noch»: Mathesius, zitiert nach der englischen Übersetzung in Meder, S. 114.
erneut abgedruckt: Beckmann, 3. Aufl., Bd. IV, S. 352f.
«vollständigere, jedoch weniger kritische Zusammenstellung»: *Chambers's Encyclopaedia*, neue, überarb. Aufl. 1987.
«lapis plumbarius»: Francis White, S. 466.

49 «aller Werkzeuge»: Palatino, S. 2.

50 so frühen Zeitpunkt wie 1500: Cumberland Pencil Company.
spätestens 1565: Fleming und Guptill, S. 5.
«der Zeitpunkt der Entdeckung»: Beckmann, 3. Aufl., Bd. IV, S. 353f.
wissenschaftlich genaue Bezeichnung: Acheson, «Graphite», S. 475f.
K.W. Scheele: Berol Limited, S. 3.
«Die mineralische Substanz»: Plot, S. 183.

51 «Mißverständnis von Graphit»: Staedtler Mars GmbH, *History*, S. 2.

«Es könnte von einiger Bedeutung»: Beckmann, 3. Aufl., Bd. IV, S. 345f.
52 C.T. Schönemann: vgl. *Literary Digest*, 5. Juni 1920, S. 98.
«Wenn man über Graphit nachliest»: Lefebure, S. 75.
53 «Die Entwurzelung»: Fleming und Guptill, S. 5.
«Hier findet man»: Camden, zitiert in Voice, S. 133.
Die Deutschen waren: Jenkins, S. 225f.
Flämischen Händlern: Cumberland Pencil Company.
54 «er viel praktischer zum Zeichnen ist»: Imperanto, zitiert in Beckmann, 3. Aufl., Bd. IV, S. 350f.
der Ausdruck «Rebe»: Voice, S. 153.
Graphit aus Borrowdale bereits weithin exportiert: Voice, S. 133; Beckmann, 3. Aufl., Bd. IV, S. 350; Mitchell, «Black-Lead Pencils», S. 384T.
in den Straßen von London: Voice, S. 133.
55 «die man, falls es beliebt»: zitiert in Voice, S. 133.
leicht zu stehlende und absetzbare Ware: Lefebure, S. 85, 87.
56 «Bomben»: zitiert in Fleming und Guptill, S. 7.
«schweres Verbrechen»: zitiert in Fleming und Guptill, S. 7; vgl. *Journals of the House of Lords*, Bd. XXVII, S. 645.
«Le Roy le veult»: *Journals of the House of Lords*, Bd. XXVII, S. 703f.

Kapitel 5   Tradition und Neuerung
57 «Es gibt nur wenige Artikel»: Alibert, S. 3.
60 «sein Winkelmaß»: Ben Jonson, Stelle zitiert in Voice, S. 133.
«Graphitstifts»: John Evelyn, Stelle zitiert in Voice, S. 133.
«Graphitstifte»: Stelle zitiert in Voice, S. 133.
«*Bleistift, Blay-Erst*»: Meder, S. 114.
61 «es in Katalogen»: Meder, S. 114.
den mikroskopischen und chemischen Untersuchungen: Mitchell, «Pencil Markings», S. 517.
62 Nürnberg: Meder, S. 115. Vgl. Staedtler Mars GmbH, *History*, S. 2.
Keswick: Lefebure, S. 79.
«Buy marking stones»: zitiert in Voice, Abb. 2. Wörtliche Übersetzung: Kauft Schreibsteine, Schreibsteine kauft / In ihrem Gebrauch liegt großer Nutzen. / Ich führe Schreibsteine von roter Farbe, / überaus gut, oder sonst auch Graphit.
«Es gibt auch»: Pettus, zitiert in Voice, S. 134. Beckmann (3. Aufl., Bd. IV, S. 354) identifiziert Tanne als die Kiefernart, die für Bleistifte verwendet wurde.
64 «neigt eher dazu zu glauben»: Beckmann, 3. Aufl., Bd. IV, S. 355.
«Federn aus spanischem Blei»: Meder, S. 114.
66 ein Schreiner aus Keswick: Voice, S. 135.
«Technik, rechteckige Graphitstäbe in Holz zu kleben»: Staedtler Mars GmbH, *History*, S. 2.
Hannß Baumann: Franz Maria Feldhaus, *Quellenkritische Betrachtungen*.
«Kunst, mit Holz zu arbeiten»: Martin, S. 122.
Das ursprüngliche Verfahren: Voice, S. 135. Vgl. Sutton, S. 711.
68 «ein Mund voller Graphit»: Lefebure, S. 86.
Kontinentaleuropäischer Graphit: Voice, S. 136.
69 Verwendung von metallischem Blei: Voice, S. 137.
70 «Ende, bei dem das Blei»: Fleming und Guptill, S. 9.
«das Ende von einem alten Bleistift»: Austen, S. 280.

«Für den alten Bleistiftstummel»: Austen, S. 283.
71 «in einem Korb»: Fleming und Guptill, S. 9.

Kapitel 6   Findet man einen besseren Bleistift oder macht man ihn?

74 «mit dem die ganze Welt»: *Encyclopaedia Perthensis*, 2. Aufl.
«GRAPHIT...»: *Encyclopaedia Perthensis*, 2. Aufl., Artikel «LEAD (III)».
75 «Gegenwärtig»: Beckmann, 4. Aufl., Bd. II, S. 395.
76 Nicolas-Jacques Conté: McCloy, S. 78–80.
«jede Wissenschaft im Kopf»: Gaspard Monge, zitiert in *Encyclopaedia Britannica*, 11. Aufl., Artikel «N.-J. Conté».
Experimenten mit Wasserstoff: *Historische Bürowelt*, S. 12.
Contés innovatives Verfahren: Voice, S. 137; McCloy, S. 79.
77 frühen deutschen Bleistiftmachern: Staedtler Mars GmbH, *History*, S. 4.
eine Rinne, die etwa doppelt so tief war: siehe Voice, S. 136.
schon 1790: siehe z.B. Fleming und Guptill, S. 8, wo Contés Entdeckung auf das Jahr 1790 datiert wird.
Hardtmuth selbst behauptete: J.W. Hinchley im Anhang zu Mitchell, «Black-Lead Pencils», S. 389T.
Contés Schwiegersohn: Boyer, S. 149; *Historische Bürowelt*, S. 12; *Dictionnaire de Biographie Française*.
78 hatten die kontinentalen Bleistiftmacher: Staedtler Mars GmbH, *History*, S. 2f.
in einer staatseigenen Bleistiftfabrik: Staedtler Mars GmbH, *History*, S. 3f.
in gewissem Umfang auch im England: Mitchell, «Black-Lead Pencils», S. 384T.
Borrowdale-Minen schließlich ganz erschöpft: Mitchell, «Black-Lead Pencils», S. 384T.
83 «Künstler, die gleichzeitig»: d'Alembert, in Diderot, *Encyclopédie*; Stellen zitiert in der englischen Übersetzung von Gendzier, S. 39.
«unflätig werck»: Agricola, S. I.

Kapitel 7   Von alten Methoden und Betriebsgeheimnissen

86 deutsche Bergleute: Collingwood, S. 1.
Geschichte der Staedtlers: Staedtler Mars GmbH, *History*, S. 1–5.
89 Familien Staedtler, Jenig und Jäger: *Die Leistung*, S. 8.
Der Staedtlersche Familienbetrieb: Franz Maria Feldhaus, *Quellenkritische Betrachtungen*.
«Stümpler»: *Die Leistung*, S. 10.
«Der Handel wurde»: Johann Faber, S. 3.
91 Geschichte der Familie Faber: Siehe A.W. Faber, «A.W. Faber», und *Bleistiftfabrik*. Vgl. Alibert.
92 «Wenn man bedenkt»: H.C. und L.H. Hoover, Übersetzung des Agricola, S. IVf.
«Doch ihr vertraulicher»: Andrew, S. 2.
«eine Subskription für 1000 Personen»: Andrew, S. 3f.
93 «zehn Gewichtsteilen»: «Black lead for Pencils», in *Scientific American Supplement*, 2. April 1898, S. 18558.
94 «Eine Gräfin»: Frary, S. 8.
95 «Die Industrie ist»: «What Industry Owes to Science», in *The Engineer*, 11. Mai 1917, S. 415.

Kapitel 8   In Amerika

97 «Er war ein minderwertiger Artikel»: Sackett, S. 16.
98 *Leffel's Illustrated News:* Hendrick, S. 25, Anm. 1.

«Am Anfang»: Hosmer, in Hendrick, S. 23.

99 David Hubbard: Hosmer, in Hendrick, S. 23.

«Jungen mußten sich damals»: William Munroe, Jr., S. 147.

100 «Vor Abschluß seiner Lehre»: William Munroe, Jr., S. 147f.

der innovative Munroe: William Munroe, Jr., S. 148f.

101 «Da er sah»: William Munroe, Jr., S. 150.

bei seinen ersten Experimenten: «The Lead pencil», anonymes Typoskript aus dem Archiv von Robert Gooch, S. 5.

102 «Aber innerlich»: William Munroe, Jr., S. 150.

103 «Er hatte große Mühe»: William Munroe, Jr., S. 151.

104 «Das ging bis 1819 so weiter»: William Munroe, Jr., S. 152.

105 Ebenezer Wood und James Adams: Hosmer, in Hendrick, S. 25.

«Hand und Hirn»: Hosmer, in Hendrick, S. 24.

die ersten Maschinen: Hosmer, in Hendrick, S. 24. Vgl. William Munroe, Jr., S. 152; Nichols, S. 956.

später auch sechseckigen und achteckigen: Nichols, S. 956; Hosmer in Hendrick, S. 24f.

106 «immer amerikanische Betriebe gefördert»: Allen, S. 8.

Kapitel 9   Eine amerikanische Bleistiftmacherfamilie

107 «Ich weiß nicht»: Thoreau, *Correspondence*, S. 186.

110 Joseph Dixon: *Dictionary of American Biography*, Bd. III.

«man sagte ihm»: Meltzer und Harding, S. 136.

Francis Peabody: Erskine, S. 187.

111 Dunbar & Stow: Harding, S. 16; William Munroe, Jr., S. 297f.

«waren die Bleistifte»: Stelle zitiert in Meltzer und Harding, S. 138.

112 Mühle von Ebenezer Wood: Harding, S. 17.

Munroes Geschäft schlecht lief: Harding, S. 17, 32, 45.

«schmierig, grobkörnig»: Meltzer und Harding, S. 136. Vgl. Edward Emerson, S. 32f.

Das erwärmte Gemisch: Edward Emerson, S. 135.

113 nahm das Angebot an: Harding, *Days*, S. 52–54.

114 «die ersten Polygrades-Bleistifte»: Johann Faber, S. 3.

«Geschäftsbeziehungen»: Johann Faber, S. 3.

115 Bibliothek von Harvard: Meltzer und Harding, S. 136.

116 «Eine gröbere Art»: *Encyclopaedia Perthensis*, 2. Aufl., Artikel «Lead, black, of plumbago», unter dem Haupteintrag «Lead».

117 verschaffte sich offensichtlich etwas Ton: Edward Emerson, S. 32f.

auf Anregung seines Vaters: Edward Emerson, S. 135; Harding, S. 56.

technische Zeichnungen: Moss, S. 9.

118 «einer butterfaßähnlichen Kammer»: Edward Emerson, S. 33.

«Die Maschine drehte sich»: Harding, S. 56.

begann er sein Tagebuch: Thoreau, *Journal*, Bd. I, S. 592.

Sie tauschten Tagebuchpassagen: Thoreau, *Journal*, Bd. I, S. 594.

sein Tagebuch und seinen Bleistift: vgl. Ralph Waldo Emerson, S. 244.

119 «Fortschritten in der Bleistiftbranche»: Thoreau, *Correspondence*, S. 114.

120 mit einer Maschine in feste Holzstücke Löcher bohrte: Harding, S. 157.

«Ich sah hier Bleistifte»: Thoreau, *Journal*, Bd. II, 289.

Conté selbst produzierte: McCloy, S. 79. Vgl. Mitchell, «Black-Lead Pencils», S. 384T.

Löcher in Rubinen: Beckmann, 4. Aufl., Bd. II, S. 395f. Vgl. *Cassell's*, Bd. IV, S. 23.

122 Variation des Tonanteils: Harding, S. 158.

«NOCH BESSERE ZEICHENBLEISTIFTE»: zitiert nach der Abbildung in Meltzer und Harding, S. 137.

wieviel die verbesserten Thoreau-Bleistifte gekostet haben: Meltzer und Harding, S. 139.

Bostoner Buchladen: Stern, S. 17.

124 Erfindung des Rosinenbrots: Harding, S. 183.

fundierten Gedanken über das Geschäftsleben: siehe z.B. Thoreau, *Walden*, S. 361, 366.

«Der Farmer versucht»: Thoreau, *Walden*, S. 349.

A Week on the Concord: Marble, S. 157f.

«fast neunhundert Bände»: Thoreau, zitiert in Marble, S. 158.

für gemahlenen Graphit: Harding, S. 262f.

Kapitel 10   Wenn das Beste nicht gut genug ist

127 «eine ausführliche Tabelle»: Whittock, Titelseite.

128 «Graphit ist ein dunkles»: Whittock, S. 375.

129 Einhunderttausend Ausstellungsstücke: siehe z.B. Beaver, S. 9.

130 «wir vorschlagen»: Hunt, S. 546.

131 «Der Diamant»: Hunt, S. 29.

132 im Norden Schottlands: Hunt, S. 39.

«künstlichen Graphit»: *Dictionary of National Biography*, Bd. II, S. 1279. Vgl. Voice, S. 138.

133 «eine genaue Betrachtung»: Hunt, S. 40.

Nachruf: *Illustrated London News*, 2. September 1854, S. 206.

«Großbritannien und den Inseln»: *Illustrated London News*, 5. August 1854, S. 118f.

von Natur aus günstig: *Transactions of the Newcomen Society*, 18 (1937–38): 245.

134 Maschinen eingeführt: Cumberland Pencil Company, S. [2].

«Die Männer»: «Pencil Making at Keswick», in *Illustrated Magazine of Art*, S. 254.

136 «gespalten, pulverisiert»: *Illustrated Magazine of Art*, S. 253.

Griffel genannt: *Cassell's*, Bd. IV, S. 23.

Kapitel 11   Vom Kleinbetrieb zur Bleistiftindustrie

139 Der Staedtlersche Familienbetrieb: J.S. Staedtler, S. [7].

140 Johann Froescheis: Lyra, «Early Days», S. 1.

«möglich geworden, Bleistifte zu fertigen»: *Die Leistung*, S. 10.

die Existenz der deutschen Industrie: E.L. Faber, S. 7; Staedtler Mars GmbH, *History*, S. 3; *Die Leistung*, S. 10.

141 «in allen Orten»: *Die Leistung*, S. 10.

dreiundsechzig verschiedene Sorten: Staedtler Mars GmbH, *History*, S. 4.

«den großen Vorteil»: *Die Leistung*, S. 10.

Familie Kreutzer: *Die Leistung*, S. 10f.; Staedtler Mars GmbH, *History*, S. 4.

142 Kaspar Faber: E.L. Faber, S. 8; A.W. Faber, *Bleistiftfabrik*, S. 7.

Georg Andreas: Lyra, «Early Days», S.1.

Anton Wilhelm Faber: A.W. Faber, *Bleistiftfabrik*, S. 10.

143 «Über alles behielt ich»: Lothar an Eberhard Faber, Brief vom 31. Mai 1869, Faber-Castell-Archiv, Stein.

Lothar Faber: A.W. Faber, *Bleistiftfabrik*, S. 10–14.

144 «Seit dem Jahr der Weltausstellung»: *The Builder*, 27. Juli 1861, S. 517.

145 Jean-Pierre Alibert: Alibert, S. 21.

146 «von ausgezeichneter Qualität»: Alibert, S. 22f.

«in keiner Weise»: A.W. Faber, *Bleistiftfabrik*, S. 16.

147 weitere Ehrungen: Alibert, S. 23–26.
«die meiste feine Waare»: A.W. Faber, *Bleistiftfabrik*, S. 16.
firmentreue Arbeiter: A.W. Faber, *Manufactories*, S. 25f.

148 «nicht bereit sind»: Alibert, S. 16.
«Er selbst wohnt»: Alibert, S. 16f.

149 «im In- und Ausland»: Bayerischer Generalanzeiger, 18. September 1861.
«der immer dadurch seines Geburtstages»: Alibert, S. 20.
«Das erste Fahrzeug»: Alibert, S. 36f.

151 «trotz der Perioden»: Alibert, S. 38.

153 «Ich widme Dir dieses Album»: Alibert, S. 38f.
kamen Faber-Bleistifte: Alibert, S. 34.
Spektrum des Standardsortiments: Alibert, S. 27f.
«Stiften aus gereinigtem Graphit»: *Knight's Cyclopaedia*, Artikel «plumbago».

154 Kennzeichnung mit Buchstaben: siehe Watrous, S. 163, Anm. 17. Vgl. Langlois-Longueville, S. 286.
Conté benutzte die Zahlen: Larousse, Artikel «crayon».
Sowohl deutsche als auch französische Autoren: *Meyers Enzyklopädisches Lexikon*, Artikel «Bleistift»; Boyer, S. 150.

155 «die Bezeichnung ‹sibirischer Graphit›»: A.W. Faber, *Price-List*, S. 12.
«Ich mache besonders»: A.W. Faber, *Price-List*, S. 10.

156 ein gut eingeführter Name: A.W. Faber, «History», S. 52–55; A.W. Faber-Castell, «Origin
and History», S. 1.

157 «Zu dieser Zeit»: Johann Faber, S. 5.
Eines der Probleme: Johann Faber, S. 3f.

158 sibirischen Graphit aus einer anderen Quelle: Johann Faber, S. 14.
Franz von Hardtmuth: Carlo Gherra, in *The Pencil Collector*, 28, Nr. 8 (September 1984),
S. 1.

159 «dem großen Diamanten»: Fleming und Guptill, S. 24.
«Waren von solch überlegener Qualität»: Fleming und Guptill, S. 3.
«der originale gelbe Bleistift»: Fleming und Guptill (New Yorker Ausgabe), S. 20.

160 «naturpoliert»: A.W. Faber, *Price-List*, u.a. S. 13.
«Es läßt einen Bleistift vielleicht schön aussehen»: Smithwick, S. 351.

Kapitel 12   Mechanisierung in Amerika

161 «Es ist merkwürdig»: Day, S. 10f.

162 «Gegründet 1827»: Day, S. 11.
Joseph Dixon: Erskine, S. 186f. Vgl. *Dictionary of American Biography*, Bd. III.
Dixon-Bleistifte, die von etwa 1830 datieren: *Scribner's*, S. 810.

163 Tiegel: siehe z.B. Cleveland.

164 Verlust von 5000 $: Erskine, S. 190. Vgl. Nichols, S. 956; *Encyclopaedia Americana*, Artikel
«lead-pencils».

165 «1,25 cm Breite»: Cleveland, S. 35.
«Durch eine Privattür»: *Evening Journal* von Jersey City, 20. Dezember 1872, zitiert in
Cleveland, S. 33f.

166 «Gewisse Deutsche»: Cleveland, eingeklapptes Faltblatt über Bleistifte.
Imitate von Dixons Ofenoberflächen: Cleveland, eingeklapptes Faltblatt über Ofenober-
flächen.
Unter den ersten Maschinen: siehe Erskine, S. 190; *Scribner's*, S. 809.

167 «die Geburtsstätte der ersten»: *New York Times*, 27. Januar 1974, S. 74.

«nur dreiviertel»: *Manufacturer and Builder*, S. 81.
«die Dixon Company»: Elbert Hubbard, S. 18f., 22.

168 Dixons Schwiegersohn: E.L. Faber, S. 12.
«völlig im Studium»: *New York Times*, 4. März 1879, Nachruf auf Eberhard Faber.
im Auftrag seines Bruders Lothar: Lothar an Eberhard Faber, Briefe von 31. Mai 1869 und vom Januar/Februar 1872, Faber-Castell-Archiv, Stein.

169 «der Erfindergeist der Amerikaner»: Johann Faber, S. 4.

170 Es war damals zugleich: siehe *New York Times*, 4. März 1879, Nachruf auf Eberhard Faber.
«außer während Zeiten»: Wharton, S. 159.

171 «die älteste Bleistiftfabrik»: siehe Eberhard Faber Company, *Story*, S. 4, 6.

172 «den Rechtsanspruch»: E.L. Faber, S. 10.
Berolzheimer: E.L. Faber, S. 11f.
zog nach Kalifornien: telefonische Mitteilung von Charles Berolzheimer vom 25. Oktober 1988.
Edward Weissenborn: Venus, «100 Years», S. 2.
American Lead Pencil Company: E.L. Faber, S. 11. Vgl. Faber-Castell Corporation, «Date Log», S. 1.

173 «Es gab 1862»: Hosmer in Hendrick, S. 59.
«Ein Bleistiftmacher bot mir»: Hosmer in Hendrick, S. 27.

174 «1864 übernahm ich»: Hosmer in Hendrick, S. 28.
Hosmer übernahm auch die abschließende Bearbeitung: Hosmer in Hendrick, S. 28, 86.

175 «die sehr praktische Methode»: Beckmann, 3. Aufl., Bd. IV, S. 356.
«ein Material»: Joseph Priestley, zitiert in Speter, S. 2271.
metallene Schutzkappen: siehe *Dictionary of American Biography*, Bd. VI, Artikel «John Eberhard Faber».
«einen Bleistift»: *Scientific American*, 4. Juli 1863, S. 11.
«ein Stück präpariertes Gummi»: Kane, S. 454. Zu anderen Schreibweisen von Hyman Lipmans Namen siehe Bump, S. CXCII, und *Encyclopaedia Britannica*, 15. Auflage.
Joseph Reckendorfer: *Encyclopaedia Americana*, International ed., 1986, Artikel «pencil».
«Bleistift und Radierer»: de Camp, *Heroic Age*, S. 101.

176 Eagle Pencil Company: siehe McClurg, S. 123, Artikel Nr. 140, der zeigt, daß das Datum der Patentierung der 21. Mai 1872 ist.
für weniger als einen Penny: Sears, Roebuck *Catalogue*, Herbst und Winter 1941–42, S. 590.
90 Prozent: siehe *Scientific American*, 22. August 1903, S. 137.
In Amerika ist es der Ring: vgl. Ecenbarger, S. 17.

Kapitel 13 Bleistiftweltkrieg

179 Ein Beobachter: *Scientific American*, 26. Mai 1894, S. 332.

180 Steuer auf importierte Bleistifte: *Philadelphia International Exhibition, 1876, Official Catalogue of the British Section*, Teil I, S. 243.
wenn ein Bleistift in einem Fabrikraum fehlte: *Scribner's*, S. 809.

182 mit aus Graphit geschnittenen Minen: *Literary Digest*, 5. Juni 1920, S. 98.
einer einfachen Maschine: Smithwick, S. 350f.
In Deutschland waren: siehe z.B. A.W. Faber, «A.W. Faber», S. 4; *Dictionary of National Biography*, Bd. II, S. 1279; Remington, S. 26; Rocheleau, S. 130.

183 indem er je zwei Brettchen: Remington, S. 25.
«verbesserte Maschinen»: *Scientific American*, 12. April 1884, S. 226.

184 «Die Maschine trennt»: *Scribner's*, S. 807f.

185 «die meisten Bleistifte»: Doyle, S. 248.

Bleistiftfabriken in Bayern: Stephan, S. 191f.; *Scientific American*, 21. Dezember 1895, S. 387.

186 «schwer unter der Konkurrenz»: *Scientific American*, 8. Dezember 1900, S. 359.

«1000 Arbeiter»: General Imperial Commissioner, S. 437.

amerikanische Kopierstifte: *New York Times*, 29. Februar 1914 [*sic*], S. 13.

«Die Japaner»: Londoner *Times*, 6. Januar 1916, S. 4.

187 England der größte Importeur: *New York Times*, 20. April 1919, S. 7.

Rohstoffe: *New York Times*, 28. November 1920, S. 19.

Preise für das amerikanische Bleistiftholz: *Literary Digest*, 17. Januar 1920, S. 98f.

Japan: *New York Times*, 16. April 1922, Sect. VI, S. 6.

Johann Froescheis: *New York Times*, 2. November 1915, S. 16.

A.W. Faber-Castell: U.S. Court of Customs Appeals Reports, Bd. XVI (1929), S. 467–71.

Londoner Stadtrat: Londoner *Times*, 1. März 1921, S. 17.

188 «Verlagerung»: *Scientific American Supplement*, 22. November 1919, S. 303.

als feindliches Wirtschaftsgut: A.W. Faber, «A.W. Faber», S. 11, 13; Vgl. Faber-Castell GmbH, *Bleistiftschloß*, S. 98.

189 «exzellenten und wohlbekannten»: Londoner *Times*, 25. Januar 1906, S. 15.

«Ihnen der Koh-I-Noor aus Österreich»: *New York Times*, 9. November 1906, S. 5.

«gelben Bleistift»: Vivian, S. 6931.

190 Koh-I-Noor Pencil Company: Vivian, S. 6925, 6929, 6931.

Manx-Katze: Vivian, S. 6928.

«feinen Waren»: siehe z.B. Dixon Crucible Company, *Standard Graphite*, S. 62.

191 «feiner und weicher»: *Scribner's*, S. 805.

«Die gröbsten und schwersten»: *Scribner's*, S. 805.

192 «Für den billigsten Bleistift»: *Scribner's*, S. 806.

Venus von Milo: Venus, «100 Years», S. 3f.

Kapitel 14   Die Bedeutung der Infrastruktur

195 «Autos müssen vor Straßen kommen»: Henry Ford, zitiert in Hammer, *Quest*, S. 106.

196 «stabil und ansprechend aussehen»: Nichols, S. 956.

197 importierten englische Hersteller: Fleming und Guptill, S. 10.

die zukünftige Versorgung mit Roter Zeder: Sackett, S. 46.

umgefallenen Bäumen: *Scientific American*, 13. September 1890, S. 160.

verrottende Bäume: *Scientific American*, 27. April 1912, S. 386.

198 «Der Bestand schwindet»: *New York Times*, 8. Juli 1911, S. 3.

199 als man das Holz färbte: Faber-Castell Cooperation, «Story of the Lead Pencil», S. 4.

mit Wachs imprägniert: California Cedar, S. [6].

Schwarzlinden- und Erlenholz: Helphenstine, S. 654.

mutarawka: New York Times, 13. April 1924, Sect. III, S. 13.

Little St. Simons Island: telefonische Mitteilung von James Bitler, dem ansässigen Natur-forscher, vom 25. Oktober 1988. Der Verfasser dankt Rebecca Vargha.

200 sibirisches Rotholz: *New York Times*, 9. Juni 1928, S. 21.

«Die Bleistifte benutzende Öffentlichkeit»: Sackett, S. 46.

201 der dreieckige Bleistift: Voice, S. 141.

Holzbearbeitungsmaschinen: G.S. MacDowell in einem Brief vom 1. März 1976 an die Smithsonian Institution; Vgl. *World Book Encyclopedia*, Aufl. von 1988, Artikel «pencil». Der Bleistiftbenutzer scheint ebenfalls: Decker, S. 108.

202 Marc Isambard Brunel: Beamish, bes. Kapitel VIII; Turner und Goulden, S. 361f.

lächerlich geringen Gewinn: Beamish, S. 96f.

203 «Warten Sie»: C. Lester Walker, S. 91.

zwei- bis vierhundert Jahre alter Baum: *Compton's Encyclopedia,* Aufl. von 1986, Artikel «pencil».

«als direktes Ergebnis»: Empire Pencil Company, Werbeblatt, 1974.

204 Pencil Street: Metz, S. 1.

«dreifachen Ko-Extrusionsvorgangs»: *Modern Plastics,* April 1976, S. 53.

Kapitel 15   Technisches Zeichnen

207 «Der ... Griffel»: Gesner, Stelle zitiert bei Meder, S. 121, Anm. 2.

208 Wörterbuchdefinition: *Duden Deutsches Universalwörterbuch,* Aufl. von 1983.

209 «Viele Dinge»: Ferguson, «Mind's Eye», S. 827.

210 «Wenn es keine»: Pye, S. 72.

211 Vitruv: Buch 6, VIII, 10.

212 Perspektivische Zeichnungen kamen: vgl. Ferguson, «Mind's Eye», S. 831.

214 Obwohl Albrecht Dürer: vgl. Ferguson, «Mind's Eye», S. 831.

theoretischen Grundlagen: Baynes und Pugh, S. 32; siehe auch Booker.

Architekturzeichnungen: Booker, S. 135.

215 «die gewöhnliche Lehrmethode»: Binns, S. VII f.

217 technischen Zeicheninstrumenten: V. & E., S. 1ff.

Vogelfedern: V. & E., S. 3f.

in ganz Europa ein Gewerbe: Dickinson, S. 75.

«der Graphitstab»: Gautier, zitiert bei Meder, S. 121, Anm. 15.

George Washingtons Kasten: V. & E., S. 6f.

218 mechanischer Zeichenbleistift: A. W. Faber, «A. W. Faber», S. 12.

219 Kohlenstoffgehalt: Mitchell, «Black-Lead Pencils», S. 388T.

einundzwanzig Bleistifthärten: *Encyclopaedia Britannica,* 15. Aufl., Artikel «writing».

Ganz gleich, wie der Bleistift bezeichnet wird: Halse, S. 85.

«Wie das Papier»: Steinbeck, S. 12.

223 Farbe verwendete man: Baynes und Pugh, S. 175.

Blaupausen: Andrew, S. 14.

224 «drei große Lastwagenladungen»: V. & E., S. 12f.

«den Weg zur Akzeptanz»: *Journal of Engineering Graphics* 24 (Februar 1960): Anzeige zwischen den Seiten 18 und 19.

225 «Jeder Narr»: zitiert in Rolt, S. 153.

Kapitel 16   Die Spitze des Bleistifts oder: Der Sinn der Sache

228 «spitz wie eine Nadel»: A.W. Faber, Inc., S. 7.

«stabileren Mine-Holz-Verbindung»: Berol USA.

«am gleichmäßigsten»: Eagle Pencil Company, *1940 Eagle Catalog,* S. 14.

um 29 Prozent spitzer: *New York Times,* 4. August 1950, S. 29.

229 «Bleistifttone»: Seeley, «Carbon», S. 331.

230 «einen gebrannten Keramikstab»: Seeley, «Carbon», S. 331f.

232 sprengt eine lose Bleistiftmine: Peterson, S. 25.

«Druckpunkt»: Venus, «How Venus».

Eagle Pencil Company: C.L. Walker, S. 90.

Hautleim: Peterson, S. 25.

233 im Holz zerbrach: Berol Limited, S. 5.

«Vor einiger Zeit»: Cronquist, S. 653.

236 «The Amateur Scientist»: Jearl Walker, S. 162–164.

eine detailliertere Untersuchung: Cowin, S. 453.

237 charakteristische schiefe Oberfläche: Petroski, «On the Fracture», S. 732.
Zimmermannsbleistift: Binns, S. 14.
Bleistiftkataloge: Johann Faber, S. 11; A.W. Faber, *Price-List*, S. 16.
238 «Für technische»: A.W. Faber, *Price-List*, S. 16.
Die Analyse sagt voraus: Petroski, «On the Fracture», S. 731–733.
«Stabilität bzw. Dicke»: Binns, S. 14.
239 Minendurchmesser: siehe z.B. Svensen und Street, Abb. 2.2; Hoelscher und Springer, Abb. 3.2; Giesecke u.a., Abb. 60.
Conté selbst: Fleming und Guptill, S. 10. Vgl. Mitchell, «Black-Lead Pencils», S. 384T.

Kapitel 17 Spitzen-Technologie
243 Hauptbeschäftigung eines Schulmeisters: Thayer, S. 1. Vgl. Bell, S. 222.
244 «Dadurch, daß man»: *New York Times*, 21. August 1923, S. 9.
«Wenn die Spitze abbrach»: *Harper's*, 26. November 1910, S. 26.
«die Spitze besser wiederherstellen läßt»: *Edinburgh Encyclopaedia*, 4. Aufl. 1830, Artikel «Drawing Instruments».
«Man ist gewöhnlich der Ansicht»: *Scientific American*, 26. November 1904, S. 380.
245 Vorrichtung zum Führen des Messers: *Scientific American*, 4. Februar 1911, S. 122.
kleinen Zimmermannshobel: *Scientific American*, 15. Mai 1909, S. 376.
Sherlock Holmes: Doyle, S. 244, 247f.
248 Blaisdell Pencil Company: vgl. *Scientific American Supplement*, 27. Mai 1905, S. 24576.
«Wir haben eine Menge Geld»: Dixon Crucible Company, *[1891] Catalog*, S. 28.
Johann Faber: Johann Faber, S. 22, 28.
249 Gem-Bleistiftspitzer: *Scientific American*, 11. Mai 1889, S. 290.
«einen roten oder blauen Bleistift»: *Scientific American*, 20. Dezember 1913, S. 478f.
250 «Messer vom Nachbarn ausborgen»: *Scientific American*, 20. Dezember 1913, S. 478f.
etwa tausend Bleistifte: *Scientific American*, 29. Oktober 1910, S. 345f.
251 einer der vielleicht größten: Anzeige, *Mechanical Engineering*, Oktober 1956, S. 31.
252 «sah billig aus»: *Scientific American*, 13. September 1890, S. 160.
Barockkonstruktionen: Hambly, *Drawing Instruments*, S. 65f.
Sampson Mordan: siehe Banister.
James Bogardus: *Dictionary of American Biography*, Bd. II.
mit Zahnstochern und Ohrenstäbchen: E.S. Johnson.
254 Außerdem gaben: *Consumers' Research Bulletin*, Dezember 1944, S. 17.
Eversharp-Bleistift: Frary, S. 3–8.
256 «ein ziemlich schlechtes Produkt»: Frary, S. 8.
zwölf Millionen Eversharps: Frary, S. 146, 149.
«in den Verbrauchern»: Frary, S. 149.
«ob sich Kanton»: *Printers' Ink*, 13. Dezember 1923, S. 115f., 119f.
Anzeigen für den Eversharp: zitiert aus *System*, Dezember 1922, S. 732; *System*, November 1922, innere vordere Umschlagseite.
257 Venus Everpointed: siehe z.B. *Mechanical Engineering*, November 1922, S. 109.
Charles Wehn: *Sales Management*, 20. November 1951, S. 74f.
Scripto: *Business Week*, 17. Dezember 1966, S. 168, 171f., 174.
258 nach Argentinien: *Foreign Commerce Weekly*, 22. Februar 1941, S. 332.
«meistverkauften mechanischen Bleistifte»: *Life*, 11. März 1946, S. 64.
«den ersten mechanischen Bleistift»: *Business Week*, 30. Dezember 1939, S. 22.
259 *Consumers' Research Bulletin*: Januar 1944, S. 26, und Dezember 1944, S. 17.
Eversharp-Vorratsbleistift: Cliff Lawrence, S. 49, 51.

oberste Handelsbehörde der USA: *Credit and Financial Management*, August 1953, S. 34;
U.S. Federal Trade Commission.
260 Plastik: *Modern Plastics*, Dezember 1972, S. 46.
mit einer noch feineren «feinlinigen» Mine: *Engineering*, 17. November 1961, S. 664.
superdünnen Bleistiftminen: *Consumer Bulletin*, Januar 1973, S. 28–30; *Boss* 8, 1979, S. 81;
Staedtler Mars GmbH, *Aktuell '83*.
261 Yellow Pencil: *Modern Office Technology*, März 1984, S. 104.
vollautomatischer Druckbleistift: *Fachzeitung* 2, 1979, S. 103, und 9, 1979, S. 109.

Kapitel 18   Das Geschäft mit der Technik
264 «und derjenige»: Edward Emerson, S. 35f.
265 Francis Munroe: William Munroe, S. 72.
«Der Ingenieur ist»: Layton, S. 1.
266 ein junger Arzt: Hammer, *Quest*, Kap. I.
267 «Die beiden Länder»: Hammer, *Quest*, S. 62f.
«Warum wollen Sie nicht»: Hammer, *Quest*, S. 64.
268 die Bedingungen des Konzessionsvertrags: Hammer, *Quest*, S. 81f.
Vertretung für alle Ford-Produkte: Hammer, *Quest*, S. 109.
«billiger als die Engländer»: Hammer, *Quest*, S. 179.
269 «Ich ging in einen Schreibwarenladen»: Hammer, *Quest*, S. 179f.
«nichts produziert hatte»: Considine, S. 62.
«im ersten Betriebsjahr»: Hammer, *Quest*, S. 183.
270 «für Rußland Rekordzeit»: Hammer, *Quest*, S. 183.
«einem Ingenieur, der eine wichtige Stelle»: Considine, S. 64.
271 «Die Bleistiftmachermeister»: Considine, S. 65.
272 «eine geschlossene Industrie»: Hammer, *Quest*, S. 189f. Vgl. Timmins, S. 633–37; *Illustrated London News*, 22. Februar 1851, S. 148f.
Bleistifte im Wert von zwei Millionen: *New York Times*, 9. Juni 1928, S. 21.
Die Nachfrage war so groß: Hammer, *Quest*, S. 200.
etwa zwanzig Prozent ihrer Produktion: Hammer, *Quest*, S. 207.
Freiheitsstatue: Hammer, *Hammer*, S. 171.
verdiente im ersten Jahr: Hammer, *Quest*, S. 208; *New York Times*, 9. Juni 1928, S. 21.
Diamant: Hammer, *Hammer*, S. 171.
A. HAMMER: Hammer, *Hammer*, S. 171; Vgl. Belyakov, S. 48f.
273 Nikita Chruschtschow: Hammer, *Hammer*, S. 171.
«trieb die Langsamkeit»: Hammer, *Quest*, S. 201.
«Die Akkordarbeit»: Hammer, *Quest*, S. 201.
«Professoren, Schriftsteller»: zitiert in Finder, S. 49.
274 Bleistiftfabrik «Sacco und Vanzetti»: Goldman, S. 249.
«Phantasiebleistiften»: *New York Times*, 24. November 1938, S. 3, und 4. Dezember 1938,
S. 51.

Kapitel 19   Zwischen Weltwirtschaftskrise und Nachkriegszeit
277 zu einem genauen Indikator: *Business Week*, 2. Januar 1943, S. 60.
höhere Einfuhrzölle: *New York Times*, 28. Dezember 1921, S. 7.
die hohen Anschaffungskosten: U.S. Department of Labor, S. 11, 13.
Argentinien: *New York Times*, 18. November 1923, Sect. II, S. 14.
278 England: Londoner *Times*, 13. Mai 1927, S. 18.
Ein Herr namens Kirkwood: Londoner *Times*, 7. Dezember 1933, S. 16.

«Ständige Ausschuß»: Londoner *Times*, 14. März 1930, S. 11; Vgl. Great Britain Board of Trade, Cmd. 4278.

Standard Pencil Company: Weaver, S. 514.

279 General Pencil Company: *Diesel Power and Diesel Transportation*, Januar 1942, S. 42.

Eberhard Faber: Hartmann, S. 356.

Eberhard Faber II: zitiert in *Sales Management and Advertising Weekly*, 26. Januar 1929, S. 219.

280 Weltwirtschaftskrise: U.S. Department of Labor, S. 5 und Abb. 1.

«Abbruch unserer Geschäftsbeziehung»: H.B. Elmer an C.H. Watson, Brief vom 11. Mai 1932, im Archiv der J. Walter Thompson Company, Manuskriptabteilung der William R. Perkins Library, Duke University.

«Big Three»: *New York Times*, 23. Mai 1931, S. 31; *Business Week*, 29. Juli 1931, S. 39.

Interessengemeinschaft: Fränkischer Kurier, 1. Februar 1932.

281 brasilianische Firma Lapis: A.W. Faber-Castell: Das Bleistiftschloß, S. 103, S. 110.

machten die in die USA importierten Bleistifte ... auf den Auslandsmärkten zu expandieren: U.S. Tariff Commission, passim.

282 Die japanischen Bleistifte: *New York Times*, 19. Juni 1933, S. 1; Godbole, S. 42, 47; U.S. Tariff Commission, passim.

283 In Argentinien: *New York Times*, 15. November 1936, Sect. III, S. 9.

achtzehn Millionen pro Jahr: U.S. Tariff Commission, S. 17.

von Baumwollteppichen und Streichhölzern: *New York Times*, 22. April 1934, Sect. II, S. 19.

284 «Vereinfachte Empfehlungen»: U.S. Bureau of Standards. Vgl. Simplified Practice Recommendations.

Eagle Pencil Company: siehe z.B. *New York Times*, 21. Juni 1938, S. 42; 23. Juni, S. 4; 24. Juni S. 2; 12. Juli, S. 7; 16. Juli, S. 28; 17. Juli, S. 8; 29. Juli, S. 9; 9. August, S. 6. Vgl. 8. Juli 1937, S. 6.

285 etwa die Hälfte der Arbeiter: U.S. Department of Labor, S. 19.

Versorgung mit dem besten Graphit: U.S. Department of Labor, S. 23.

Pearl Habor: Metz, S. 1.

fälschlicherweise als rein amerikanische Produkte: *New York Times*, 15. Dezember 1942, S. 42.

«Viele Schiffe»: *Civil Engineering*, März 1942, S. 31.

286 Experimente mit Plastikringen: *Modern Plastics*, September 1944, S. 98; *Scientific American*, Januar 1945, S. 29.

Ticonderogas: siehe z.B. *Liberty*, September 1948, innere Umschlagseite; 15. September 1945, innere Umschlagseite; 18. Mai 1940, S. 29.

Kriegsproduktionsausschuß: *Business Week*, 2. Januar 1943, S. 61; *New York Times*, 21. Februar 1943, S. 1, 24.

Arbeiterschaft: *Business Week*, 2. Januar 1943, S. 61.

287 «Nur wenige werden»: *Economist*, 6. Juni 1942, S. 806.

288 Die Niederlande: *Foreign Commerce Weekly*, 11. Januar 1947, S. 25.

ein Stabsunteroffizier: *New York Times*, 6. Januar 1949, S. 47.

Atomic Products: *New York Times*, 21. September 1951, S. 40.

«Diese Woche»: Londoner *Times*, 26. September 1949, S. 5.

Kapitel 20 Die gewandelte Rolle der Technologie

289 «im Hinblick auf»: *Sales Management*, 1. September 1945, S. 96.

einen Graphologen: *Printers' Ink*, 28. April 1927, S. 50, 52.

290 «Streunen Sie»: *Printers' Ink*, 2. Mai 1935, S. 21.

Isador Chesler: *Printers' Ink*, 2. Mai 1935, S. 23–25. Vgl. Callahan.

291 Abraham Berwald: *The New Yorker*, 27. Juni 1953, S. 18f.

292 ausschließlich über den Großhandel: *Sales Management*, 12. März 1932, S. 401.
einzelnen Bleistiftkäufer: *New York Times*, 30. September 1956, Sect. III, S. 10.
«die Leute kauften»: *Printers' Ink*, 8. März 1957, S. 28; für die Werbeanzeige siehe z.B.
Life, 19. März 1956.

293 Wilkes-Barre: *New York Times*, 30. September 1956, Sect. III, S. 10; *Newsweek*, 1. Juli
1957, S. 54f.
«um seine Marken»: *Modern Packaging*, Oktober 1956, S. 132.
Empire: *Newsweek*, 1. Juli 1957, S. 54.
Japan: *New York Times*, 4. Februar 1955, S. 8.
«Holz, Graphit und Ton»: Godbole, S. 6.

294 vier Millionen Dollar: *Foreign Commerce Weekly*, 22. November 1947, S. 23.
Die Suche nach einheimischen Hölzern: Rehman und Ishaq, S. 1.

295 Deodarazeder: Rehman und Ishaq, S. 2, 6; Rehman und Kishen, S. 512; Marathe, Iyenger
und Joglekar, S. 17.
der elektrische Widerstand: Joglekar, Nayak und Verman.

296 Stabilität: Marathe, Iyenger und Joglekar, S. 17–19.
Schwärze: Joglekar und Marathe, S. 78f.
Verschleiß: Marathe, Iyenger und Joglekar, S. 20–22.
Reibung: Marathe, Chand und Joglekar, S. 132.

297 «Bestimmungen»: Indian Standards Institution, S. 2f.

298 «Wenn man in Eagles»: Callahan.

300 Schwarzfußindianer: *Forbes*, 16. Februar 1981, S. 106–110, und 29. Juli 1985, S. 14.

Kapitel 21 Das Streben nach Vollkommenheit

301 «Ich garantiere»: zitiert in Ecenbarger, S. 16.

304 «Die Graphitmine»: Reproduktion in Whalley, *Writing Implements*, S. 121.

305 «das Recht vorbehält»: Dixon Crucible Company, *1940–1941 Catalog*, S. 96.

306 «Gebrauchsanweisungen»: Reproduktion in Whalley, *Writing Implements*, S. 121.

308 Füllfederhalters: Cliff Lawrence, S. 3–19.
Alonzo Cross: *Nation's Business*, Dezember 1974, S. 56; *Tooling & Production*, April 1978,
S. 94f.

309 Ein Kugelschreiber wurde: Kane, S. 454.
«Der Holzbleistift scheint»: Wharton, S. 156.

310 «jackentaschenhoch»: Callahan.
«Flüssiggraphit»: siehe z.B. *New York Times*, 11. Januar 1955, S. 40, und 19. Februar 1955,
S. 20.
«der Verschleiß»: Hemingway, zitiert in Winokur, S. 124.
John Steinbeck: Steinbeck, S. 36.
«Sie können sich erst bewegen»: Steinbeck, S. 61.
ein feuchter Tag: Steinbeck, S. 118.
sechzig Bleistifte am Tag: Steinbeck, S. 36.
«480 # 2⅜ rund»: Steinbeck, S. 131.
«Seit Jahren»: Steinbeck, S. 35f.

311 «Die Feder meiner Träume»: Murry, S. 43f.

Kapitel 22 Rückblick und Ausblick

315 kommentierte: *New York Times*, 22. August 1938, S. 12.

  DER BLEISTIFT

vierzehn Milliarden: Ecenbarger, S. 15. Vgl. Thomson, S. 31, wo die Gesamtproduktion
von vierzig Ländern mit sechs Milliarden jährlich angegeben wird.
316 «Wir sind davon überzeugt»: Schrodt, S. 32.
«Um das Textverarbeitungselement»: Schrodt, S. 32.
«Haben Sie schon einmal»: Porter, S. 66.
323 Zimmermannskreide: Huxley.
«das Kind, das diese Lektionen»: Faraday, S. VII.
«einen neuen Rhythmus»: Lindbergh, S. 9.
324 «Ein Arbeiter zieht den Draht»: Adam Smith, S. 10f.
«vielleicht wichtigsten Prinzips»: Babbage, S. 169. Vgl. S. 176–190.
Milton Friedman: Metz, S. 6.

BIBLIOGRAPHIE

Acheson, E. G. «Graphite: Its Formation and Manufacture», *Journal of the Franklin Institute*, June 1899: 475–86.

A Pathfinder: Discovery, Invention, and Industry. New York, 1910.

Agricola, Georgius. *Vom Bergkwerck XII Bücher...* Übers. von Philippus Bechius. Basel, 1557, Faksimiledruck. Leipzig, 1985.

Alibert, J. P. *The Pencil-Lead Mines of Asiatic Siberia. A. W. Faber. A Historical Sketch. 1761–1861.* Cambridge, 1865.

Allen, Andrew J. *Catalogue of Patent Account Books, Fine Cutlery, Stationery, [etc.].* Boston, [1827].

Andrew, James H. «The Copying of Engineering Drawings and Documents», *Transactions of the Newcomen Society*, 53 (1981-82): 1–15.

Armytage, W. H. G. *A Social History of Engineering.* London, 1961.

The Art-Journal. «The Crystal Palace Exhibition Illustrated Catalogue, London 1851». New York, 1970.

Astle, Thomas. *The Origin and Progress of Writing, [etc.].* 2nd edition, with additions (1803). New York, 1973.

Atkin, William K., Raniero Corbelletti, and Vincent R. Fiore. *Pencil Techniques in Modern Design.* New York, 1953.

Austen, Jane, *Emma.* Übers. von Helene Henze. Frankfurt a.M., 1961.

Automatic Pencil Sharpener Company. «From Kindergarten Thru College». [Informationsblatt.] Chicago, [1941].

Babbage, Charles. *On the Economy of Machinery and Manufactures.* 4th edition enlarged (1835). New York, 1963.

Back, Robert. «The Manufacture of Leads for the Mechanical Pencil», *American Ceramic Society Bulletin*, 4 (November 1925): 571–79.

Baker, Joseph B. «The Inventor in the Office», *Scientific American*, October 29, 1910: 344–45.

Banister, Judith. «Sampson Mordan and Company», *Antique Dealer and Collectors' Guide*, June 1977: [5 S.] unpaginiert.

Basalla, George. *The Evolution of Technology.* Cambridge, 1988.

Bay, J. Christian. «Conrad Gesner (1516–1565), the Father of Bibliography: An Appreciation», *Papers of the Bibliographical Society of America*, 10 (1916): 52–88.

Baynes, Ken, and Francis Pugh. *The Art of the Engineer.* Woodstock, N.Y., 1981.

Bealer, Alex W. *The Tools That Built America.* Barre, Mass., 1976.

Beamish, Richard. *Memoir of the Life of Sir Marc Isambard Brunel.* London, 1862.

Beaver, Patrick. *The Crystal Palace, 1851–1936: A Portrait of Victorian Enterprise.* London, 1970.

Beckett, Derrick. *Stephensons' Britain.* Newton Abbot, Devon., 1984.

Beckmann, Johann. *Beiträge zur Geschichte der Erfindungen.* Fünf Bände. Leipzig, 1780–1805.

Beckmann, John. *A History of Inventions and Discoveries.* Translated by William Johnston. 3rd edition [four volumes]. London, 1817.
    A History of Inventions, Discoveries, and Origins. Translated by William Johnston. 4th edition [two volumes], revised and enlarged by William Francis and J. W. Griffith. London, 1846.

Bell, E. T. *Men of Mathematics.* New York, 1937.

Belyakov, Vladimir. «The Pencil Is Mightier than the Sword», *Soviet Life,* Issue 348 (September 1985): 48–49.

Berol Limited. «Berol: The Pencil. Its History and Manufacture.» Norfolk, n.d.

Berol USA. «The Birth of a Pencil.» [Informationsblatt.] Danbury, Conn., n.d.

Bigelow, Jacob. *Elements of Technology,* [etc.] 2nd edition, with additions. Boston, 1831.

Binns, William. *An Elementary Treatise on Orthographic Projection,* [etc.]. 11th edition. London, 1886.

Birdsall, John. «Writing Instruments: The Market Heats Up», *Western Office Dealer,* February 1983.

Booker, Peter Jeffrey. *A History of Engineering Drawing.* London, 1963.

Boyer, Jacques. «La Fabrication des Crayons», *La Nature,* 66, part 1 (March 1, 1938): 149–52.

Briggs, Asa. *Iron Bridge to Crystal Palace: Impact and Images of the Industrial Revolution.* London, 1979.

Brondfield, Jerome. «The Marvelous Marking Stick», *Kiwanis Magazine,* February 1979: 28, 29, 48. [Gekürzt als «Everything Begins with a Pencil», *Reader's Digest,* March 1979: 25–26, 31–33.]

Brown, Martha C. «Henry David Thoreau and the Best Pencils in America», *American History Illustrated,* 15 (May 1980): 30–34

Brown, Nelson C. *Forest Products: The Harvesting, Processing, and Marketing of Material Other than Lumber,* [etc.]. New York, [1950].

Brown, Sam. «Easy Pencil Tricks», *Popular Mechanics,* 49 (June 1928): 993–98.

Bryson, John. *The World of Armand Hammer.* New York, 1985.

Buchanan, R. A. «The Rise of Scientific Engineering in Britain», *British Journal for the History of Science,* 18 (1985): 218–33.
    «Gentlemen Engineers: The Making of a Profession», *Victorian Studies,* 26 (1983): 407–29.

Buchwald, August. *Bleistifte, Farbstifte, Farbige Kreiden und Pastellstifte, Aquarellfarben, Tusche und Ihre Herstellung nach Bewährten Verfahren.* Wien, 1904.

The Builder's Dictionary: Or, Gentleman and Architect's Companion. 1734 edition. Washington, D.C., 1981.

Bump, Orlando F. *The Law of Patents, Trade-Marks, Labels and Copy-Rights,* [etc.]. 2nd edition. Baltimore, 1884.

California Cedar Products Company. «California Incense Cedar». [Illustrierte Broschüre.] Stockton, Calif., n.d.

Callahan, John F. «Along the Highways and Byways of Finance», *The New York Times,* October 9, 1949: III, 5.

Calle, Paul. *The Pencil.* Westport, Conn., 1974.

Canby, Henry Seidel. *Thoreau.* Boston, 1939.

Caran d'Ache. *50 Ans Caran d'Ache, 1924–1974.* Geneva, [1974].

Carpener, Norman. «Leonardo's Left Hand», *The Lancet,* April 19, 1952: 813–14.

Carter, E. F. *Dictionary of Inventions and Discoveries.* New York, 1966.

Cassell's Household Guide: Being a Complete Encyclopaedia of Domestic and Social Economy, and Forming a Guide to Every Department of Practical Life. London, [ca. 1870].

Chambers' Edinburgh Journal. «Visit to the Pencil Country of Cumberland», Vol. VI, No. 145, New Series (October 10, 1864): 225–27.

Chambers's Encyclopaedia. Various editions.

Charlton, James, editor. *The Writer's Quotation Book: A Literary Companion.* New York, 1985.

Chaucer, Geoffrey. *Die Canterbury Tales,* nach der Ausg. von Adolf von Düring, 1883–86, bearb. und eingel. von Lambert Hoevel. Olten, 1969.

Cicero, Marcus Tullius. *Atticus-Briefe,* lat.-dt., hg. von Helmut Kasten, München, 1959.

Cleveland, Orestes. *Plumbago (Black Lead-Graphite): Its Uses, and How to Use It.* Jersey City, N.J., 1873.

Cliff, Herbert E. «Mechanical Pencils for Business Use», *American Gas Association Monthly,* 17 (July 1935): 270–71.

Coffey, Raymond. «The Pencil: ‹Hueing› to Tradition», Chicago Tribune, June 30, 1985: V, 3.

Collingwood, W. G., translator. *Elizabethan Keswick: Extracts from the Original Account Books, 1564–1577, of the German Miners, in the Archives of Augsburg.* Kendal, 1912.

Compton's Encyclopedia. 1986 edition.

Considine, Bob. *The Remarkable Life of Dr. Armand Hammer.* New York, 1975.

Constant-Viguier, F. *Manuel de Miniature et de Gouache.* [Zusammengebunden mit Langlois-Longueville.] Paris, 1830.

Cooper, Michael. «William Brockedon, F.R.S.», *Journal of the Writing Equipment Society,* No. 17 (1986): 18–20.

Cornfeld, Betty, and Owen Edwards. *Quintessence: The Quality of Having It.* New York, 1983.

Cowin, S. C. «A Note on Broken Pencil Points», *Journal of Applied Mechanics,* 50 (June 1983): 453–54.

Cronquist, D. «Broken-off Pencil Points», *American Journal of Physics,* 47 (July 1979): 653–55.

Cumberland Pencil Company Limited. «The Pencil Story: A Brief Account of Pencil Making in Cumbria Over the Last 400 Years.» [Keswick], n.d.

Daumas, Maurice, editor. *A History of Technology & Invention: Progress Through the Ages.* Translated by Eileen B. Hennessy. New York, 1969.

Day, Walton. *The History of a Lead Pencil.* Jersey City, N.J., 1894.

de Camp, L. Sprague. *The Ancient Engineers.* Garden City, N.Y., 1963.
    The Heroic Age of American Invention. Garden City, N.Y., 1961.

Decker, John. «Pencil Building», *Fine Woodworking,* May-June 1988: 108–9.

Desbecker, John W. «Finding 338 New Uses [for Pencils] Via a Prize Contest», *Printers' Ink,* 156 (July 2, 1931): 86–87.

Deschutes Pioneers' Gazette. «Short Lived Bend Factory Made Juniper Pencil Slats for Export.» Vol. 1 (January 1976): 2, 5–6.

Dickinson, H. W. «A Brief History of Draughtsmen's Instruments», *Transactions of the Newcomen Society,* 27 (1949-50): 73–84.

Dictionary of American Biography.

Dictionary of National Biography.

Dictionnaire de Biographie Française. Fascicule 103. Paris, 1989.

Diderot, Denis. *A Diderot Pictorial Encyclopedia of Trades and Industry.* Edited by Charles Coulston Gillispie. New York, 1959.
    The Encyclopedia: Selections. Edited and translated by Stephen J. Gendzier, New York, 1967.

Dixon, Joseph, Crucible Company. *Catalog and Price List of Dixon's American Graphite Pencils and Dixon's Felt Erasive Rubbers.* Jersey City, N.J., [1891].
    Dixon 1940-1941 Catalog. Jersey City, N.J., 1940.
    Dixon's School Pencils. Jersey City, N.J., 1903.

Dixon's Standard Graphite Productions. Jersey City, N.J., [ca 1916].

Hints of What We Manufacture in Graphite. Jersey City, N.J., 1893.

Pencillings. Jersey City, N.J., 1898.

[Dixon Ticonderoga, Inc.] «Manufacture of Pencils and Leads.» [Fotokopie. Versailles, Mo.], n.d.

d'Ocagne, Maurice. «Un Inventeur Oublié, N.-J. Conté», *Revue des Deux Mondes,* Eighth Series, 22 (1934): 912–24.

Doyle, Arthur Conan. *Die Rückkehr des Sherlock Holmes.* Übers. von Werner Schmitz, Zürich 1985.

Drachmann, A. G. *The Mechanical Technology of Greek and Roman Antiquity: A Study of the Literary Sources.* Copenhagen, 1963.

Eagle Pencil Company. *Catalog.* London, 1906.

1940 Eagle Catalog. New York, 1940.

Ecenbarger, William. «What's Portable, Chewable, Doesn't Leak and Is Recommended by Ann Landers?», *Inquirer: The Philadelphia Inquirer Magazine,* June 16, 1985: 14–19. [Siehe auch Ecenbarger's «Pencil Technology Gets the Lead Out, But It Can't Erase a Classic», Chicago *Tribune,* November 1, 1985: V, 1, 3]

The Edinburgh Encyclopaedia. 1st American edition. Philadelphia, 1832.

The Edinburgh Encyclopaedia. 4th edition, 1830.

Eldred, Edward. *Sampson Mordan & Co.* [London], 1986.

Emerson, Edward Waldo. *Henry Thoreau: As Remembered by a Young Friend.* Concord, Mass., 1968.

Emerson, Ralph Waldo. «Thoreau», *The Atlantic Monthly,* August 1862: 239–49.

Emmerson, George S. *Engineering Education: A Social History.* Newton Abbot, Devon., 1973.

Empire Pencil Company, «500,000,000 Epcons.» [Broschüre.] Shelbyville, Tenn., [ca. 1976].

«How a Pencil Is Made.» [Informationsblatt.] Shelbyville, Tenn., [ca. 1986].

Encyclopaedia Americana. Various editions.

Encyclopaedia Britannica. Various editions.

Encyclopaedia Edinensis. 1827 edition.

Encyclopaedia Perthensis. Various editions.

The English Correspondent. «Graphite Mining in Ceylon», *Scientific American,* January 8, 1910: 29, 36–37, 39.

Erskine, Helen Worden. «Joe Dixon and His Writing Stick», *Reader's Digest,* 73 (November 1958): 186–88, 190.

Faber, A. W., [Firma]. «A. W. Faber, Established 1761.» [Typoskript, ca. 1969.]

Die Bleistift-Fabrik von A. W. Faber zu Nürnberg: Eine historische Skizze. Nürnberg, 1873.

The Manufactories and Business Houses of the Firm of A. W. Faber: An Historical Sketch. Nürnberg, 1896.

Price-List of Superior Lead and Colored Pencils, Writing and Copying Inks, Slate Manufactures, Rulers, Penholders and Erasive Rubber. New York, [ca. 1897].

Faber, A. W., Inc. [*Catalog of*] *Drawing Pencils, Drawing Materials,* [*etc.*]. Newark, N.J., [ca. 1962-63].

Faber, E. L. «History of Writing and the Evolution of the Lead Pencil Industry.» [Typoskript.] August 1921.

Faber, Eberhard, Pencil Company. «A Personally Conducted Tour of the World's Most Modern Pencil Plant with Marty the Mongol.» [Handzettel.] Wilkes-Barre, Pa., [1973].

«Since 1849: Quality Products for Graphic Communications.» [Informationsblatt.] Wilkes-Barre, Pa., [1986].

The Story of the Oldest Pencil Factory in America. [New York], 1924.

Faber, Eberhard. «Words to Grow On», *Guideposts*, August 1988: 40–41.

[Faber, Johann]. *The Pencil Factory of Johann Faber (Late of the Firm of A. W. Faber) at Nuremberg, Bavaria*. Nürnberg, 1893.

Faber-Castell Corporation. «Date Log: Venus Company History.» [Fotokopie.] Lewisburg, Tenn., n.d.

«Faber-Castell Corporation.» [Fotokopie.] Lewisburg, Tenn., n.d.

«The Story of the Lead Pencil.» [Fotokopierter Report. Lewisburg, Tenn.], n.d.

«Writing History for Over 225 Years.» [Informationsblatt.] [Parsippany, N.J., 1987].

Faber-Castell, A. W., GmbH & C. «Faber-Castell: *225 Years of Company History in Short.*» *Presseinformation*, November 1987.

«Origin and History of the Family and Company Name.» [Informationsblatt.] N.d.

Fairbank, Alfred. *The Story of Handwriting: Origins and Development*. New York, 1970.

Faraday, Michael. *The Chemical History of a Candle: A Course of Lectures Delivered Before a Juvenile Audience at the Royal Institution*. New edition, with illustrations. Edited by William Crookes. London, 1886.

Farmer, Lawrence R. «Press Aids Penmanship», *Tooling & Production*, 44 (April 1978): 94–95.

Feldhaus, Franz Maria. «Geschichtliches vom deutschen Graphit», *Zeitschrift für Angewandte Chemie*, 31 (1918): 76.

Quellenkritische Betrachtungen der historischen Angaben über die Vergangenheit der Firma J.S. Staedtler. Kassel, 1941.

Geschichte des Technischen Zeichnens. Wilhelmshaven, 1959.

Ferguson, Eugene S. «Elegant Inventions: The Artistic Component of Technology», *Technology and Culture*, 19 (1978): 450–60.

«The Mind's Eye: Nonverbal Thought in Technology», *Science*, 197 (August 26, 1977): 827–36.

«La Fondation des Machines Modernes: Des Dessins», *Culture Technique*, No. 14 (June 1985): 182–207.

Das innere Auge. Von der Kunst des Ingenieurs. Übers. von Anita Ehlers, Basel, Boston, Berlin 1993.

Finch, James Kip. *Engineering Classics*. Edited by Neal Fitz-Simons. Kensington, Md., 1978.

Finder, Joseph. *Red Carpet*. New York, 1983.

Fleming, Clarence C., and Arthur L. Guptill. *The Pencil: Its History, Manufacture and Use*. New York, 1936. [1936 erschien auch eine kürzere Version dieser Broschüre in Bloomsburg, N.J.]

Foley, John. *History of the Invention and Illustrated Process of Making Foley's Diamond Pointed Gold Pens, With Complete Illustrated Catalogue of Fine Gold Pens, Gold,- Silver,- Rubber,- Pearl and Ivory Pen & Pencil Cases, Pen Holders, &c*. New York, 1875.

Fowler, Dayle. «A History of Writing Instruments», *Southern Office Dealer*, May 1985: 12, 14, 17.

Frary, C. A. «What We Have Learned in Marketing Eversharp», *Printers' Ink*, 116 (August 11, 1921): 3–4, 6, 8, 142, 145–46, 149.

Franzke, Norbert (Hg.). *Das Bleistiftschloß: Familie und Unternehmen Faber-Castell in Stein*. Nürnberg, 1986.

Fraser, Chelsea. *The Story of Engineering in America*. New York, 1928.

French, Thomas E., and Charles J. Vierck. *A Manual of Engineering Drawing for Students and Draftsmen*. 9th edition. New York, 1960.

Friedel, Robert, and Paul Israel, with Bernard S. Finn. *Edison's Electric Light: Biography of an Invention*. New Brunswick, N.J., 1986.

Friedel, Robert. *A Material World: An Exhibition at the National Museum of American History, Smithsonian Institution*. Washington, D.C., 1988.

Frost, A. G. «How We Made a Specialty into a Staple», *System, the Magazine of Business*, November 1922: 541–43, 648.

«Marketing a New Model in Face of Strong Dealer Opposition», *Printers' Ink*, 128 (July 17, 1924): 3–4, 6, 119–20, 123.

Galilei, Galileo. *Unterredungen und mathematische Demonstrationen über zwei neue Wissenszweige, die Mechanik und die Fallgesetze betreffend*. Dt. Übers. hg. v. A. von Oettingen. Leipzig, 1890-91, 3 Tle., Nachdruck Darmstadt, 1964.

German Imperial Commissioner, editor. *International Exposition, St. Louis 1904: Official Catalogue of the Exhibition of the German Empire*. Berlin, 1904.

Gesner, Konrad. *De Rerum Fossilium Lapidum et Gemmarum Maxime, Figuris et Similitudinibus Liber*, [etc.]. Zürich, 1565.

Geyer's Stationer. «The Joseph Dixon Crucible Co. – Personnel, Progress and Plant.» Vol. 25 (March 19, 1903): 1–11.

Gibb, Alexander. *The Story of Telford: The Rise of Civil Engineering*. London, 1935.

Gibbs-Smith, C. H. *The Great Exhibition of 1851*. London, 1964.

Giedion, Siegfried. *Mechanization Takes Command: A Contribution to Anonymous History*. New York, 1969.

Giesecke, F. E., Alva Mitchell, and Henry Cecil Spencer. *Technical Drawing*. 3rd edition. New York, 1949.

Giesecke, F. E., and A. Mitchell. *Mechanical Drawing*. 4th edition. Austin, Tex., 1928.

Gilfillan, S. C. *The Sociology of Invention*. Cambridge, Mass., 1970.

Gille, Bertrand. *The History of Techniques*. Translated from the French and revised. New York, 1986.

The Renaissance Engineers. London, 1966.

Gillispie, Charles C. «The Natural History of Industry», *Isis*, 48 (1948): 398–407.

Gimpel, Jean. *The Medieval Machine: The Industrial Revolution of the Middle Ages*. New York, 1976.

Godbole, N. N. *Manufacture of Lead and Slate Pencils, Slates, Plaster of Paris, Chalks, Crayons and Taylors' Chalks (with Special Reference to India)*. Jaipur, Rajasthan, 1953.

Goldman, Marshall I. *Détente and Dollars: Doing Business with the Soviets*. New York, 1975.

Great Britain Board of Trade. «Report of the Standing Committee on Pencils and Pencil Strips.» Cmd. 2182. London, 1963.

«Report of the Standing Committee Respecting Fountain Pens, Stylographic Pens, Propelling Pencils and Gold Pen Nibs.» Cmd. 3587. London, 1930.

«Report of the Standing Committee Respecting Pencils and Pencil Strips.» Cmd. 4278. London, 1933.

Great Britain Forest Products Research Laboratory. *African Pencil Cedar: Studies of the Properties of Juniperus procera (Hochst.) with Particular Reference to the Adaptation of the Timber to the Requirements of the Pencil Trade*. London, 1938.

Greenland, Maureen. «Visit to the Berol Pencil Factory, Tottenham, Wednesday, May 19th, 1982», *Journal of the Writing Equipment Society*, No. 4 (1982): 7.

Hall, Donald, editor. *The Oxford Book of American Literary Anecdotes*. New York, 1981.

Hall, William L., and Hu Maxwell. *Uses of Commercial Woods of the United States: 1. Cedars, Cypresses, and Sequoias*. U.S. Department of Agriculture, Forest Service Bulletin 95 (1911).

Halse, Albert O. *Architectural Rendering: The Techniques of Contemporary Presentation*. New York, 1960.

Hambly, Maya. *Drawing Instruments: Their History, Purpose and Use for Architectural Drawings*. [Ausstellungskatalog.] London, 1982.
Drawing Instruments: 1580–1980. London, 1988.
Hammer, Armand, with Neil Lyndon. *Hammer*. New York, 1987.
Hammer, Armand. *The Quest of the Romanoff Treasure*. New York, 1936.
Harding, Walter. *The Days of Henry Thoreau: A Biography*. New York, 1982.
Hardtmuth, L. & C. *Retail Price List: L. & C. Hardtmuth's «Koh-I-Noor» Pencils*. New York, [ca. 1919].
Hart, Ivor B. *The World of Leonardo da Vinci: Man of Science, Engineer and Dreamer of Flight*. London, 1961.
Hartmann, Henry. «Blushing on Lacquered Paint Parts Overcome by Gas Fired Dehumidifier», *Heating, Piping and Air Conditioning*, June 1939: 356.
Hayward, Phillips A. *Wood: Lumber and Timbers*. New York, 1930.
Helmhacker, R. «Graphite in Siberia», *Engineering and Mining Journal*, December 25, 1897: 756.
Helphenstine, R. K., Jr. «What Will We Do for Pencils?», *American Forests*, 32 (November 1926): 654.
Hendrick, George, editor. *Remembrances of Concord and the Thoreaus: Letters of Horace Hosmer to Dr. S. A. Jones*. Urbana, Ill., 1977.
Hill, Donald. *A History of Engineering in Classical and Medieval Times*. La Salle, Ill., 1984.
Hindle, Brooke. *Emulation and Invention*. New York, 1981.
Historische Bürowelt. «L'Histoire d'un Crayon.» No. 11 (October 1985): 11–13.
Hoelscher, Randolph, and Springer, Clifford. *Engineering Drawing and Geometry*. 1956.
Hofstadter, Douglas R. *Gödel, Escher, Bach: An Eternal Golden Braid*. New York, 1980.
Howard, Seymour. «The Steel Pen and the Modern Line of Beauty», *Technology and Culture*, 26 (October 1985): 785–98.
Hubbard, Elbert. *Joseph Dixon: One of the World-Makers*. East Aurora, N.Y., 1912.
Hubbard, Oliver P. «Two Centuries of the Black Lead Pencil», *New Englander and Yale Review*, 54 (February 1891): 151–59.
Hunt, Robert, editor. *Hunt's Hand-Book to the Official Catalogues: An Explanatory Guide to the Natural Productions and Manufactures of the Great Exhibition of the Industry of All Nations, 1851*. London, [1851].
Huxley, Thomas Henry. *On a Piece of Chalk*. Edited and with an introduction and notes by Loren Eiseley. New York, 1967.
Illustrated London News. «The Manufacture of Steel Pens in Birmingham.» February 22, 1851: 148–49.
The Illustrated Magazine of Art. «Pencil-Making at Keswick.» Vol. 3 (1854): 252–54.
Indian Standards Institution. *Specification for Black Lead Pencils*. New Delhi, 1959.
Israel, Fred L., editor. *1897 Sears, Roebuck Catalogue*. New York, 1968.
Jacobi, Albert W. «How Lead Pencils Are Made», *American Machinist*, January 26, 1911: 145–46.
[James, George S.] «A History of Writing Instruments», *The Counselor*, July 1978.
Japanese Standards Association. «Pencils and Coloured Pencils», JIS S 6006-1984. Tokyo, 1987.
Jenkins, Rhys. «The Society for the Mines Royal and the German Colony in the Lake District», *Transactions of the Newcomen Society*, 18 (1937-38): 225–34.
Jennings, Humphrey. *Pandaemonium, 1660–1886: The Coming of the Machine as Seen by Contemporary Observers*. Edited by Mary-Lou Jennings and Charles Madge. New York, 1985.
Jewkes, John, David Sawers, and Richard Stillerman. *The Sources of Invention*. London, 1958.

Joglekar, G. D., and B. R. Marathe. «Writing Quality of Pencils», *Journal of Scientific and Industrial Research*, 13B (1954): 78–79.

Joglekar, G. D., P. R. Nayak, and L. C. Verman. «Electrical Resistance of Black Lead Pencils», *Journal of Scientific and Industrial Research*, 6B (1947): 75–80.

Joglekar, G. D., T. R. Gopalaswami, and Shakti Kumar.«Abrasion Characteristics of Clays Used in Pencil Manufacture», *Journal of Scientific and Industrial Research*, 21D (1962): 16–19.

Johnson, E. Borough. «How to Use a Lead Pencil», *The Studio*, 22 (1901): 185–95.

Johnson, E. S. *Illustrated Catalog of Unequaled Gold Pens, Pen Holders, Pencils, Pen and Pencil Cases, Tooth Picks, Tooth & Ear Picks, &c. in Gold, Silver, Pearl, Ivory, Rubber & Celluloid*. New York, [ca. 1895].

Kane, Joseph Nathan. *Famous First Facts: A Record of First Happenings, Discoveries, and Inventions in American History*. 4th edition, expanded and revised. New York, 1981.

Kautzky, Theodore. Pencil Broadsides: *A Manual of Broad Stroke Technique*. New York, 1940.

Kemp, E. L. «Thomas Paine and His ‹Pontifical Matters›», *Transactions of the Newcomen Society*, 49 (1977-78): 21–40.

Keuffel & Esser Co. *Catalogue of... Drawing Materials, Surveying Instruments, Measuring Tapes*. 38th edition. New York, 1936.

King, Carl H. «Pencil Points», *Industrial Arts and Vocational Education*, 25 (November 1936): 352–53.

Kirby, Richard Shelton, and Philip Gustave Laurson. *The Early Years of Modern Civil Engineering*. New Haven, Conn., 1932.

Kirby, Richard Shelton, Sidney Withington, Arthur Burr Darling, and Frederick Gridley Kilgour. *Engineering in History*. New York, 1956.

Kirby, Richard Shelton. *The Fundamentals of Mechanical Drawing*. New York, 1925.

Kisner, Howard W., and Ken W. Blake. «‹Indelible Lead› Puncture Wounds», *Industrial Medicine*, 10 (1941): 15–17.

Klingender, Francis D. *Art and the Industrial Revolution*. Edited and revised by Arthur Elton. New York, 1968.

Knight's Cyclopaedia of the Industry of All Nations. London, 1851.

Kozlik, Charles J. «Kiln-drying Incense-cedar Squares for Pencil Stock», *Forest Products Journal*, 37 (May 1987): 21–25.

Kranzberg, Melvin, and Carroll W. Pursell, Jr. *Technology in Western civilization*. New York, 1967.

Laboulaye, C. P. *Dictionnaire des Arts et Manufactures*, [etc.]. Paris, 1867.

Lacy, Bill N. «The Pencil Revolution», *Newsweek*, March 19, 1984: 17.

Laliberté, Norman, and Alex Morgan. *Drawing with Pencils: History and Modern Techniques*. New York, 1969.

Landels, J. G. *Engineering in the Ancient World*. Berkeley, Calif., 1978.

Langlois-Longueville, F. P. *Manuel du Lavis à la Sépia, et de l'Aquarelle*. [Zusammengebunden mit Constant-Viguier.] Paris, 1836.

Larousse, Pierre. *Grand Dictionnaire Universel du XIXe Siècle* [etc.]. Paris, 1865.

Latour, Bruno. «Visualization and Cognition: Thinking with Eyes and Hands.» In Henrika Kuklick and Elizabeth Long, editors, *Knowledge and Society: Studies in the Sociology of Culture Past and Present*, 6 (1986): 1–40.

Lawrence, Cliff. *Fountain Pens: History, Repair and Current Values*. Paducah, Ky., 1977.

Layton, Edwin T., Jr. *The Revolt of the Engineers: Social Responsibility and the American Engineering Profession*. Baltimore, 1986.

Lefebure, Molly. *Cumberland Heritage*. London, 1974.

Die Leistung, 12, No. 95 (1962). [Heft über die Firma J. S. Staedtler.]

Leonardo da Vinci. *Il Codice Atlantico*. Edizione in Facsimile Dopo il Restauro dell'originale Conservato nella Biblioteca Ambrosiana di Milano. Florence, 1973–75.
    The Drawings of Leonardo da Vinci. Introduction and notes by A. E. Popham. New York, 1945.
    The Literary Works of Leonardo da Vinci. Compiled and edited by Jean Paul Richter. 2nd edition, enlarged and revised by Jean Paul Richter and Irma A. Richter. London, 1939.
    The Notebooks of Leonardo da Vinci. Arranged, rendered into English, and introduced by Edward MacCurdy. New York, 1939
Leonhardt, Fritz. *Brücken: Ästhetik und Gestaltung / Bridges: Aesthetics and Design*. Cambridge, Mass., 1984.
Ley, Willy. *Dawn of Zoology*. Englewood Cliffs, N. J., 1968.
Lindbergh, Anne Morrow. *Muscheln in meiner Hand*. Neuausg. München, 1967.
Lindgren, Waldemar. *Mineral Deposits*. New York, 1928.
Lucas, A. *Ancient Egyptian Materials and Industries*. 4th edition, revised and enlarged by J. R. Harris. London, 1962.
Lyra Bleistift-Fabrik GmbH and Company. [*Katalog*.] Nürnberg, 1914.
    «The Early Days.» [Vervielfältigtes Manuskript.] Nürnberg, o.J.
Machinery Market. «Manufacture of Pencils. The Works of the Cumberland Pencil Co., Ltd., of Keswick, Revisited». December 22, 1950: 25–27.
    «The Manufacture of Pencils and Crayons. Being a Description of a Visit to the Works of the Cumberland Pencil Co., Ltd., Keswick.» December 16, 1938: 31–32.
Maigne, W. *Dictionnaire Classique des Origines Inventions et Découvertes*, [*etc.*]. 3rd edition. Paris, [ca. 1890].
The Manufacturer and Builder. «Lead Pencils.» March 1872: 80–81.
Marathe, B. R., Gopalaswamy Iyenger, and G. D. Joglekar. «Tests for Quality Evaluation of Black Lead Pencils», *ISI Bulletin*, 7 (1955): 16–22.
Marathe, B. R., Gopalaswamy Iyenger, K. C. Agarwal, and G. D. Joglekar. «Evaluation of Clays Suitable for Pencil Manufacture», *ISI Bulletin*, 10 (1958): 199–203.
Marathe, B. R., Kanwar Chand, and G. D. Joglekar. «Tests for Quality Evaluation of Black Lead Pencils – Measurement of Friction», *ISI Bulletin*, 8 (1956): 132–34.
Marble, Annie Russell. *Thoreau: His Home, Friends and Books*. New York, 1902.
Marshall, J. D., and M. Davies-Shiel. *The Industrial Archaeology of the Lake Counties*. Newton Abbot, Devon., 1969.
Martin, Thomas. *The Circle of the Mechanical Arts; Containing Practical Treatises on the Various Manual Arts, Trades, and Manufactures*. London, 1813.
Masi, Frank T., editor. *The Typewriter Legend*. Secaucus, N.J., 1985.
McCloy, Shelby T. *French Inventions of the Eighteenth Century*. Lexington, Ky., 1952.
McClurg, A. C., & Co. *General Catalogue*. 1908-9.
McDuffie, Bruce. «Rapid Screening of Pencil Paint for Lead by a Combustion-Atomic Absorption Technique», *Analytical Chemistry*, 44 (July 1972): 1551.
McGrath, Dave. «To Fill You In», *Engineering News-Record*, May 13, 1982: 9.
McNaughton, Malcolm. «Graphite», *Stevens Institute Indicator*, 18 (January 1901): 1–15.
McWilliams, Peter A. *The McWilliams II Word Processor Instruction Manual*. West Hollywood, Calif., 1983.
Meder, Joseph. *Mastery of Drawing*. Vol. 1. Translated and revised by Winslow Ames. New York, 1978.
Meltzer, Milton, and Walter Harding. *A Thoreau Profile*. Concord, Mass., 1962.
Metz, Tim. «Is Wooden Writing Soon to Be Replaced by a Plastic Variety?», *Wall Street Journal*, January 5, 1981: 1, 6.

Meyers Enzyklopädisches Lexikon. Mannheim, 1978.

Mitchell, C. Ainsworth. «Black-Lead Pencils and Their Pigments in Writing», *Journal of the Society of Chemical Industry*, 38 (1918): 383T–391T.

 «Characteristics of Pigments in Early Pencil Writing», *Nature*, 105 (March 4, 1920): 12–14.

 «Copying-Ink Pencils and the Examination of Their Pigments in Writing», *The Analyst*, 42 (1917): 3–11.

 «Graphites and Other Pencil Pigments», *The Analyst*, 47 (September 1922): 379–87.

 «Pencil Markings in the Bodleian Library», *Nature*, 109 (April 22, 1922): 516–17.

Moss, Marcia, editor. *A Catalog of Thoreau's Surveys in the Concord Free Public Library.* Geneseo, N.Y., 1976.

Mumford, Lewis. *The Myth of the Machine: Technics and Human Development.* New York, 1967.

 Technics and Civilization. New York, 1963.

Munroe, William, Jr. «Memoirs of William Munroe.» In Social Circle in Concord. *Memoirs of Members.* Second Series. Cambridge, Mass., 1888.

Munroe, William. «Francis Munroe.» In Social Circle in Concord. *Memoirs of Members.* Third Series. Cambridge, Mass., 1907.

Murry, J. Middleton. *Pencillings.* New York, 1925.

Nelms, Henning. *Thinking with a Pencil.* New York, 1985.

New Edinburgh Encyclopaedia. 2nd American edition. New York, 1821.

The New York Times. «Dixon Stands by Jersey City.» December 14, 1975: 14.

 «How Dixon Made Its Mark.» January 27, 1974: 74.

 «Mr. Eberhard Faber's Death. The Man Who Built the First Lead Pencil Factory in America – A Sketch of His Career». March 4, 1879: Nachruf.

Newlands, James. *The Carpenter and Joiner's Assistant, [etc.].* London, [ca. 1880].

Nichols, Charles R., Jr. «The Manufacture of Wood-Cased Pencils», *Mechanical Engineering*, November 1946: 956–60.

Noble, David F. *America by Design: Science, Technology, and the Rise of Corporate Capitalism.* New York, 1977.

Norman, Donald A. *The Psychology of Everyday Things.* New York, 1988.

Norton, Thomas H. «The Chemistry of the Lead Pencil», *Chemicals*, 24 (August 31, 1925): 13.

Official Catalogue of the Great Exhibition of the Works of Industry of All Nations, 1851. Corrected edition. London, [1851].

Oliver, John W. *History of American Technology.* New York, 1956.

Oppenheimer, Frank. «The German Drawing Instrument Industry: History and Sociological Background», *Journal of Engineering Drawing*, 20 (November 1956): 29–31.

Ormond, Leonee. *Writing.* London, 1981.

Pacey, Arnold. *The Maze of Ingenuity: Ideas and Idealism in the Development of Technology.* Cambridge, Mass., 1976.

Palatino, Giovambattista. *The Tools of Handwriting: From... Un Nuovo Modo d'Imparare* [1540]. Introduced, translated, and printed by A. S. Osley. Wormley, 1972.

The Pencil Collector. Verschiedene Hefte.

Pentel of America, Limited. «Pentel Brings an End to the Broken Lead Era with New ‹Super› Hi-Polymer Lead». [Werbebeilage.] Torrance, Ca., 1981.

Peterson, Eldridge. «Mr. Berwald Absorbs Pencils», *Printers' Ink*, 171 (May 2, 1935): 21, 24–26.

Petroski, H. «On the Fracture of Pencil Points», *Journal of Applied Mechanics*, 54 (September 1987): 730–33.

 «Inventions Spurned: On Bridges and the Impact of Society on Technology», *Impact of Science on Society*, 37 (No. 147, 87): 251–59.

 To Engineer Is Human: The Role of Failure in Successful Design. New York, 1985.

Phillips, E. W. J. «The Occurrence of Compression Wood in African Pencil Cedar», *Empire Forestry Journal*, 16 (1937): 54–57.

Pichirallo, Joe. «Lead Poisoning: Risks for Pencil Chewers?», *Science*, 173 (August 6, 1971): 509–10.

Pigot and Company. *London and Provincial New Commercial Directory, for 1827–28; Comprising a Classification of, and Alphabetical Reference to the Merchants, Manufacturers and Traders of the Metropolis, [etc.].* 3rd edition. London, [1827].
Metropolitan New Alphabetical Directory, for 1827; [etc.]. London, [1827].

Plinius Secundus d. Ä. *Naturkunde*, Buch XXXIII, lat.-dt., hg. und übers. von Roderich König in Zusammenarbeit mit Gerhard Winkler. München und Zürich, 1984.

Plot, Rob. «Some Observations Concerning the Substance Commonly Called, Black Lead», *Philosophical Transactions* (London), 20 (1698): 183.

Porter, Terry. «The Pencil Revolution», *Texas Instruments Engineering Journal*, 2 (January-February 1985): 66.

Pratt, Joseph Hyde. «The Graphite Industry», *Mining World*, July 22, 1905: 64–66.

Pye, David. *The Nature and Aesthetics of Design.* London, 1978.

Rance, H. F., editor. *Structure and Physical Properties of Paper.* New York, 1982.

Reed, George H. «The History and Making of the Lead Pencil», *Popular Educator*, 41 (June 1924): 580–82.

Rehman, M. A., and Jai Kishen. «Chemical Staining of Deodar Pencil Slats», *Indian Forester*, 79 (September 1953): 512–13.

Rehman, M. A., and S. M. Ishaq. «Indian Woods for Pencil Making», *Indian Forest Research Leaflet*, No. 66 (1945).

Remington, Frank L. «The Formidable Lead Pencil», *Think*, November 1957: 24–26. [Condensed as «The Versatile Lead Pencil», *Science Digest*, 43 (April 1958): 38–41.]

Rexel Limited. «Making Pens and Pencils: A Story of Tradition.» [Informationsblatt.] Aylesbury, Bucks., n.d.

Richards, Gregory B. «Bright Outlook for Writing Instruments», *Office Products Dealer*, June 1983: 40, 42, 44, 48.

Riddle, W. «Lead Pencils», *The Builder*, August 3, 1861: 537–38. [Siehe auch *The Builder*, July 27, 1861: 517.]

Rix, Bill. «Pencil Technology.» A paper prepared for a course taught by Professor Walter G. Vincenti, Stanford University, ca. 1978.

Robinson, Tho. *An Essay Towards a Natural History of Westmorland and Cumberland, [etc.].* London, 1709.

Rocheleau, W. F. *Great American Industries. Third Book: Manufactures.* Chicago, 1908.

Roe, G. E. «The Pencil», *Journal of the Writing Equipment Society*, No. 5 (1982): 12.

Rolt, L. T. C. «The History of the History of Engineering», *Transactions of the Newcomen Society*, 42 (1969-70): 149–58.

Rosenberg, N., and W. G. Vincenti. *The Britannia Bridge: The Generation and Diffusion of Knowledge.* Cambridge, Mass., 1978.

Ross, Stanley. «Drafting Pencil – A Teaching Aid», *Industrial Arts and Vocational Education*, February 1957: 52–53.

Russell and Erwin Manufacturing Company. *Illustrated Catalogue of American Hardware.* 1865 edition. [Washington, D.C., 1980]

Russo, Edward, and Seymour Dobuler. «The Manufacture of Pencils», *New York University Quadrangle*, 13 (May 1943): 14–15.

Sackett, H. S. «Substitute Woods for Pencil Manufacture», *American Lumberman*, January 27, 1912: 46.

Scherer, J. S. «More than 55% Replies», *Printers' Ink*, 188 (August 11, 1939): 15–16.

Schodek, Daniel L. *Landmarks in American Civil Engineering*. Cambridge, Mass., 1987.

Schrodt, Philip. «The Generic Word Processor», *Byte*, April 1982: 32, 34, 36.

Schwanhausser, Eduard. *Die Nürnberger Bleistiftindustrie von Ihren Ersten Anfängen bis zur Gegenwart*. Greifswald, 1893.

Scribner's Monthly. «How Lead Pencils Are Made.» April 1878: 801–10.

Sears, Roebuck and Company. *Catalogue*. Various original and reprinted editions.

Seeley, Sherwood B. «Carbon (Natural Graphite)». In *Encyclopedia of Chemical Technology*, 4 (2nd edition, 1964): 304–55.

    «Manufacturing pencils», *Mechanical Engineering*, November 1947: 686.

Silliman, Professor. «Abstract of Experiments on the Fusion of Plumbago, Anthracite, and the Diamond», *Edinburgh Philosophical Journal*, 9 (1823): 179–83.

Singer, Charles, et al., editors. *A History of Technology*. Oxford, 1954–78.

Smiles, Samuel. *Lives of the Engineers*. Popular edition. London, 1904.

    Selections from Lives of the Engineers: With an Account of Their Principal Works. Edited with an introduction by Thomas Parke Hughes. Cambridge, Mass., 1966.

Smith, Adam. *Eine Untersuchung über das Wesen und die Ursachen des Reichtums der Nationen*, Bd. 1. Übers. und eingel. von Peter Thal. Berlin, 1963.

Smith, Cyril Stanley. «Metallurgical Footnotes to the History of Art», *Proceedings of the American Philosophical Society*, 116 (1972): 97–135.

Smithwick, R. Fitzgerald. «How Our Pencils Are Made in Cumberland», *Art-Journal*, 18, n.s. (1866): 349–51.

Speter, Max. «Wer hat zuerst Kautschuk als Radiergummi verwendet?», *Gummi-Zeitung*, 43 (1929): 2270–71.

Staedtler Mars GmbH & Co. *The History of Staedtler*. Nürnberg, [1986].

Staedtler Mars. *Design Group Catalog*. Montville, N.J., [1982].

Staedtler, J. S., [Firma]. *275 Jahre Staedtler-Stifte*. Nürnberg, 1937.

Stafford, Janice. «An Avalanche of Pens, Pencils and Markers!», *Western Office Dealer*, March 1984: 18–22.

Steel, Kurt. «Prophet of the Independent Man», *The Progressive*, September 24, 1945: 9.

Steinbeck, John. *Journal of a Novel: The East of Eden Letters*. New York, 1969.

Stephan, Theodore M. «Lead-Pencil Manufacture in Germany», *U.S. Department of State Consular Reports. Commerce, Manufactures, Etc.*, 51 (1896): 191–92.

Stern, Philip van Doren, editor. *The Annotated Walden*. New York, [1970].

Stuart, D. G. «Listo Works Back from the User to Build Premium Market», *Sales Management*, November 20, 1951: 74–78.

Sutton, F. Colin. «Your Pencil Unmasked», *Chemistry and Industry*, 42 (July 20, 1923): 710–11.

Svensen, Carl Lars, and William Ezra Street. *Engineering Graphics*. Princeton, N.J., 1962.

Sykes, M'Cready. «The Obverse Side», *Commerce and Finance*, 14 (April 8, 1925): 652–53.

Talbot, William Henry Fox. *The Pencil of Nature*. New York, 1969.

Tallis's History and Description of the Crystal Palace, and the Exhibition of the World's Industry in 1851. [Three volumes.] London, [ca. 1852].

Thayer, V. T. *The Passing of the Recitation*. Boston, 1928.

Thomson, Ruth. *Making Pencils*. London, 1987.

Thoreau, Henry David. *The Correspondence*. Edited by Walter Harding and Carl Bode. New York, 1958.

    Journal. Vols. 1 and 2. John C. Broderick, general editor. Princeton, N.J., 1981, 1984.

    A Week on the Concord and Merrimack Rivers. Walden; or, Life in the Woods. The Maine Woods. Cape Cod. [In one volume.] New York, 1985.

Tichi, Cecelia. *Shifting Gears: Technology, Literature, Culture in Modernist America*. Chapel Hill, N.C., 1987.

Timmins, Samuel, editor. *Birmingham and the Midland Hardware District*. 1866 edition. New York, 1968.

Timoshenko, Stephen P. *History of Strength of Materials: With a Brief Account of the History of Theory of Elasticity and Theory of Structures*. 1953 edition. New York, 1983.

Todhunter, I., and K. Pearson. *A History of the Theory of Elasticity and of the Strength of Materials from Galilei to Lord Kelvin*. 1886 edition. New York, 1960.

Townes, Jane. «Please, Some Respect for the Pencil», *Specialty Advertising Business*, March 1983: 61–63.

Turner, Gerard L'E. «Scientific Toys», *The British Journal for the History of Science*, 20 (1987): 377–98.

Turner, Roland, and Steven L. Goulden, editors. *Great Engineers and Pioneers in Technology. Vol 1: From Antiquity through the Industrial Revolution*. New York, 1981.

U.S. Centennial Commission. *International Exhibition, 1876: Official Catalogue*. Philadelphia, 1876.

U.S. Court of Customs. «United States v. A. W. Faber, Inc. (No. 3105), *Appeals Reports*, 16 [ca. 1929]: 467–71.

U.S. Department of Agriculture. «Seeking New Pencil Woods», *Forest Service Report*, [ca. 1909].

U.S. Department of Commerce. «Simplified Practice Recommendation R151-34 for Wood Cased Lead Pencils.» Typescript attached to memorandum, from Bureau of Standards Division of Simplified Practice to Manufacturers et al., dated September 28, 1934.
Bureau of the Census. «Current Industrial Reports: Pens, Pencils, and Marking Devices (1986)». [1987].

U.S. Department of Labor. «Economic Factors Bearing on the Establishment of Minimum Wages in the Pens and Pencils Manufacturing Industry». Report... prepared for Industry Committee No. 52. November 1942.

U.S. Tariff Commission. «Wood-Cased Lead Pencils». Report to the President under the Provisions of Section 3(e) of the National Industrial Recovery Act. With Appendix: Limitations of Imports. No. 91 (Second Series). 1935.

Ullman, David G., Larry A. Stauffer, and Thomas G. Dietterich. «Toward Expert CAD», *Computers in Mechanical Engineering*, November-December 1987: 56–70.

Urbanski, Al. «Eberhard Faber», *Sales and Marketing Management*, November 1986: 44–47.

Ure, Andrew. *A Dictionary of Arts, Manufactures, and Mines; Containing a Clear Exposition of Their Principles and Practice*. New York, 1853.

Usher, Abbott Payson. *A History of Mechanical Inventions*. New York, 1929.

V. & E. Manufacturing Company. *Note on Drawing Instruments*. Pasadena, Calif., 1950.

van der Zee, John. *The Gate: The True Story of the Design and Construction of the Golden Gate Bridge*. New York, 1986.

Vanuxem, Lardner. «Experiments on Anthracite, Plumbago, &c.», *Annals of Philosophy*, 11 (1826): 104–11.

Veblen, Thorstein. *The Engineers and the Price System*. 1921 edition. New York, 1963.
The Instinct of Workmanship: And the State of the Industrial Arts. New York, 1918.

Venus Pen & Pencil Corporation. «How Venus – the World's Finest Drawing Pencil – Is Made.» [Informationsblatt.], o.J.
«List of Questions Most Frequently Asked, With Answers.» [Undatiertes Typoskript.]
«The Story of the Lead Pencil.» [Undatiertes Typoskript.]
«Venus 100 Years.» [Report. New York, 1961.]

Vincenti, Walter G. *What Engineers Know and How They know It: Historical Studies in the Nature and Sources of Engineering Knowledge.* Baltimore, 1990.

Vitruvius. *De Architectura (The Ten Books on Architecture).* Translated by Morris Hicky Morgan. 1914 edition. New York, 1960.

Vivian, C. H. «How Lead Pencils Are Made», *Compressed Air Magazine*, 48 (January 1943): 6925–31.

Vogel, Robert M. «Draughting the Steam Engine», *Railroad History*, 152 (Spring 1985): 16–28.

Voice, Eric H. «The History of the Manufacture of Pencils», *Transactions of the Newcomen Society*, 27 (1949-50 and 1950-51): 131–41.

Vossberg, Carl A. «Photoelectric Gage Sorts Pencil Crayons», *Electronics*, July 1954: 150–52.

Wahl Company. «Making Pens and Pencils», *Factory and Industrial Management*, October 1929: 834–35.

Walker, C. Lester. «Your Pencil Could Tell a Sharp Story», *Nation's Business*, March 1948: 54, 56, 58, 90–91.

Walker, Derek, [editor]. *The Great Engineers: The Art of British Engineers 1837–1987.* New York, 1987.

Walker, Dick. «Elastomer = Eraser», *Rubber World*, 152 (April 1965): 83–84.

Walker, Jearl. «The Amateur Scientist», *Scientific American*, February 1979: 158, 160, 162–66. (Siehe auch November 1979: 202–4.)

Walls, Nina de Angeli. *Trade Catalogs in the Hagley Museum and Library.* Wilmington, Del., 1987.

Watrous, James. *The Craft of Old-Master Drawings.* Madison, Wisc., 1957.

Watson, J. G. *The Civils: The Story of the Institution of Civil Engineers.* London, 1988.

Weaver, Gordon. «Electric Oven Reduces Cost of Baking Pencil Leads», *Electrical World*, 78 (September 10, 1921): 514.

Whalley, Joyce Irene. *English Handwriting, 1540–1853: An Illustrated Survey Based on Material in the National Art Gallery, Victoria and Albert Museum.* London, 1969.
Writing Implements and Accessories: From the Roman Stylus to the Typewriter. Detroit, 1975.

Wharton, Don. «Things You Never Knew About Pencils», *Saturday Evening Post*, December 5, 1953: 40–41, 156, 158–59.

White, Francis Sellon. *A History of Inventions and Discoveries: Alphabetically Arranged.* London, 1827.

White, Lynn, Jr. *Medieval Religion and Technology: Collected Essays.* Berkeley, Calif., 1978.
Medieval Technology and Social Change. New York, 1966.

Whittock, N., et al. *The Complete Book of Trades, or the Parents' Guide and Youths' Instructor,* [etc.]. London, 1837.

Wicks, Hamilton S. «The Utilization of Graphite», *Scientific American*, 40 (January 18, 1879): 1, 34.

Wilson, Richard Guy, Dianne H. Pilgrim, and Dickran Tashjian. *The Machine Age in America, 1918–1941.* New York, 1986.

Winokur, Jon. *Writers on Writing.* 2nd edition. Philadelphia, 1987.

Wolfe, John A. *Mineral Resources: A World View.* New York, 1984.

Wright, Paul Kenneth, and David Alan Bourne. *Manufacturing Intelligence.* Reading, Mass., 1988.

The Year-Book of Facts in Science and Art, [etc.]. London, verschiedene Jahre, vor allem nach 1840.

Zilsel, Edgar. «The Sociological Roots of Science», *American Journal of Sociology*, 47 (January 1942): 544–62.

Verzeichnis der Abbildungen

Anhang

Banks, Son, and Company (Bleistiftfabrikan-
ten), 135f.
Batchelor, Charles, 29
Batugol (Berg in Sibirien), 146
Baumann, Hannß, 66, 88
Bayerische Gesellschaft zur Förderung der
vaterländischen Industrie, 140
Bayern, 73, 90, 140f., 149, 185, 331, 334, 346;
königliche Bleistiftfabrik, 140; Ton, 117,
153, 229
Beckmann, John, 50, 64, 75
Belgien, 54
Belutschistan (Indien), 295
Berlin, 70, 271
Berol Corporation, 172f., 204; *siehe auch* Ea-
gle Pencil Company
Berolzheimer (Familie), 172, 200
Berolzheimer, Edwin, 290
Berolzheimer, Ilfelder, and Reckendorfer
(Firma), 172
Beruf, 31, 107–109, 319f.
Berwald, Abraham, 290–292, 298
Betriebsgeheimnis, 92f., 95, 178, 264, 270f.,
300, 322f.; statt Patent, 103, 118; *siehe
auch* Geheimniskrämerei
Beuys, Joseph, 345
Biegeversuch, *260*
Big Four, 277, 281–283, 293
Big Three, 280f.
Bimsstein, 73
Bindemittel, 68, 232
Binns, William, 215f., *216*, 218, 237f.
Birmingham (England), 271
black lead, 50, 53, 62
Black-lead Pencil, 61
Blackfeet Indian Writing Company, 300
Blackwing (Bleistift), 310f.
Blaisdell Pencil Company, 200, 248
Blaupause, 221, 223
Blay-Erst, 60
Blei, 25–27, 60f., 69, 97; *siehe auch* Legierung
Bleicarbonat, 51
Bleicherde, 136
Bleifeder, 60
Bleigriffel, 38, *39*, 40f.; *siehe auch* Griffel;
Metallgriffel
Bleistift, *206*, *340*, 354; achteckiger, *68*, 105;
Attrappe, 89, 283; dreieckiger, 184, 201,
201; Farbe, 158–160, 193; früher, 43–50,

44, 53, 58, 60, 62f., *68*, *69*, 208, *208*, 244;
gelber, 159f., 170, 189f.; grüner, 160, 189,
192, 346, *347*; Holzkörper, *44*, 45f., *56*, 62–
68, *68*, *77*, *77*, *78*, 98, 120, 134f., 196f.,
232f., 331f.; Knauf, *44*, 45f., *46*; minderwertiger, 89, 110, 112, 114f., 128, 136f.,
144, 157, 161, 178, 283, 334, 336; ovaler,
332; rechteckiger, 184, 332; runder, *69*,
184, 201, 238; sechseckiger, 105, 153, 184,
201, *202*, 238; Taschenstift, *206*, *313*, *340*,
359; *siehe auch* mechanischer Bleistift
Bleistiftfabrik, *152*, 164–173, *169*, *171*, 269,
323, *333*, *338*, *350*, *355*
Bleistiftherstellung: als Mikrokosmos, 320,
323, 326; Verfahren, 66, *67*, 68f., 76f., *77*,
78, 134f., *181*, 331f.; *siehe auch* Conté-Verfahren; Holzbearbeitung; *einzelne Länder*
Bleistiftholz, 73, 85, 196–198, 294f., 297,
355, 356; Knappheit, 173, 187, 197f.; *siehe
auch* Kalifornische Flußzeder; Rote Zeder; Zedernholz; *andere Holzarten*
Bleistiftmachergilde (Nürnberg), 88
Bleistiftmine, 68f., 93f., 96, 112f., 134–137,
140, 143, 162, *181*, 189, 192, 227–230, 232,
237–239, 243, 254f., 278, 290–292, 295–
299; Querschnitt, *78*, 120, 182f., 184, 237–
240, *239*; Stabilität, 230, 227; *siehe auch*
Farbmine; Härteskala; Polymermine
Bleistiftring, 73, 176, 262, *286*; aus Papier,
286; aus Plastik, 286
Bleistiftspitze, 41, 47, 195f., *221*, 222f., *222*,
227, 231f., 235, *235*, 238, 240, 243, 251, *251*;
Abbrechen, 137, 195, 228, 233–241, 298f.,
311; Stabilität, *221*, 230, 232f., 238f., 291
Bleistiftstriche, 38, 61, *61*, 220; früheste, 51f.
Bleistiftstummel, 70, 98, 308
Bleistifttone, 229; *siehe auch* Ton
Bleistiftverbrauch, 167, 180, 198, 288, 295
Bleistiftverlängerer, 359
Bleivergiftung, 26
Bleiweiß, 51, 53, 81, 86
Bleiweißschneider, *87*, 88, 90, 332
Bleiweiß-Stefft, 88, 208, 331
Bleystift, 51
Bloomsbury, New Jersey, 190
Bogardus, James, 252
Böhmen, 132, 332
Böll, Heinrich, 345
Bolschewiken, 268

   DER BLEISTIFT

     DER BLEISTIFT

                    DER BLEISTIFT

Der Bleistift